国家电网有限公司

STATE GRID
CORPORATION OF CHINA

U0655399

国家电网有限公司
技能人员专业培训教材

信息通信监控调度

国家电网有限公司　组编

中国电力出版社
CHINA ELECTRIC POWER PRESS

图书在版编目（CIP）数据

信息通信监控调度/国家电网有限公司组编. —北京：中国电力出版社，2020.5
国家电网有限公司技能人员专业培训教材（2024.10重印）
ISBN 978-7-5198-4395-3

Ⅰ．①信… Ⅱ．①国… Ⅲ．①信息技术–通信工程–应用–电力系统调度–监视控制–技术培训–教材 Ⅳ．①TM73-39

中国版本图书馆 CIP 数据核字（2020）第 033153 号

出版发行：中国电力出版社
地　　址：北京市东城区北京站西街 19 号（邮政编码 100005）
网　　址：http://www.cepp.sgcc.com.cn
责任编辑：杨　扬（010-63412524）　孟花林
责任校对：黄　蓓　李　楠
装帧设计：郝晓燕　赵姗姗
责任印制：杨晓东

印　　刷：北京天泽润科贸有限公司
版　　次：2020 年 5 月第一版
印　　次：2024 年 10 月北京第二次印刷
开　　本：710 毫米×980 毫米　16 开本
印　　张：25.5
字　　数：485 千字
定　　价：78.00 元

本书编委会

主　任　吕春泉

委　员　董双武　张　龙　杨　勇　张凡华

　　　　王晓希　孙晓雯　李振凯

编写人员　郭　波　田　然　吴子辰　于宝辉

　　　　　汤亿则　徐法璐　曹爱民　战　杰

　　　　　李　干　陶红鑫

前　言

为贯彻落实国家终身职业技能培训要求，全面加强国家电网有限公司新时代高技能人才队伍建设工作，有效提升技能人员岗位能力培训工作的针对性、有效性和规范性，加快建设一支纪律严明、素质优良、技艺精湛的高技能人才队伍，为建设具有中国特色国际领先的能源互联网企业提供强有力人才支撑，国家电网有限公司人力资源部组织公司系统技术技能专家，在《国家电网公司生产技能人员职业能力培训专用教材》（2010年版）基础上，结合新理论、新技术、新方法、新设备，采用模块化结构，修编完成覆盖输电、变电、配电、营销、调度等50余个专业的培训教材。

本套专业培训教材是以各岗位小类的岗位能力培训规范为指导，以国家、行业及公司发布的法律法规、规章制度、规程规范、技术标准等为依据，以岗位能力提升、贴近工作实际为目的，以模块化教材为特点，语言简练、通俗易懂，专业术语完整准确，适用于培训教学、员工自学、资源开发等，也可作为相关大专院校教学参考书。

本书为《信息通信监控调度》分册，由郭波、田然、吴子辰、于宝辉、汤亿则、徐法璐、曹爱民、战杰、李干、陶红鑫编写。在出版过程中，参与编写和审定的专家们以高度的责任感和严谨的作风，几易其稿，多次修订才最终定稿。在本套培训教材即将出版之际，谨向所有参与和支持本书籍出版的专家表示衷心的感谢！

由于编写人员水平有限，书中难免有错误和不足之处，敬请广大读者批评指正。

目 录

第五部分　信息通信支撑系统应用

第一部分

调度报表编制与调度联络

第一章

调度报表编制

▲ 模块 1　填写调度值班日志（Z40E1001Ⅰ）

【模块描述】本模块介绍《调度值班日志》。通过对《调度值班日志》填写的内容范围、内容含义、数据来源、上报机制等进行介绍，掌握填写《调度值班日志》的规范要求。

【模块内容】

调度值班日志是指应国家电网有限公司信息通信分公司（简称国网信通公司）要求，调度值班员在 I6000 系统中填写值班过程中执行的各项任务情况、发生的异常事件记录等，以便后续的跟踪处理和日后的总结归纳。值班日志功能模块位置如图 1-1-1 所示。

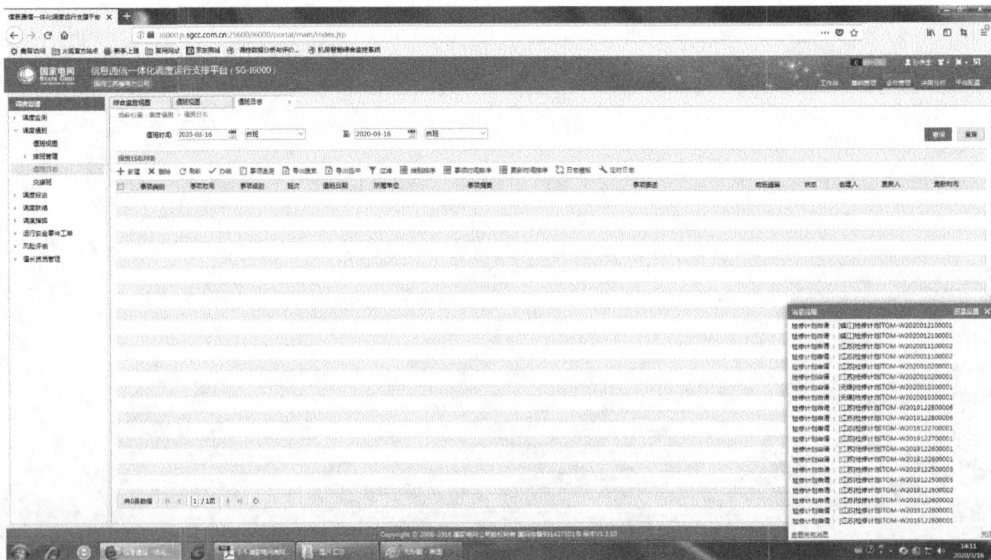

图 1-1-1　值班日志模块在 I6000 系统中位置

1. 值班日志的要求

（1）值班日志范围要全面，应至少包括系统运行、检修情况、灾备运行、缺陷处理、信息安全等内容。

（2）每条日志内容应清楚地描述问题现象、影响时间、问题定性、问题原因、影响范围、处理措施及处理结果。

（3）日志文字要准确精练、逻辑严谨、分类准确。

（4）做好日志相关证明材料的归档工作。

2. 操作说明

（1）新建：点击【新建】按钮，系统进入值班日志编辑界面，如图 1-1-2 所示，填写相关信息后，点击【保存】按钮。

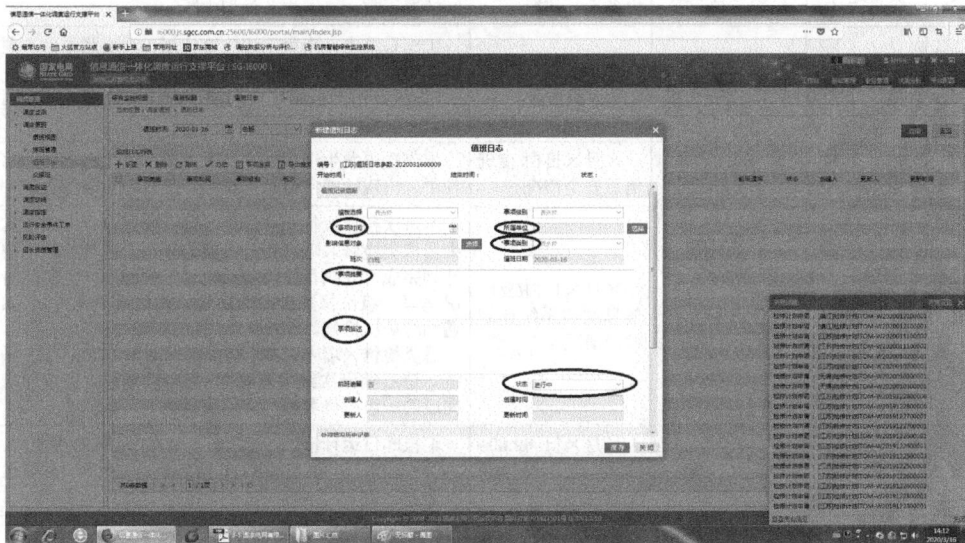

图 1-1-2　值班日志编辑界面

（2）删除：选择一条状态为进行中的值班记录，点击【删除】按钮，系统会提示是否删除，点击确定即可删除此条值班记录。

（3）办结：勾选一条状态为进行中的值班记录，点击【办结】按钮，即可将此条值班记录的状态修改成办结。

（4）查询：在查询条件区域设置相关的查询条件，点击【查询】按钮，在信息列表中显示符合查询条件的所有信息。

以下对日志中的每一个项目做具体说明：

1）事项时间：为记录的时间，注意不能超出本班值班时间范围。

2）所属单位：按照所属单位进行选择，直接勾选××即可。

3）事项类别、事项摘要及事项描述模板如图1-1-3所示。

序号	事项类型	填写频次	事项摘要	事项描述
1	信息运行	白夜班各一条	×月×日白/夜班信息系统运行情况	本班次信息系统运行正常，I6000系统巡检情况正常，各项指标无异常，未发生信息系统缺陷
2	通信运行	白夜班各一条	×月×日白/夜班通信系统运行情况	本班次通信系统运行正常，TMS巡检情况正常，各项指标无异常（询问通信调度有无国网下发的缺陷单，如果有，则描述为"发生×××缺陷，目前正在处理中，请后续班次继续跟踪/已处理完成"）
3	网络运行	白夜班各一条	×月×日白/夜班网络运行情况	本班次网络运行正常，未发生网络中断、设备告警和链路异常等情况
4	灾备运行	白夜班各一条	×月×日白/夜班灾备运行情况	本班次江苏公司与上海灾备存储复制和数据库复制情况正常，未发生非计划中断
5	信息运行	白夜班各一条	×月×日白/夜班IDS巡检情况	IDS系统中，未新下达检修计划、调度联系单、调度指令票、日常报送任务和调度公告（如果有，则按实际情况填写：检修计划×项，调度公告×项……）
6	信息安全	白夜班各一条	×月×日白/夜班信息安全情况	本班次未发生违规外联及大规模网站攻击事件，邮件中未出现敏感字信息，桌面终端各项指标均正常
7	检修情况	白夜班各一条	×月×日白/夜班信息通信系统计划检修情况	本班次预计执行检修计划×项，实际执行×项，其中通信类检修×项，信息类检修×项。各项检修均按计划完成，并执行检修前后电话汇报制度（按实际情况填写一级检修数量，通信检修询问通信调度）。如遇到跨班次检修，则描述为"通信类检修×项未完成，信息类检修×项未完成，详细情况请见I6000/TMS系统，请后续班次继续跟踪"（信息检修请将完成和未完成的一级检修名称写入值班日志）
8	其他工作	白班一条	×月×日 09:00-09:30 信息通信调度运行晨会	汇报昨日运行情况、信息安全情况、检修执行情况、客服完成情况、机房UPS负载率等相关内容，总体运行情况正常

图1-1-3 值班日志模板

a）对于突发的信息安全、信息运行、通信运行等问题，需要对问题的情况作概述，参考格式为：发生问题的时间（××日HH：MM-××日HH：MM）+发生问题的单位（××公司）+问题或事件的主要概括（若问题尚未查清，日志状态仍是进行中，可只描述现象，不加定性，但在日志完结时，要对问题进行定性，如系统是否停运、存储复制是否中断、网络是否中断等）。

b）对于常规的日志任务，如检修情况、灾备运行等，点明一切正常即可，填写格式参考图1-1-3所示的日志模板。

（5）事项描述：在此栏中写清问题的详细情况、导致问题产生的具体原因、影响范围、进行改进的处理措施及处理结果。

（6）状态：若该条日志的问题已查清，整改已完成，则将状态改为"完结"，否则状态仍维持进行中即可。

【思考与练习】

1. 在新建值班日志时，提示超出值班时间范围，可能是什么原因导致的？
2. 完结状态的日志是否可以修改为进行中？
3. 是否可以查看之前每个值班员的值班记录？

▲ 模块 2　填写调度值班交接班记录（Z40E1002 I）

【模块描述】本模块介绍《调度值班交接班记录》。通过对《调度值班交接班记录》中交接班内容范围、要求、数据来源、填写说明等内容进行介绍，掌握《调度值班交接班记录》的填写要求。

【模块内容】

按照《国家电网公司信息通信调度值班工作规范》（信通运行〔2016〕94 号）的第四章要求，交接班流程有以下注意事项：

（1）当值调度值班员应在交班前按岗位职责分工做好交班准备工作，检查本值值班日志记录情况及其他工作完成情况，整理各类交接班材料。

（2）接班调度值班员应在交接班时间提前 10min 到达岗位，了解调控中心整体运行情况，检查、核实值班日志内容，对未完成的工作或日志中不清楚的内容进行相关询问，然后开始接班。

（3）若接班人因故未能按时接班，交班人不得离岗，必须坚守岗位，应向调度值长汇报并继续工作，等接班人到来，完成交接班后才可离岗。凡由于交班人擅自离岗，所产生的一切后果，由交班人员负责。

（4）交接班由交班值的主值班员主持，其他值班员补充；接班值班员如对交班内容有疑问应及时提出；交接班时，接班员应严肃认真。交班值班员在交班过程中，应注意监视运行情况，并负责接听电话。

（5）交接班时，值班日志应准确详细，内容完整，且要做到责任明确，防止错交、漏交。因交班人错交、漏交产生的后果，由交班人负责；因接班人漏接、错接产生的后果由接班人负责。如交班不清，接班人有权要求交班人交清后再离岗，或拒绝接班。多人值班的情况下由主值班员负责。

（6）交接班主要内容：当值期间信息通信系统的运行情况；检修计划申请受理及处理情况；信息网骨干网的接入和变更申请受理及处理情况；上级部门或领导交代的相关工作；其他需要提请接班人员注意的事项。

（7）交接班前 10min 及交接班过程中，原则上不进行计划性或临时性操作。

（8）交接班过程中如出现突发状况，应立即停止交接班，并由交班值主值班员负责指挥处理问题，接班值班员应积极配合；根据问题处理进程，由交班值主值班员决定是否重新进行交接班。

（9）交接班完成后，交班人应向调度值长汇报当值期间信息系统运行情况，并在值班日志通过审核后方可离岗。

信息调度值班员值班结束时，还需要在 I6000 系统中填写当班交接班记录，描述当班总体情况，由交接班人员共同对交接班记录进行确认。

具体操作方法：用有信息调度角色的用户登录 I6000 系统，进入交接班功能模块，如图 1-2-1 所示。

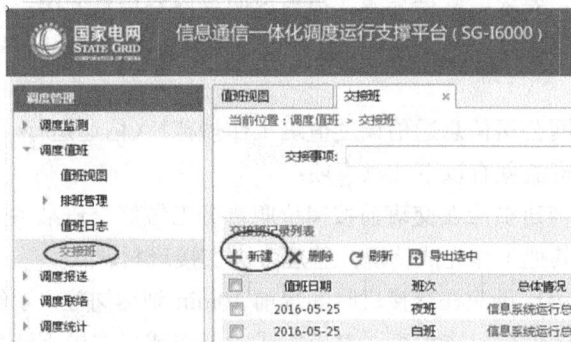

图 1-2-1　交接班功能模块在 I6000 系统中的位置

再点击新建按钮，进入交接班新建界面（见图 1-2-2）。

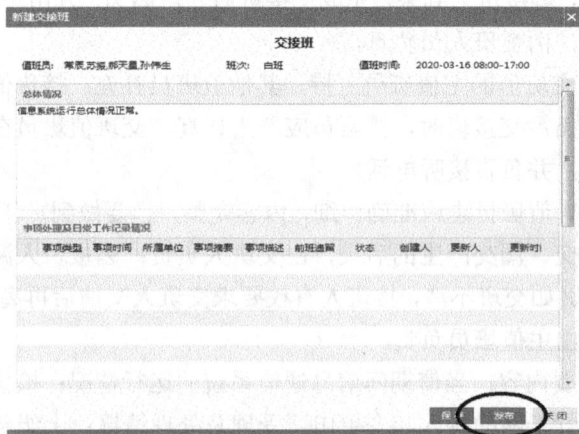

图 1-2-2　新建交接班

核对信息后，填写总体情况，点击发布按钮，发布交接班（I6000 系统中只需要交班，不需要接班）。

【思考与练习】

1. 交接班过程中如出现突发状况，应如何处理？
2. 在交接班过程中，谁负责监视运行情况及接听电话？
3. 接班调度值班员应在交接班时间提前多长时间到达岗位？

▲ 模块 3　调度报表数据核查（Z40E1003 Ⅱ）

【模块描述】本模块介绍各调度报表的数据准确性的核查方法。通过对调度报表各部分内容和数据的阈值、正常及异常数据的范围和原因进行介绍，掌握调度报表数据准确性核查的技能。

【模块内容】

数据核查，顾名思义就是核对检查数据的准确性，及时纠正错误，保证信息更加准确，以提供更加有效的数据。国家电网有限公司根据"十一五"信息发展规划，于 2006 年初提出建设信息化核心项目——SG186 工程，即通过构筑一体化企业级信息集成平台、建设八大业务应用和建立健全六个保障体系，实现信息纵向贯通、横向集成，支撑集团化运作，共享数据资源，促进集约化发展，优化业务流程，实现精益化管理。由此可见数据资源在信息化项目中的重要性。

为保证信息通信系统更加安全稳定地运行，信息通信调度副值每日需对全省信息系统、信息网络、桌面终端、通信主干光路、工单处理、缺陷、检修等相关数据进行统计分析，并及时、准确地反馈给相关部门，为信息通信运维工作提供数据支撑，因此数据核查工作尤其重要。

数据核查的具体方法如下：

（1）数据核查落实到责任人、分项分解按时完成相关工作，及时准确完成。

（2）及时与数据相关负责人沟通，每月统计日报数据并进行分析，形成报表。

（3）调度副值对数据汇总、统计、分析后，调度主值对所提供的数据进行初步核对，调度值长进行二次核对，确认无误后再进行汇报总结归档。

（4）利用表格中条件格式里的介子功能，使超出阈值、异常的数据自动标红，便于发现异常数据。

当发现数据有异常时，应遵循谁提供数据谁负责准确性的原则，第一时间与数据相关的负责人联系，保证在最短的时间内提供最准确的数据。

调度值长需从数据管理能力、数据梳理成效、数据质量提升、数据综合应用四个方面对提供数据的调度员进行评价。同时还需要通过审查材料、远程检查等方式对各地市单位的数据治理水平进行客观、公正的评价，统计得出各单位月度、季度、年度评价结果。

【思考与练习】

1. 调度员核查数据的目的是什么？

2. 信息通信调度核查数据有异常时应遵循什么原则？

3. 调度值长需从哪几个方面对调度员进行评价？

第二章

调 度 联 络

◢ 模块 1　下达调度联系单（Z40E2001Ⅰ）

【模块描述】本模块介绍下达调度联系单的内容和要求。通过对调度联系单使用范围、填写说明、联络机制和操作流程等内容进行介绍，掌握操作调度联系单的规范要求，以下着重介绍调度联系单的定义及使用要求。

【模块内容】

1. 调度联系单的定义

调度联系单是上级信通调度与下级信通调度之间或同级信通调度与运行检修机构之间的一种工作联络方式。

2. 调度联系单的要求

由信通调度发起，值班人员下发调度联系单后，立即通知相关单位、人员进行处理并跟踪处理情况，调度联系单回复后当值人员应及时审核填写内容是否合格。如不符合要求，退回重新填写；符合要求的填写审核意见，最后由值长办结。

【思考与练习】

1. 简述调度联系单的定义。

2. 调度联系单最后由哪个工作角色完成办结？

3. 调度联系单由哪个工作角色进行工作审核？

◢ 模块 2　下达调度指令票（Z40E2002Ⅰ）

【模块描述】本模块介绍下达调度指令票的内容和要求。通过对调度指令票使用范围、指令票模板、填写说明、联络机制和操作流程等内容进行介绍，掌握操作调度指令票的规范要求。以下着重介绍调度指令票的定义及使用要求。

【模块内容】

1. 调度指令票的定义

调度员发布调度指令前，应填写调度指令票。调度指令票是上级调度部门向下级调度部门下达的工作指令，受令单位必须严格按照调度指令票内容进行操作。

2. 调度指令票的要求

（1）调度指令票由当值调度值班员拟写，调度指令票应文字简洁、内容完整、要求明确。

（2）调度指令票拟票后由值长进行审批，审批通过后预发至相关单位，并电话通知其做好准备工作。

（3）当值人员依照调度指令票的执行时间准时下达调度指令，并跟踪执行情况。

【思考与练习】

1. 简述调度指令票的定义。

2. 调度指令票由哪个工作角色进行拟办？

3. 调度指令票由哪个工作角色进行工作审批？

▲ 模块 3　下达口头调度指令（Z40E2003Ⅰ）

【模块描述】本模块介绍下达口头调度指令的内容和要求。通过对口头调度指令使用范围、要求、指令记录等内容进行介绍，掌握下达口头调度指令的规范要求。以下着重介绍口头调度指令的定义及相关要求并列举口头调度指令适用范围。

【模块内容】

1. 口头调度指令的定义

口头调度指令是由值班调度员口头下达单一操作的调度指令。

2. 口头调度指令的要求

对此类命令，值班调度员无须填写操作票；在事故情况下，值班调度员为加快事故处理速度，也可以口头下达事故操作指令，现场运行值班人员在接受该命令后，可以不写操作票，立即进行操作。

3. 口头调度指令使用范围

以下操作不用填写调度指令票，便可由值班调度员下达口头调度指令，但应做好记录：

（1）事故处理。

（2）设备开停机、重启的单一操作。

（3）应用服务启、停单一操作。

（4）插拔网络接线的单一操作。

（5）其他的单一操作。

【思考与练习】

1. 简述口头调度指令的定义。

2. 事故情况下，值班调度员应该如何处理操作票？

3. 哪些操作不用填写调度指令票，可由值班调度员下达口头调度指令？

▲ 模块 4　调度指令执行要求（Z40E2004Ⅱ）

【模块描述】本模块介绍各种调度指令的填写规范和考核要求。通过对调度联系单、调度指令票、口头调度指令等使用规范和检查要求的介绍，掌握调度指令的填写、记录、执行等联络机制和操作流程的执行规范，以下着重介绍调度指令执行要求。

【模块内容】

（1）值班调度值班员发布调度指令时，应正确使用调度术语，与受令人互报单位、姓名、核对时间，下令全过程必须严肃，认真执行监护、复诵、录音和记录制度。当通信困难时，调度值班员可委托所属的其他调度对象代为转达调度指令，但三方对调度指令均应做好详细记录及录音，并复诵无误。

（2）调度指令的执行应遵守发令、复诵、录音、记录、汇报等制度。

（3）逐项操作调度指令票时应坚持逐项发令、逐项执行、逐项汇报的原则。

（4）接令对象根据调度值班员下达的调度指令票，按有关要求拟写两票。调度值班员对下达调度指令的正确性负责，接令人对操作的正确性和及时性负责。现场接令对象执行操作指令完毕后应进行汇报，由调度值班员确认调度指令执行完毕。

【思考与练习】

1. 逐项操作调度指令票时要坚持哪些原则？

2. 对操作的正确性和及时性负责的操作角色是什么？

3. 当通信困难时，调度值班员可委托所属的其他调度对象代为转达调度指令，但必须遵守哪些要求？

第二部分

信息通信系统缺陷处理

第三章

信息通信系统运行监控

▲ 模块 1　基础设施监控巡检（Z40F1001 Ⅰ）

【模块描述】本课程主要介绍了在信息通信调度监控工作中基础设施监控巡视及运行分析方法，重点介绍动力环境监控系统的监控对象和监控内容，详细介绍不间断电源、蓄电池、精密空调等基础设施的组成、工作原理、运行方式以及巡检方式。

【模块内容】

基础设施是机房信息设备安全运行的重要保障，因此基础设施的监控工作至关重要。本课程重点介绍不间断电源和精密空调这两类核心基础设施的工作原理、主要组成部分、日常监控巡检方式及常见异常类型，有助于信息通信调控人员更好地监控基础设施的日常运行。

一、动力环境监控系统

（一）动力环境监控系统

动力环境监控系统是通过在机房内安置传感器，收集温度和湿度的相关信息，并对不间断电源（uninterrupted power supply，UPS）各相负载和电源输入输出情况进行实时监控和展示的系统。动力环境监控系统界面如图 3-1-1 所示。

（二）UPS 监控系统

UPS 承载着信息机房所有信息设备的电源负载，重要性不言而喻。UPS 的可靠性比较好，日常运行中较少会发生异常情况。

调度监控人员可以从监控界面中直观地看到 UPS 的开关状态、分相负载情况。

UPS 运行正常时，状态指示灯显示为绿色，且无报警信息。

UPS 运行异常时，状态指示灯显示为红色，且产生报警信息。常见的异常信息有输入越限告警、电池异常告警等。常见的输入越限告警是由于市电输入电压瞬间过大造成的，电池异常告警提醒监控人员蓄电池组开始放电。

图 3-1-1　动力环境监控系统主界面

（三）精密空调监控系统

当空调出现压缩机高压异常、压缩机低压异常、地板漏水等报警情况，或者运行温湿度不在正常范围内、进电失电、低电压等报警情况，即产生报警时，状态指示灯变成红色，需要联系设备运维人员进入现场及时处理。

调度监控人员可以从监控界面中直观地看到精密空调的开关状态、温度、湿度等实时运行指标。

精密空调运行正常时，状态指示灯显示为绿色，且无报警信息。

精密空调运行异常时，状态指示灯显示为红色，且产生报警信息。常见的异常信息有压缩机的高压低压告警、地板漏水告警、运行温湿度异常等。

二、UPS 现场巡检

（一）UPS 介绍及作用

UPS 即不间断电源，是一种含有储能装置，以整流器、逆变器和变压器为主要组成部分的恒压恒频的不间断电源。

（二）UPS 组成部分

UPS 系统由五部分组成：主路、旁路、电池等电源输入电路，进行 AC/DC 变换的整流器，进行 DC/AC 变换的逆变器，逆变和旁路输出切换电路以及蓄电池组。

（三）UPS 工作原理

UPS 由电池组、逆变器和控制电路组成，一端连接电网，另一端连接电器负载。在电网电压正常的情况下，不间断电源利用电网电源为蓄电池组充电，在电网出现异常的时候，不间断电源将存储于电池中的电能释放，供负载使用。

1. 负载正常

当市电正常为 380VAC 时，直流主回路有直流电压，供给 DC/AC 交流逆变器，输出稳定的 220V 或 380VAC 交流电压，同时市电经整流后对电池充电。当市电欠压或突然掉电时，则由电池组通过隔离二极管开关向直流回路馈送电能。从电网供电到电池供电没有切换时间。当电池能量即将耗尽时，不间断电源发出声光报警，并在电池放电下限点停止逆变器工作，长鸣告警。

2. 负载过大

不间断电源还有过载保护功能，当发生超载（超过 150%负载）时，跳到静态旁路状态，并在负载正常时自动返回。当发生严重超载（超过 200%额定负载）时，不间断电源立即停止逆变器输出并跳到维修旁路状态，此时输入空气开关也可能跳闸。消除故障后，只要合上开关，重新开机即开始恢复工作。

（四）UPS 的重要运行参数

额定容量：UPS 的额定容量是指 UPS 的最大输出功率（电压和电流的乘积），一般以 kVA 作为单位。W 总是不大于 VA，它们之间的换算关系可用如下公式计算出来：W=VA×功率因数。其中，功率因数为 0~1，它表示了负载电流做的有用功（单位为 W）的百分比。

分相负载率：分相负载率是指 UPS 分相负载对分相额定容量的占比，单位是%。

市电输入电压范围：UPS 允许市电电压的变化范围，也就是保证 UPS 不转入电池逆变供电的市电电压范围。范围越大说明 UPS 适应性越好。一般 UPS 的输入电压范围应该为 160~270V 或者更宽。

市电输出电压：UPS 输出电压是指市电经过 UPS 整形、滤波、稳压等一系列措施后输出的供 PC 服务器、小型机等负载设备使用的电压。这种电压一般都比市电电压干净，没有杂质信号。通常 UPS 输出的交流电压应该稳定在 220V，不能有过大偏差。

（五）UPS 使用注意事项

UPS 的使用环境应注意通风良好，利于散热，并保持环境的清洁。切勿带感性负载，如点钞机、日光灯、空调等，以免造成损坏。

UPS 的输出负载控制在 60%左右为最佳，且可靠性最高。

适当的放电有助于电池的激活，如长期不停市电，每 3~6 个月应人为断掉市电用 UPS 带负载放电一次，这样可以延长电池的使用寿命。UPS 放电后应及时充电，避免电池因过度自放电而损坏。

（六）UPS 常见异常现象

UPS 常见异常现象：市电中断、分相负载不均衡、负载过大、市电过压。

（1）放电时间短。原因有：电池老化，电池容量变小；负载过重。

（2）短暂的电池供电告警。该问题一般是由于市电电压瞬间过压，UPS 自我保护，短时间地使用蓄电池组所造成的。

（3）分相负载不均衡。UPS 的分相负载率之间差异较大，不均衡度超过 30%。

（七）蓄电池介绍和作用

蓄电池是一个可逆的直流电源，既能将化学能转换为电能，也能将电能转化为化学能。蓄电池对外电路输出电能时叫作放电，蓄电池从其他直流电源获得电能叫作充电。

蓄电池组成如下：

（1）极板：极板是蓄电池的核心部分。蓄电池充、放电过程，电能和化学能的相互转换就是依靠极板上的活性物质和电解液中硫酸的化学反应来实现的。正极板上的活性物质为二氧化铅（PbO_2），呈暗棕色；负极板上的活性物质为海绵状纯铅（Pb），呈深灰色。

（2）隔板：隔板的作用是使正负极板尽量地靠近而不至于短路，缩小蓄电池的体积，防止极板变形和活性物质脱落。

（3）电解液：电解液的作用是形成电离，促使极板活性物的溶离，产生可逆的电化学反应。

（4）电池外壳：外壳用来盛装电解液和极板组，使铅蓄电池构成一个整体。外壳材料有硬橡胶和塑料两种。

（5）联条：联条的作用是将单格电池串联起来，提高整个铅蓄电池的端电压。普通电池联条由铅锑合金浇铸而成，硬橡胶外壳电池的联条位于电池小盖上方，塑料外壳蓄电池则采用穿壁式联条。

（6）接线柱：普通铅蓄电池首尾两极板组的横板上焊有接线柱，接线柱分锥形、L 形和侧孔形三种。为便于区分，正接线柱上或旁边标有"+"或"P"记号，负接线柱标有"-"或"N"记号。有些电池正接线柱涂有红色油漆。

（八）蓄电池的重要参数

蓄电池电压：蓄电池电压单位为 V，最低值为 2.1V。

蓄电池容量：蓄电池容量单位一般取 Ah（安时）。

供电时长：电池供电时长与电池容量和放电电流有关，放电时长=容量/放电电流。例如 1300Ah 电池是指连续放电电流为 130A，放电时间连续 10h。

（九）UPS 及蓄电池组现场巡检

（1）每天巡检至少 2 次，上午一次，下午一次。

（2）查看并记录 UPS 运行负载，记录市电输出电压、分相负载（A）和分相负载率。

（3）查看 UPS 是否存在声光报警。

（4）查看蓄电池外观是否有鼓包漏液情况。

三、精密空调现场巡检

（一）精密空调介绍及作用

精密空调又叫恒温恒湿机，是对环境的温度和湿度进行精确控制的机房专用空调，是近 30 年中逐渐发展起来的一个新机种。

精密空调系统的设计是为了进行精确的温度和湿度控制，精密空调系统具有高可靠性，可保证系统终年连续运行，并且具有可维修性、组装灵活性和冗余性，可以保证数据机房空调四季正常运行。

信息设备对信息机房环境要求较高，根据《国家电网公司信息机房设计及建设规范》（Q/GDW 1343—2014）的要求，A 类信息机房的温度要求保持在 20～25℃，相对湿度要求保持在 45%～65%。信息机房环境温度过高过低以及湿度过高过低都可能会为设备的正常运行带来隐患。

1. 高温和低温

高温、低温或温度快速波动都有可能破坏数据处理并关闭整个系统。温度波动可能会改变电子芯片和其他板卡元件的电子和物理特性，造成运行出错或故障。这些问题可能是暂时的，也可能会持续多天，即使是暂时的问题，也可能很难诊断和解决。

2. 高湿度

高湿度可能会造成磁带物理变形、磁盘划伤、机架结露、纸张粘连、MOS 电路击穿等故障发生。

3. 低湿度

低湿度不仅产生静电，同时还加大了静电的释放，此类静电释放将会导致系统运行不稳定甚至数据出错。

（二）精密空调的主要组成部分

机房精密空调系统的主要部件有压缩机、加湿器（加湿罐）、风机、控制面板、外机等。精密空调组成如图 3-1-2 所示。

（三）精密空调工作原理

精密空调制冷过程如图 3-1-3 所示，压缩机将经过蒸发器后吸收了热能的制冷剂气体压缩成高压气体，然后送到室外机的冷凝器；冷凝器将高温高压气体的热能通过风扇向周围空气中释放，使高温高压的气体制冷剂重新凝结成液体，然后送到膨胀阀；

膨胀阀将冷凝器管道送来的液体制冷剂降温后变成液、气混合态的制冷剂，然后送到蒸发器回路中去；蒸发器将液、气混合态的制冷剂通过吸收机房环境中的热量重新蒸发成气态制冷剂，然后又送回到压缩机，重复前面的过程。

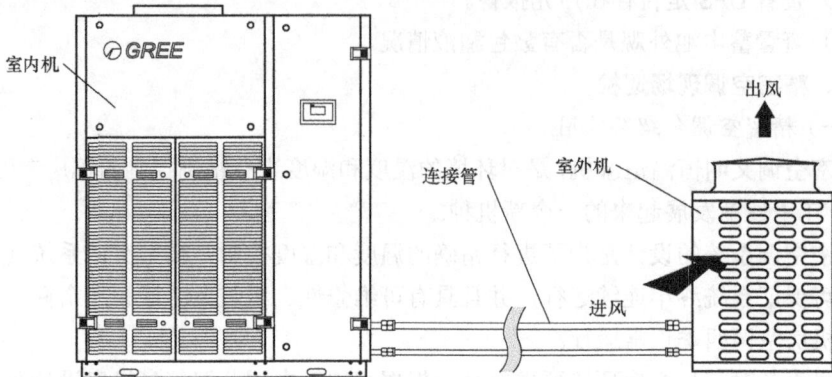

空调机组构成示意图

图 3-1-2 精密空调组成图

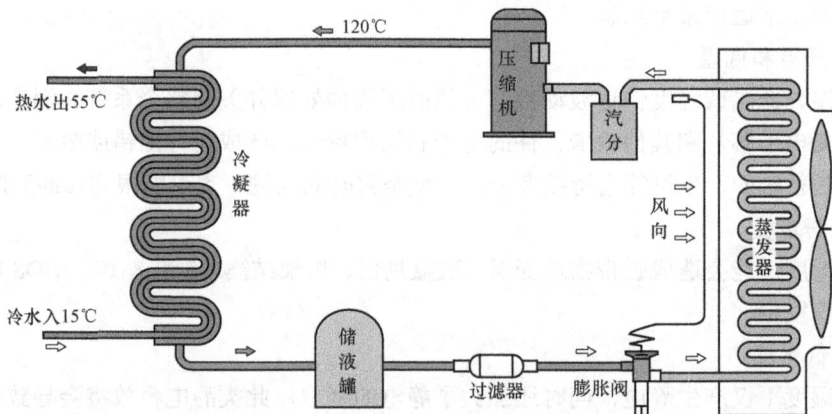

图 3-1-3 精密空调制冷过程

虽然精密空调与普通民用空调工作原理相同，但是它们之间还是存在不少区别。精密空调具有以下优点：

（1）更可靠。由于计算机机房内的设备大都是长年运行，工作时间长，要求空调设备具有极高的可靠性，民用空调较难满足要求。尤其是在冬天，在北方寒冷地区，由于室外温度太低，民用空调不能够正常运行，而机房专用精密空调通过可以控制的室外机冷凝器能够保证正常工作。

（2）更精确。民用空调不能准确地控制机房内的温度，湿度也较难控制，因此不能满足计算机机房的需要。而计算机机房专用精密空调由于有专门的加湿系统、高效的除湿系统及电加热补偿系统，能够精确地控制机房内的温度、湿度。

（3）使用寿命更长。精密空调的设计寿命一般为 10~15 年，平均无故障时间在 10 万小时以上，而民用空调的设计寿命为 5~8 年，全年无间断运行的使用寿命为 3~5 年。

（四）精密空调的重要运行参数

（1）制冷量：空调器进行制冷运行时，单位时间内从密闭空间、房间或区域内除去热量总和，单位为 W。

（2）制冷功率：空调器进行制冷运行时，额定时间内所消耗的总功率为其制冷功率，单位为 kW。

（3）吸入的风量：单位是 m^3/s 或 m^3/h。

（4）温度和相对湿度（RH）：单位分别是℃和%。

（五）精密空调的使用注意事项

（1）应注意保持精密空调使用环境的清洁，避免空调过滤网过脏，从而影响空调出风口出风。

（2）定期补充制冷剂。在夏季高温运行时，有时维护人员会通过释放部分制冷剂来减少高压告警，这样的处理方式一方面减少了空调本身的制冷量，另一方面容易造成制冷剂流量下降，压缩机得不到足够的冷却而产生机械故障。在天气转凉之后，如果没有及时补充制冷剂，则容易引起压缩机排气温度过高。

（3）定期更换过滤网，一个季度更换一次。

（4）定期更换风机皮带，半年更换一次。

（5）定期清洗外机，每周清洗外机一次。

（六）精密空调的常见异常

高压告警（夏季）、低压告警（冬季）、地板漏水告警。

空调铜管漏点，导致制冷剂泄露，影响空调的制冷效果。空调压缩机工作时，表现形式是压缩机高压告警。

（七）精密空调的现场巡检方式

巡检周期：每天 2 次，分别为 9:00、16:00。

巡检记录：巡检内容主要是精密空调运行参数：温度、湿度以及异常告警情况。精密空调巡检示例如图 3-1-4 所示。

（1）从空调系统的显示屏上检查空调系统的各项功能及参数是否正常。

（2）如有报警的情况要检查报警记录，并分析报警原因。

（3）检查温度、湿度传感器的工作状态是否正常。

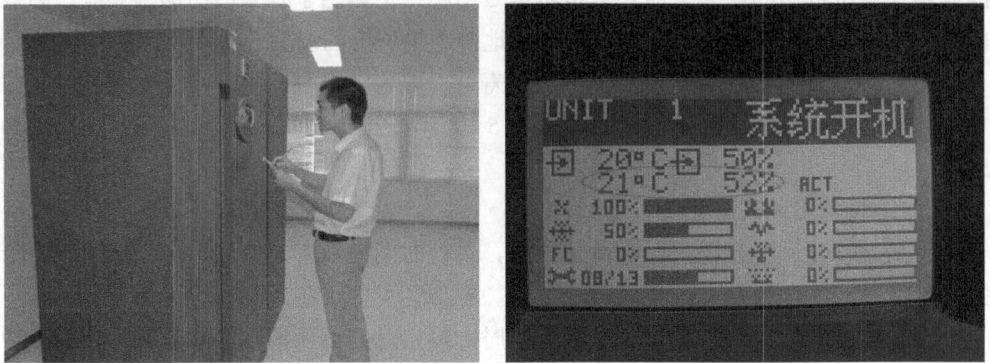

图 3-1-4 精密空调巡检示例

【思考与练习】

1.【单选题】 UPS 额定容量的单位是（　　）。

A. kVA　　　　　　B. kW　　　　　　C. V　　　　　　D. A

2.【单选题】蓄电池容量的单位是（　　）。

A. A　　　　　　B. Ah　　　　　　C. V　　　　　　D. W

3.【单选题】精密空调的正常工作温度范围是（　　）℃。

A. 18～20　　　　　　　　　　B. 20～24

C. 24～26　　　　　　　　　　D. 26～28

4.【单选题】为延长 UPS 的使用寿命，UPS 的负载不应包含的设备是（　　）。

A. PC 服务器　　　　　　　　　B. 小型机

C. 存储设备　　　　　　　　　D. 空调

5.【多选题】蓄电池组放电时间短的可能原因有（　　）。

A. 电池老化　　　　　　　　　B. UPS 负载较轻

C. UPS 负载较重　　　　　　　D. 电池容量过大

6.【多选题】精密空调主要组成部分包括（　　）。

A. 压缩机　　　　　　　　　　B. 加湿器（加湿罐）

C. 风机　　　　　　　　　　　D. 外机

7.【判断题】市电输出电压在应该稳定在 220V 左右，不该有过大偏差。（　　）

8.【判断题】UPS 具有良好的可靠性和适应性，可以带日光灯、空调等感性负载。

（　　）

▲ 模块 2　信息网络监控巡视（Z40F1002Ⅰ）

【模块描述】本模块介绍信息网络的监控和巡检工作的要求。通过对利用监控软件和直接登录设备两种监控和巡检方式的检查项目、内容和要求的介绍，掌握对信息网络链路和设备状态监控和巡检的方法。

【模块内容】

本模块主要介绍如何利用北塔智慧运维平台（BTSO 系统）查看设备、链路的各种实时状态信息。

一、运行摘要

登录系统后选择"运行摘要"，进入图 3-2-1 所示的界面，显示当前网络设备及链路的运行概况。该页面展示了实时告警情况、近期停机检修一览、近期重要事件、时段内管理对象变更等情况，为调度员日常巡检监视工作中主要关注的页面。

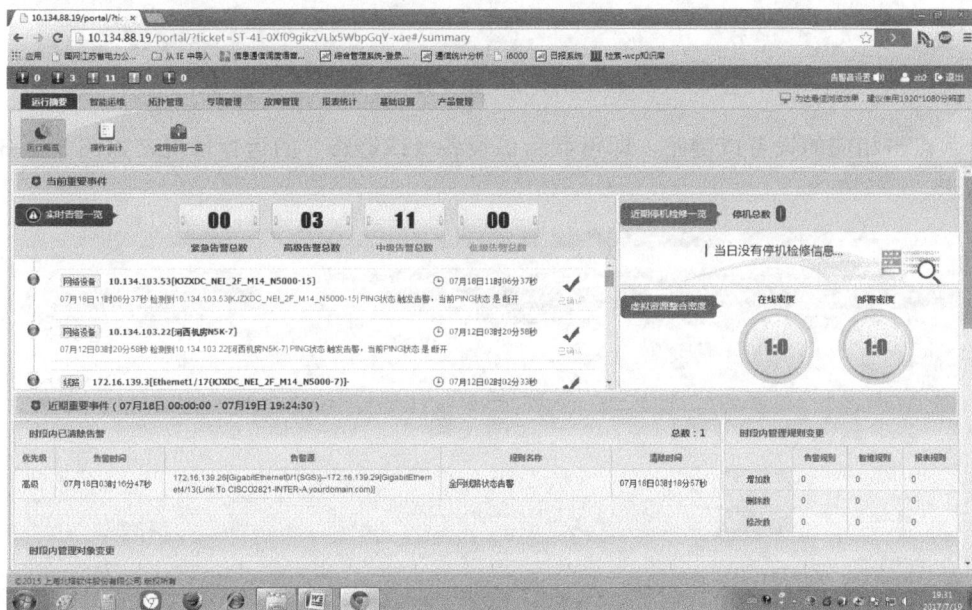

图 3-2-1　运行摘要

二、拓扑管理

该模块通过拓扑结构图的形式，展示了数据通信网的组网逻辑结构，可在左侧选择查看相应拓扑图，拓扑管理如图 3-2-2 所示。

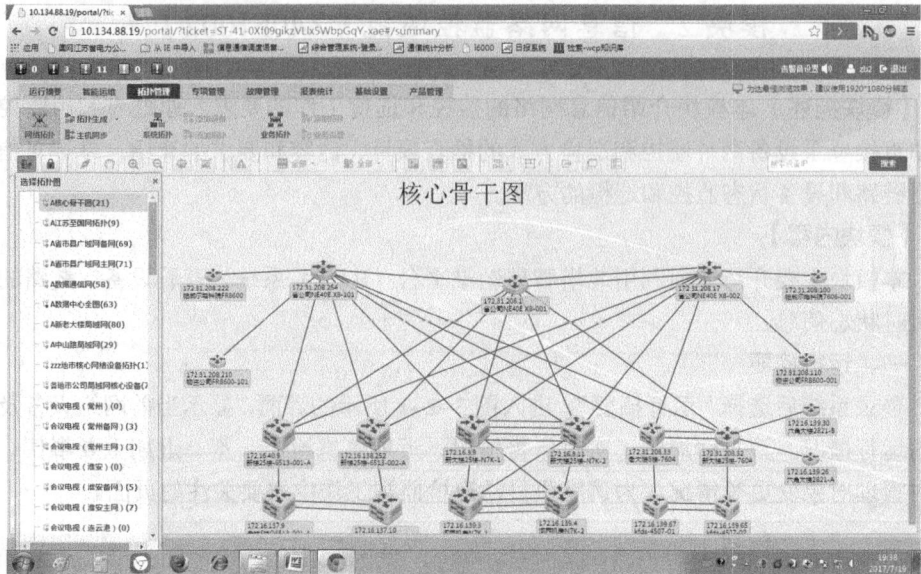

图 3-2-2 拓扑管理

点击相应的设备或链路，即可显示该设备（或链路）的运行情况，如图 3-2-3
所示。

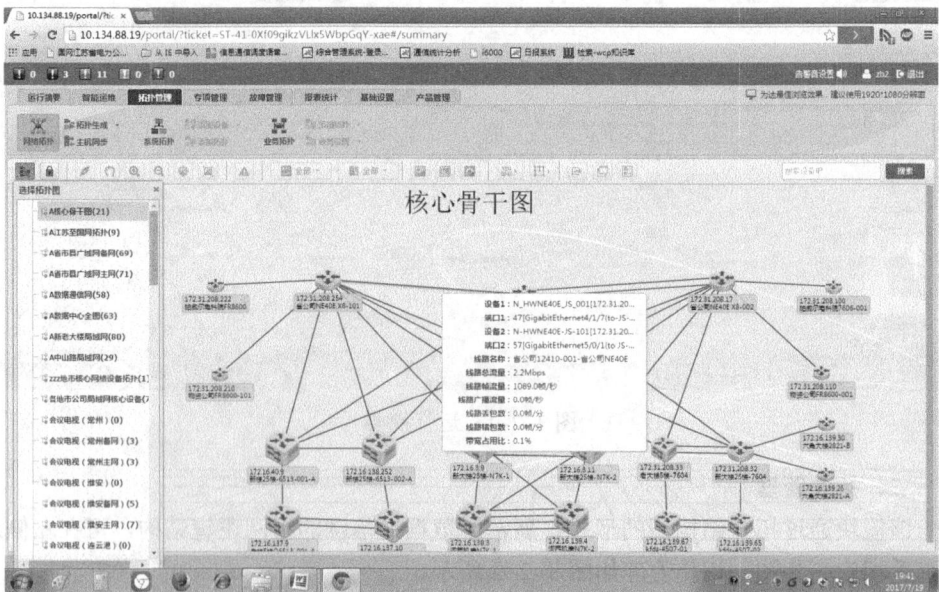

图 3-2-3 链路运行情况

选择设备或链路后，可在右键菜单中执行服务端 ping 测试、设备信息浏览等，如图 3-2-4 所示。

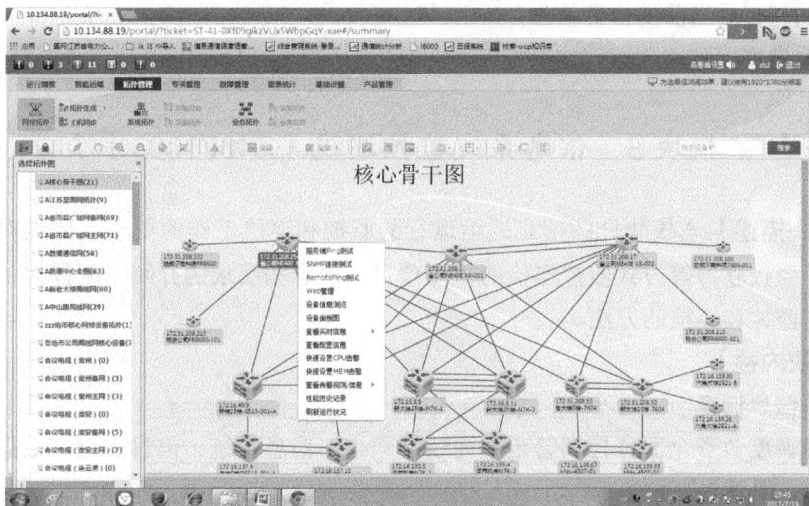

图 3-2-4　设备功能菜单

三、故障管理

在 BTSO 系统中的故障管理模块中，可以配置告警规则、查看当前和历史告警信息等，故障管理如图 3-2-5 所示。

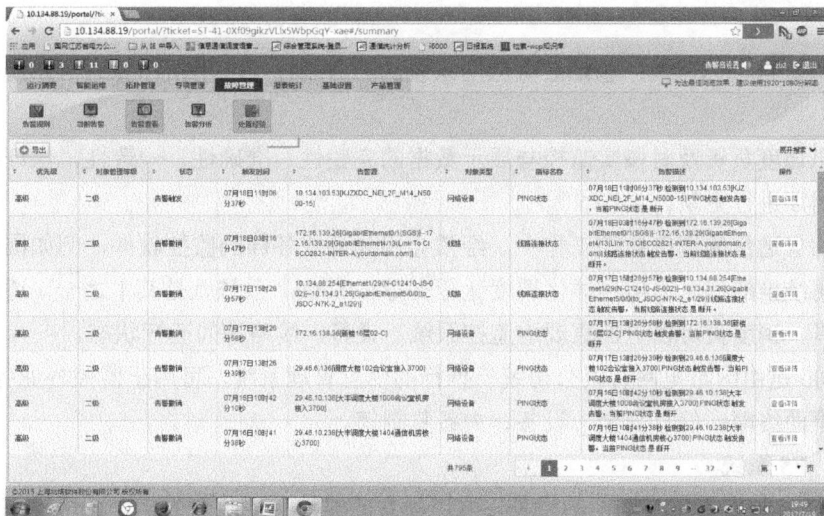

图 3-2-5　故障管理

【思考与练习】

1. BSTO 系统有哪些功能模块？
2. 如何查看当前的告警信息？
3. 如何查看链路的运行情况？

▲ 模块 3 信息系统监控巡视（Z40F1003 I ）

【模块描述】本模块介绍信息通信运行的监控和巡检工作的要求。通过对系统直接访问、监控软件等方式监控巡检的检查项目、内容和要求的介绍，掌握对信息系统服务状态监控和巡检的方法。

【模块内容】

一、信息调度

信息调度负责全面监控调管范围内信息网络、信息系统、信息安全、数据指标等相关内容，具体包括：

（1）信息网络监控：对信息网络运行状态进行监测，重点监视告警、通断、时延、流量、带宽等指标。

（2）信息系统监控：监控应用系统的运行状态、级联贯通以及功能应用等是否正常。

（3）信息安全监控：监测是否有病毒、漏洞、威胁、违规外联、敏感信息、异常事件等。

（4）数据指标监控：包括业务应用系统的业务指标、应用指标和通信系统的运行指标等。

信息调度负责及时核实监控与展示数据的完整性、准确性、一致性，保证数据按照更新周期进行更新。

在信息通信的调度监控工作中，经常会用到各式各样的监控软件，例如国家电网有限公司统推的信息通信一体化调度运行支撑（I6000）系统就是其中之一。通过这些监控工具，调度员可以更加直观地监控系统、设备、线路等的运行状态。

I6000 是由国家电网有限公司统一推行的信息管理系统，可用于监控各业务应用、网络、桌面终端、信息安全、设备、灾备复制等。

二、F5 系统

F5 是一种用于负载均衡的设备，通过设置的算法实现负载分担。通俗地讲，就是统一分配请求的设备，F5 会统一接受全部请求，然后按照设定好的算法将这些请求分配给这个负载均衡组中的所有成员，以此来实现请求的均衡分配。

例如，将财务管控系统做集群部署，并将所有的集群服务接入 F5 负载均衡设备，当用户产生请求，申请财务管控的服务时，F5 会根据当前各服务资源的使用情况，将本次请求分配给较空闲的服务，以此来实现负载均衡。

使用 F5 监控系统时，只需定期查看各服务的端口状态，即可了解服务的运行情况。图 3-3-1 是 F5 系统界面，其中气泡绿色表示服务正常运行，红色表示服务异常，黑色表示服务被人为禁用。对红色的异常服务需及时处理。

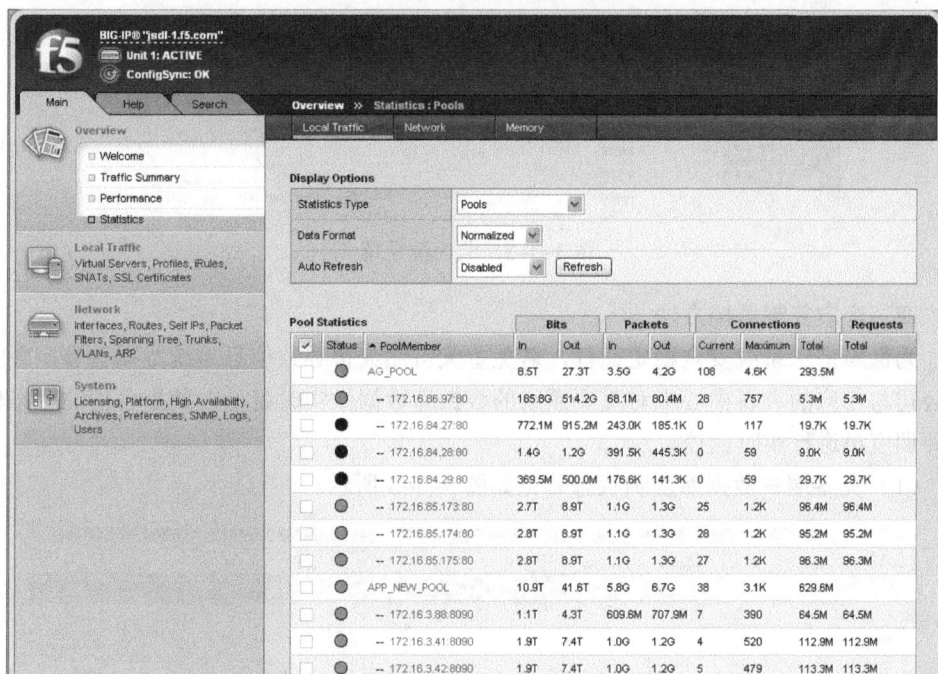

BIG-IP® "jsdl-1.f5.com"								
Unit 1: ACTIVE								
ConfigSync: OK								

Overview >> Statistics : Pools

Local Traffic | Network | Memory

Display Options

Statistics Type	Pools
Data Format	Normalized
Auto Refresh	Disabled	Refresh

Pool Statistics

Status	Pool/Member	Bits In	Bits Out	Packets In	Packets Out	Connections Current	Connections Maximum	Connections Total	Requests Total
●	AG_POOL	8.5T	27.3T	3.5G	4.2G	108	4.6K	293.5M	
●	-- 172.16.86.97:80	165.8G	514.2G	68.1M	80.4M	28	757	5.3M	5.3M
●	-- 172.16.84.27:80	772.1M	915.2M	243.0K	185.1K	0	117	19.7K	19.7K
●	-- 172.16.84.28:80	1.4G	1.2G	391.5K	445.3K	0	59	9.0K	9.0K
●	-- 172.16.84.29:80	369.5M	500.0M	176.6K	141.3K	0	59	29.7K	29.7K
●	-- 172.16.85.173:80	2.7T	8.9T	1.1G	1.3G	25	1.2K	96.4M	96.4M
●	-- 172.16.85.174:80	2.8T	8.9T	1.1G	1.3G	28	1.2K	95.2M	95.2M
●	-- 172.16.85.175:80	2.8T	8.9T	1.1G	1.3G	27	1.2K	96.3M	96.3M
●	APP_NEW_POOL	10.9T	41.6T	5.8G	6.7G	38	3.1K	629.6M	
●	-- 172.16.3.88:8090	1.1T	4.3T	609.6M	707.9M	7	390	64.5M	64.5M
●	-- 172.16.3.41:8090	1.9T	7.4T	1.0G	1.2G	4	520	112.9M	112.9M
●	-- 172.16.3.42:8090	1.9T	7.4T	1.0G	1.2G	5	479	113.3M	113.3M

图 3-3-1　F5 系统界面

三、北信源系统

北信源是用来管理桌面终端设备的系统，通过在终端上安装客户端，可以实现检查终端设备的安全隐患、屏蔽违规外联、推送安全策略等功能。

北信源系统已接入 I6000 系统中，违规外联事件、用户弱口令、防病毒软件的使用情况等，均可以在 I6000 系统中查看。但要想获得违规终端的具体信息，仍需登录北信源系统进行查看。

当 I6000 系统中显示有安全事件发生时，可按照图 3-3-2 所示的方法查看违规外联事件。进入其他模块可查看相应的安全事件。

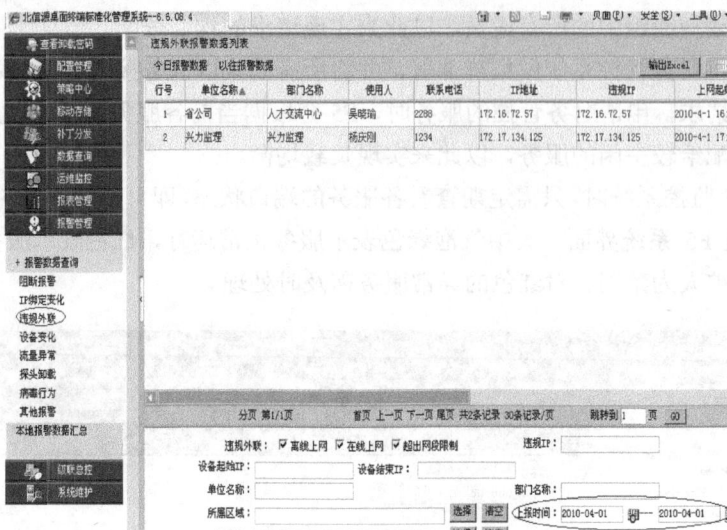

图 3-3-2　北信源系统

四、容灾复制监控方法

为保障信息系统安全稳定运行，避免重大自然灾害导致信息系统数据丢失，各网省公司与相应的灾备中心应对重要系统的数据库数据做实时备份，数据备份的状态也需要调度员进行实时监控。

（1）灾备端—数据库复制状态总览如图 3-3-3 所示。

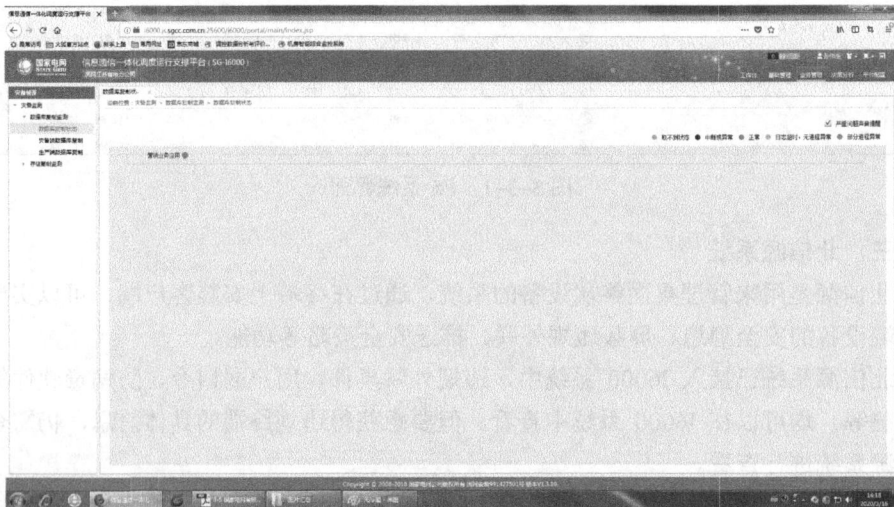

图 3-3-3　灾备端—数据库复制状态总览

（2）灾备端—存储复制状态总览如图 3-3-4 所示。

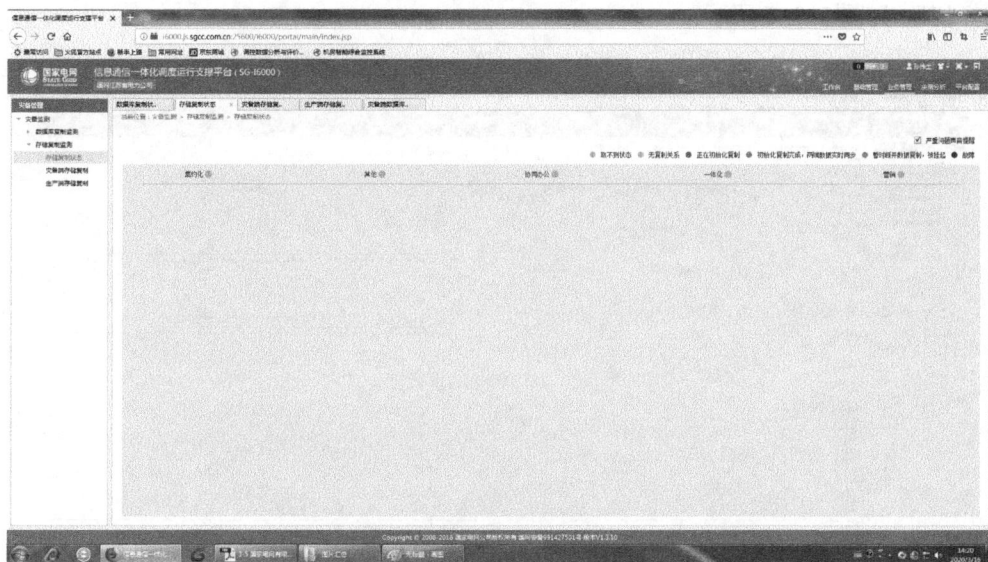

图 3-3-4 灾备端-存储复制状态总览

（3）灾备端数据库复制监管，灾备端数据库以表格、曲线图显示生成端存储复制列表，如图 3-3-5 所示。

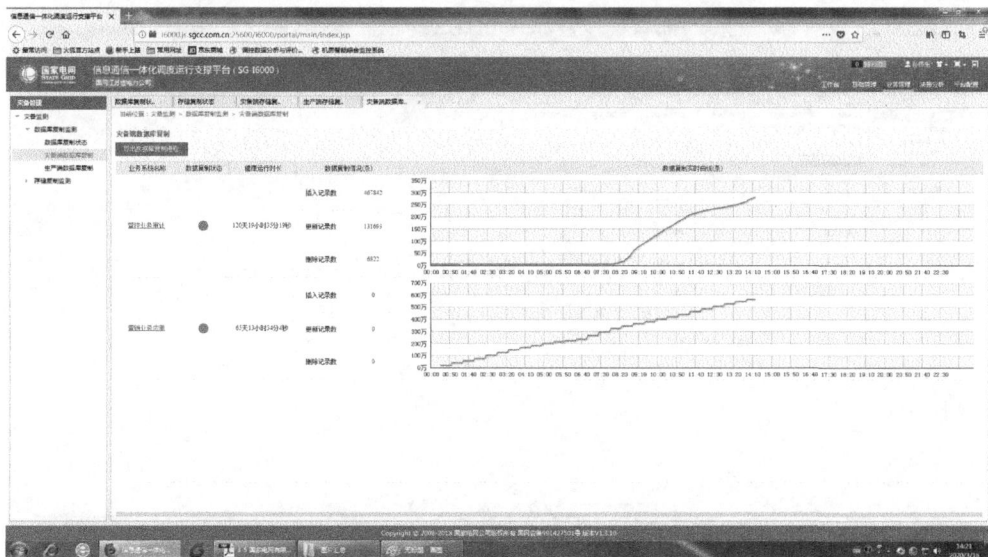

图 3-3-5 灾备端数据库复制监管

（4）灾备端存储复制监管，灾备端存储以表格、曲线图等形式显示生成端存储复制列表，如图 3-3-6 所示。

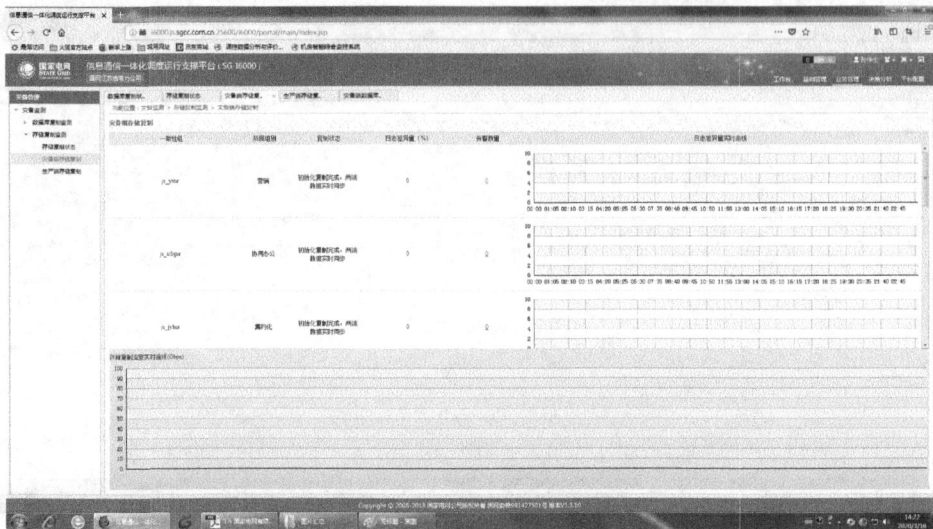

图 3-3-6 灾备端存储复制监管

（5）生产端数据库复制监管，生产端数据库复制以表格、曲线图等形式显示生成端存储复制列表，如图 3-3-7 所示。

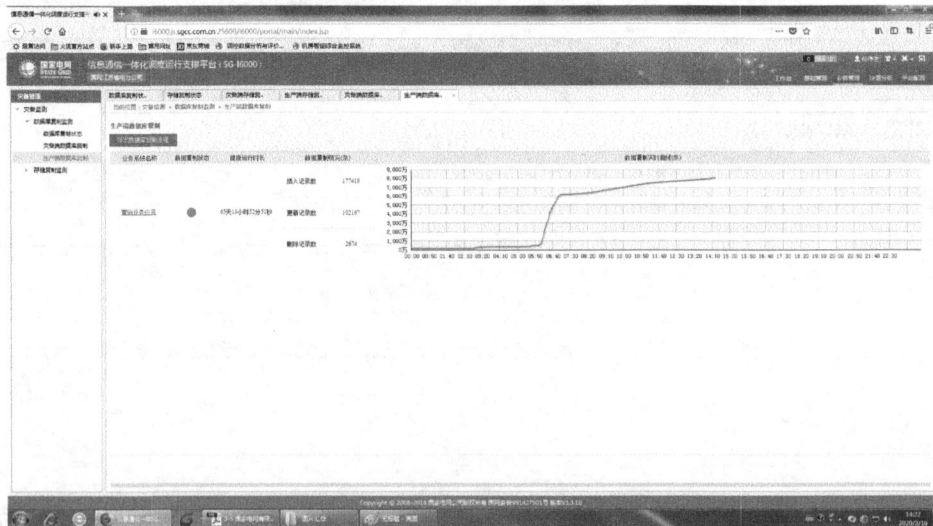

图 3-3-7 生产端数据库复制监管

（6）生产端存储复制监管，生产端存储复制以表格、曲线图等形式显示生成端存储复制列表，如图 3-3-8 所示。

图 3-3-8　生产端复制监管

【思考与练习】

1. I6000 系统中能够看到哪些信息？

2. F5 系统中，服务运行状态的各种颜色表示什么？

3. 北信源系统的哪些指标可以在 I6000 系统中查看？

模块 4　信息安全监控巡视（Z40F1004 I）

【模块描述】本模块主要介绍了在信息通信调度监控工作中信息安全监控巡视及运行分析，重点介绍防病毒相关知识，详细介绍北信源管理系统的部署方式及主要功能。

【模块内容】

随着国家电网有限公司信息化建设工作的不断推进，信息安全的重要性日益重要。本模块重点介绍桌面终端方面的安全监控，主要介绍北信源管理系统的使用方法，有助于信息通信调控人员掌握信息安全的监控方法。

一、防病毒软件

（一）计算机病毒

电脑病毒是编制者在计算机程序中插入的破坏计算机功能或者破坏数据，影响计算机使用并且能够自我复制的一组计算机指令或者程序代码。

木马病毒主要通过一段特定的程序（木马程序）来控制另一台计算机。木马通常有两个可执行程序：一个是客户端，即控制端；另一个是服务端，即被控制端。

杀毒软件通常含有实时程序监控识别、恶意程序扫描、清除恶意程序和自动更新病毒数据库等功能，有的杀毒软件附加损害恢复等功能，是电脑防御系统的重要组成部分。

防火墙是一项协助确保信息安全的设备，其会依照特定的规则，允许或是限制传输的数据通过。防火墙可以是一台专属的硬件设备，也可以是部署在一般硬件上的一套软件。

（二）计算机面临的风险

计算机风险发展趋势：传播速度加快；利用操作系统和应用程序的漏洞；间谍软件和木马的数量显著增长；威胁的目标是有形资产；形成了稳固的地下交易体系；危害多样化；传播途径多样化。

（三）防护措施

杀毒软件通常集成监控识别、病毒扫描、清除恶意软件和自动升级等功能，有的杀毒软件还带有数据恢复等功能，是计算机防御系统（包含杀毒软件、防火墙、特洛伊木马和其他恶意软件的查杀程序、入侵预防系统等）的重要组成部分。

（1）杀毒软件有两种工作方式。

1）实时监控：通过在系统添加驱动程序的方式进驻系统，并且随操作系统启动。

2）扫描磁盘：将磁盘上所有的文件（或者用户自定义的扫描范围内的文件）做一次检查。

（2）杀毒软件使用策略：安装专业的防病毒软件；定期更新病毒库，以应对网络新病毒的威胁；定期升级防病毒软件版本，定期下载操作系统补丁包，消除操作系统漏洞。

（3）防火墙是一个由软件和硬件设备组合而成，在内部网和外部网之间、专用网与公共网之间的界面上构造的保护屏障。

（4）防火墙具有以下特点：能最大限度地阻止网络中的黑客来访问内部网络；内部网络和外部网络之间的所有网络数据流都必须经过防火墙；只有符合安全策略的数据流才能通过防火墙；防火墙自身应具有非常强的抗攻击免疫力，因为它时刻面临黑客的攻击。

二、北信源管理系统

（一）北信源管理系统概况

北信源管理系统结合国家电网有限公司（简称国网公司）运维现状，信息内网桌面终端标准化管理系统采取三级部署、多级管理的模式，实现"总部—网省公司—地市公司"级联；信息外网桌面终端标准化管理系统采取两级部署、多级管理的模式，实现"总部–网省公司"级联。

总部负责全公司范围内桌面终端标准化的管理标准、技术规范及管理策略的制定，并负责本地桌面终端的管理；图形化展现网络拓扑和业务拓扑，动态呈现网络和业务运行情况。

网省公司在遵从总部标准、策略的基础上根据本省情况制定本单位及下属地市公司范围内的管理策略，同时负责本单位桌面终端的管理，并统一组织协调下属地市公司桌面终端运维及远程支持，进行相关信息的审计和分析，并上报到总部。

地市公司遵从上级网省公司制定的管理策略，负责本单位桌面终端的管理，进行相关信息的审计和分析，并上报到上级网省公司。

（二）北信源管理系统的主要功能

（1）监控对象：信息网的所有桌面终端，包括所有个人桌面（台式机、笔记本电脑等）及相关外设等桌面终端。

（2）主要功能：资产管理、软件管理、补丁管理、安全管理。

1）资产管理主要针对桌面终端详细的软件、硬件资产现状及变更等进行管理。

2）软件管理包括软件分发、配置管理、远程控制和软件计量等。

3）补丁管理包括防病毒软件和系统的补丁报警及更新管理等。

4）安全管理包括对病毒防范、安全准入、违规外联、安全评估、用户行为进行管理等，从而支持对桌面终端完整的全寿命周期管理。

（三）北信源管理系统的常用数据查询操作

数据查询是根据桌面终端标准化管理系统工作的结果，能为管理员提供对网络设备信息、网络划分信息、网络中相关的设备安全状态信息的综合查询。数据查询包括本地设备注册情况统计查询、本地设备资源统计、设备信息查询、安全策略违规查询。

（四）北信源管理系统策略中心

策略创建和分发分为以下三步骤：

（1）创建策略。在"策略管理中心"左边的策略项中可点击需要制定的策略，然后在右边的"新建策略名"中输入相应的策略名称后，单击"创建"按钮开始创建策略。

（2）配置策略。随后在具体的策略的配置中根据用户的实际需要配置好策略后，单击"保存策略"就完成了一条策略的创建。

（3）下发策略。接下来是下发策略，即指定策略的执行对象，单击"对象"按钮后，可按界面的提示完成对象的分配。

北信源系统常见策略有：用户密码策略、用户权限策略、注册表监控策略、IP与MAC绑定策略、杀毒软件策略。

（五）北信源系统的安全管理

安全管理对桌面终端提供安全接入管理、安全访问管理及安全评估管理，对相关安全事件提供告警和审计功能，以保障桌面终端的安全。

安全管理的主要内容：安全事件采集、终端安全管理、安全事件审计、安全告警、安全事件统计。

1. 安全事件采集

（1）对桌面终端的用户权限变化进行检测。

（2）根据管理员所设定阈值对桌面终端的网络流量进行监测。

（3）对桌面终端系统密码的安全性和强度进行检测。

（4）对桌面终端违规连接互联网行为进行检测。

（5）根据管理员所设定的注册表键值，对桌面终端注册表键值的安全性进行检测。

（6）根据管理员设定的阈值（包括 CPU 使用率、内存使用率、硬盘使用情况），对桌面终端运行资源的情况进行检测。

2. 终端安全管理

（1）对桌面终端的系统密码设置状况（包括密码长度、安全性、弱口令等）进行管理，对不符合要求的桌面终端进行提示。

（2）根据不同的桌面终端用户，设置不同的安全管理策略。

（3）对桌面终端注册表中与管理员设置不符合的键值进行修改。

（4）对桌面终端进行病毒防范管理，对桌面终端安装杀毒软件的情况进行监控。

（5）对桌面终端进程、服务进行管理。

（6）管理员通过发送消息的方式对桌面终端用户进行提醒、消息通知等，并且收到确认回馈。

（7）对外部存储设备的安全管理，包括对移动介质、蓝牙、打印机等接入、读写进行控制管理。

（8）设置文件及文件夹保护功能，设定访问、删除、修改等权限。

（9）设置注册表保护功能，对特定注册表条目设置防止被修改、删除等。

（10）对桌面终端违规连接互联网行为进行控制。

3. 告警信息审计

（1）对桌面终端系统密码设置的告警信息进行审计，审计内容包括单位名称、部门名称、使用人、联系电话、IP 地址、密码设置违规情况、登录用户、报警时间等。

（2）对桌面终端系统用户权限变化的告警信息进行审计，审计内容包括单位名称、部门名称、使用人、联系电话、IP 地址、变化情况、登录用户、报警时间等。

（3）对桌面终端网络流量的告警信息进行审计，审计内容包括单位名称、部门名称、使用人、联系电话、IP 地址、流量情况、登录用户、报警时间等。

（4）对桌面终端注册表键值与管理员设置不符的告警信息进行审计，审计内容包括单位名称、部门名称、使用人、联系电话、IP 地址、注册表键值不符情况、登录用户、报警时间等。

（5）对桌面终端运行资源的告警信息进行审计，审计内容包括单位名称、部门名称、使用人、联系电话、IP 地址、占用率情况、登录用户、报警时间等。

4. 安全事件审计

（1）对桌面终端违规连接互联网行为进行审计，审计内容包括单位名称、部门名称、使用人、联系电话、IP 地址、外联起始时间、外联结束时间、报警时间等。

（2）对桌面终端上网访问行为进行审计，审计内容包括单位名称、部门名称、使用人、联系电话、IP 地址、上网起始时间、上网结束时间、上网时长、上网网址、登录用户、报警时间等。

（3）对系统日志进行审计，管理员在控制台对桌面终端用户的日志（系统日志、应用日志、安全日志等）进行远程读取查看。

5. 安全告警

（1）对桌面终端存在弱口令的情况进行告警。

（2）对桌面终端系统用户权限变化进行告警。

（3）对网络桌面终端网络流量进行监控报警，当桌面终端输入或输出流量超过管理员设定阈值时报警，并且对可疑发包、可疑并发连接进行阻断。

（4）对桌面终端注册表键值与管理员设置不符合的情况进行告警。

（5）对桌面终端运行资源进行监控报警，当桌面终端的 CPU、内存、硬盘等的资源占用率和剩余空间超过管理员设定阈值时进行告警。

（6）对桌面终端违规外联行为进行告警。

6. 安全事件统计

（1）对桌面终端存在弱口令的告警数量进行统计。

（2）对桌面终端系统用户权限变化的告警数量进行统计。

（3）对桌面终端网络流量的告警数量进行统计。

（4）对桌面终端注册表键值不符合的告警数量进行统计。

（5）对桌面终端运行资源的告警数量进行统计。

（6）对桌面终端安装杀毒软件的情况进行统计。

（7）对桌面终端违规外联行为的告警数量进行统计。

【思考与练习】

1.【单选题】电脑病毒不具有的特点是（　　）。

A. 电脑病毒可以自我复制

B. 电脑病毒可以传染给人

C. 电脑病毒可以不受人为控制地运行

D. 电脑病毒的主要目的是破坏软件或硬件

2.【单选题】信息内网桌面终端标准管理系统部署方式采取（　　）。

A. 国网一级部署　　　　　　　　　B. 国网/网省二级部署

C. 国网/网省/地市三级部署　　　　D. 其他方式

3.【单选题】对于信息内外网办公计算机及应用系统口令设置，描述正确的是（　　）。

A. 口令设置只针对内网办公计算机，对于外网办公计算机没有要求

B. 信息内外网办公计算机都应避免空口令、弱口令

C. 可以使用弱口令，但不可使用空口令

D. 以上没有正确选项

4.【判断题】电脑木马的主要目的是窃取用户数据或者修改用户数据，如窃取用户账号等信息，给用户造成经济损失。（　　）

▲ 模块 5　信息设备监控巡视（Z40F1005Ⅰ）

【模块描述】 本模块主要介绍了在信息通信调度监控工作中信息设备监控巡视及运行分析，通过对 Tivoli 远程监控工具的主要功能和使用方法的介绍，掌握 PC 服务器、小型机和存储设备的基础知识和巡检方法。

【模块内容】

信息设备是信息系统的承载工具，保障信息设备的正常运行是保障信息系统安全稳定运行的基础。本课程重点介绍 PC 服务器、小型机和存储设备的主要组成部分和常见异常类型，有助于信息通信调控人员掌握信息设备的日常监控和巡检方法。

一、Tivoli 监控

Tivoli 是一款可以用来实时监控服务器、小型机和存储设备使用情况的软件，不

仅适用于 PC 服务器，同样适用于小型机和存储设备。该工具可有效监控信息设备资源的使用情况，调度员可以及时发现信息设备资源过度使用的情况，以便及时通知设备管理人员及时处理，可有效消除运行隐患，避免故障发生。

Tivoli 系统登录界面如图 3-5-1 所示。

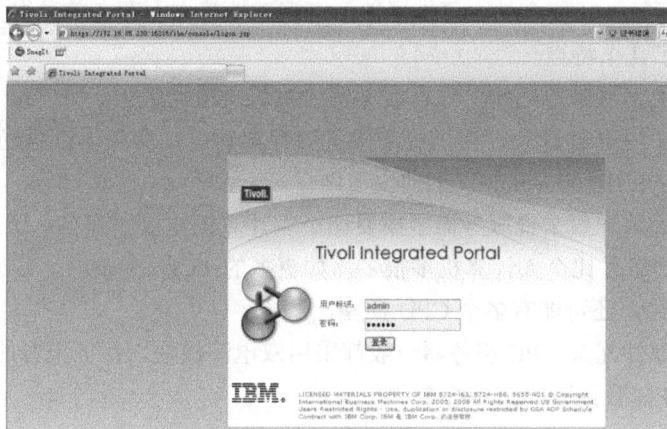

图 3-5-1　Tivoli 系统登录界面

进入系统界面后，选择相应的模块，可查看设备的具体情况。Unix 系统监控界面如图 3-5-2 所示，红灯表示紧急事件、黄灯表示重要事件、绿灯表示一般事件。通过 Tivoli 系统，我们可以实时远程监控 Unix 系统的运行状况，及时发现和处理告警事件。除了可以监控 Unix 和 Windows Server 信息主机的运行状况外，Tivoli 系统还可以监控 F5 负载均衡设备、存储设备和数据库系统的实际运行情况。

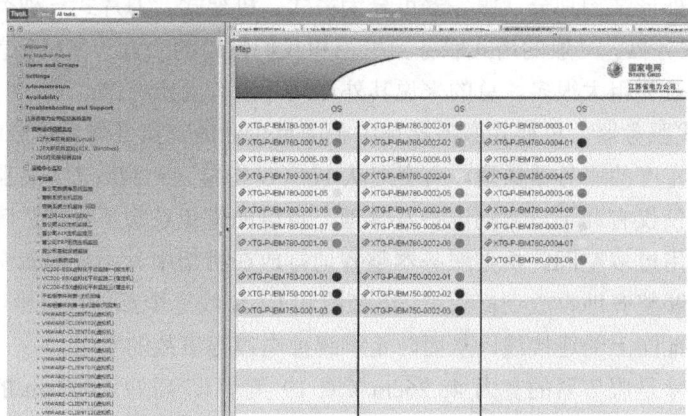

图 3-5-2　Tivoli 系统中 Unix 系统监控界面

二、PC 服务器现场巡检

（一）PC 服务器组成

PC 服务器的构成与个人计算机基本相似，有处理器、硬盘、内存、系统总线等，但 PC 服务器是针对具体的网络应用特别制定的，因而服务器与个人计算机在处理能力、稳定性、可靠性、安全性、可扩展性、可管理性等方面存在差异很大。另外，PC 服务器还有以下几个特点。

（1）体积大。从外观结构上看，服务器的机箱一般比较大。

（2）硬盘、内存容量大。为了提高磁盘的存取速度，服务器硬盘通常采用 SCSI 接口，并且转速在 10 000r/min 以上的快速硬盘。

（3）主板大。一般来说服务器主板要比个人计算机主板大许多，这主要是因为服务器中要安装的组件比个人计算机多很多，如更多的 PCI（5 条以上）、PCI–X、内存插槽（4 条以上），还可能有多个 CPU 插座。

（4）重要部件冗余。PC 服务器一般都采用双电源模块，保证电源的冗余能力。

主要系列 PC 服务器如图 3–5–3 所示。

IBM System系列　　　　　DELL PowerEdge系列　　　　联想 ThinkServer系列

图 3–5–3　主要系列 PC 服务器

（二）PC 服务器的主流配置

（1）机架式 PC 服务器是市场主流，占据 70%左右的份额，塔式 PC 服务器次之，刀片式服务器最少。

目前按照外形结构划分，服务器可分为塔式、机架式、刀片式三种类型。

1）塔式服务器。一般的塔式服务器机箱和我们常用的个人计算机箱差不多，而大型的塔式机箱就要粗大很多，总的来说其外形尺寸没有固定标准。

2）机架式服务器。机架式服务器是由于满足企业的密集部署，形成的以 19 英寸机架作为标准宽度的服务器类型，高度则从 1U（U 指单元）到数 U。将服务器放置到机架上，并不仅仅有利于日常的维护及管理，也可能避免意想不到的故障。首先，放置服务器不占用过多空间，机架服务器整齐地排放在机架中，不会浪费空间。其次，连接线等也能够整齐地收放到机架里。电源线和 LAN 线等全都能在机柜中布好线，可以减少堆积在地面上的连接线，从而防止脚踢掉电线等事故的发生。

规定的尺寸是服务器的宽为 48.26cm（或 19 英寸）、高为 4.445cm 的倍数。由于宽为 19 英寸，所以有时也将满足这一规定的机架称为 19 英寸机架。

3）刀片式服务器。刀片服务器是一种高可用高密度（high availability high density,

HAHD）的低成本服务器平台，是专门为特殊应用行业和高密度计算机环境设计的，其中每一块"刀片"实际上就是一块系统母板，类似于一个个独立的服务器。在这种模式下，每一个母板运行自己的系统，服务于指定的用户群，相互之间没有关联。不过可以使用系统软件将这些母板集合成一个服务器集群。在集群模式下，所有的母板可以连接起来提供高速的网络环境，可以共享资源，为相同的用户群服务。

（2）两路服务器成主流，四路服务器需求增势明显。

（3）主流配置：CPU 处理器 6 核 2.5G，内存 4G、8G 或 16G，硬盘 300G。

（4）IBM System 系列、DELL PowerEdge 系列、联想 ThinkServer 系列等 PC 服务器市场占有率高，比较常见。

（三）PC 服务器日常巡检内容

（1）每天至少巡检 2 次，上午一次，下午一次。

（2）PC 服务器日常巡检工作内容主要包括：查看 PC 服务器的电源、风扇、CPU、内存、硬盘及运行状态，并对设备的告警情况进行登记上报。

（3）日常巡检通过查看 PC 服务器指示灯告警情况，检查 PC 服务器的运行状态。

三、小型机日常巡检

（一）小型机定义

小型机是指采用 8～32 颗处理器，性能和价格介于 PC 服务器和大型主机之间的一种高性能 64 位计算机；

小型机在服务器市场上处于中高端位置，单台价格比较昂贵。目前市场上主要由 IBM、HP 和 ORACLE（SUN）三家国外厂商竞争。三家小型机各有特点。

（1）IBM 公司小型机采用 Power 处理器和 AIX 操作系统，目前市场占有率最高，主要型号有 IBM System P 系列。

（2）HP 公司小型机采用 PA–RISC 架构（转向于安腾处理器）和 HP–UX 操作系统，主要型号有 HP RX 型号。

（3）ORACLE 公司采用 SPARC 处理器架构和 Solaris 操作系统，当前采取绑定数据库的销售策略，不断提高市场占有率，主要型号有 ORACLE SPARC 系列。

主要系列小型机如图 3–5–4 所示。

图 3–5–4　主要系列小型机

（二）小型机的四大特色

1. 高运算处理能力（high performance）

（1）采用 8～32 颗处理器，实现多 CPU 协同处理功能。

（2）配置超过 32GB 的海量内存容量。

（3）系统设计有专用高速 I/O 通道。

2. 高可靠性（reliability）

（1）延续了大型机、中型机的高标准的系统与部件设计技术。

（2）采用高稳定性的 UNIX 类操作系统。

3. 高服务性（serviceability）

能够实时在线诊断，精确定位出根本问题所在，做到准确无误的快速修复。

4. 高可用性（availability）

多冗余体系结构设计是小型机的主要特征，如冗余电源系统、冗余 I/O 系统、散热系统等。

（三）小型机的 CPU 架构、存储和操作系统

小型机的架构与 PC 服务器有着巨大的差异，尤其是 CPU 架构和操作系统部分。下面简要介绍小型机的 CPU（计算）、RAID（存储）和操作系统。

1. CPU 架构

CPU 架构主要分两种，一种指令架构是精简指令集（reduced instruction set computing，RISC），它的指令系统相对简单，它只要求硬件执行很有限且最常用的那部分指令，大部分复杂的操作则使用成熟的编译技术，由简单指令合成。另一种指令架构是复杂指令集计算机（complex instruction set computing，CISC），X86 系列的 CPU 就是 CISC 家族的一员。主要的架构有 IBM PowerPC 架构、HP PA–RISC 架构、SUN SPARC 架构。

2. 存储

磁盘阵列（redundant arrays of inexpensive disks，RAID），英文全称有价格便宜具有冗余能力的磁盘阵列之意。原理是利用数组方式来作磁盘组，配合数据分散排列的设计，提升数据的安全性。

硬件解决方案：针对数据保存丢失风险，硬件 RAID 解决方案具有速度快、稳定性好的优点，但价格非常昂贵。

软件解决方案：针对数据保存丢失风险，利用软件仿真方式实现 RAID，但会消耗计算机计算资源，因此不适合大数据流量服务器。

目前使用广泛的 RAID 方案有以下三种：

RAID0：存储数据分布在 N 块磁盘，优点是读写速度快，缺点是可靠性不足。

RAID1：存储数据双备份，优点是可靠性高，缺点是存储空间利用率低，仅为 50%。

RAID5：读写速度和可靠性介于 RAID0 和 RAID1 之间，利用奇偶校验的方式实现数据的容灾。

3. UNIX 操作系统

UNIX 操作系统是一个强大的多用户、多任务操作系统，支持多种处理器架构，具有技术成熟、可靠性高、网络和数据库功能强、伸缩性突出和开放性好等特点，UNIX 操作系统也是科学计算、大型机、超级计算机等所用操作系统的主流。小型机主要的 UNIX 操作系统有 IBM AIX、HP HP-UX 和 ORACLE（SUN）solaris。

（四）小型机日常巡检

小型机日常巡检内容如下：

（1）每天至少巡检 2 次，上午一次，下午一次。

（2）小型机日常巡检工作内容主要包括：查看小型机的电源、风扇、CPU、内存、硬盘及运行状态，并对设备的告警情况进行登记上报。

（3）日常巡检通过查看小型机指示灯告警情况，检查小型机的运行状态。

四、存储设备日常巡检

（一）存储设备定义

存储设备是用于储存信息的设备，通常是将信息数字化后再利用电、磁或光学等方式的媒体加以存储。

高端服务器所使用的专业存储方案有 DAS、NAS、SAN 三种。

直接附加存储（direct additional storage，DAS）：将存储设备通过 SCSI 线缆或光纤通道直接连接到服务器上。一个 SCSI 环路（或 SCSI 通道）可以挂载最多 16 台设备，光纤通信存储（fibre channel，FC）可以在仲裁环的方式下支持 126 个设备。

网络附加存储（network additional storage，NAS）：用户通过 TCP/IP 协议访问数据，采用业界标准文件共享协议（如 NFS、HTTP、CIFS）实现共享。NAS 的每个应用服务器通过网络共享协议（如：NFS、CIFS）使用同一个文件管理系统。

存储区域网（storage area network，SAN）：通过专用光纤通道交换机访问数据，采用 SCSI、FC-AL 接口。SAN 结构中，文件管理系统（file management system，FS）分别在安装每一个应用服务器上。

（二）存储设备的主流配置

当前存储设备主要被以下几家厂商垄断。

（1）EMC 公司是毫无疑问的行业龙头，EMC 主打 DMX 系列存储，最高容量可支持 PB 级数据。

（2）NetApp 公司紧随其后，EMC 和 NetApp 是纯粹的存储设备商，NetApp 主打

FAS 系列，最高容量可支持 PB 级数据；

（3）IBM 公司也有存储产品，主打中端存储 DS 系列，可支持 TB 级数据。主要系列存储设备如图 3-5-5 所示。

图 3-5-5　主要系列存储设备

（三）存储设备日常巡检内容

（1）每天至少巡检 2 次，上午一次，下午一次。

（2）日常巡检通过查看存储设备指示灯告警情况，检查存储设备的运行状态。另外，巡检人员还应检查存储设备的存储使用情况，发现存储空间不足时，应及时通知设备管理人员。

【思考与练习】

1.【单选题】目前占市场主流的 PC 服务器是（　　　）。

A. 台式　　　　　　　B. 机架式　　　　　　C. 塔式　　　　　　D. 刀片式

2.【单选题】IBM 小型机运行以下哪种操作系统（　　　）。

A. WINDOWS SERVER 2003　　　　　　B. AIX

C. HP-UX　　　　　　　　　　　　　　D. WINDOWS XP

3.【多选题】以下关于 UNIX 操作系统的说法中正确的有（　　　）。

A. 多用户、多任务操作系统　　　　　B. 支持多种处理器架构

C. 可靠性高、网络和数据库功能强　　D. 开源的操作系统

4.【判断题】PC 服务器与 PC（个人计算机）组成结构一样，因此 PC 服务器就是 PC 的高端机型。（　　　）

5.【判断题】UNIX 系统的多任务特点就是指在同一时间点 CPU 能同时运行多个进程。（　　　）

▲ 模块 6　SDH 设备监控巡视（Z40F1006 Ⅰ）

【模块描述】本模块介绍同步数字体系（synchronous digital hierarchy，SDH）设备的监控和巡检工作的要求。通过对 SDH 设备的监控巡检手段、监控巡检项目、内容、要求的介绍，掌握对 SDH 设备运行状况监控的方法。

【模块内容】

一、现场巡视的种类

1. 日常巡视

日常巡视是通信专业为掌握通信设备、机房动力环境和通信线路运行状态进行的巡视。

2. 专业巡视

专业巡视是通信专业为掌握通信设备和通信线路运行状态，对通信设备和通信线路进行全面的专业检查。

3. 专业检测

专业检测是通信专业为掌握通信设备和通信线路运行状态，对通信设备和通信线路进行定期测量和试验。

现场巡视的种类主要有以上 3 种，但作为信息通信监控调度员需要做的是日常巡视的工作。

二、现场巡视的职责

各级通信管理单位应在规章制度中明确信息通信调度监控员日常巡视的职责，包括日常巡视的频率、巡视设备的范围和一些日常的报表等。

（1）巡视的频率可根据各级通信管理单位制定的规章制度执行，如中心站在每天交接班时需巡视现场设备等。

（2）巡视的范围也应在制度中明确。一般信息通信调度监控员日常巡视中心站的设备，设备包括中心站通信管辖下的所有设备，具体包括光传输设备、微波设备、PCM设备、电源等设备。

（3）巡视过程中应对巡视中发现的缺陷、故障进行详细的记录，并根据设备的等级将缺陷、故障进行逐级上报。

三、SDH 光传输设备日常巡视的注意事项

1. SDH 机柜的巡视

机柜的巡视主要注意机柜外观上有无变化，有柜门的注意柜门是否开关正常等。

2. SDH 机顶灯状态的巡视

目前电力系统使用的 SDH 光设备均有机顶告警单元。以华为 SDH 为例，机顶告警单元包括电源正常指示灯、紧急告警指示灯、主要告警指示灯和一般告警指示灯。SDH 机顶告警示意如图 3-6-1 所示。

下面我们来了解这些机顶灯的告警指示及状态说

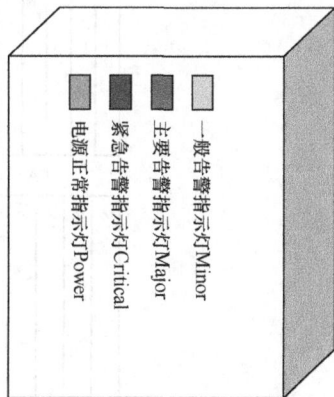

电源正常指示灯Power 紧急告警指示灯Critical 主要告警指示灯Major 一般告警指示灯Minor

图 3-6-1　SDH 机顶告警示意图

明，机顶灯告警指示说明见表3-6-1。

表3-6-1　　　　　　　　　　　机顶灯告警指示说明

指示灯	状态	说　明
电源正常指示灯 Power（绿色）	亮	设备电源接通
	灭	设备电源没有接通
紧急告警指示灯 Critical（红色）	亮	设备发生紧急告警
	灭	设备无紧急告警
主要告警指示灯 Major（橙色）	亮	设备发生主要告警
	灭	设备无主要告警
一般告警指示灯 Minor（黄色）	亮	设备发生一般告警
	灭	设备无一般告警

一般正常情况下机顶灯应只有电源指示灯亮，即绿灯常亮。

如果各级通信管理机构使用的 SDH 光传输设备的告警单元与华为 SDH 设备有很大区别，请特别培训此项内容。如无机顶告警单元，此项巡视可不作要求。

3. 直流配电单元的巡视

一般我们打开机柜，在机柜的顶部可以看到该机柜的直流配电单元。直流配电单元主要对该机柜内的设备进行直流配电。直流配电单元主要通过观察来巡检，巡检时应主要注意电源的接线、外观以及空开的状态等。

4. 设备子框及板卡的巡视

说到设备子框及板卡，大家必须注意因厂家及设备型号的各异，告警指示也各异。以华为 OSN3500 为例进行说明，华为 OSN3500 子框如图3-6-2所示。

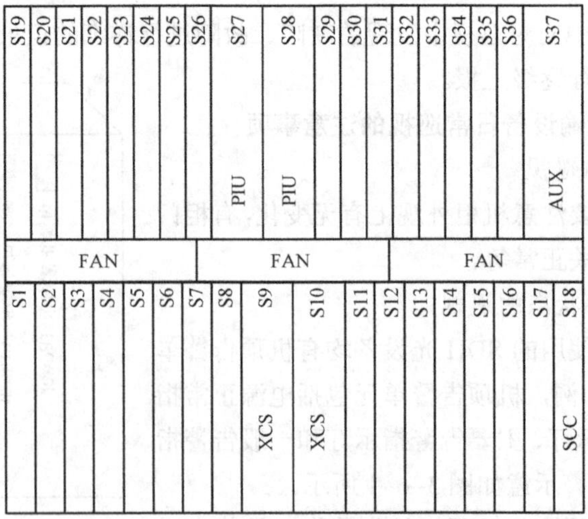

图3-6-2　华为 OSN3500 子框

图 3-6-3 是华为 OSN3500 的实物图。

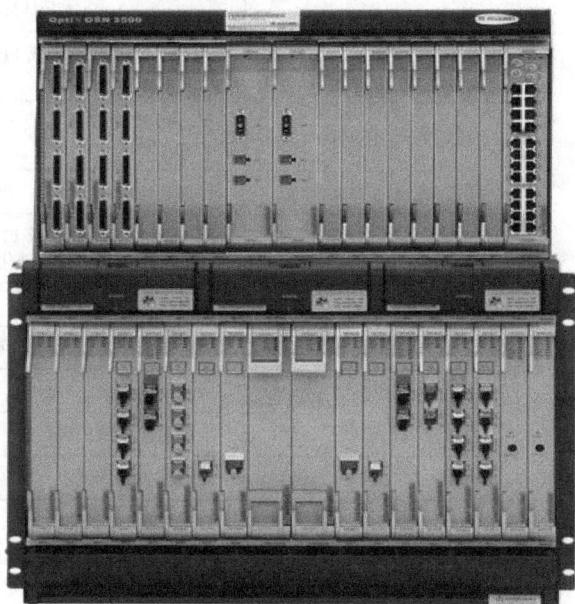

图 3-6-3　华为 OSN3500 实物图

从图 3-6-3 我们可以了解到华为 OSN3500 设备分为四个部分。上半部为设备的出线板槽位区，主要插业务接口板、电源接口板及辅助接口板。中部为设备的风扇槽位。下半部为设备的处理板槽位区，主要插业务处理板、交叉板、时钟板及系统控制和通信板等。最下部为设备走线区。

熟悉子框的各个部分后，我们需要观察各个板卡的告警指示。一般而言，板卡上绿灯亮为正常状态。具体的 SDH 单元指示灯说明见表 3-6-2。

表 3-6-2　　　　　　　　　　　　　　SDH 单元指示灯说明

指示灯	状态	具体描述
单板硬件状态灯-STAT	绿色亮	单板工作正常
	红色亮	单板硬件故障
	红色 100ms 亮 100ms 灭	硬件不匹配
	灭	单板没有电源输入，或未配置业务
业务激活状态灯-ACT	亮	业务处于激活状态，单板正在工作
	灭	业务处于非激活状态

续表

指示灯	状态	具体描述
单板软件状态灯–PROG	绿色亮	FLASH 中单板软件或 FPGA 存储加载正常，或者单板软件初始化正常
	绿色 100ms 亮 100ms 灭	正在向 FLASH 中加载单板软件或向 FPGA 中加载 FPGA 软件
	绿色 300ms 亮 300ms 灭	单板软件正在初始化，正处在 BIOS 引导阶段
	红色亮	FLASH 中单板软件或 FPGA 丢失，加载单板软件不成功，初始单板软件化不成功
	灭	没有电源输入
业务告警指示灯–SRV	绿色亮	业务工作正常，没有任何业务告警产生
	红色亮	业务有紧急或主要告警
	黄色亮	业务有次要或远端告警
	灭	没有配置业务或没有电源输入

主要板卡的告警指示巡视完成后，我们还应检查风扇是否运行正常以及滤网是否定期清洗等。

5. 机柜内其他情况的巡视

除上述 SDH 光传输设备的本身巡视外，我们还应注意设备的封堵情况是否良好，线缆的走线是否有异常等。

【思考与练习】

1. 现场巡检有哪几种？

2. 如果一台 SDH 的光板上有信息丢失告警，它所在的机柜机顶灯有什么告警？

3. 在巡视设备时发现某块板卡的 STAT 灯红灯亮表示什么？

▲ 模块 7 PCM 设备监控巡视（Z40F1007 I ）

【模块描述】本模块介绍 PCM 设备的现场操作，通过对 PCM 设备的原理、组成单元、主要功能以及常用 PCM 设备操作的介绍，掌握 PCM 设备现场操作方法。

【模块内容】

一、PCM 概述

1. PCM 的含义

PCM（pulse code modulation）指的是脉冲编码调制。脉冲编码调制的作用是将模拟信号经抽样、量化、编码转成标准的数字信号。

2. PCM 的帧结构

为了提高通信系统信道的利用率，话音信号的传输往往采用多路复用通信的方式。复用技术有多种工作方式，如频分复用、时分复用以及码分复用等。时分复用技术（time-division multiplexing，TDM，TDMA）是将不同的信号相互交织在不同的时间段内，沿着同一个信道传输，在接收端再用某种方法，将各个时间段内的信号提取出来还原成原始信号的通信技术。这种技术可以在同一个信道上传输多路信号。PCM 2M时隙帧结构如图 3-7-1 所示。

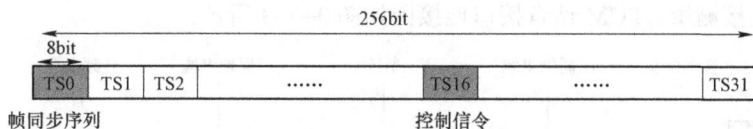

图 3-7-1　PCM 2M 时隙帧结构

时分复用：将 2048kbit/s 的通道分成 32 份，每份为一个时隙。PCM 基群的帧长是256bit，每个时隙长度则是 256/32=8（bit）。帧周期是 125us，即帧频是 8000 帧/s，每时隙速率是 8×8000=64 000（bit/s）=64（kbit/s）。EI 基群通道速率是 64kbit/s×32=2048kbit/s＝2Mbit/s。

PCM 基群（2Mbit/s 通道）中，一帧共有 32 时隙（time slot，TS），每时隙 64kbit/s，其中第 0 时隙是帧同步序列，第 16 时隙是控制信令，其余 30 个时隙则用来传输业务信息。

3. PCM 设备的作用

PCM 设备应用广泛，接口丰富，是重要的接入设备，在电厂、变电站、供电公司都有多台设备。PCM 的连接通常采用点对点方式，以供电公司为中心，呈辐射状。供电公司有多台设备，各变电站安装1～2 台设备。每台设备以 2M 方式与传输设备连接，单台设备可以连接多个站点的设备。PCM 设备连接图如图 3-7-2 所示。

PCM 设备将 30 路 64kbit/s 低速通道复接成 2Mbit/s，因此 PCM 设备也称多路复接设备。其主要作用：

（1）将低速业务转换成数字信号，并装入 64kbit/s 通道。

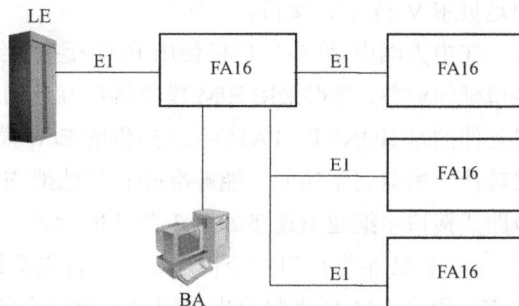

图 3-7-2　PCM 设备连接图
FA16—华为 PCM 设备；BA—网管；LE—交换机。

（2）提供时隙交叉功能和各种标准接口。

（3）将 30 路 64kbit/s 通道复接成 2Mbit/s。

4. PCM 设备常用业务及其接口

在电力通信专网中，PCM 主要传输以下常用业务：

（1）调度电话、行政电话（FXO、FXS）。

话音中继接口（foreign exchange office，FXO）和话音终端接口（foreign exchange station，FXS）均使用一对音频线，FXS 的两根出线之间有 48V 左右的直流电压，用万用表可直接测量。PCM 话音接口连接图如图 3-7-3 所示。

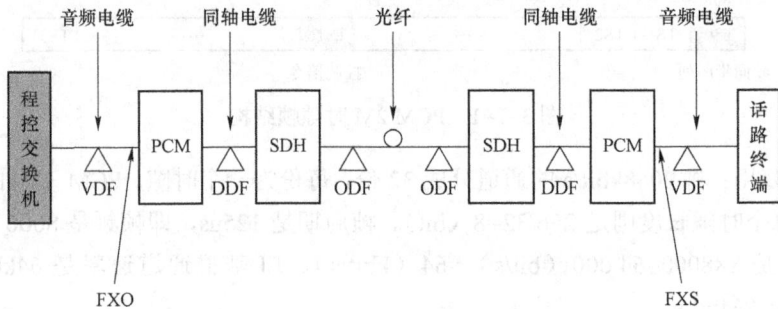

图 3-7-3　PCM 话音接口连接图

（2）四线模拟中继（4w E/M）。

四线模拟中继（4w E/M），电力系统中通常使用六根音频线，分别为收端两根、发端两根、E/M 各一根，信号线与地线（信号地线，非公共接地）之间只有微弱的交流电压，用万用表难以测量出来。常见的 E/M 接口有贝尔 I 类 E/M 接口、贝尔 II 类 E/M 接口、贝尔 III 类 E/M 接口、贝尔 IV 类 E/M 接口、贝尔 V 类 E/M 接口。我国常见的是贝尔 V 类 E/M 接口。

在电力网中，许多用户机使用 E/M 模拟中继接口互连。HONET　FA16 提供了 E/M 接口延伸业务，使得采用 E/M 模拟接口互连的用户机突破了地域的限制，实现 E/M 接口延伸的是 HONET　FA16 系统提供的 E/M 模拟中继接口板 ATI，它通过软件实现 2/4 线转换、增益调整功能，能够准确有效地把 E/M 信令从一端传递到另一端。PCM 模拟四线接口中继通道连接如图 3-7-4 所示。

4w E/M 中继接口信令传递过程：首先交换机用户拨打 E/M 中继出局电话时，开关 K1 闭合，M 线上将有电流流过，接口设备电流检测电路检测到电流（一般是 6～25mA）后认为被占用。占用接口设备后交换机将电话号码（MFC 或 DTMF 方式）从 a1b1 线上传送。若电话号码正确传送完毕，对端交换机给接口设备回应答信号，接口

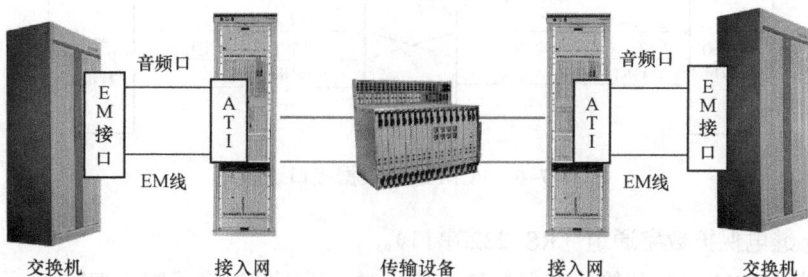

图 3-7-4 PCM 模拟四线接口中继通道连接图

设备就将 K2 开关闭合，交换机 E 线将检测到电流，认为呼叫控制建立成功，进入通话状态。通话完毕，挂机一侧设备断开开关，对方将检测不到电流，认为收到拆线信号，执行拆线操作。PCM 模拟四线接口工作原理如图 3-7-5 所示。

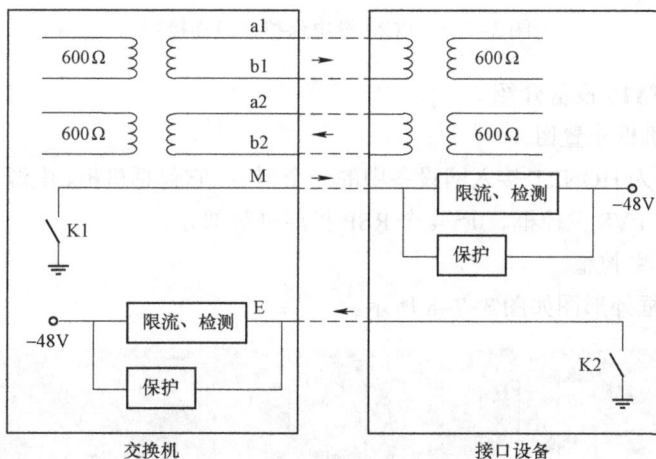

图 3-7-5 PCM 模拟四线接口工作原理图

（3）模拟远动通道（VFB）。

PCM 设备可以提供音频模拟专线接口，用于传输音频模拟信号，包括远动模拟信号。音频模拟专线接口与上述四线模拟中继接口相似，但是无 E、M 信令。

（4）远动数据通道（RS-232 串口）。

使用三根音频线，分别为收（Rx）、发（Tx）、地（GND），信号线与地线（信号地线，非公共接地）之间有 12V 以内的直流电压，用万用表可直接测量。PCM 远动数据接口连接如图 3-7-6 所示。

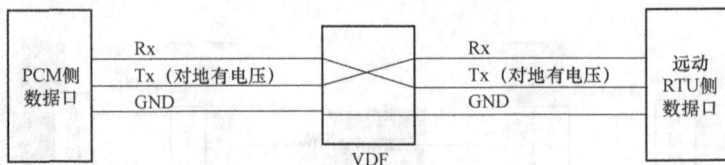

图 3-7-6 PCM 远动数据接口连接图

（5）继电保护数字通道（RS-232 串口）。

当利用 PCM 设备传输 64k 保护通道信号时一般不经过音频配线架跳接，而是设备接口直接连接。PCM 继电保护接口连接如图 3-7-7 所示。

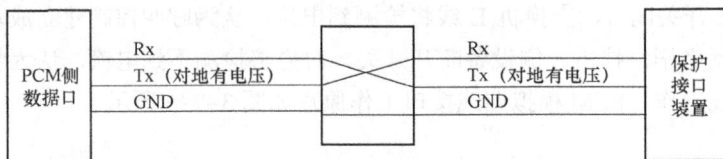

图 3-7-7 PCM 继电保护接口连接图

二、华为 FA16 设备介绍

1. 设备及机框布置图

FA16 是华为 HONET 接入网设备中的一个型号，它包括机柜、电源、环境监控盒、告警盒、风扇、PV8 主控框、0~4 个 RSP 扩展框等部分。

2. PV8-10 主控框

PCM 主控框外形图如图 3-7-8 所示。

图 3-7-8 PCM 主控框外形图

3. PV8 主控板

PCM 主控板外形图如图 3-7-9 所示。

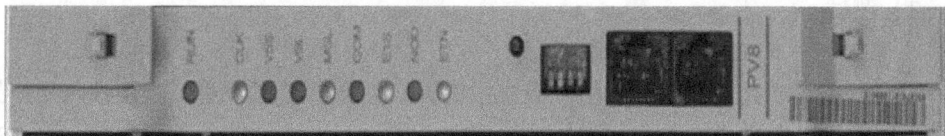

图 3-7-9　PCM 主控板外形图

（1）具有 2k×2k 交叉矩阵，提供基于 64kbit/s 的交叉能力。

（2）V5 协议的处理和内部 HGRP 协议的处理。

（3）负责从 E1 接口的时钟锁相，并分配到用户单元中。

（4）每块 PV8 板提供 40 条扩展框。其中 32 条用来连接扩展用户框，另外 8 条，用来与 PV8 本框的用户相连。

（5）主处理机：主用 PV8 板通过控制总线对框中的用户板、测试板和备用 PV8 板进行监控。

（6）每块 PV8 板提供 8 个 E1 接口，两块 PV8 板共 16 个 E1 接口，以负荷分担的方式工作。这样，PV8 主控框可接入 16 条 E1 链路。

4. 电源板

（1）PV8-10 主控框中共有 2 块电源板，每块电源板占两个槽位。PCM 电源板外形图如图 3-7-10 所示。

（2）2 块电源板互为热备份，有 1 块开工即可为整框供电。

（3）电源板输入为 -48V 直流，输出为直流 +5V/30A、-5V/10A。

（4）电源板输出铃流信号：75V 交流/400mA。

5. ASL 板—FXS 语音接口板

ASL 是语音用户接口板，完成 FXS 功能，一般用于接用户话机。为模拟用户板，可提供 16 个模拟用户端口。具有 BORSCHT 七大功能。

B：馈电

O：过压保护

R：振铃控制

S：环路监视

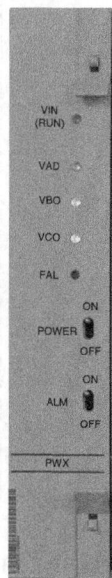

图 3-7-10　PCM 电源板外形图

C：编码和译码

H：混合电路

T：测试

6. CDI 板—FXO 语音接口板

CDI 板是语音用户接口板，用于接交换机侧，完成 FXO 的功能。直接拨入用户接口板，实现模拟用户端口透传，提供 16 个模拟用户端口；与 ASL 板槽位兼容，和 ASL 使用相同的电缆。PCM CDI 板外形图如图 3-7-11 所示。

CDI 板作为 FXO 接口（foreign exchange office，外围交换局侧接口），与 FXS（foreign exchange subscriber，外围交换用户侧接口）配合使用，可实现接入网 POTS（plain old telephone service）用户到本地交换机（LE）的模拟接入，FXS 接口由 ASL 板提供。

7. ATI 板—2/4 线 E&M 接口

模拟用户接口板，提供 2/4 线 E&M 接口业务。ATI（analog trunk interface）板是 FA16 接入网系统的 2/4 线 E&M 接口板。ATI 板与用户板槽位兼容，可提供 6 路 2/4 线 E&M 接口。PCM ATI 板外形图如图 3-7-12 所示。

图 3-7-11　PCM CDI 板外形图　　　　图 3-7-12　PCM ATI 板外形图

8. SRX 子速率板—V.24 数据接口板

SRX 子速率板提供数据接口业务，提供 RS232/V.24 数据接口的业务。具体功能如下：

H301SRX 板是 FA16 接入网系统的子速率数据接口板，可提供五路子速率数据端口，其速率为 2.4、4.8、9.6、19.2 和 48kbit/s 可变，5 路端口共享一个 64kbit/s 的时隙。

H301SRX 板与普通用户板槽位兼容。H301SRX 数据用户板提供 5 个 V.24 的同步子速率端口。端口速率可以在接入网终端系统的数管台中设置成 2.4、4.8、9.6、19.2 和 48kbit/s 五种速率。PCM SRX 板外形图如图 3-7-13 所示。

三、PCM 设备现场巡视检查

1. 设备巡视的一般规定

PCM 设备现场巡视结合通信站定期巡视（有的教材此项单独列为一个模块；没有单列模块的，应在模块的开头加上该项内容）。

（1）设备巡视的目的。

为了保证 PCM 设备及其承载的自动化通道、调度电话等业务正常运行，必须定期对现场设备进行巡视检查，及时发现设备隐患，做好设备的现场运行管理。

（2）设备巡视的方法及要求。

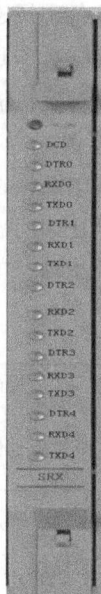

图 3-7-13　PCM SRX 板外形图

巡视之前应分析设备的运行情况，掌握设备现场巡视检查内容和注意事项。巡视操作一是观察设备运行状态指示灯是否正常；二是针对电话业务进行双向通话测试；三是检查设备运行环境是否正常；四是检查设备标签标识是否规范完整。

（3）设备巡视周期。

PCM 设备现场巡视周期与通信站巡视周期一致，结合通信站定期巡检工作进行设备巡视。

（4）设备巡视的分类。

设备巡视分为 PCM 设备检查、通信业务检查测试、以及运行环境巡视等内容。

2. 设备巡视的流程

通信巡检人员开始巡检工作前，必须电话通知信息通信调控监控值班员；在巡检工作中应认真负责，确保设备、电路运行安全稳定畅通，并与信息通信调控监控值班员核对设备运行工况、做好巡检工作记录。

3. 设备的巡视项目及要求

PCM 设备巡视项目包括主控板、业务接口板、电源板的灯态是否正常，对电话业务进行双向通话测试。

4. 危险点分析

在设备现场巡视检查时如发现设备缺陷或电路不正常，需要临时检修处理时，必须注意查看板卡是否支持带电插拔复位，拔插单板时必须戴防静电手腕。在拔插单板时必须核对确认板卡槽位无误，防止复位板卡错误造成正常电路中断。

5. 案例

设备电源板巡视检查：现场巡视检查发现华为 PCM 设备一槽位 PWX 电源板有告警音，FAIL 指示灯常亮，RUN 快闪，将 ALM 告警音开关关闭后，告警音停止，确认此电源板故障。电源板指示灯状态见表 3-7-1。

表 3-7-1 电源板指示灯状态表

灯名	颜色	说明	含 义	正常状态
VIN	红色	输入电压状态指示灯	亮：本板输入电压正常	亮
			灭：本板输入电压异常	
VA0	绿色	铃流工作状态指示灯	亮：铃流输出正常	亮
			灭：铃流输出异常	
VB0	绿色	+5V 工作状态指示灯	亮：+5V 输出正常	亮
			灭：+5V 输出异常	
VC0	绿色	−5V 工作状态指示灯	亮：−5V 输出正常	亮
			灭：−5V 输出异常	
FAIL	黄色	故障状态指示灯	闪烁：本板内任一模块出现异常（25Hz 的闪烁频率）	灭
			灭：本板内无模块出现异常	
POWER S1	/	板内各模块控制开关	ON：板内各模块正常工作	ON
			OFF：板内各模块无输出	
ALM S2	/	声/光告警转换开关	ON：板内故障情况时声光同时告警	ON
			OFF：板内故障情况时只有光告警	

（1）主控板巡视检查。

华为 FA16 主控板 PV8 板指示灯巡视检查时，各指示灯状态说明如下。

RUN：运行灯。正常开工后慢闪；未正常开工快闪。

V5 S：V5 接口状态指示灯。接口正常时常亮；部分接口异常时闪烁。

V5 L：V5 链路状态指示灯。链路正常时常亮；部分异常时闪烁。

MSL：主备通信状态指示灯。主备板间通信链路正常时常亮；主备板间通信链路不正常时灭。

COM：前后台串口通信状态指示灯。单板与后台通信正常时亮；单板与后台通信不正常时灭。

CLK：时钟主用状态指示灯。本板时钟主用时常亮；本板时钟备用时灭。

NOD：NOD 指示灯。

E1 S：E1 状态指示灯。慢闪（0.5s 亮 0.5s 灭）：远端失步（对告）；亮：线路正常；灭：失步状态；间歇闪动：滑码状态。

（2）FXS 板卡巡视。

华为 FA16 的 ASL 提供 FXS 语音接口功能，FXS 板指示灯状态见表 3-7-2。

表 3-7-2　　　　　　　　　　FXS 板指示灯状态

灯名	颜色	说明	含义	正常状态
RUN	红色	指示运行状态	0.5s 灭/0.5s 亮周期闪烁：单板启动	1s 亮1s 灭
			1s 灭/1s 亮周期闪烁：单板工作正常	
			常亮：电源 VBAT 掉电	

（3）FXO 板巡视。

华为 FA16 的 CDI 提供 FXO 语音接口功能，FXO 指示灯状态见表 3-7-3。

表 3-7-3　　　　　　　　　　FXO 指示灯状态

灯名	颜色	功能	含义
RUN	红色	运行状态指示灯	1s 亮/1s 灭周期闪烁：正常工作
			0.5s 亮/0.5s 灭周期闪烁：和主机未通信
			以 5Hz 快闪 3 秒：自检未通过
CH 0~15	绿色	通道监测灯	亮：相应通道占用

（4）4W EM 板巡视检查。

华为 FA16 的 ATI 提供 4W EM 接口功能，ATI 板指示灯状态见表 3-7-4。

表 3-7-4　　　　　　　　　　ATI 板指示灯状态

灯名	颜色	说明	含义	正常状态
RUN	红色	运行状态指示灯	1s 亮/1s 灭周期闪烁：主用正常	1s 亮/1s 灭周期闪烁
			0.25s 亮/0.25s 灭周期闪烁：与主机通信中断	
CH1~6	绿色	信道占用指示灯	闪烁：信道在接续状态	闪烁/常亮
			常亮：接续完成，可以通话或处于通话状态	

续表

灯名	颜色	说明	含 义	正常状态
EM2	绿色	EM2 中继接口指示灯	EM2/EM4 两个灯同时亮：主机未向 H301ATI 板下达配置命令	亮/灭
			EM2/EM4/AT2 三个灯中仅 EM2 亮：单板配置成 EM2 中继接口	

（5）数据板巡视检查。

华为 FA16 的 SRX 板提供数据接口功能，数据板指示灯状态见表 3-7-5。

表 3-7-5 数 据 板 指 示 灯 状 态

灯名	颜色	说明	含 义	正常状态
RUN	红色	运行状态指示灯	0.25s 亮/0.25s 灭周期闪烁： ① 已正常工作 ② 目前没有进行半永久连接	0.25s 亮/0.25s 灭周期闪烁
			1s 亮/1s 灭周期闪烁： ① 已正常工作 ② 已进行半永久连接操作	1s 亮/1s 灭周期闪烁
			长亮/长灭：工作异常	
DCD	红色	同步状态指示灯	亮：信号同步	亮
			灭：信号失步	
DTR 0~4	红色	数据终端就绪指示灯	亮：数据终端工作正常	亮
			灭：数据终端工作异常	
RXD 0~4	绿色	各端口的数据接收状态指示灯	亮：接收的数据等于 0	1s 周期闪烁
			灭：接收的数据等于 1	
TXD 0~4	绿色	各端口的数据发送状态指示灯	亮：发送的数据等于 0	1s 周期闪烁
			灭：数据终端工作异常	

【思考与练习】

1.【多选题】PCM 设备的二线接口有（　　）接口类型。

A. FXO　　　　B. FXS　　　　C. V.11/V.24　　　　D. V.24/V.28

2.【多选题】PCM30/32 路系列主要用户接口类型为（　　）。

A. FXO　　　　B. FXS　　　　C. FE　　　　D. 4W E/M

3.【判断题】交换机的模拟用户经 PCM 终端机延伸后，该用户的铃流是由交换机送出的。（　　）

模块 8　基础设施运行状态分析（Z40F1008Ⅱ）

【模块描述】本模块介绍基础设施运行的异常状态。通过对监控巡检手段和内容的介绍，掌握基础设施常态化运行的各项数据范围、异常阈值的分析和初步原因的判断。

【模块内容】

基础设施是机房信息设备安全运行的重要保障，因此基础设施的监控工作至关重要。本课程重点介绍 UPS 和精密空调这两类核心基础设施的工作原理、主要组成部分、日常监控巡检方式及常见异常类型，有助于信息通信调控人员更好地监控基础设施的日常运行。

一、精密空调日常巡检内容

1. 控制系统的巡检及维护

对空调系统的维护人员而言，巡视时第一步就是看空调系统是否在正常运行，因此首先要做以下工作。

（1）从空调系统的显示屏上检查空调系统的各项功能及参数是否正常。

（2）如有报警的情况要检查报警记录，并分析报警原因。

（3）检查温度、湿度传感器的工作状态是否正常。

（4）对压缩机和加湿器的运行参数要做到心中有数，特别是在每天早上的第一次巡检时，要把前一天晚上压缩机的运行参数和以前的同一时段的参数进行对比，看是否有大的变化。根据参数的变化可以判断计算机机房中的计算机设备运行状况是否有较大的变化，以便合理地调配空调系统的运行台次和调整空调的运行参数。

有些比较老的空调系统还不能够读出这些参数，这就需要晚上值班的工作人员多观察和记录。

2. 压缩机的巡回检查及维护

（1）听——用听声音的方法，能较正确的判断出压缩机的运转情况。因为压缩机运转时，它的响声应是均匀而有节奏的。如果它的响声失去节奏，而出现了不均匀噪音时，即表示压缩机的内部机件或气缸工作情况有了不正常的变化。

（2）摸——用手摸的方法，可知其发热程度，能大概判断是否是在超过规定压力、规定温度的情况下运行压缩机。

（3）看——主要是从视镜观察制冷剂的液面，看是否缺少制冷剂。

（4）量——主要是测量压缩机运行时的电流及吸、排气压力，能够比较准确判断压缩机的运行状况。当然对压缩机我们还需要检查高、低压保护开关、干燥过滤器等其他附件。

3. 冷凝器的巡回检查及维护

（1）对专业空调冷凝器的维护相当于对空调室外机的维护，因此我们首先需要检查冷凝器的固定情况，看冷凝器的固定件是否有松动的迹象，以免对冷媒管线及室外机造成损坏。

（2）检查冷媒管线有无破损的情况（从压缩机的工作状况及其他的一些性能参数也能够判断冷媒管线是否破损），检查冷媒管线的保温状况。特别是在北方地区的冬天，这是一件比较重要的工作，如果环境温度太低而冷媒管线的保温状况又不好的话，空调系统的正常运转会受到一定的影响。

（3）检查风扇的运行状况：主要检查风扇的轴承、底座、电动机等的工作情况，在风扇运行时是否有异常振动及风扇的扇在转动时是否在同一个平面上。

（4）检查冷凝器下面是否有杂物，影响风道的畅通，从而影响冷凝器的冷凝效果；检查冷凝器的翅片有无破损的状况。

（5）检查冷凝器工作时的电流是否正常，从工作电流也能够进一步判断风扇的工作情况是否正常。

（6）检查调速开关是否正常，一般的空调的冷凝器都有两个调速开关，分为温度和压力调速。比较新的控制技术采用双压力调速控制，因此我们在检查调速开关时主要是看在规定的压力范围内，调速开关能否正常控制风扇的启动和停止。

二、精密空调的夏季运行

数据中心机房空调制冷系统运行时，机房空调高压控制器调定在一个适当的压力值，机房专用恒温恒湿精密空调在运行时高压值到达此限值的时候，就产生了机房空调高压警报，从而造成运行停机。

停机后如果想使机房空调压缩机再次启动就必须手动复位才行，我们在按下复位按钮前，必须将造成高压的原因找出来，这样才能使机房专用恒温恒湿精密空调运转正常无隐患。

1. 引起空调高压告警的主要原因

（1）空调高压设定值不正确。

（2）当在夏季天很热时，由于制冷剂过多，引起高压超限。

（3）机房专用恒温恒湿精密空调由于长时期运转，环境中的尘埃及油灰沉积在冷凝器表面，降低了散热效果。

（4）机房空调冷凝器轴流风扇马达故障。

（5）机房专用恒温恒湿精密空调电源电压偏低，致使24V变压器输出电压不足；冷凝器内24V交流接触器不能工作。

（6）机房空调系统中可能有残留空气或其他不凝性气体。

（7）空调的 P66 中心压块触点松脱。

（8）机房专用恒温恒湿精密空调的 MINSPEED 或 F.V.S 调定不正确。

（9）空调的风机轴承故障，出现异响或卡死。

2. 机房空调高压警报故障排除方法

（1）要重新调定设定值为 350psig（pound per square inch，gauge；英制压力单位）并检查实际开停值。

（2）从系统中排出多余制冷剂，控制高压压力为 230psig～280psig。

（3）及时清洗冷凝器的表面灰尘及脏物，但应注意不要损伤铜管及翅片。

（4）详细检查轴流风机的静态阻值及接地电阻，如线圈烧毁应更换。

（5）解决电源电压问题，必要时配设电网稳压器。

（6）数据中心机房空调系统内混入空气量较少时，可从系统高处排放部分气体，必要时重新进行系统的抽真空、充氟工作。

（7）我们要重新调定室外机的 MINSPEED 或 F.V.S。

（8）必要时更换 P66 调速器。

（9）如果必要，更换或改造室外风机冷凝器，这是从根本上解决机房专用恒温恒湿精密空调高压的主要方法。

三、精密空调的冬季运行

精密空调冬季维护作业中存在一些典型问题，调控人员应当了解这些典型问题的现象和处理方法，这对提高工作效率大有帮助。

1. 制冷剂不足

在夏季高温运行时，发生高压保护却没有查找真正的原因，而只是通过放掉部分制冷剂达到降低系统运行压力，使其压力低于系统高压保护开关设定压力，从而让制冷系统可以维持运行。这样的处理方式一方面减少了空调本身的制冷量，另一方面容易造成制冷剂流量下降，压缩机得不到足够的冷却而产生机械故障。在天气转凉之后，如果没有及时补充制冷剂，则容易引起压缩机排气温度过高，如果在冬季最寒冷的时候，则会导致系统低压保护告警。因此，在处理夏季高压告警的时候，维护人员应当遵循操作规范，查找真正的原因，一定不能盲目地放掉制冷剂。

2. 过滤网脏堵

虽然通信机房的空气洁净度较高，但是仍然会有灰尘由于空调的吸力试图进入设备内部，过滤网相当于精密空调的口罩，起到保护蒸发器洁净度的作用，但是过滤网本身会积累大量的灰尘。在维护中，由于没有定期清洗或者更换过滤网，将会导致空调循环风量减少，蒸发器蒸发温度和压力下降，引起蒸发器表面结冰或低压告警保护。所以在维护中应当及时更换过滤网，使设备运行在一个稳定良好的状态。一般要求每个季度更换一次过滤网。

3. 室外机风机转速问题

在寒冷的冬季，室外冷凝器风机转速如果还是和夏季一样偏快，会导致高压侧制冷剂过冷度偏大，冷凝压力偏低，大量的制冷剂聚集在高压侧而造成低压侧制冷剂不足，从而发生低压保护，这也就是通常所说的过冷凝（低压告警）。因此，在冬季的维护工作中，应当检查各设备室外风机的转速，并根据实际情况进行调整，以保障设备正常运行。

4. 加湿系统故障

一般来说机房环境相对湿度保持在 40%～60%为宜。然而由于有些地区水质比较硬，容易造成加湿系统结水垢，所以维护人员应该适当缩短对加湿系统的维护周期，及时清洗水垢，确保加湿电流正常以及上、排水正常。

对于常见的电极式加湿系统，如果不能及时有效地进行维护，将会导致加湿罐和接水盘的水垢超出允许范围，加湿电流会由于金属电极表面覆盖水垢而下降，进而加湿量也会明显下降。另外如果不及时处理加湿水垢也会导致排水管脏堵或滋生微生物，从而引发漏水事故。

【思考与练习】

1.【单选题】为延长 UPS 的使用寿命，UPS 的负载不应包含的设备是（   ）。

A. PC 服务器　　　　　　　　　　B. 小型机

C. 存储设备　　　　　　　　　　D. 空调

2.【多选题】精密空调压缩机高压报警常见于（   ），压缩机低压报警常见于（   ）。

A. 春季　　　　　　　　　　　　B. 夏季

C. 秋季　　　　　　　　　　　　D. 冬季

3.【多选题】机房巡检时，巡检人员应重点关注 UPS 的运行参数是（   ）。

A. UPS 温度　　　　　　　　　　B. 市电输出电压

C. 分相负载　　　　　　　　　　D. 分相负载率

▲ 模块 9　信息网络运行状态分析（Z40F1009 II ）

【模块描述】本模块介绍信息网络运行的异常状态。通过对利用监控软件和直接登录设备等监控巡检方式和内容的介绍，掌握信息网络链路和设备运行状态、负载情况等数据的分析和异常的初步原因的判断。本模块侧重介绍直接登录网络设备查看运行状态。

【模块内容】

网络设备主要包括了交换机和路由器等，它们的功能主要包括物理编址、网络拓扑、数据传输、路由选择、错误校验等。对信息网络而言，网络设备是至关重要的存在。加强网络设备的巡检，保障信息网络的正常运行，有着重要意义。

网络设备的性能参数有很多，如各模块的温度、电源、风扇状态、日志告警等，不同的设备查询参数的方法也不同。下面以 CISCO12410 为例，介绍一些基本的命令，来查看设备运行状态。

（1）首先，利用 SecureCRT 等工具，选择连接方式，输入用户名、密码后，远程连接设备。远程登录界面如图 3-9-1 所示。

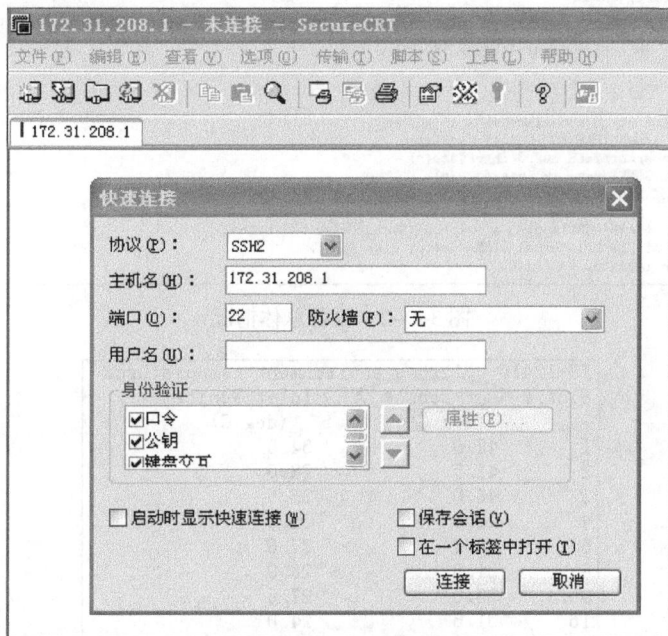

图 3-9-1 远程登录界面

（2）输入 show version 命令，查看设备总体情况。重点查看设备运行时间，是否发生过意外重启。设备总体情况如图 3-9-2 所示。

（3）输入 show environment temperatures 命令，查看设备环境温度，对温度过高的设备及时处理。设备环境温度如图 3-9-3 所示。

（4）输入 show environment fans 命令，查看设备风扇运行情况，对转速异常或者状态为 failed 的风扇及时处理。设备风扇运行情况如图 3-9-4 所示，RPM 表示风扇的每分钟转速，对于明显过快或过慢的设备都要及时查明情况，保障风扇正常运行。

```
JS-12410-001>show version
Cisco Internetwork Operating System Software
IOS (tm) GS Software (C12KPRP-K4P-M), Version 12.0(32)SY4, RELEASE SOFTWARE (fc1)
Technical Support: http://www.cisco.com/techsupport
Copyright (c) 1986-2007 by cisco Systems, Inc.
Compiled Mon 20-Aug-07 17:52 by leccese
Image text-base: 0x00010000, data-base: 0x0547E000

ROM: System Bootstrap, Version 12.0(20030502:164925) [spalleti-24S 1.6dev(0.1)] DEVELOPMENT SOFTWARE
BOOTLDR: GS Software (C12KPRP-K4P-M), Version 12.0(32)SY4, RELEASE SOFTWARE (fc1)

 JS-12410-001 uptime is 31 weeks, 2 days, 11 hours, 55 minutes
Uptime for this control processor is 31 weeks, 2 days, 10 hours, 43 minutes
System returned to ROM by reload at 21:58:40 GMT Mon Feb 4 2013
System restarted at 21:55:05 GMT Mon Feb 4 2013
System image file is "disk0:c12kprp-k4p-mz.120-32.SY4.bin"

cisco 12410/PRP (MPC7450) processor (revision 0x00) with 524288K bytes of memory.
MPC7450 CPU at 665Mhz, Rev 2.1, 256KB L2, 2048KB L3 Cache
Last reset from mbus reset

2 Route Processor Cards
2 Clock Scheduler Cards
5 Switch Fabric Cards
4 ISE 10G SPA Interface Cards (12000-SIP-601)

1 card shutdown

2 Ethernet/IEEE 802.3 interface(s)
10 GigabitEthernet/IEEE 802.3 interface(s)
2 10GigabitEthernet/IEEE 802.3 interface(s)
6 Packet over SONET network interface(s)
2043K bytes of non-volatile configuration memory.

62720K bytes of ATA PCMCIA card at slot 0 (Sector size 512 bytes).
65536K bytes of Flash internal SIMM (Sector size 256K).
Configuration register is 0x2102
```

图 3-9-2　设备总体情况

```
JS-12410-001>show environment temperatures
Slot #   Hot Sensor        Inlet Sensor
         (deg C)           (deg C)
1        42.0              34.0
2        41.5              28.0
3        46.0              36.0
4        48.0              36.0
5        46.0              37.0
8        31.0              28.0
9        30.0              27.5
16       31.5              24.0
17       30.5              24.0
18       45.5              25.0
19       44.5              25.0
20       41.0              24.0
21       41.5              25.5
22       44.5              24.5
24       PEM1: OK          NA
         PEM2: OK          NA
25       PEM1: OK          NA
         PEM2: OK          NA
29       NA                31.0
```

图 3-9-3　设备环境温度

```
JS-12410-001>show environment fans

Automatic thermal fanspeed control is:  DISABLED

Slot #  Fan 0   Fan 1   Fan 2
        (RPM)   (RPM)   (RPM)
29      3090    3111    3012            GSR16-BLOWER=
```

图 3-9-4　设备风扇运行情况

（5）输入 show environment power_supply 和 show environment leds 命令，查看设备电源和指示灯情况，对异常情况及时处理。设备电源和指示灯运行情况如图 3-9-5 所示。

```
JS-12410-001>show environment power_supply

AC Power Supplies

Slot #              48U     AMP_48
                    (Volt)  (Amp)
24      PEM1        53      11      PWR-GSR10-AC-B= Intelligent AC PS
        PEM2        53      9       PWR-GSR10-AC-B= Intelligent AC PS
25      PEM1        53      12      PWR-GSR10-AC-B= Intelligent AC PS
        PEM2        53      9       PWR-GSR10-AC-B= Intelligent AC PS

JS-12410-001>show environment leds

Slot #  Card Specifc Leds

16              MBUS-OK
17              MBUS-OK
18              MBUS-OK
19              MBUS-OK
20              MBUS-OK
21              MBUS-OK
22              MBUS-OK
24              MBUS-OK
25              MBUS-OK
29              BLOWER-OK
```

图 3-9-5　设备电源和指示灯运行情况

（6）输入 show logging 命令，查看设备告警日志情况，对异常及时处理。设备会对各项告警进行定义，数字越小，告警级别越高，数字 1 的告警最重要，数字 5 的告警一般不重要。设备告警日志如图 3-9-6 所示。

（7）另外，对于有些设备，例如 CISCO6513，还要查看各模块的状态。输入 show environment，对各模块的状态、温度等进行检查。设备各模块状态如图 3-9-7 所示。

```
JS-12410-001>show logging
Syslog logging: enabled (45 messages dropped, 0 messages rate-limited, 0 flushes, 0 overruns)
    Console logging: level debugging, 642 messages logged
    Monitor logging: level debugging, 0 messages logged
    Buffer logging: level debugging, 642 messages logged
    Logging Exception size (4096 bytes)
    Count and timestamp logging messages: disabled
    Persistent logging: disabled
    Trap logging: level informational, 429 message lines logged
        Logging to 172.31.9.5, 429 message lines logged
        Logging to 172.16.0.120, 429 message lines logged
        Logging to 172.31.9.196, 429 message lines logged

Log Buffer (16384 bytes):

May  8 10:51:01: %SONET-4-ALARM:  POS3/0/0: B2 BER below threshold, TC alarm cleared
May  8 10:51:01: %SONET-4-ALARM:  POS3/0/0: B3 BER below threshold, TC alarm cleared
May  8 10:51:01: %SONET-4-ALARM:  POS3/0/0: SF BER below threshold, alarm cleared
May  8 10:51:03: %LINK-3-UPDOWN: Interface POS3/0/0, changed state to up
May  8 10:51:04: %LINEPROTO-5-UPDOWN: Line protocol on Interface POS3/0/0, changed state to up
May  8 10:51:19: %LDP-5-NBRCHG: LDP Neighbor 172.31.117.1:0 (8) is UP
May  8 10:55:21: %SONET-4-ALARM:  POS3/1/1: B1 BER exceeds threshold, TC alarm declared
May  8 10:55:21: %SONET-4-ALARM:  POS3/1/1: B2 BER exceeds threshold, TC alarm declared
May  8 10:55:21: %SONET-4-ALARM:  POS3/1/1: B3 BER exceeds threshold, TC alarm declared
May  8 10:55:30: %SONET-4-ALARM:  POS3/1/1: SLOS cleared
May  8 10:55:31: %SONET-4-ALARM:  POS3/1/1: B1 BER below threshold, TC alarm cleared
May  8 10:55:31: %SONET-4-ALARM:  POS3/1/1: B2 BER below threshold, TC alarm cleared
May  8 10:55:31: %SONET-4-ALARM:  POS3/1/1: B3 BER below threshold, TC alarm cleared
May  8 10:55:31: %SONET-4-ALARM:  POS3/1/1: SF BER below threshold, alarm cleared
May  8 10:55:34: %LINK-3-UPDOWN: Interface POS3/1/1, changed state to up
May  8 10:55:35: %LINEPROTO-5-UPDOWN: Line protocol on Interface POS3/1/1, changed state to up
May  8 10:55:41: %LDP-5-NBRCHG: LDP Neighbor 172.31.114.1:0 (9) is UP
May  8 10:57:13: %LINK-3-UPDOWN: Interface POS3/1/1, changed state to down
May  8 10:57:13: %LDP-5-NBRCHG: LDP Neighbor 172.31.114.1:0 (9) is DOWN (Interface not operational)
May  8 10:57:14: %LINEPROTO-5-UPDOWN: Line protocol on Interface POS3/1/1, changed state to down
May  8 10:57:29: %SONET-4-ALARM:  POS3/1/1: SLOS
May  8 10:58:42: %SONET-4-ALARM:  POS3/1/1: SLOS cleared
```

图 3-9-6 设备告警日志

```
JS-6513X-003>show environment
environmental alarms:
  no alarms

backplane:
  operating clock count: 2
  operating VTT count: 3

fan-tray 1:
  fan-tray 1 type: WS-C6K-13SLT-FAN2
  fan-tray 1 version: 2
  fan-tray 1 fan-fail: OK
VTT 1:
  VTT 1 OK: OK
  VTT 1 outlet temperature: 31C
VTT 2:
  VTT 2 OK: OK
  VTT 2 outlet temperature: 33C
VTT 3:
  VTT 3 OK: OK
  VTT 3 outlet temperature: 30C
clock 1:
  clock 1 OK: OK, clock 1 clock-inuse: in-use
clock 2:
  clock 2 OK: OK, clock 2 clock-inuse: not-in-use
power-supply 1:
  power-supply 1 fan-fail: OK
  power-supply 1 power-input: AC high
  power-supply 1 power-output-mode: high
  power-supply 1 power-output-fail: OK
power-supply 2:
  power-supply 2 fan-fail: OK
  power-supply 2 power-input: AC high
  power-supply 2 power-output-mode: high
  power-supply 2 power-output-fail: OK
module 6:
  module 6 power-output-fail: OK
  module 6 outlet temperature: 27C
  module 6 inlet temperature: 27C
  module 6 device-1 temperature: 26C
  module 6 device-2 temperature: 32C
module 7:
  module 7 power-output-fail: OK
  module 7 outlet temperature: 32C
  module 7 inlet temperature: 24C
  module 7 device-1 temperature: 37C
```

图 3-9-7 设备各模块状态

【思考与练习】

1. 设备模块温度超过多少视为异常，需要处理？
2. 日志告警中，数字几表示的告警级别最高？
3. 应主要查看网络设备的哪些性能参数？

◢ 模块 10　信息系统运行状态分析（Z40F1010Ⅱ）

【模块描述】本模块介绍信息系统运行的异常状态。通过对登录系统、使用监控软件等监控巡检方式和内容的介绍，掌握信息通信系统常态化运行的状态、监控数据的分析和异常的初步原因的判断。

【模块内容】

对系统运行状态的分析的监控方法和工具有很多，例如 I6000，F5，北信源，数据交换系统等，每个系统监控的指标与范围不同，查看的数据也有区别。

下面以 I6000 系统为例，介绍巡检分析的具体方法。

一、综合监控视图

进入 I6000 系统选择业务管理—调度监控—综合监控视图，I6000 系统综合监视视图如图 3-10-1 所示。

图 3-10-1　I6000 系统综合监视视图

通过该模块可监控在运的信息系统运行状态，每个系统对应一个气泡，不同的气泡颜色代表不同的系统状态。

鼠标悬停在相应系统的气泡上，可查看当前系统的信息，I6000 监控信息系统信息如图 3-10-2 所示。

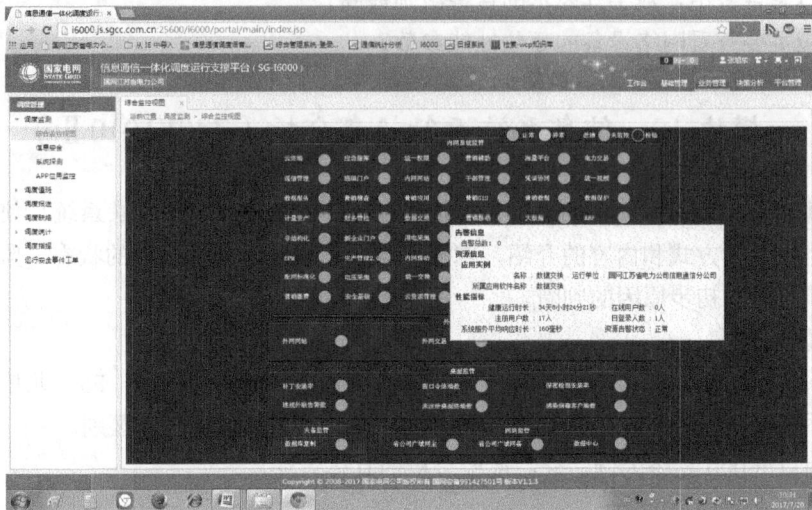

图 3-10-2 I6000 监控信息系统信息

二、信息安全

进入 I6000 系统选择业务管理—调度监控—信息安全，I6000 系统信息安全如图 3-10-3 所示。通过该界面可查看信息安全的各项指标情况。

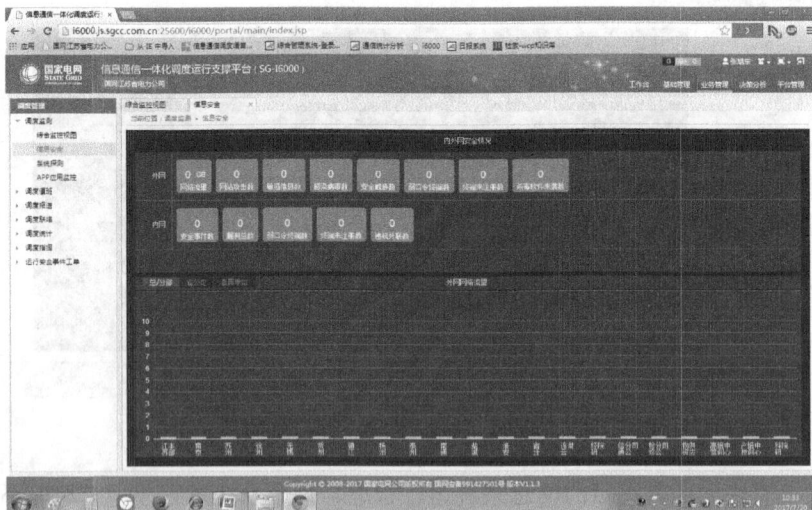

图 3-10-3 I6000 系统信息安全

三、系统探测

进入 I6000 系统选择业务管理—调度监控—系统探测，I6000 系统系统探测如图 3-10-4 所示。鼠标悬停在系统的气泡上，可查看信息系统页面探测情况。

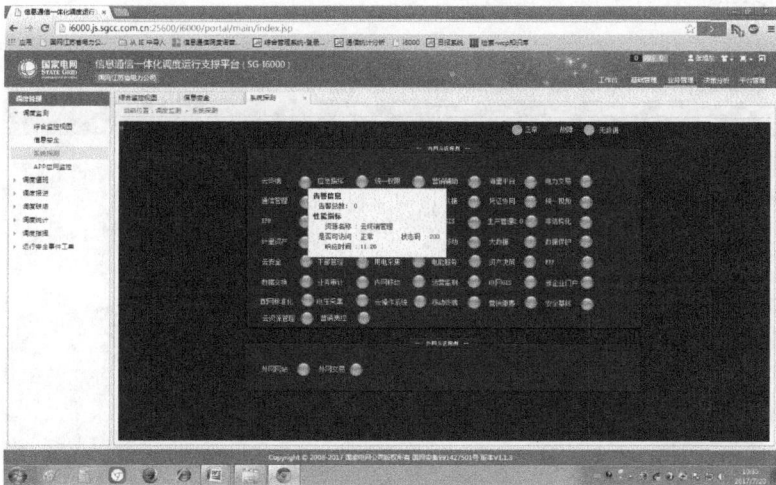

图 3-10-4　I6000 系统系统探测

四、信息系统运行指标查看与分析

在 I6000 系统的综合监控视图界面中双击需要查看的信息系统可查看系统逻辑架构，信息系统逻辑架构如图 3-10-5 所示。

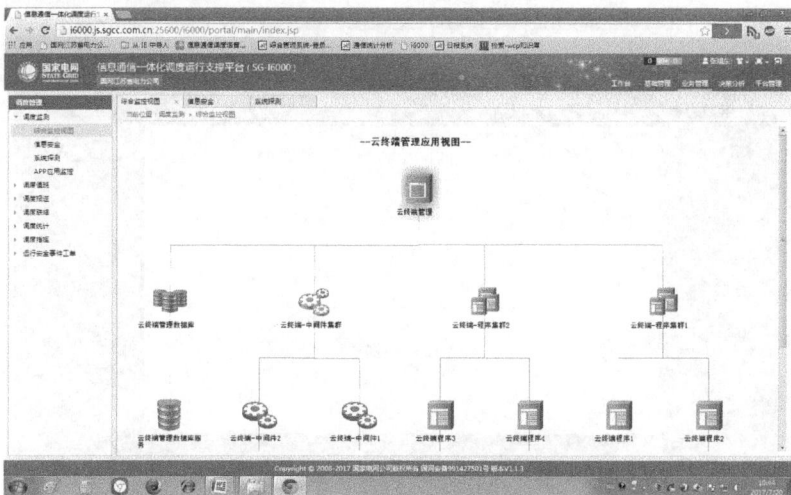

图 3-10-5　信息系统逻辑架构

　　信息系统逻辑架构包含应用实例、数据库、中间件和服务器，且可通过将鼠标悬停在相应位置查看信息。

　　双击应用实例，可查看该系统的运行情况指标情况，信息系统运行情况指标如图 3-10-6 所示。

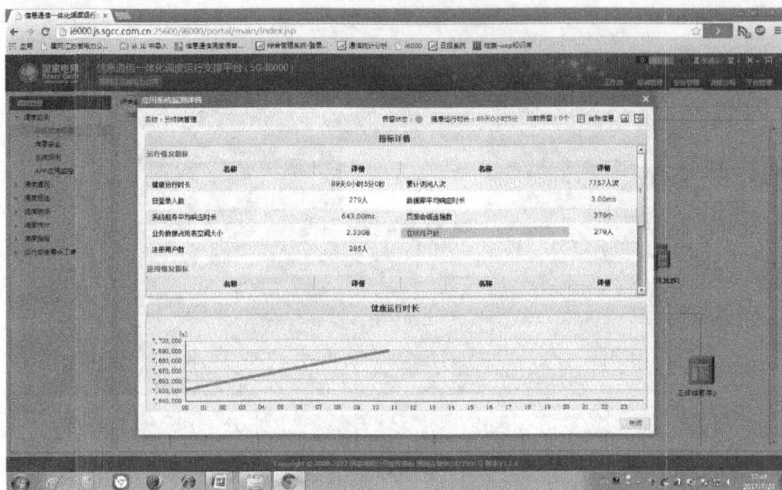

图 3-10-6　信息系统运行情况指标

　　双击相应的运行指标，可查看详情及运行曲线，信息系统运行情况指标详情如图 3-10-7 所示。

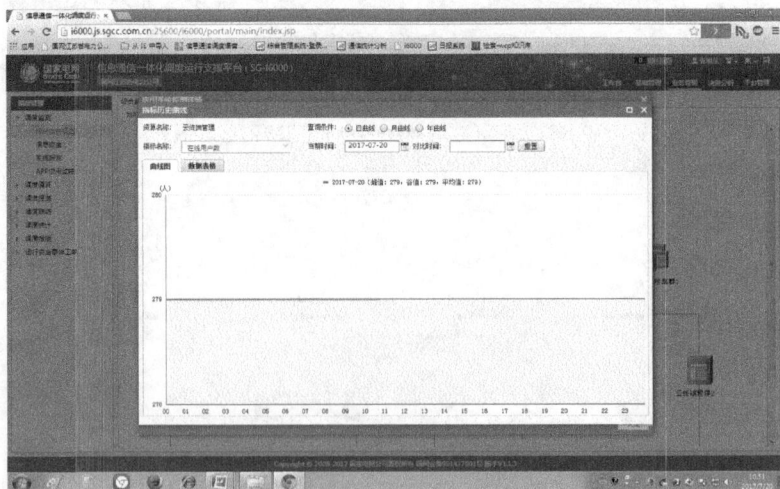

图 3-10-7　信息系统运行情况指标详情

（一）运行指标巡检及分析

I6000 监控信息系统运行情况指标巡检及分析方法如下：

（1）I6000 系统监控频率为每 5min 1 次的指标曲线是否存在异常。如果某指标无数据，则会在系统中显示为"–"（此类指标会按照时间形成监控曲线）。

1）每个受监管系统的页面下方柱状图的地市公司名称是否存在灰色。

2）每个受监管系统的"健康运行时长"。

3）每个受监管系统的"在线用户数"，信息系统在线用户数指标情况如图 3-10-8 所示。

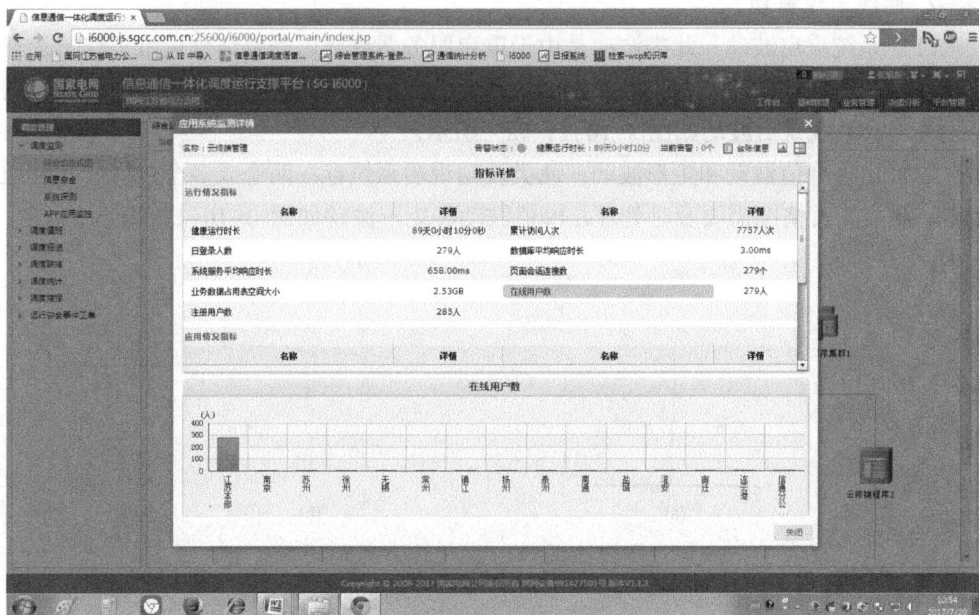

图 3-10-8　信息系统在线用户数指标情况

（2）I6000 系统监控频率为每日或每月 1 次的指标是否都有数值，如果无数据，则会在系统中显示为"–"（此类指标会按照日期形成监控曲线）。

（二）运行指标曲线异常种类及说明

1. 曲线出现断点

（1）偶然断点：此类断点为正常断点（中断 5min），无须处理，偶然断点如图 3-10-9 所示。

（2）连续断点：此类断点表示系统或网络存在运行不稳定的情况，需要及时查看处理，连续断点如图 3-10-10 所示。

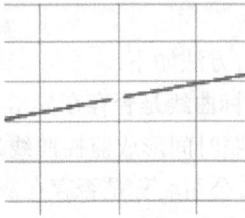

图 3–10–9　偶然断点　　　　图 3–10–10　连续断点

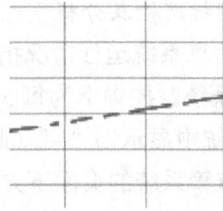

（3）曲线出现单次中断的断点时间超过 15min 的需要及时处理。

2．曲线出现波动

（1）系统重启波动：此类波动是由于重启服务器造成，需要结合运维工作记录查看是否存在重启操作，如无重启操作，则需要加强观察，如无其他异常同时存在，则无须处理。系统重启波动如图 3–10–11（a）所示。

（2）出现峰值波动和矩形波动：此类波动说明系统存在两个或多个接口同时发送数据，此类异常情况需要及时处理。峰值波动和矩形波动如图 3–10–11（b）～（d）所示。

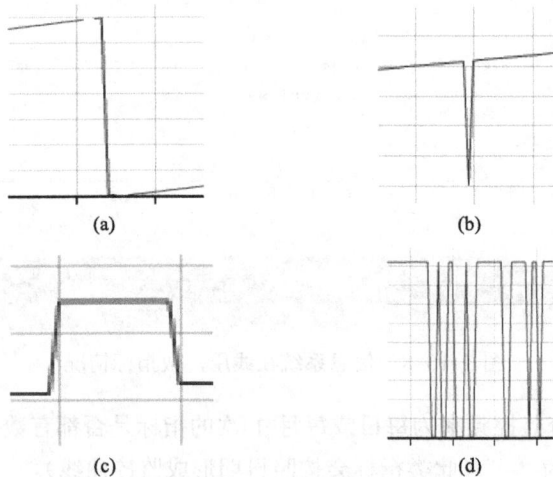

（a）　　　　　　　　　　　　　　（b）

（c）　　　　　　　　　　　　　　（d）

图 3–10–11　曲线波动

（a）系统重启波动；（b）峰值波动和矩形波动；（c）峰值波动和矩形波动；（d）峰值波动和矩形波动。

3．无曲线

出现这种曲线说明接口已经停止发送指标至少一天以上，需要通报。

【思考与练习】

1．曲线出现单次中断的断点时间超过多长时间需要及时处理？

2. 对系统运行状态分析的监控方法和工具有哪些？

3. 信息系统运行指标中监控频率为每 5min 1 次的指标有哪些？

▲ 模块 11　信息设备运行状态分析（Z40F1011 Ⅱ）

【模块描述】本模块介绍信息通信设备运行工况的异常状态。通过对主机服务设备、网络设备、安全设备、存储设备、传输设备和电源设备监控巡检手段和内容的介绍，掌握信息通信设备常态化运行的各项数据范围、异常阈值的分析和异常的初步原因的判断。

【模块内容】

本课程主要介绍了在信息通信调度监控工作中信息设备监控巡视及运行分析，本模块重点介绍 Tivoli 远程监控工具的主要功能和使用方法，详细介绍 PC 服务器、小型机和存储设备的基础知识和巡检方法。

一、PC 服务器运行状态分析

1. PC 服务器日常巡检内容

（1）每天至少巡检 2 次，上午一次，下午一次。

（2）PC 服务器日常巡检工作内容主要包括：查看 PC 服务器的电源、风扇、CPU、内存、硬盘及运行状态，并对设备的告警情况进行登记上报。

（3）日常巡检通过查看 PC 服务器指示灯告警情况，检查 PC 服务器的运行状态。

2. IBM 系列服务器运行状态分析

IBM 服务器运行灯面板如图 3-11-1 所示，IBM 服务器指示灯状态说明见表 3-11-1。

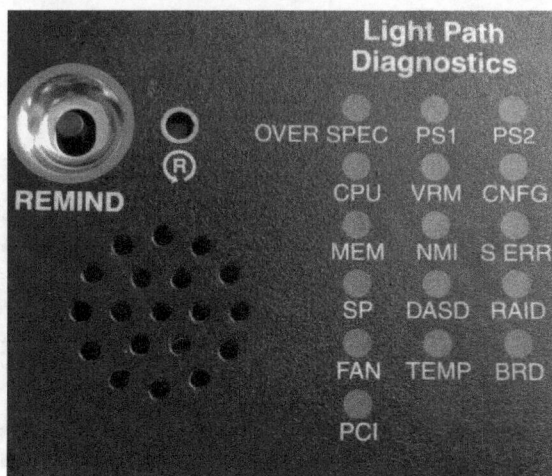

图 3-11-1　IBM 服务器运行灯面板

表 3–11–1 IBM 服务器指示灯状态说明

指示灯	问 题
OVER SPEC	电源功率超过最大额定值
PS 1	托架 1 中的电源发生故障
PS 2	托架 2 中的电源发生故障
CPU	微处理器发生故障
VRM	微处理器稳压器模块（VRM）上发生错误
CNFG	发生硬件配置错误
MEM	当该指示灯点亮时，表明发生了内存错误
NMI	发生机器检查错误
S ERR	保留
SP	服务处理器发生故障
DASD	发生硬盘驱动器错误
RAID	发生 RAID 控制器错误
FAN	风扇发生故障，或者是运行过慢，或者是已卸下风扇。TEMP 指示灯可能也会点亮
TEMP	系统温度已超出阈值级别。发生故障的风扇会导致 TEMP 指示灯点亮
BRD	系统板上发生错误
PCI	PCI 总线或系统板上发生错误。发生故障的 PCI 插槽旁的附加指示灯将点亮

3. Lenovo R525 G3 服务器运行状态分析

Lenovo R525 G3 服务器运行灯面板如图 3–11–2 所示，Lenovo R525 G3 服务器运行灯说明见表 3–11–2。

图 3–11–2 Lenovo R525 G3 服务器运行灯面板

表 3–11–2　　　　　　　　　Lenovo R525 G3 服务器运行灯说明

指示灯	问　题
SYS FANS	风扇故障
CPU1 DIMMS	CPU1 对应的内存故障
CPU2 DIMMS	CPU2 对应的内存故障
OVER TEMP	温度过高
CPU	CPU 故障
PSU	电源模块故障

4. HP DL380 系列服务器运行状态分析

HP DL380 系列服务器指示灯面板如图 3–11–3 所示，HP DL380 系列服务器指示灯说明见表 3–11–3。

图 3–11–3　HP DL380 系列服务器指示灯面板

表 3–11–3　　　　　　　　HP DL380 系列服务器指示灯说明

系统状态灯	问题
POWER SUPPLY	电源模块故障
OVER TEMP	温度过高
POWER CAP	电源管理故障
DIMMS	内存故障

系统状态灯	问题
PROC	CPU 故障
AMP STATUS	动态记忆保护故障
FANS	风扇故障

二、小型机运行状态分析

1. 小型机日常巡检内容

（1）每天至少巡检 2 次，上午一次，下午一次。

（2）小型机日常巡检工作内容主要包括：查看小型机的电源、风扇、CPU、内存、硬盘及运行状态，并对设备的告警情况进行登记上报。

（3）日常巡检通过查看小型机指示灯告警情况，检查小型机的运行状态。

2. IBM Power 550 巡检

IBM Power6 550 面板说明：

（1）设备正面（见图 3-11-4）。

（2）设备正面结构（见图 3-11-5），其中 D1 为液晶面板。

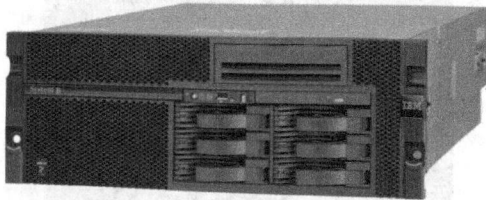

图 3-11-4　设备 IBM p550 正面图

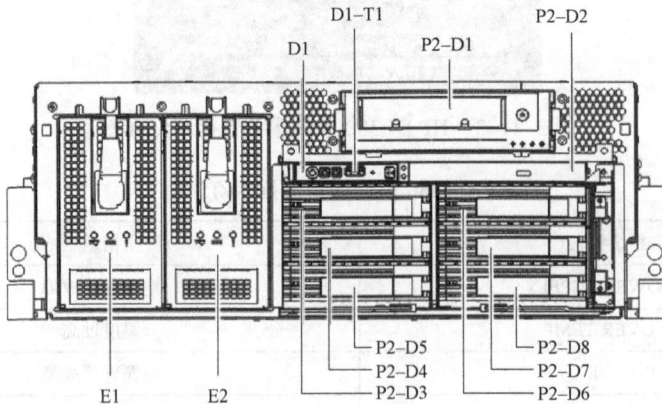

图 3-11-5　设备正面结构图

（3）液晶面板（见图 3-11-6）。C 为报警灯所在位置，设备正常运行时，C 位置的灯显示为绿色。在日常设备巡视时，如果 C 位置的灯显示为黄色，此时说明设备告警。

三、存储设备运行状态分析

1. 小型机日常巡检内容

（1）每天至少巡检 2 次，上午一次，下午一次。

（2）日常巡检通过查看存储设备指示灯告警情况，检查存储设备的运行状态。另外，巡检人员还应检查存储设备的存储使用情况，发现存储空间不足时，应及时通知设备管理人员。

2. IBM NAS5500 巡检

IBM NAS5500 面板说明：

（1）设备面板（图 3-11-7）。

（2）液晶面板（图 3-11-8）。

在日常设备巡视时，如果 status LED 位置的灯显示为黄色，说明设备告警。

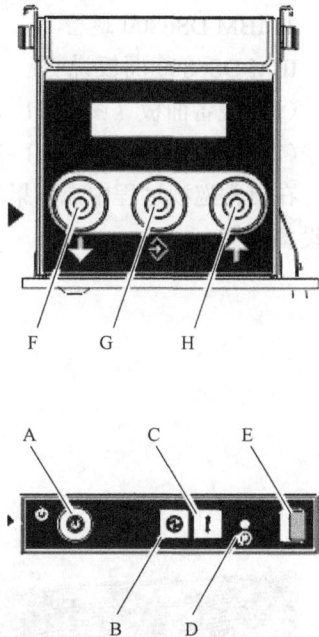

图 3-11-6　液晶面板图

图 3-11-7　设备 IBM NAS5500 面板图

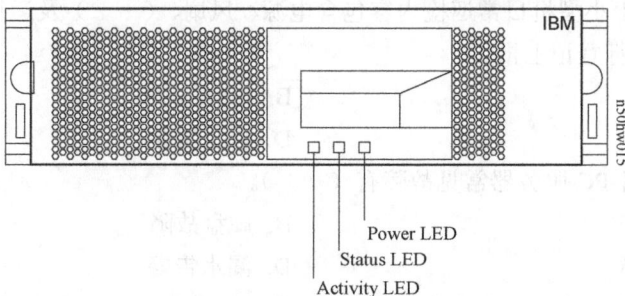

Power LED
Status LED
Activity LED

图 3-11-8　液晶面板说明图

3. IBM DS6800 巡检

IBM DS6800 面板说明：

（1）设备面板（图 3-11-9）。

（2）液晶面板（图 3-11-10）。

在日常巡视过程中，如果发现 System Attention 或（和）System Alert 灯亮起，说明设备告警。

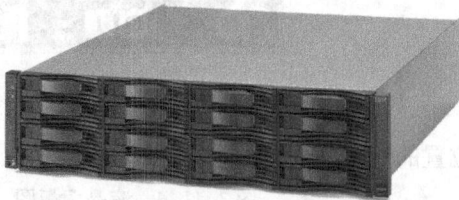

图 3-11-9 设备 IBM DS6800 正面图

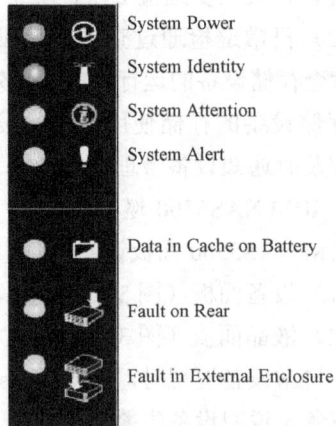

图 3-11-10 面板说明图

【思考与练习】

1.【单选题】IBM DS6800 面板在日常巡视过程中，如果（　　）灯亮起，此时说明设备告警。

A. System Power
B. System Attention
C. System Identity
D. Data In Cache Battery

2.【单选题】小型机日常巡检内容包含电源、风扇、（　　）及运行状态，并对设备的告警情况进行登记上报。

A. CPU
B. 内存
C. 硬盘
D. 以上皆是

3.【多选题】PC 服务器常见故障有（　　）。

A. 风扇故障
B. 硬盘故障
C. 电源故障
D. 漏水告警

4.【判断题】RAID1：存储数据双备份，优点可靠性高，不足存储空间利用率低，仅 50%。（　　）

模块 12 信息安全运行状态分析（Z40F1012 Ⅱ）

【**模块描述**】本模块介绍信息安全运行的异常状态数据。通过信息安全重点数据的介绍，掌握信息安全监控数据的分析和异常数据的判定及初步原因的判断。

【**模块内容**】

随着国网公司信息化建设工作的不断推进，信息安全的重要性日益重要。本模块重点介绍桌面终端方面的安全监控，主要介绍北信源管理系统的使用方法，有助于信息通信调控人员掌握信息安全的监控方法。

北信源系统的常用数据查询操作：数据查询是根据桌面终端标准化管理系统工作的结果，向管理员提供对网络设备信息、网络划分信息、网络中相关的设备安全状态信息的综合查询，本地设备注册情况统计查询、本地设备资源统计、设备信息查询、安全策略违规查询。

1. 本地设备注册情况统计查询

查询本区域管理器所划分的区域及其拥有的客户端的总数、注册情况、注册率、在线设备、安装杀毒软件的数量。查询本地设备注册情况界面如图 3-12-1 所示。

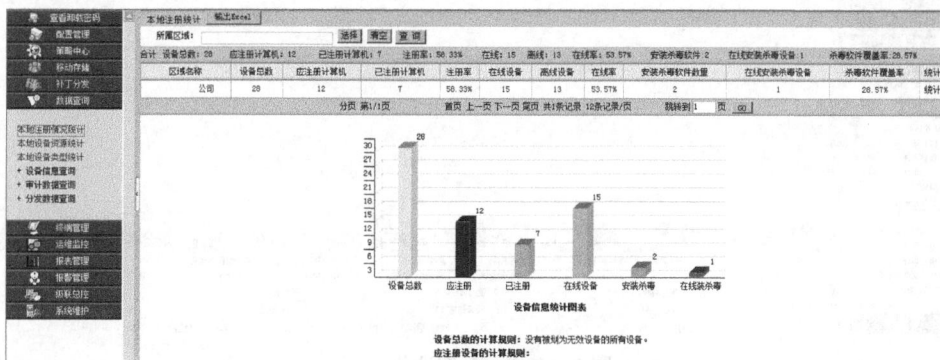

图 3-12-1　查询本地设备注册情况界面

2. 本地设备资源统计

查询本区域管理器所管辖的客户端所安装的操作系统类型以及各个操作系统所安装的设备台数和其占有的百分比。查看本地资源如图 3-12-2 所示。

3. 设备信息查询

查询信息包括计算机所属区域、部门、使用人、设备 IP、MAC、注册、重新注册、信任、保护、阻断、开机、杀毒软件、杀毒厂商、系统等信息。根据▼▲符号对查询数据进行降序、升序排列。

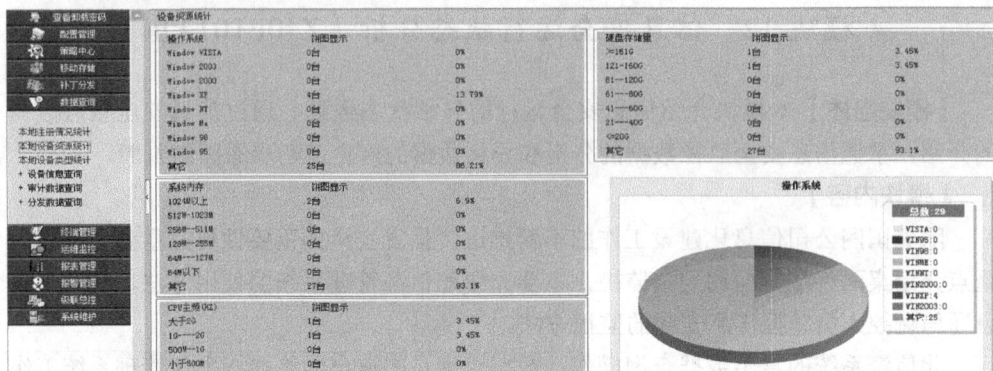

图 3-12-2 查看本地资源

4. 安全策略违规查询

查询事件内容包括注册表键值检测、系统弱口令、用户权限变化等。查询违规情况如图 3-12-3 所示。

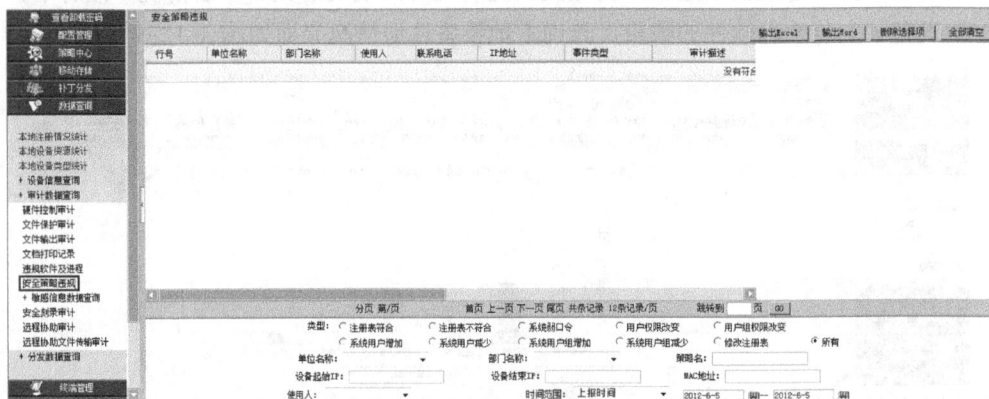

图 3-12-3 查询违规情况

【思考与练习】

1.【单选题】移动存储介质按需求可以划分为（   ）。

A. 交换区和保密区 　　　　　　　　　 B. 验证区和保密区

C. 交换区和数据区 　　　　　　　　　 D. 数据区和验证区

2.【单选题】资产管理主要针对桌面终端进行的管理是（   ）。

A. 对终端详细的软、硬件资产现状及变更进行管理

B. 对终端详细的软、硬件资产现状进行管理

C. 对终端详细的软件资产进行管理

D. 对终端详细的硬件资产进行管理

3.【多选题】北信源系统的数据查询功能可以查看的数据是（   ）。

A. 本地设备注册情况统计查询　　　　B. 本地设备资源统计

C. 设备信息查询　　　　　　　　　　D. 安全策略违规查询

4.【判断题】操作系统、电子邮件、上网账号等口令密码复杂度要求：长度不少于 8 位字符，且使用大小字母、数字、符号的字符组合。（   ）

◢ 模块 13　SDH 设备现场操作（Z40F1013Ⅱ）

【模块描述】本模块介绍 SDH 设备的现场操作，通过对 SDH 设备的原理、组成单元、主要功能以及常用 SDH 设备操作的介绍，掌握 SDH 设备现场操作的方法。

【模块内容】

一、SDH 光传输设备的基本概念

1. SDH 的基本概念

同步数字系统（synchronous digital hierarchy，SDH）是一种传输的体制（协议），相对于准时钟同步系统（plesiochronous digital hierarchy，PDH）来说，这种传输体制规范了数字信号的帧结构、复用方式、传输速率等级、接口码型等特性。

2. 光纤通信的基本概念

光纤通信系统是以光为载波，利用纯度极高的玻璃拉制成极细的光导纤维作为传输媒介，通过光电变换，用光来传输信息的通信系统。

在电力系统通信中，我们应用的传输技术有 SDH、PDH、ATM、PTN、OTN 等，而传输媒质有光纤、微波、载波等。但我们目前应用较多的是 SDH 光传输系统。

二、SDH 光设备的基本组成

在 SDH 网络中经常提到的一个概念是网元，网元就是网络单元，一般把能独立完成一种或几种功能的设备称之为网元。一个设备就可称为一个网元，但也有多个设备组成一个网元的情况。

SDH 网的基本网元有终端复用器（TM）、分/插复用器（ADM）、再生中继器（REG）和数字交叉连接设备（DXC）。

（1）终端复用器用在网络的终端站点上，例如一条链的两个端点上，它是一个双端口器件，TM 模型如图 3-13-1 所示。

（2）分/插复用器用于 SDH 传输网络的转接站点处，例如链的中间接点或环上接点，是 SDH 网上使用最多、最重要的一种网元，它是一个三端口的器件，ADM 模型如图 3-13-2 所示。

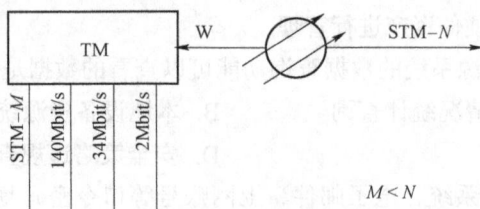

图 3-13-1　TM 模型

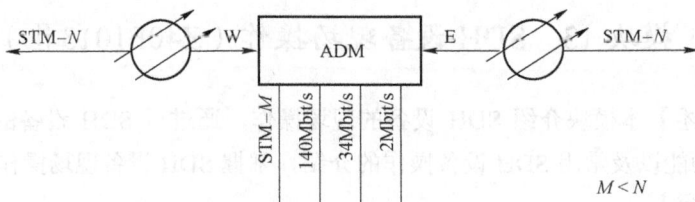

图 3-13-2　ADM 模型

（3）再生中继器有两种，一种是纯光的再生中继器，主要进行光功率放大以实现长距离光传输的目的；另一种是用于脉冲再生整形的电再生中继器，主要通过光/电转换、抽样、判决、再生整形、电/光转换，这样可以不积累线路噪声，保证线路上传送信号波形的完好性。REG 指的是后一种再生中继器，它是双端口器件，只有两个线路端口，没有支路端口，REG 模型如图 3-13-3 所示。

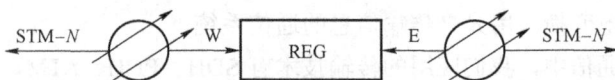

图 3-13-3　REG 模型

（4）数字交叉连接设备完成的主要是 STM-N 信号的交叉连接功能，是一个多端口器件。DXC 实际上相当于一个交叉矩阵，完成各个信号间的交叉连接，DXC 模型如图 3-13-4 所示。

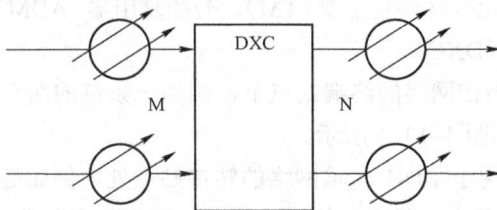

图 3-13-4　DXC 模型

三、SDH 设备板卡及其功能介绍

SDH 设备由子架和功能单元组成，功能单元由相应的板卡组成。不同厂家不同设备的板卡设计是不同的，下面我们以华为 OSN3500 为例来介绍常用板卡。

1. SDH 光板

SDH 光板的工作模式一般为单模，工作波长一般为 1310nm 或 1550nm。SDH 光板根据传输速率可以分为 STM-1、STM-4、STM-16 和 STM-64 4 种；根据光口的数量可以分为单光口光板和多光口光板；根据传输距离可分为局间（I 口）光板、短距（S 口）光板、长距（L 口）光板。

SDH 光板在接收方向进行光/电转换，将 STM-N 的 SDH 光信号解复用成 VC4 级别，送入连接单元，进行内部处理；在发送方向进行电/光转换，将 VC4 信号复用成 STM-N 级别的 SDH 光信号，送入光缆线路。同时，SDH 光板还有上报光路故障告警等功能。

SDH 光板类型及基本功能见表 3-13-1。

表 3-13-1　　　　　　　　　　SDH 光板类型及基本功能

光板型号	基本功能
SL64	处理 1 路 STM-64 标准业务或级联业务
SL16	处理 1 路 STM-16 标准业务或级联业务
SL4	处理 1 路 STM-4 标准业务或级联业务
SLQ4	处理 2 路 STM-4 标准业务或级联业务
SLD4	处理 4 路 STM-4 标准业务或级联业务
SLT1	接收和发送 12 路 STM-1 光信号
SLQ1	接收和发送 4 路 STM-1 光信号
SL1	接收和发送 1 路 STM-1 光信号

2. 光放板和色散补偿板

（1）光放板。

光放板用于提升发光的光功率和接收灵敏度，配合 SDH 光板进行长距离传输时使用。光放板根据安装在 SDH 光板的发端、收端和中间，分别称为功放（BA）、预放/前放（PA）和线放（LA），如光放大单元 BA2、BPA。

（2）色散补偿板。

色散补偿板用于抵消色散效应，配合 SDH 光板进行长距离传输时使用。色散补偿板分为不可调色散量色散补偿板和可调色散量色散补偿板，如色散补偿单元 DCU。

3. PDH 业务板

PDH 业务板对 PDH 的信号进行映射、定位和复用成 VC12、VC3、VC4 级别,送入交叉连接单元进行交叉处理,以及相关逆过程的处理。PDH 业务板具有 PDH 业务信号的保护功能和上报 PDH 支路故障告警等功能。

PDH 业务板一般由 PDH 处理板、PDH 接线板、PDH 保护倒换板组成。2M 业务板的阻抗分为 75Ω 非平衡式和 120Ω 平衡式。如:PQ1 为 2M 处理板,D75S 为 2M 接线板,它们一般应组合使用,PQ1 在作为保护倒换板时可不用专用的接线板。

4. 交叉连接单元板卡和时钟板

交叉连接单元由交叉板组成,作用是对线路板和支路板送过来的 VC 信号进行高低阶交叉连接,从而实现业务的连通与调度功能。

交叉板是 SDH 设备的关键板件之一。一般情况下,设备均支持交叉板的"1+1"热保护,即一台设备上同时插两块交叉板,一主一备。当主用交叉板故障后,备用交叉板立即启动代替主用交叉板工作,从而达到不间断运行的目的。

时钟板的作用是从外接时钟提取时钟信息,自身晶体时钟提供时钟同步信息,提供给其他设备时钟同步信息,以及这些时钟同步信息的处理。一般设备均支持"1+1"热保护。

交叉时钟板有 SXCS、GXCS、EXCS、UXCS、XCE 等几种。板卡型号的不同表示板卡的低阶交叉能力、高阶交叉能力不同。交叉板交叉能力见表 3-13-2。

表 3-13-2 交 叉 板 交 叉 能 力 表

交叉时钟板	低阶交叉能力	高阶交叉能力
GXCS	5G	40G
SXCS	20G	180G
EXCS	5G	80G
UXCS	20G	80G
XCE	1.25G	–

5. 智能系统控制板

GSCC 单板为智能系统控制板,协同网络管理系统对设备的各单板进行管理,实现各个设备之间的相互通信。GSCC 单板支持主控、公务、通信和系统电源监控等功能和特性。GSCC 的基本功能是可实现设备业务的配置和调度功能、监测业务性能、收集性能事件和告警信息、提供"1+1"保护功能。

6. 电源板

电源板能实现电源的引入和防止设备受异常电源的干扰功能,同样属于关键板卡,一般设备均支持"1+1"热保护。

7. 辅助类板卡

（1）AUX 单板，为系统辅助接口板。主要为系统提供各种管理接口和辅助接口，并为子架各单板提供+3.3V 电源的几种备份等。

（2）FAN 单板，为系统风扇板。主要支持风扇状态检测、风扇控制板故障上报以及风扇不在位等告警上报的功能。

四、SDH 光传输设备的现场操作

对于信息通信调度监控员而言，一般不需在设备上直接动手，但是需要了解可以在设备上做哪些操作。

1. 板卡的插拔

在板卡的插拔时我们应注意下列几点：

（1）找准应插拔的板卡，防止误碰其他板卡，特别是业务的出线板卡，一定要插拔与业务板卡相对应的出线板卡。

（2）插拔板卡时注意应佩戴防静电手腕。

（3）插拔板件时注意根据轨道进行，避免将设备背板顶针插歪，造成板件接触不良。

（4）在插拔光接口板时，应首先将尾纤与光接口板分离并对尾纤和光接口板做好保护措施，以免激光直接射入眼睛，然后用双手抓住板卡的上下两端进行插拔。

（5）在插拔业务出线板时，也应先将线缆与板卡分离，然后用双手抓住板卡的上下两端再进行插拔。

2. 设备端口出线的插拔

在设备上有关设备端口的插拔一般为光接口和网络接口的出线插拔，2M 接口的出线一般在专用的数字配线架上进行。同样接口出线的插拔我们需要注意下列几点：

（1）找准需插拔的端口，对于光接口需找准端口的收端和发端。

（2）插拔时注意应佩戴防静电手腕，特殊的接口应使用专有的工具，以免误伤其他端口的出线。

3. 设备端口的环回

一般 2M 端口和光端口可以做端口的环回。目前，2M 的环回可在数字配线架上直接进行，通常我们称之为硬环回。光端口在环回时应注意加入光衰耗器。

【思考与练习】

1. SDH 的基本网元有哪几种？在什么样的情况下可以用到？

2. 拔插一块板卡的基本步骤是怎样的？

◢ 模块 14 PCM 设备现场操作（Z40F1014Ⅱ）

【模块描述】本模块介绍 PCM 设备的监控和巡检工作要求。通过对 PCM 设备的监控巡检手段、监控巡检项目、内容、要求的介绍，掌握对 PCM 设备运行状况监控的方法。

【模块内容】

一、PCM 操作原则及注意事项

1. 现场操作的一般原则

PCM 设备现场操作主要是针对设备话路测试、电源检测。

2. 操作注意事项

对设备进行现场操作时应核对该操作是否影响正常运行的电路，如果影响运行电路必须经通信调度批准许可后方可进行相关操作，禁止擅自操作或中断正在运行的电路。操作完成后必须经通信调度确认设备恢复正常后方可结束现场工作。

二、PCM 操作要求

通信运维人员或变电运维人员均可对设备进行操作，操作前应当检查设备运行状态，核对运行资料，在中断电路或设备电源时需报通信调度员批准方可进行，并做好保障措施。在对保护 PCM 进行检查操作前，必须办理保护通道检修申请单，在得到变电运维人员许可后方可进行操作。

三、操作中异常情况及其处理原则

在操作过程中如果造成设备失电或者正常电路中断，需要及时向通信调度员汇报，组织通信检修人员立即进行抢修。

四、案例

1. 电话接口测试

发生电话故障时，检查 FXO、FXS 口是否正常，一般针对电话故障，需要在音配单元（view description file，VDF）VDF 上卡接电话机测试有无拨号音或者忙音，也可用万用表在 VDF 上检测馈电电压是否正常。有时针对电缆故障需要用万用表测试电缆的环阻或连通性，有时针对电缆干扰还需要摇表测试绝缘电阻是否满足要求。

2. 电源检测

主要是针对现场设备失电确定电源是否正常。一般设备有电源开关，检查是否误碰关闭了开关通常用万用表测试。

3. 音频接口环回测试

对传输模拟远动的音频专线通道故障，现场可以对收、发进行环回测试，或者用模拟信号信号发测试音，再用示波器检查信号波形，也可以用听筒监听信号是否正常。

对 4W E/M 信号，需要用万用表检查 E、M 线电压变化，此时需要接口的 E、M 线配合，检查启动是否正常。

4. 板卡复位

现场板卡复位是指硬复位，有的板卡有复位按钮，如果没有需要插拔板卡复位，这时需要戴防静电手腕进行操作，避免静电损伤板卡，PCM 主控板面板如图 3-14-1 所示。

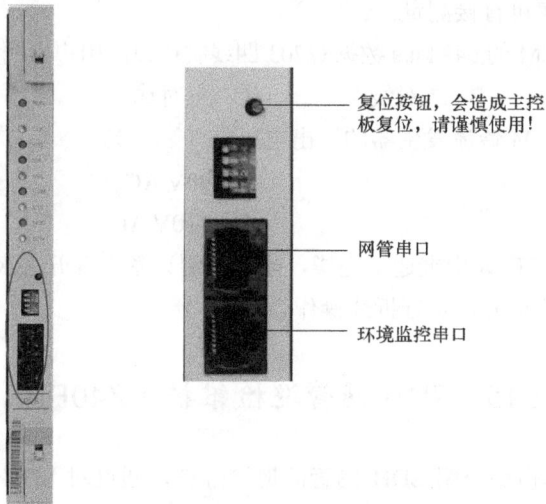

图 3-14-1　PCM 主控板面板图

5. 2M 电路环回测试

如果 PCM 设备 2M 电路故障，现场需要由远及近进行环回测试，或者分别向两侧进行环回测试检查，找出故障点。2M 数配端子环回测试如图 3-14-2 所示。进行环回测试时一般先进行软件环回测试，然后再进行硬件环回测试进一步定位故障点。

图 3-14-2　2M 数配端子环回测试图

常见 PCM 设备 2M 电路故障有 PCM 设备与通信 DDF 之间 2M 线缆故障、DDF 与 SDH 设备之间 2M 线缆故障，数配接头或设备测试接头故障。

【思考与练习】

1.【判断题】在对设备检查和故障处理中常用的仪表包括万用表、2M 误码测试仪、示波器、测试话机等。（　　　）

2.【判断题】FXO、FXS 均使用一对音频线，FXS 的两根出线之间有 48V 左右的直流电压，用万用表可直接测量。（　　　）

3.【单选题】PCM 的 64Kbit/s 数据 G.703 四线制接口，用广山线为（　　　）。

A. 一对线　　　　　　B. 二对线　　　　　　C. 三对线　　　　　　D. 四对线

4.【单选题】PCM 铃流发生器的输出电压是（　　　）。

A. −48V DC　　　　　　　　　　　B. 90V AC

C. 220V AC　　　　　　　　　　　D. 110V AC

5.【判断题】4W E/M 中继通话完毕，挂机一侧设备断开开关 K，对方将检测不到电流，认为收到拆线信号，执行拆线操作。（　　　）

◢ 模块 15　SDH 网管巡检维护（Z40F1015Ⅱ）

【模块描述】本模块介绍 SDH 网管的巡检维护，通过对 SDH 网管运行检查、网管的维护操作的介绍，掌握 SDH 网管巡检的方法和网管维护的操作。

【模块内容】

一、SDH 光传输设备的网管巡视

在电力系统通信中各级通信管理机构可能存在着多个厂家的 SDH 设备，各个厂家均有各自独立的网管系统，我们在巡视时应对各个网管进行逐一巡视，不能遗漏。

对其中一种网管，我们又应注意什么呢？下面以华为 T2000 网管为例进行说明。

1. 网管内子网的巡视

通常来说，无论网管在哪级调度，网管上所能管理到的设备均要巡视。一个网管可能管理着多个逻辑子网，那么，这些逻辑子网运维人员也都要巡视，可以通过下列步骤进行巡视。

（1）进入网管，应首先看到网管上显示管辖范围内的子网情况，对子网的整体情况进行检查，如有告警子网图标会变红。光传输网管主界面如图 3–15–1 所示。

（2）双击子网，出现该子网的网络拓扑图，光传输子网拓扑图如图 3–15–2 所示。

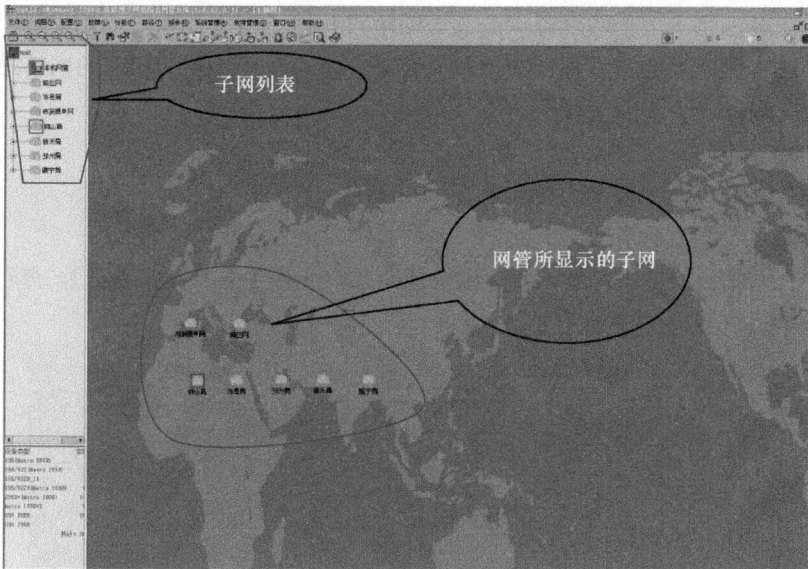

图 3-15-1　光传输网管主界面

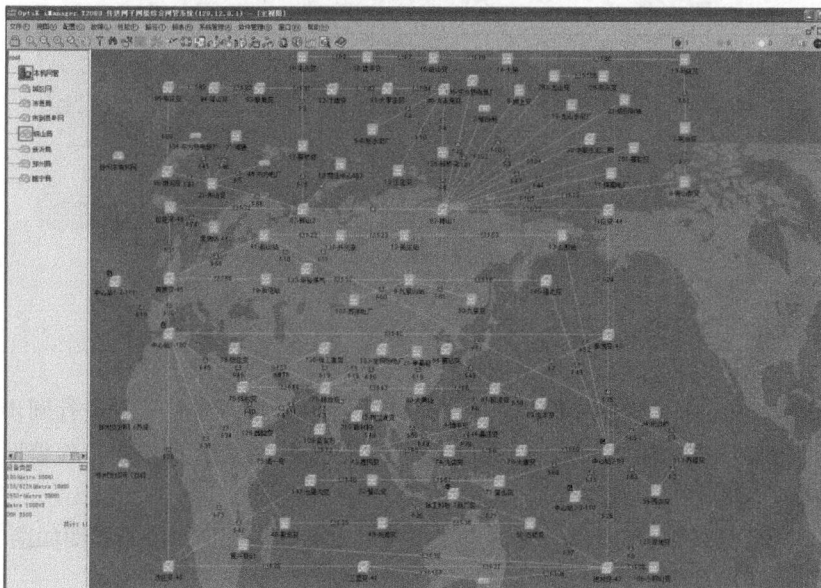

图 3-15-2　光传输子网拓扑图

在图 3-15-2 中的光传输子网拓扑图中，右边是子网的拓扑结构图，左边是逻辑子网的树。在巡视完一个子网后可点击左边的树对其他子网进行查看。如果每个子网均无告警，基本可视为全网设备正常；如果有某个站点告警，那么相应的网络站点会出现告警，需进行进一步的检查。

2. 告警的查询

告警的查询可通过多种途径实现。

（1）查看全站的告警。

选中某个站点，单击右键，会弹出快捷菜单，选择【当前告警浏览】，查看全站告警。查看全站告警如图 3-15-3 所示。

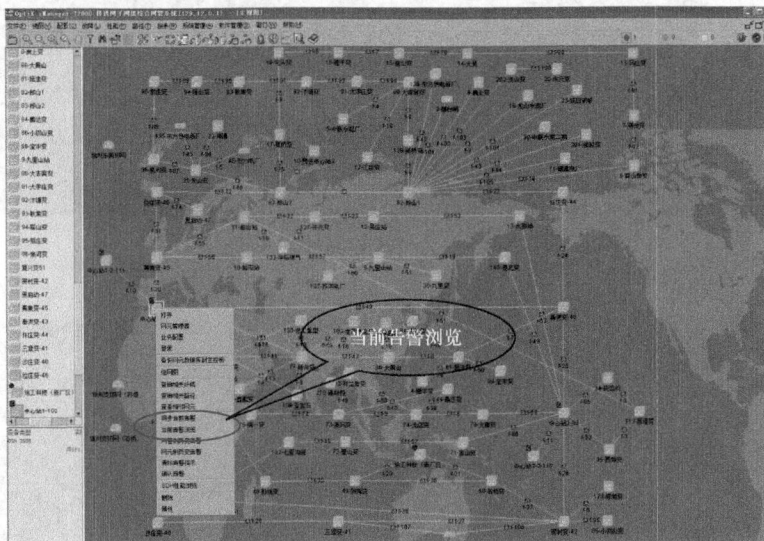

图 3-15-3　查看全站告警

（2）查看单板告警。

第一步，选中某个站点，单击右键，弹出快捷菜单，选择【打开】。

如果要确保当前告警的实时性，在查看某个站点之前，先将告警进行同步，然后进行上述步骤，但在快捷菜单中选择【同步当前告警】。打开及同步当前告警面板界面如图 3-15-4 所示。

第二步，通过第一步或双击该站点，会弹出设备面板图，设备面板图如图 3-15-5 所示。

左键选中某个板卡，在设备面板图的下方会出现设备板卡的详细信息，板卡信息查询如图 3-15-6 所示。

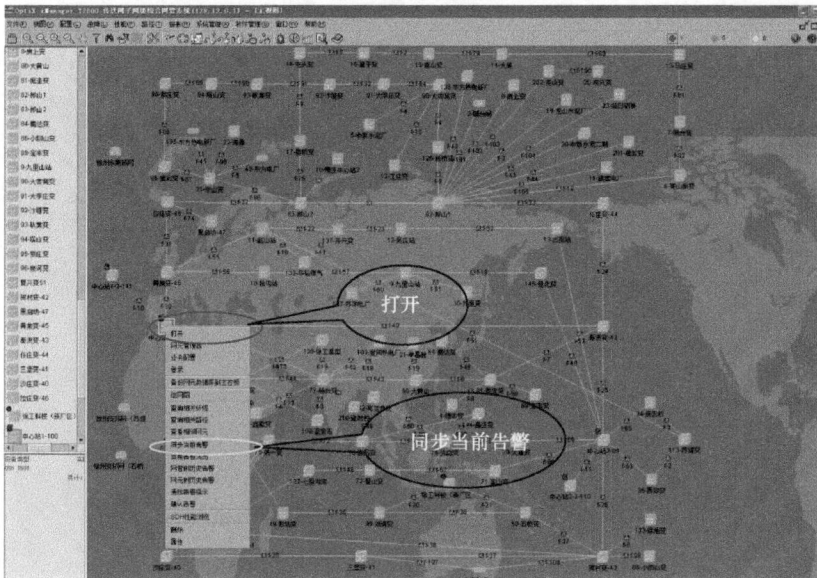

图 3-15-4　打开及同步当前告警面板界面

图 3-15-5　设备面板图

图 3-15-6　板卡信息查询图

第三步，选中某块板卡，单击右键，出现快捷菜单，选择【告警浏览】，查看单板的告警情况。告警查询如图 3-15-7 所示。

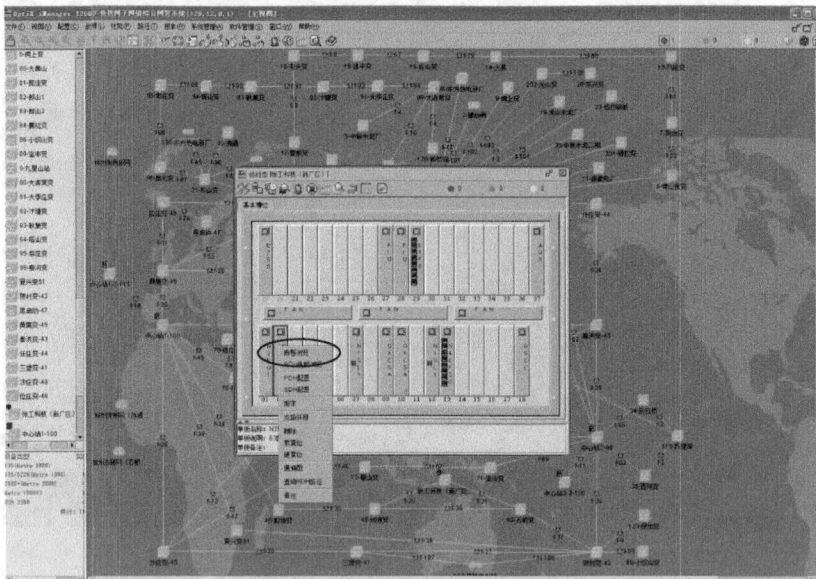

图 3-15-7　板卡告警查询图

（3）其他告警的查询。

通过快捷菜单，我们还可查看【网管侧历史告警】和【网元侧历史告警】。历史告警查询快捷菜单如图 3-15-8 所示。

二、SDH 光传输设备的网管操作

在网管上除了日常的巡视和告警的查询外，我们还可进行下列操作。

1. 支路的环回

以常用的 2M 环回，即通常所说的"2M 软环回"为例进行说明。

第一步，在设备面板图上的设备业务板卡区域选择相应的 2M 板卡，单击右键出现快捷菜单，选择其中的【支路环回】，2M 环回如图 3-15-9 所示。

打开
网元管理器
业务配置
登录
备份网元数据库到主控板
组网图
查询相关纤缆
查询相关路径
查看相邻网元
同步当前告警
当前告警浏览
网管侧历史告警
网元侧历史告警
清除告警指示
确认告警
SDH性能浏览
删除
属性

图 3-15-8　历史告警查询快捷菜单

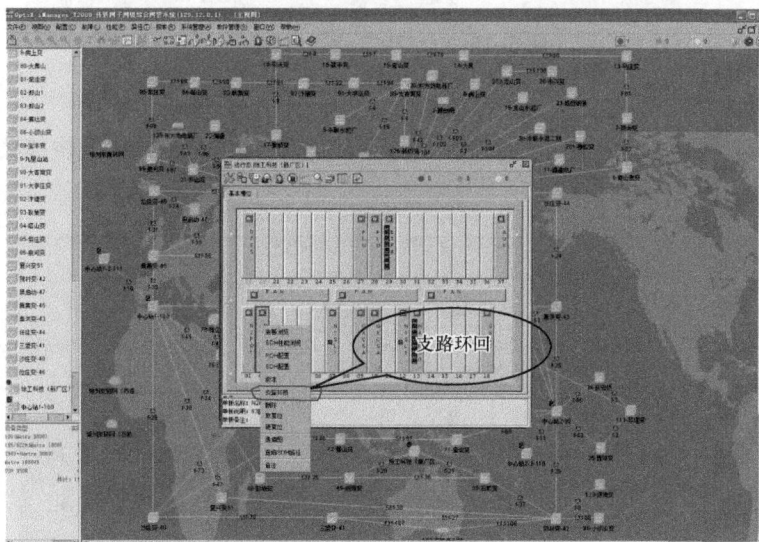

图 3-15-9　支路环回（a）2M 环回

第二步，选择【支路环回】后弹出相应的对话框。在左边列的 63 个 2M 中选择所要环回的 2M，然后在右边列【支路环回】中单击右键，出现不环回、内环回和外环回三个选项。选择相应的选项，点击【应用】。不环回指 2M 通道未环回，在正常状态；内环回指 2M 通道对 SDH 侧环回，可在此 2M 通道的对端侧测试 2M 的误码等，可判断通过 SDH 传输的 2M 通道质量的好坏；外环回指 2M 通道对外侧用户环回，可帮助用户侧判断端口的正常与否。2M 环回方式选择如图 3-15-10 所示。

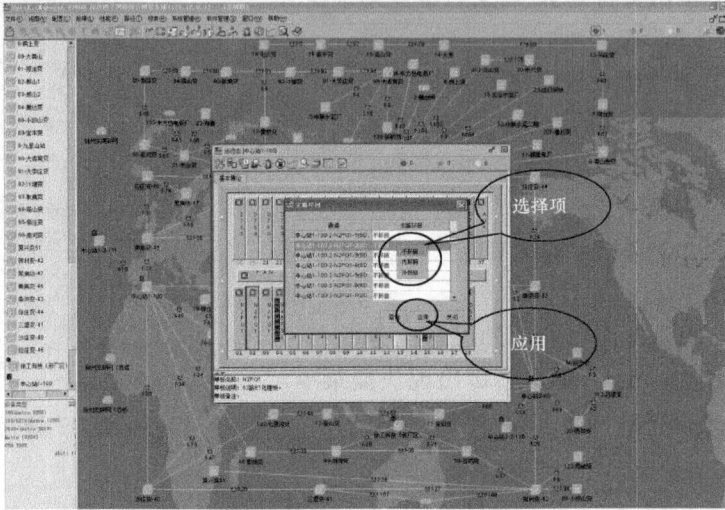

图 3-15-10　2M 环回方式选择

2. 光功率的查看

第一步，在设备面板图上选择相应的光接口板，单击右键，出现快捷菜单，光功率查询操作如图 3-15-11 所示。

图 3-15-11　光功率查询操作

第二步，在快捷菜单中选择【查询光功率】，出现该光接口板各个光端口的输出、输入光功率。一般看到的输出/输入光功率为上次查询的值，点击【查询】可查看当前的输出/输入光功率，光功率显示界面如图 3-15-12 所示。

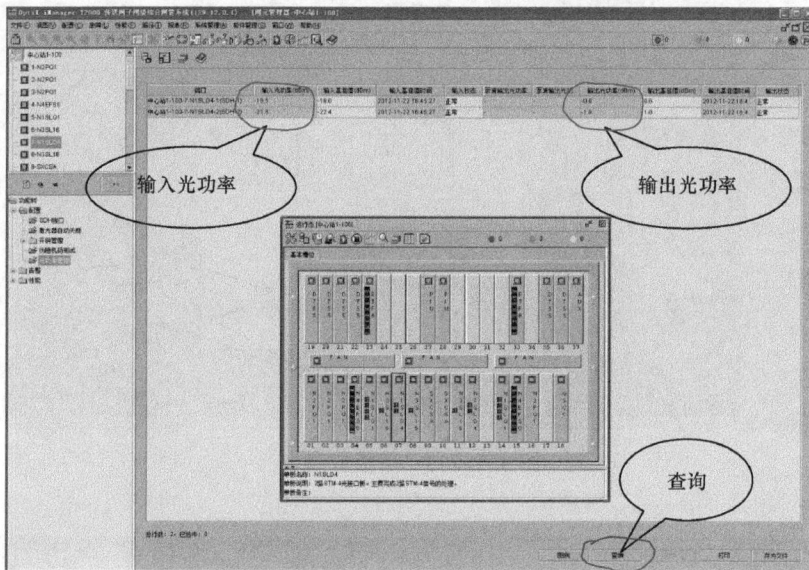

图 3-15-12　光功率显示界面

3. 对端光接口的查询

我们了解了本站光接口的一些性能，现在了解如何查询对端是接至哪个站点的哪块光板的哪个光接口。我们可以通过两种途径查询对端光接口的位置。

（1）查询单个板卡的对端光接口。

第一步，在设备面板图上选中需要查询的光接口板，单击右键，在弹出的快捷菜单中选择【查询相关光纤】，单板卡查询如图 3-15-13 所示。

第二步，选择菜单后，在背景图上出现本站和对端光接口的基本情况，包括整个光路的传输速率、对端接口有几个、分别在哪个板卡的第几个端口。端口信息显示界面如图 3-15-14 所示。

（2）查询整个站点的对端光接口。

第一步，选择某个站点，单击右键，在弹出的快捷菜单中选择【查询相关纤芯】，查询整站互联对端光口如图 3-15-15 所示。

图 3-15-13 单板卡查询

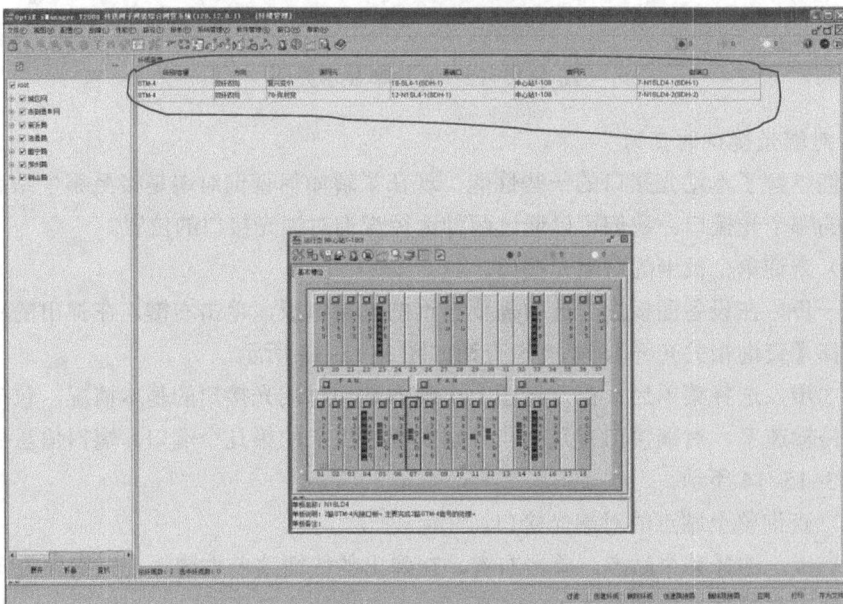

图 3-15-14 端口信息显示界面

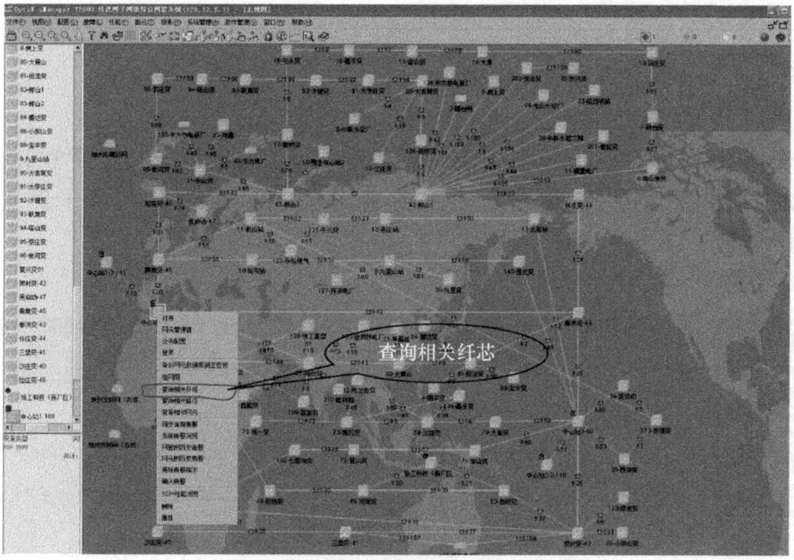

图 3-15-15 查询整站互联对端光口

第二步，选择菜单后，在背景图上同样出现整个站点和对端光接口的基本情况，整站互联对端光口信息界面如图 3-15-16 所示。

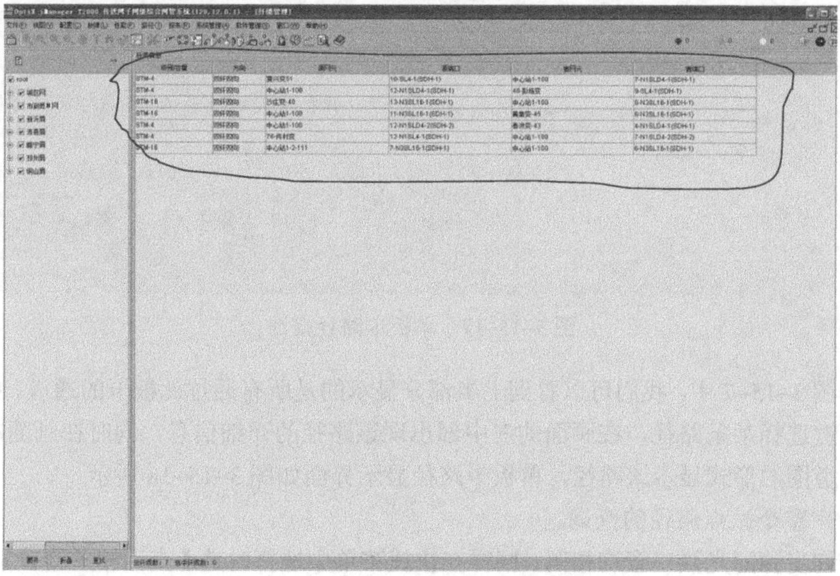

图 3-15-16 整站互联对端光口信息界面

4. 相关路径的查询

SDH 相关路径的查询也可分为两种。

（1）单个板卡路径的查询。

单个板卡路径的查询步骤与光接口查询步骤相同，只是在快捷菜单中选择时选【查询 SDH 路径】，在背景图上出现此板卡的相关路径，单板卡路径查询如图 3-15-17 所示。

图 3-15-17 单板卡路径查询

在图 3-15-7 中，我们可以看到上半部分显示的是所有通过此板卡的通道。如果你单击左键选择某条路径，在画面的左中部出现该路径的详细信息，同时在画面的右中部以通道图的形式显示该路径，单板卡路径显示界面如图 3-15-18 所示。

（2）整个站点路径的查询。

查询步骤同光接口查询相同，同样在快捷菜单中选择时选【查询相关路径】，会出现与查询单板时同样的画面，只是表格显示的路径是整个站点的（包括多个单板）信息。整站路径查询如图 3-15-19 所示。

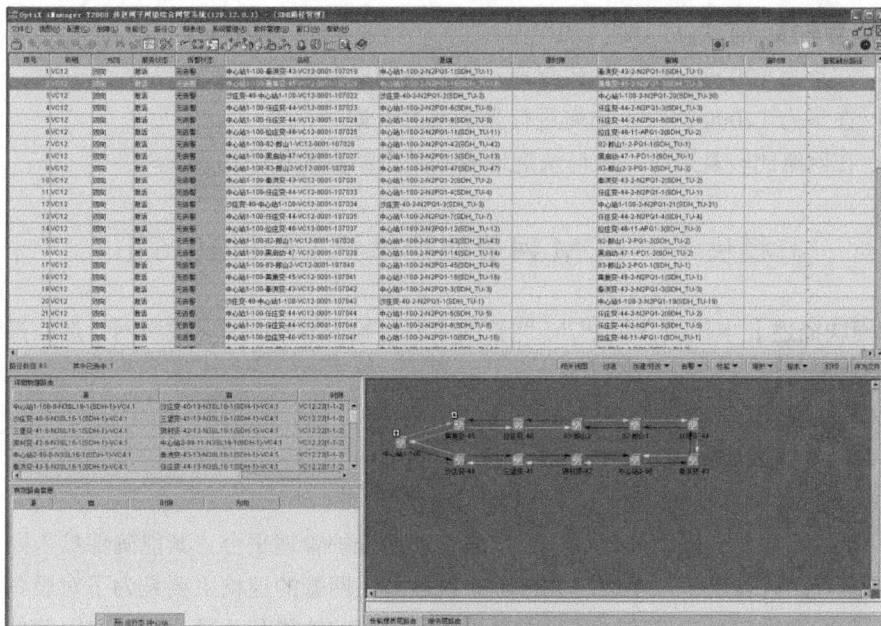

图 3-15-18 单板卡路径显示界面

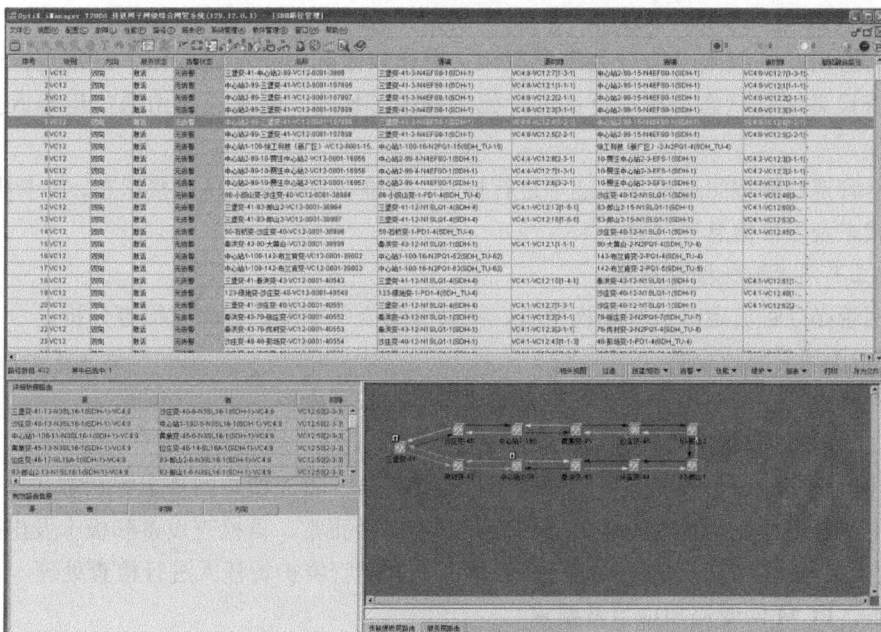

图 3-15-19 整站路径查询

【思考与练习】

1. 在华为 T2000 网管上如何查询一块光板的实时告警情况？
2. 在华为 T2000 网管上如何进行光功率的查询？
3. 在网络比较复杂时，如何快速地查到某个站点的相邻站点？

◢ 模块 16   PCM 网管巡检维护（Z40F1016Ⅱ）

【模块描述】本模块介绍 PCM 网管的主要巡检内容和要求，说明网管巡检操作方法和注意事项。

【模块内容】

一、PCM 网管巡检一般规定

（一）网管巡检目的

网管是高质量、操作简便、界面友好直观的维护管理平台。其能确保接入网设备的可靠运行，且有助于及早发现并排除系统故障，网管的巡检主要是为了对设备和电路的运行状态进行日常巡检，及时发现设备和电路的缺陷和故障，通过对网管的操作分析判断缺陷或故障原因。

（二）网管巡检操作及要求

网管用户的权限一般分为浏览权限、操作权限和维护配置权限。日常巡检一般只检查设备运行状态，不对设备进行配置修改等操作。网管巡检由通信运维人员进行操作。

网管巡检要按照巡检项目逐项进行检查，巡检项目包括设备连接状态、板卡状态、电路状态及告警信息等内容。

（三）网管巡视检查周期

网管必须每班定时进行巡视检查，网管专责人每季度进行深度检查分析。

（四）网管巡检分类

网管巡检包括网管运行状态检查和设备运行状态检查。

二、PCM 网管巡检流程

通信调度值班员每班都要对网管进行巡视检查，首先检查网管运行状态和操作是否正常，然后检查网管对设备的监控连接状态是否正常，再检查设备和板卡及电路运行状态，当发现网管异常时及时分析原因并通知网管维护责任人进行检查处理。

三、PCM 网管巡视项目及要求

（一）检查网管启动登录

我们以华为 FA16 设备的 BAM 网管为例，介绍网管的日常运行检查内容和相关操作，指导运维人员对 PCM 网管进行运行检查操作。FA16 启动界面如图 3–16–1 所示。

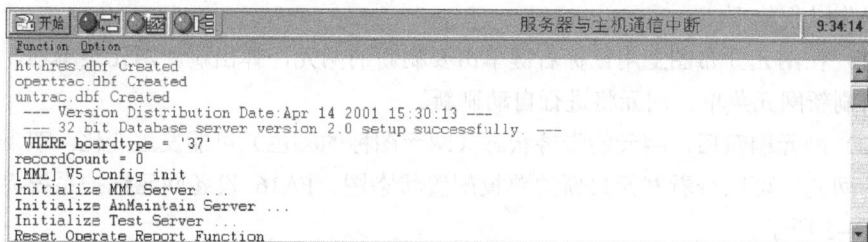

图 3–16–1　FA16 启动界面

　　FA16 HONET 终端系统是否已经启动的判断依据：看屏幕的上方是否出现了一个如图 3–16–1 所示的状态条。如果状态条没有出现，则执行下面步骤：双击桌面上的图标，或者直接运行目录 C：\AN_NMS\BAM 下的执行文件：BAM.EXE。

　　图 3–16–1 上方图标从左到右依次为：【开始】按钮、"前后台通信"信号灯、"告警"信号灯、"后台与传输设备通信"信号灯、信息栏和时间栏。

　　（1）信息栏显示前后台通信状态和主机告警信息，信息的显示可以选择滚动或静止方式。

　　（2）时间栏显示系统当前时钟。

　　（3）"前后台通信"信号灯。在 BAM 端该灯表示 BAM 与主控单元间的通信状态；如果仅安装了光传输部分，BAM 不需与主控单元连接，此时将不会表示 BAM 与主控单元间的通信状态。

　　（4）"告警"信号灯。终端系统运行过程中，指示主控单元告警信息。此告警灯不仅显示主控单元的告警情况还反映光传输部分的告警情况。

　　（5）"后台与传输设备通信"信号灯。表示 BAM 与传输设备间的通信状态。信号灯为绿色表示正常，为红色表示异常，为黄色表示部分异常。

　　（二）系统退出

　　状态条消失了即表示系统已经退出。点击状态条上的【开始】按钮，弹出下拉菜单。选取菜单中的【关闭系统】。FA16 退出操作界面如图 3–16–2 所示。

　　（三）设备状态检查

　　一般情况下，维护系统会定时主动查询主机全部单

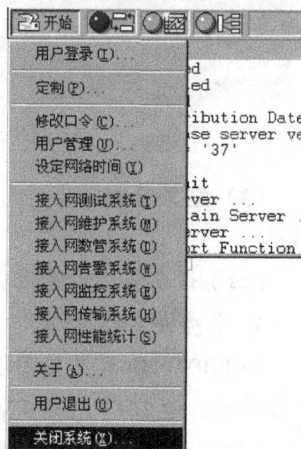

图 3–16–2　FA16 退出操作界面

板的运行状态、更新单板配置图的单板状态显示、自动刷新网元状态。通过刷新网元操作，可以在维护系统中立即获得当前主机中各种单板的实际状态。

操作过程如下：

（1）在网元分布图上用鼠标右键单击要刷新的网元，弹出刷新网元菜单项，用鼠标单击刷新网元菜单，网元将进行自动刷新。

（2）网元刷新后，网元的告警状态（网元图标的颜色）可能发生变化。双击已经刷新的网元，可以查看网元最新的单板配置状态图。FA16 设备网元维护系统界面如图 3–16–3 所示。

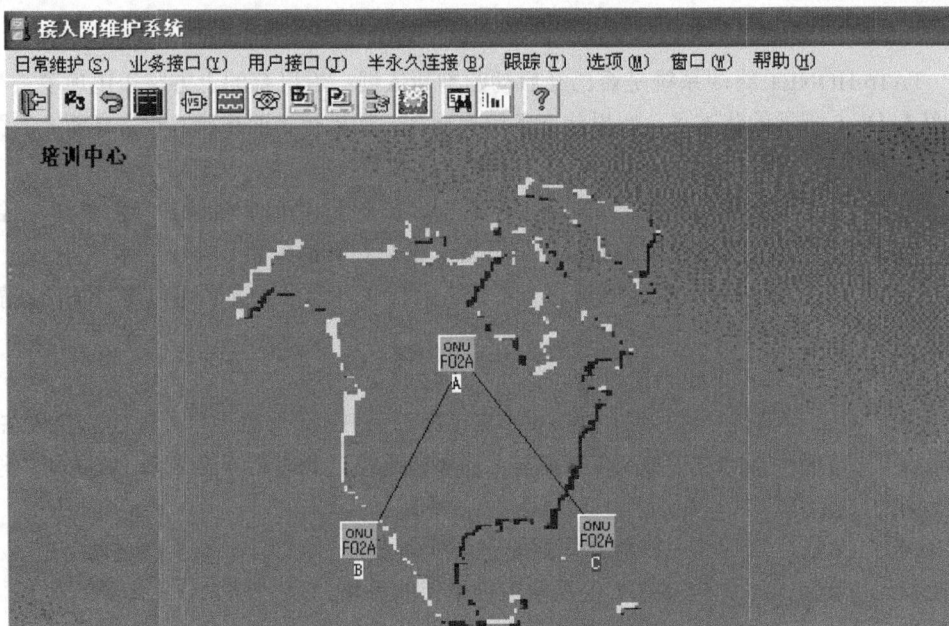

图 3–16–3　FA16 设备网元维护系统界面

（3）结果分析：若网元分布图的网元图标显示为灰色（网元离线状态），无法刷新网元。

（四）设备板卡检查

1. 主控板 PV8/PV4

PV8/PV4 单板是 HONET 系统的主控板，负责协议处理、设备管理、网络交换等主要功能，FA16 主控板 PV8 板查询信息如图 3–16–4 所示。PV8 板每板有 8 路标准 E1 接口，而 PV4 只有 4 路 E1 接口。

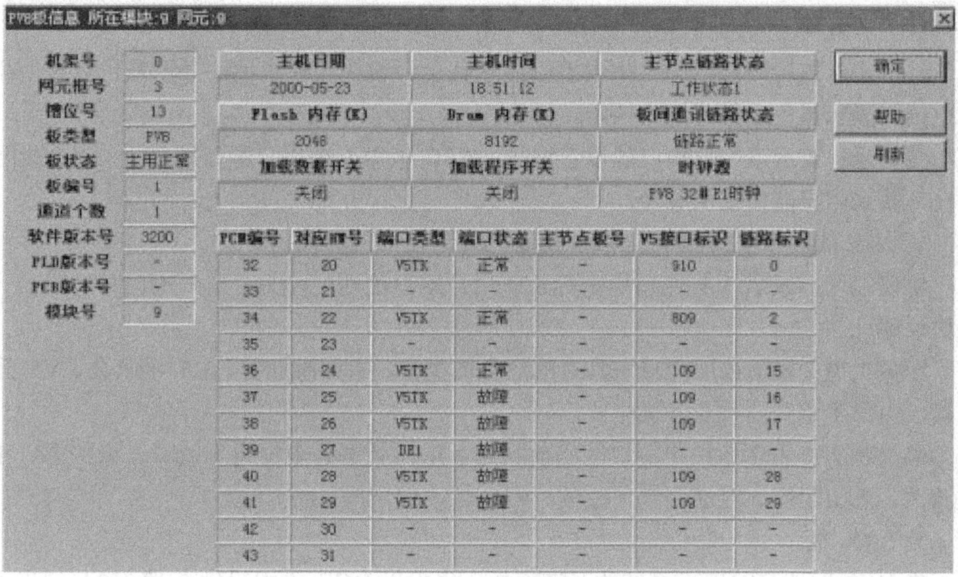

PV8板信息 所在模块:9 网元:0

机架号	0
网元框号	3
槽位号	13
板类型	PV8
板状态	主用正常
板编号	1
通道个数	1
软件版本号	3200
PLD版本号	-
PCB版本号	-
模块号	9

主机日期	主机时间	主节点链路状态
2000-05-23	18:51:12	工作状态1
Flash 内存(K)	Dram 内存(K)	板间通讯链路状态
2048	8192	链路正常
加载数据开关	加载程序开关	时钟源
关闭	关闭	PV8 32# E1时钟

确定　帮助　刷新

PCM编号	对应HW号	端口类型	端口状态	主节点板号	V5接口标识	链路标识
32	20	V5TK	正常	-	910	0
33	21	-	-	-	-	-
34	22	V5TK	正常	-	809	2
35	23	-	-	-	-	-
36	24	V5TK	正常	-	109	15
37	25	V5TK	故障	-	109	16
38	26	V5TK	故障	-	109	17
39	27	DE1	故障	-	-	-
40	28	V5TK	故障	-	109	28
41	29	V5TK	故障	-	109	29
42	30	-	-	-	-	-
43	31	-	-	-	-	-

图 3-16-4　FA16 主控板 PV8 板查询信息

2. ASL 板

ASL 单板是 HONET 系统的模拟用户板，每板配置 16 个模拟用户端口。FA16 ASL 板查询信息如图 3-16-5 所示。

ASL板信息 所在模块:1 网元:0

机架号	0
网元框号	5
槽位号	17
板类型	ASL
板状态	正常
板编号	10
通道个数	16
软件版本号	-
PLD版本号	-
PCB版本号	-

灯	端口号	V5接口标识	协议地址	业务类型	端口状态	HW1	TS1	电话号码
	160	7	160	即时业务	空闲			51160
	161	7	161	即时业务	空闲			51161
	162	7	162	即时业务	空闲			51162
	163	7	163	即时业务	空闲			51163
	164	7	164	即时业务	空闲			51164
	165	7	165	即时业务	空闲			51165
	166	7	166	即时业务	空闲			51166
	167	7	167	即时业务	空闲			51167
	168	7	168	即时业务	空闲			51168
	169	7	169	即时业务	空闲			51169
	170	7	170	即时业务	空闲			51170
	171	7	171	即时业务	空闲			51171
	172	7	172	即时业务	空闲			51172
	173	7	173	即时业务	空闲			51173
	174	7	174	即时业务	空闲			51174
	175	7	175	即时业务	空闲			51175

确定　帮助　刷新

图 3-16-5　FA16 ASL 板查询信息

关于 ASL 板的查询信息说明如下：

灯：表示该用户端口的工作状态。显示红色，说明用户正忙；显示灰色，说明用户空闲；显示黑色，说明用户锁定。

端口号：表示该用户端口的设备编号，ASL 板第一个用户端口编号 ＝ASL 板号×16，其余用户端口依次编号。

V5 接口标识：表示该用户端口所在的 V5 接口的标识。

协议地址：表示 V5 接口用来标识该用户端口的地址，一个用户端口对应唯一一个协议地址。

业务类型：表示该用户端口具有的业务的类型，有即时业务、V5 半永久、V5 预连接、内部半永久四种业务类型。

端口状态：表示该用户端口的当前状态，端口状态有未安装、故障、维护态、正被测试、人工闭塞、对端闭塞、空闲、线路忙、锁定等。

3. SRX 板

SRX 单板是 HONET 系统的子速率板，每板以 DCE 方式提供 5 路 V.24 同步子速率接口或 3 路 V.24 异步子速率接口，完成 X.50 协议规定的多个子速率通道复接。FA16 SRX 板查询信息界面如图 3-16-6 所示。

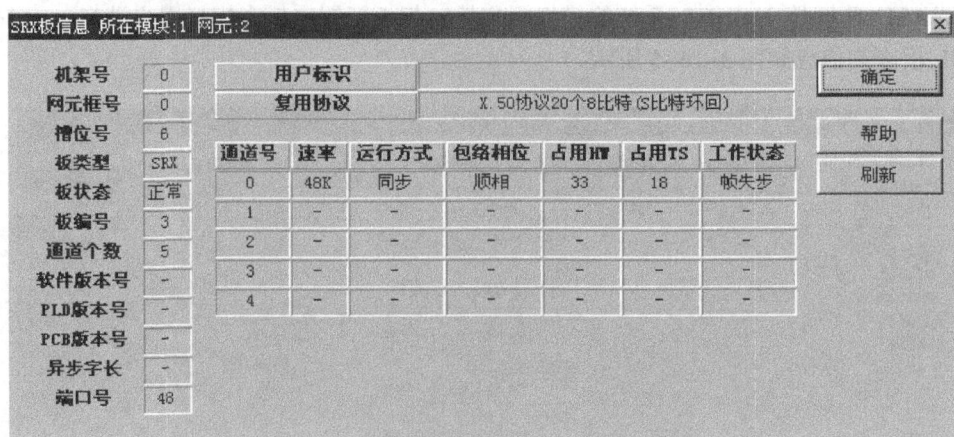

图 3-16-6　FA16 SRX 板查询信息界面

图 3-16-6 中的工作状态表示各个子速率通道所处的工作状态，工作状态有空闲、工作、近端环回、远端环回、闭塞、帧失步、DCE 未就绪。

如果通道号、速率、运行方式、包络相位、占用 HW、占用 TS、工作状态的返回结果显示数据为空，表示该端口不可用。

4. VFB 板

VFB 单板是 HONET 系统的 2 线/4 线音频接口板，为铁路调度系统的专网提供接口的专用接口板。FA16 VFB 板查询信息界面如图 3–16–7 所示。

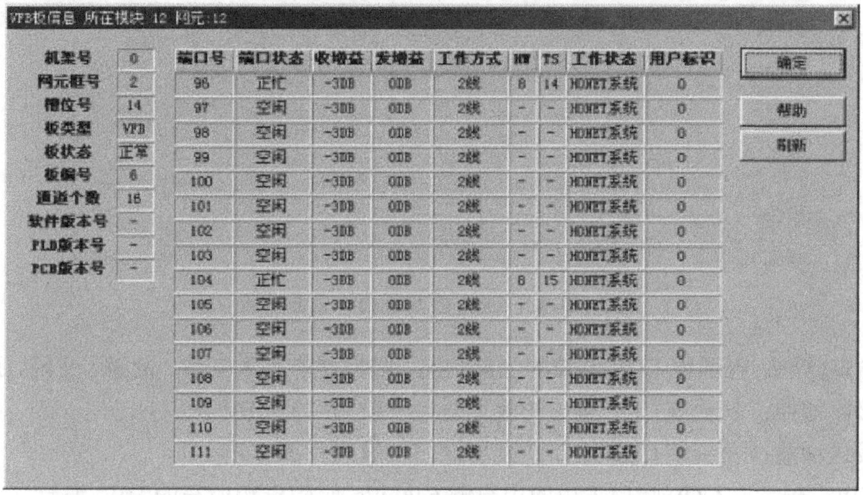

端口号	端口状态	收增益	发增益	工作方式	HW	TS	工作状态	用户标识
96	正忙	-3DB	0DB	2线	8	14	HONET系统	0
97	空闲	-3DB	0DB	2线	-	-	HONET系统	0
98	空闲	-3DB	0DB	2线	-	-	HONET系统	0
99	空闲	-3DB	0DB	2线	-	-	HONET系统	0
100	空闲	-3DB	0DB	2线	-	-	HONET系统	0
101	空闲	-3DB	0DB	2线	-	-	HONET系统	0
102	空闲	-3DB	0DB	2线	-	-	HONET系统	0
103	空闲	-3DB	0DB	2线	-	-	HONET系统	0
104	正忙	-3DB	0DB	2线	8	15	HONET系统	0
105	空闲	-3DB	0DB	2线	-	-	HONET系统	0
106	空闲	-3DB	0DB	2线	-	-	HONET系统	0
107	空闲	-3DB	0DB	2线	-	-	HONET系统	0
108	空闲	-3DB	0DB	2线	-	-	HONET系统	0
109	空闲	-3DB	0DB	2线	-	-	HONET系统	0
110	空闲	-3DB	0DB	2线	-	-	HONET系统	0
111	空闲	-3DB	0DB	2线	-	-	HONET系统	0

图 3–16–7 FA16 VFB 板查询信息界面

关于 VFB 板的查询信息说明如下：

端口号：表示该用户端口的设备编号。

端口状态：表示该用户端口的当前状态，端口状态有未安装、故障、维护态、正被测试、人工闭塞、对端闭塞、空闲、线路忙、锁定。

收增益：表示该用户端口的收增益，收增益有−11dB、−10dB、−9dB、−8dB、−7dB、−5dB、−4dB、−3dB、−2dB、−1dB、0dB、+1dB、+2dB、+3dB、+4dB。

发增益：表示该用户端口的发增益，发增益有 14dB、13dB、12dB、11dB、10dB、9dB、8dB、7dB、5dB、4dB、3dB、2dB、1dB、0dB、−1dB。

工作方式：表示该用户端口所处的工作方式，工作方式有 2 线、4 线 2 种。

5. CDI 板

CDI 单板是 HONET 系统中一种与 ASL 槽位兼容并可以动态分配时隙的模拟中继板，每板配置 16 个端口，提供 Z 接口延伸业务。FA16 CDI 板查询信息界面如图 3–16–8 所示。

关于 CDI 板的查询信息说明如下：

端口号：表示该 CDI 端口的设备编号，CDI 板第一个用户端口编号＝CDI 板号×16，其余用户端口依次编号。

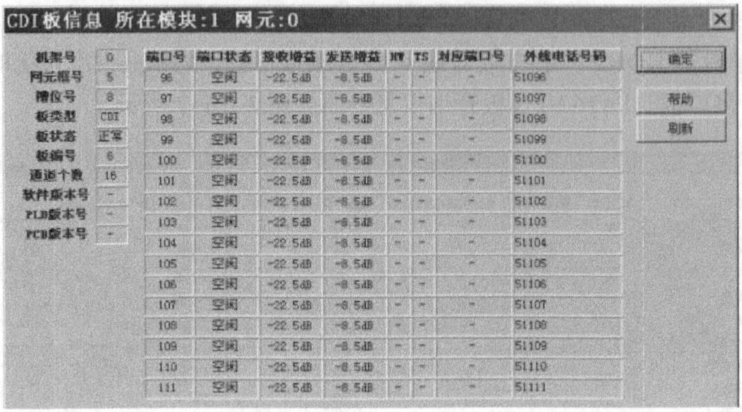

端口号	端口状态	接收增益	发送增益	HW	TS	对应端口号	外线电话号码
96	空闲	-22.5dB	-8.5dB	-	-	-	51096
97	空闲	-22.5dB	-8.5dB	-	-	-	51097
98	空闲	-22.5dB	-8.5dB	-	-	-	51098
99	空闲	-22.5dB	-8.5dB	-	-	-	51099
100	空闲	-22.5dB	-8.5dB	-	-	-	51100
101	空闲	-22.5dB	-8.5dB	-	-	-	51101
102	空闲	-22.5dB	-8.5dB	-	-	-	51102
103	空闲	-22.5dB	-8.5dB	-	-	-	51103
104	空闲	-22.5dB	-8.5dB	-	-	-	51104
105	空闲	-22.5dB	-8.5dB	-	-	-	51105
106	空闲	-22.5dB	-8.5dB	-	-	-	51106
107	空闲	-22.5dB	-8.5dB	-	-	-	51107
108	空闲	-22.5dB	-8.5dB	-	-	-	51108
109	空闲	-22.5dB	-8.5dB	-	-	-	51109
110	空闲	-22.5dB	-8.5dB	-	-	-	51110
111	空闲	-22.5dB	-8.5dB	-	-	-	51111

图 3–16–8　FA16 CDI 板查询信息界面

端口状态：表示该 CDI 端口的当前状态，端口状态有未安装、故障、空闲、正忙。

接收增益：表示该 CDI 端口的收增益，一般为–22.5dB。

发送增益：表示该 CDI 端口的发增益，一般为–8.5dB。

HW：表示该 CDI 端口占用的用户侧 64kbit/s 时隙资源所在的 HW 编号。

TS：表示该 CDI 端口占用的用户侧 HW 上 64kbit/s 的时隙编号。

对应端口号：表示该 CDI 端口通过半永久连接对应的模拟用户端口号。

外线电话号码：表示该 CDI 端口对应的外线电话号码，实际数据由交换机侧决定，接入网内仅作参考。

6. ATI 板

ATI 单板是 HONET 系统中的模拟中继接口板，用来与只有 EM 接口的用户机对接，实现在接入网中 EM 通信透传。每块 ATI 板提供 6 个物理 EM 端口，槽位与 ASL、DSL、VFB 等单板槽位兼容。FA16 ATI 板查询信息界面如图 3–16–9 所示。

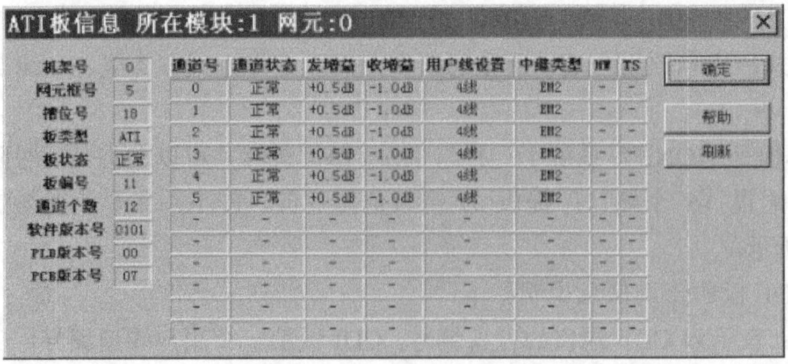

通道号	通道状态	发增益	收增益	用户线设置	中继类型	HW	TS
0	正常	+0.5dB	-1.0dB	4线	EM2	-	-
1	正常	+0.5dB	-1.0dB	4线	EM2	-	-
2	正常	+0.5dB	-1.0dB	4线	EM2	-	-
3	正常	+0.5dB	-1.0dB	4线	EM2	-	-
4	正常	+0.5dB	-1.0dB	4线	EM2	-	-
5	正常	+0.5dB	-1.0dB	4线	EM2	-	-
-	-	-	-	-	-	-	-
-	-	-	-	-	-	-	-
-	-	-	-	-	-	-	-
-	-	-	-	-	-	-	-
-	-	-	-	-	-	-	-
-	-	-	-	-	-	-	-

图 3–16–9　FA16 ATI 板查询信息界面

关于 ATI 板的查询信息说明如下：

通道号：表示该用户端口的板内编号，编号范围是 0～5。

通道状态：表示该用户端口的当前工作状态，工作状态有正常、故障、对端自环。

发增益：表示该 ATI 端口的发增益。

收增益：表示该 ATI 端口的收增益。

用户线设置：当前用户线设置，4 线或是 2 线。

中继类型：表示该用户端口的 EM 中继类型。EM 中继的 E 表示接收端，M 表示发送端，EM 中继类型有 EM2、EM4 两种。其中 EM2 表示单收单发一对线，EM4 表示双收双发两对线。

HW：表示该用户端口通过半永久连接占用时隙资源所在的 HW 编号。

TS：表示该用户端口通过半永久连接占用时隙资源对应的 TS 编号。

7. 电源板

HONET 系统的电源板有 PWC 和 PWX 两种，其中 PWC 板用于 GV5 主控框，PWX 板用于 AV5 主控框和用户框。PWC 板和 PWX 板的区别是 PWX 板提供了 75V 的铃流电压，而 PWC 板不提供。FA16 PWX 板查询信息界面如图 3-16-10 所示。

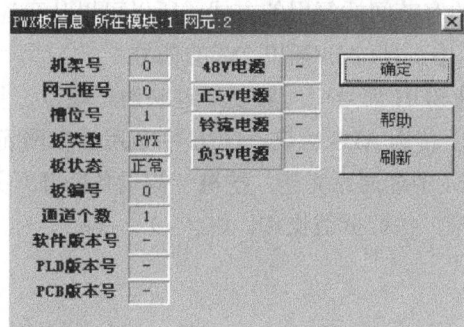

图 3-16-10　FA16 PWX 板查询信息界面

关于 PWX 板的查询信息说明如下：

48V 电源：表示 PWX 板输出的 48V 电源的状态，有正常、故障 2 种状态。

+5V 电源：表示 PWX 板输出的+5V 电源的状态，有正常、故障 2 种状态。

铃流电源：表示 PWX 板输出的铃流电源的状态，有正常、故障 2 种状态。

-5V 电源：表示 PWX 板输出的-5V 电源的状态，有正常、故障 2 种状态。

四、危险点分析

在对网管进行日常巡检时，应使用相应浏览或限制的操作权限，避免使用超级用户或配置用户权限，防止由于误操作导致修改网管配置数据。巡检时如需进行环回测试、复位等操作应核对无误后方可进行相应的操作。

【思考与练习】

1.【单选题】PCM30/32 路基群采用复帧结构，每复帧时长为（　　）μs。

A. 125　　　　　　B. 2　　　　　　　C. 250　　　　　　D. 375

2.【单选题】PCM30/32 制式中，传送信令与复帧同步信号的时隙是（　　）。

A. TS 0　　　　　B. TS 15　　　　　C. TS 16　　　　　D. TS 31

3.【单选题】PCM30/32 系统中，每路信号的速率为（　　）kbit/s。

A. 256　　　　　　B. 64　　　　　　C. 4096　　　　　D. 2048

4.【单选题】PCM 铃流发生器的输出电压是（　　）。

A. –48V DC　　　B. 90V AC　　　C. 220V AC　　　D. 110V AC

5.【多选题】脉冲编码调制（PCM）包括三个过程，它们是（　　）。

A. 抽样　　　　　B. 量化　　　　　C. 编码　　　　　D. 解调

6.【多选题】下列说法正确的是（　　）。

A. 由于 PDH 是采用异步复用的方式，所以不能从高速信号中直接分/插出低速信号，而必须逐级进行。

B. 由于 SDH 采用的字节间插复用的方式，所以可以从高速信号中直接分/插出低速信号，即可从 STM–1 中直接的分/插出 2M 的信号。

C. PDH 信号复用进 SDH 信号中一般要经过映射、定位、复用三个步骤。

D. K1、K2 字节用于传送 APS 协议，DCC 字节用于在网元间传送 OAM 信息。

7.【判断题】4W E/M 中继通话完毕，挂机一侧设备断开开关 K，对方将检测不到电流，认为收到拆线信号，执行拆线操作。（　　）

第四章

缺陷定级及处理

▲ 模块1 基础设施异常处理（Z40F2001Ⅰ）

【模块描述】本模块介绍机房基础设施的常见故障，通过对机房基础设施的结构、异常类型、故障排查的详细讲解，掌握机房基础设施故障的处理步骤和方法。

【模块内容】

一、信息机房基础设施介绍

机房基础设施主要有供电子系统、空气调节子系统、监控子系统、视频子系统、门禁子系统、消防子系统、弱电子系统等（见图4-1-1～图4-1-3）。

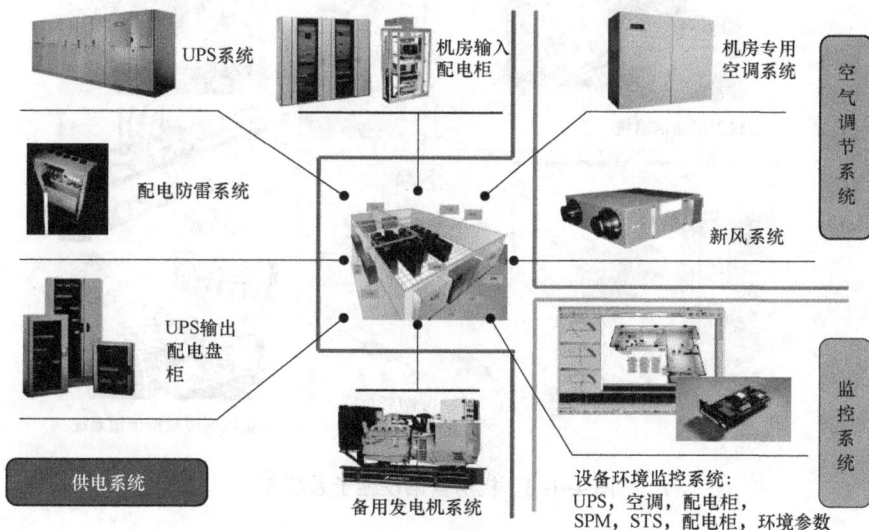

图4-1-1 机房基础设施子系统1

火灾报警系统　　　气体消防系统　　　空气采样系统

门禁系统　　　气压检测系统

人员探测系统

视频监控系统

漏水检测系统

图 4-1-2　机房基础设施子系统 2

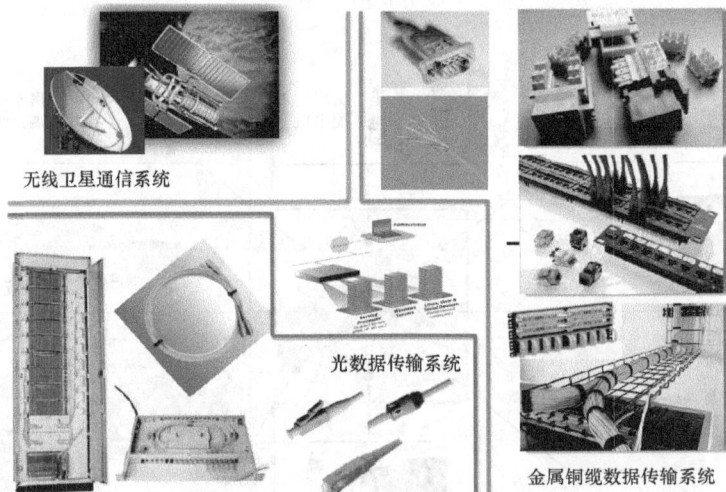

无线卫星通信系统

光数据传输系统

金属铜缆数据传输系统

图 4-1-3　机房基础设施子系统 3

二、机房电源异常的处理

(一)基础设施异常的发现

常规巡视：对电源、空调等基础进行现场巡视，检查设备运行情况，仪表读数是否正常、设备外壳温度、环境温度是否异常、机房有无异味等。

远程监控：通过监控系统对电源设备运行情况进行信号采集，当采集数值超过设定的阈值时，通过声音、图像或者短信发出告警信号。

定期测试：通过厂家或者专业仪器定期对 UPS 设备、电池、电缆、配电屏、ATS 开关切换、空调室内外机、接地电阻、布线系统的信号衰减程度进行测试，从而发现基础设施的异常。

（二）机房电能质量的要求

（1）机房用电负荷等级及供电要求应按 GB 50052《供配电系统设计规范》的规定执行。

（2）机房宜采用双路电源供电。

（3）主机房应设置专用动力配电柜（箱），并在电源进线的总配电柜（箱）处加装防浪涌装置。机房内其他电力负荷不得由机房专用电源系统供电，计算机系统设备电源应与照明、空调等设备电源分开。机房计算机系统电源与照明、空调等设备电源配电柜应分开设置。

（4）当采用静态交流不间断电源设备时，应按 GB 50052 的规定和现行有关行业标准规定的要求，采取限制谐波分量措施。

（5）当电网电源质量不能满足机房供电要求时，应根据情况采取相应的电源质量改善和防护措施。

（6）信息机房输入电源应采用双路自动切换供电方式，供电系统应由输入电源柜、UPS 系统、配电柜和输出馈线组成。配电系统应采用频率 50Hz、电压 220/380V 的 TN–S 或 TN–C–S 系统。

（7）设备负荷应均匀地分配在三相线路上，并原则上应使三相负荷不平衡度小于30%。

（8）主机房应采用不少于两路 UPS 供电。UPS 设备的负荷不得超过额定输出的70%。对 A 类机房 UPS 提供的后备电源时间不得少于 2h。

（9）机房电源进线应采用地下电缆进线，按 GB 50057《建筑物防雷设计规范》的规定采取防雷措施。机房电源进线应采用多级防雷措施。

（10）房内活动地板下部的低压配电线路宜采用阻燃防火铜芯屏蔽导线或铜芯屏蔽电缆。

（11）板下部的电源线应尽可能远离设备信号线，并避免混合敷设。当不能避免时，应采取相应的屏蔽措施。

（三）电源设施巡视

1. 常规巡视

巡视设备运行状态是否与运行方式一致；如不一致，通知运行人员到场确定运行状态。

巡视设备面板显示异常：UPS 指示灯、电源灯、告警灯指示不正常，指示屏、指针显示不正常时，现场操作 UPS 面板开关，确定告警原因，若告警状态不能现场消除，需要汇报调度台，采取相应措施，如设备风扇模块告警，应更换风扇配件。

物理外观、环境特征、特定指示异常通常不能监控，或者需要用肉眼和人体观察或感知。如异响首先应检查设备风扇是否需要更换或除尘，并汇报调度台。异味或外壳温度异常，往往是零件或电缆老化迹象，有起火隐患，需要立即汇报调度台，启用备用机器，停运异常设备，安排停机检修。

2. 远程监控

通过监控系统对基础设备进行远程监控，当采集数值超过设定的阈值时，监控系统通过声音、图像或者短信发出告警信号。

频率、电压、电流超出规定范围属于重要缺陷，调度员应安排人员检查输入电源系统，检查该路电源负载情况，视负载情况做好部分设备电源切换准备工作。三相负荷不平衡度属于重要缺陷，原则上三相负荷不平衡度应小于 30%。调度员发现异常后应安排运行人员检查三相负载情况，根据设备运行情况调整三相负载。

3. 定期测试

通过厂家或者专业仪器定期对 UPS 设备、电池、电缆、配电屏、ATS 开关切换进行测试，测试中出现异常应及时向调度员汇报，调度员根据情况安排检修，测试后应向调度提交测试记录。

定期用专用仪器对蓄电池组逐个测量，进行完全充放电维护，发现电池异常应随即更换，重新充放电后使用。测试及记录 UPS 主机运行参数，记录输出波形、谐波含量、零地电压等，查清各参数是否正确或切合实际，以便及时发现事故隐患；各项功能测试，如检查逆变器、整流器等启停、电池管理功能；进行 UPS 内部检查，观察可能出现的元件老化或损坏现象、电容是否有膨胀或漏液迹象，进行内部除尘；进行 UPS 同市电的切换试验。

检查主机、电池及相关配电引线和端子的接触情况是否可靠，并测量记录压降及温升，进行相关紧固工作等；进行 ATS 开关切换测试。

三、空调和其他系统异常的处理

（一）空调基础设施异常的处理

（1）空调漏水、漏油、异常噪声和无法启动属于重要缺陷，应尽快修复。

发现空调漏水、漏油、异常噪声和无法启动应立即汇报调度台，并初步查明原因，联系厂家。漏水应检查加湿系统和蒸发器排水托盘；漏油应先检查压缩机；异常噪声应先检查压缩机和送风系统。

（2）空调指示灯、电源灯、告警灯指示不正常属于一般缺陷，应汇报调度台，安排运维人员现场处理。从空调系统的显示屏上检查空调系统的各项功能及参数是否正常；检查报警记录，并分析报警原因，不能现场处理应安排检修。

（3）机房温湿度超限属于一般缺陷，应汇报调度台，安排运维人员现场处理。检查温度、湿度传感器的工作状态是否正常，检查压缩机和加湿器的运行参数，判断机房中的设备运行状况是否有较大的变化，合理的调配空调系统的运行台次和调整空调的运行参数。如异常不能现场解决，应安排计划检修。

（二）其他基础设施异常的处理

1. 常规巡视

门禁系统无法正常读卡、无法正常开关大门属于重要缺陷。无法正常读卡为应用故障；无法正常开关大门为硬件故障。调度员接到缺陷后，应立即安排运行人员处理，并使用机房备用通道。

照明故障、温湿度、烟雾和漏水检测传感器指示灯、电源灯、告警灯指示不正常，温湿度传感器指示屏读数显示不正常，均属于一般缺陷，调度员应安排计划检修消缺。

2. 远程监控

视频摄像头故障或视频信号无法上传监控系统，温湿度传感器无法正常工作，烟雾传感器无法正常工作，漏水检测无法正常工作，监控平台未正常启动、未正常显示机房设备故障告警、未正常采集机房设备故障告警 均属于一般缺陷，调度员通过远程监控发现后，通知运行人员现场核实后，安排计划检修消缺。

3. 定期测试

接地、防雷设施异常往往是硬件故障，原因多为设备安装不符合规范设计要求，属于一般缺陷。调度员接到接地、防雷设施检测报告后，应根据季节情况安排检修，雷雨季节前应立即安排整改。

消防设备巡检和定期维护主要检查火灾报警控制器的自检、消音、复位功能以及主备电源切换；检查报警探测器、手动报警按钮、火灾警报装置外观；检查气体灭火控制器工作状态；检查气体瓶组或储罐、选择阀、驱动装置等组件外观；检查应急灯和疏散指示标志工作状态，气体灭火控制设备的试验模拟自动启动等。若发现异常调度员应结合机房情况安排计划检修处理。

定期对弱电系统进行检测，按照 TIA/EIA-568 标准对网线性能进行抽查测试，对光纤衰耗进行抽查测试。测试过程中发现异常应随即整改，并汇报调度台。

【思考与练习】

1.【单选题】下面不是机房基础设施常规巡视内容的是（　　）。

A. 检查设备运行情况

B. 电池测试

C. 检查仪表读数是否正常

D. 检查环境温度、设备外壳温度是否异常

E. 检查机房有无异味

2.【单选题】《供配电系统设计规范》标准号是 GB 50052，《电子信息系统机房设计规范》标准号是（　　）。

A. GB 50174—2007　　　　　　　　　B. GB 50174—2008

C. GB 50175—2007　　　　　　　　　D. GB 50175—2008

3.【单选题】三相负荷不平衡度属于重要缺陷，原则上三相负荷不平衡度应小于（　　）。

A. 20%　　　　　B. 25%　　　　　C. 30%　　　　　D. 35%

4.【单选题】机房精密空调漏水应先检查的部件是（　　）。

A. 加湿系统和水管　　　　　　　　　B. 排水托盘部件

C. 蒸发器　　　　　　　　　　　　　D. 加湿系统和蒸发器排水托盘

5.【单选题】机房精密空调异常噪声应先检查（　　）。

A. 压缩机和送风系统　　　　　　　　B. 风扇

C. 室外机　　　　　　　　　　　　　D. 管道

▶ 模块 2　2M 通道中断处理（Z40F2002Ⅰ）

【模块描述】 "三集五大"体系建设后，业务系统集中部署，电网大量的调度生产业务和生产管理业务都承载在 2M 电路上，2M 电路的重要性不言而喻。2M 电路作为信息承载的通道，常常出现各种各样的问题，如何迅速地判断故障的原因所在，及时和准确处理故障是保证业务系统稳定运行的重要内容之一。本模块介绍 2M 通道的中断故障，通过对 2M 通道组成结构、信号流向、故障排查的详细讲解，掌握常见 2M 通道中断的处理步骤和方法。

【模块内容】

一、2M 电路基础知识

（一）2M 数字电路

2M 数字电路为用户提供传输速率为 2.048Mbit/s 的链路，它是承载于光纤传输骨干网，由数字方式进行传送信息的全透明电路通道，由传输设备及传送介质 2 部分组

成，他的国际标准电接口为 G.703。

2M 有帧的概念，一帧内有 32 个信道，每个信道由 8 个 bit 组成，1s 传送的帧数是 8000 帧，因此，总的速率就是 32×8×8000=2048（kbit/s）。2M 内的每个信道的速率算法为：8×8000=64kbit/s，这就是 64k 信道的由来。2M 帧结构如图 4-2-1 所示。

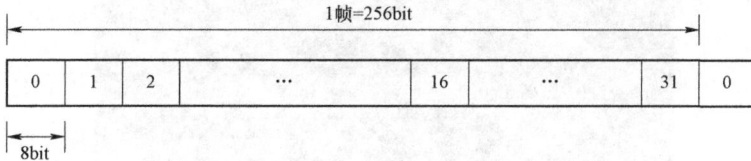

图 4-2-1　2M 帧结构

（二）2M 帧结构

2M 的帧结构有非帧结构、PCM30、PCM31、PCM30 CRC、PCM31 CRC 5 种。

非帧结构：2M 的非帧结构主要传送的是数据，其特点是每一帧只有 1 个 0 时隙，其余 31 个时隙不做区分。2M 非帧结构如图 4-2-2 所示。

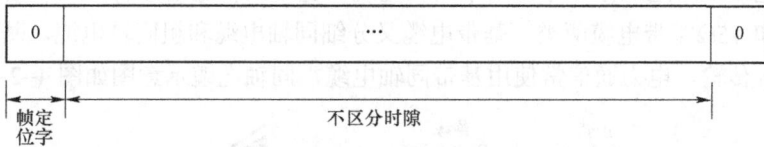

图 4-2-2　2M 非帧结构

PCM30 最多可以传送 30 个信道的信息，一般用于 1 号信令的话务业务，主要特点是第 16 时隙传送 1 号信令和复帧信号及复帧告警，一个复帧包含 16 个子帧。PCM30 帧结构如图 4-2-3 所示。

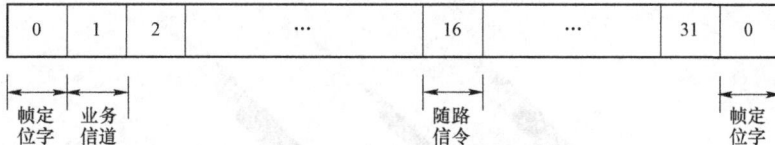

图 4-2-3　PCM30 帧结构

PCM31 一般用于 7 号信令电路（即共路信令），其特点是 31 个时隙均可用于业务信息。PCM31 没有复帧。

PCM30 CRC 与 PCM30 相比，多了 CRC 字节。

PCM31 CRC 与 PCM31 相比，多了 CRC 字节。

（三）2M 常见物理接口

现在主要 2M 接口有非平衡的 75Ω（一收一发）和平衡的 120Ω（一收一发两地）两种接口，电力通信 2M 电路通常使用 75Ω的接口，2M 物理接口如图 4-2-4 所示。

图 4-2-4　2M 物理接口

（四）同轴电缆和数字配线架

同轴电缆从用途上分可分为基带同轴电缆和宽带同轴电缆 2 种。同轴电缆分 50Ω基带电缆和 75Ω宽带电缆两类。基带电缆又分细同轴电缆和粗同轴电缆。基带电缆仅仅用于数字传输，电力通信常使用基带同轴电缆，同轴电缆示意图如图 4-2-5 所示。

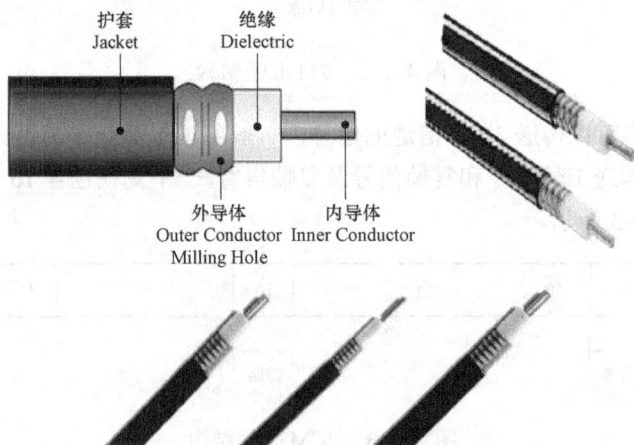

图 4-2-5　同轴电缆示意图

数字配线架又称高频配线架，以系统为单位，有 8 系统、10 系统、16 系统、20 系统等，其在数字通信中越来越有优越性，它能使数字通信设备的数字码流的连接成为一个整体。速率为 2Mbit/s～155Mbit/s 信号的输入、输出都可终接在数字配线架

（digital distribution frame，DDF）上，这使配线、调线、转接、扩容更加灵活和方便。
数字配线架如图 4-2-6 所示。

图 4-2-6　数字配线架

二、2M 电路的典型应用

业务设备用于将用户的特定信息（如语音、视频、数据等）转换为标准数据包，
然后采用通用的接口（如 2M、155M、FE 等）通过传输设备传输到用户指定的场所，
再将标准数据恢复成用户需要的信息。业务设备种类很多，电力系统常见的业务设备
包括继电保护装置、安稳装置、EACCS 装置、综合自动化装置、调度交换机、广域网
路由器、会议电视设备等。2M 电路主要承载业务如图 4-2-7 所示。

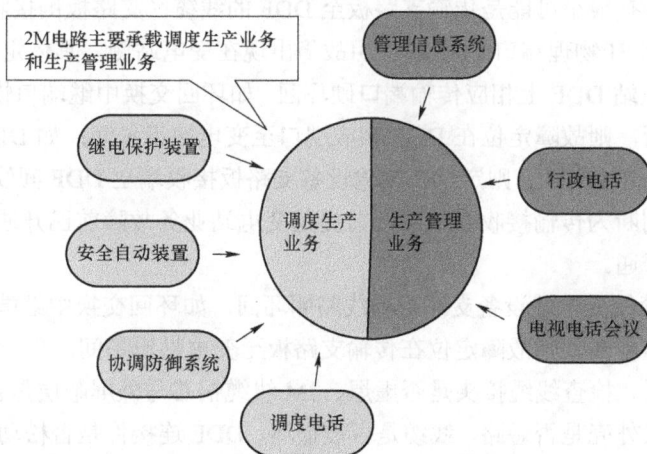

图 4-2-7　2M 电路主要承载业务

三、2M 电路常见缺陷

（1）传输类缺陷：LOS、LOF、LOP、AIS、标识失配等，包括 TU（即低阶通道）、本端、远端 RDI。

（2）设备类缺陷：设备拔板、设备故障、设备不匹配。

（3）性能超值：PJ、V5、CV 等。

四、2M 缺陷处理

（一）缺陷发现途径

常见的缺陷发现途径有网管巡视和业务使用部门告知两种。

（二）常见缺陷定位

传输网管告警简易原理：传输设备在涉及成本问题情况下，支路板和光板均只在接收端设置感应器，即只在接收端（对端发送至本段接收中继段）对信号进行检测，对端发端不对发送信号进行检测，故存在发端信号无法预知的漏洞，出现故障无法直接判定；可采用环回方式利用接收端检测相应发送端是否有信号发出或在硬件上（如 DDF 架或光口发端）直接用 2M 误码仪测试。

2M 故障出现时，先结合电路资料和交换端口表，查询传输网管相应端口告警，以进行故障定位并确定进一步处理方法。结合告警处理的经验和故障产生的原理，故障类型大致有如下 2 类。

1. 网管上变电站侧报 2M 物理端口 LOS

此种故障从告警可看出为变电站内传输支路板接收检测无信号，可能原因为：DDF 相应端子连接件松动、变电站通信设备停电传输未下电、设备发送端至 DDF 跳线故障（虚焊、断损），有很小可能是传输支路板至 DDF 的线缆（支路板侧接收线）故障。

变电站侧 PDH 物理端口 LOS 即证明故障出现在变电站侧，具体定位方法如下：

（1）在变电站 DDF 上相应传输端口硬环回，如环回交换中继端口恢复，取消环回则交换中继中断，则故障定位在 DDF 相应端口至变电站设备间；如 DDF 环回后交换仍中断，传输告警不消失，则定位在传输设备支路板接收端至 DDF 间线缆（即传输接收线）故障。判断为传输接收线故障的前提是变电站业务故障前已开通，而不是新开通电路调测时开通。

（2）在网管做变电站设备支路板的线路侧环回，如环回交换中继端口恢复，取消环回则交换中继中断，则故障定位在传输支路板至变电站设备间。

定位故障后，检查线缆接头是否虚焊、2M 线缆铜芯与外屏蔽层是否短路、2M 线缆铜芯与同轴头外壳是否短路、线缆是否被损坏、DDF 连接件是否松动、DDF 连接件是否损坏、设备支路板上预制线插头是否松动等。2M 故障处理流程如图 4-2-8 所示。

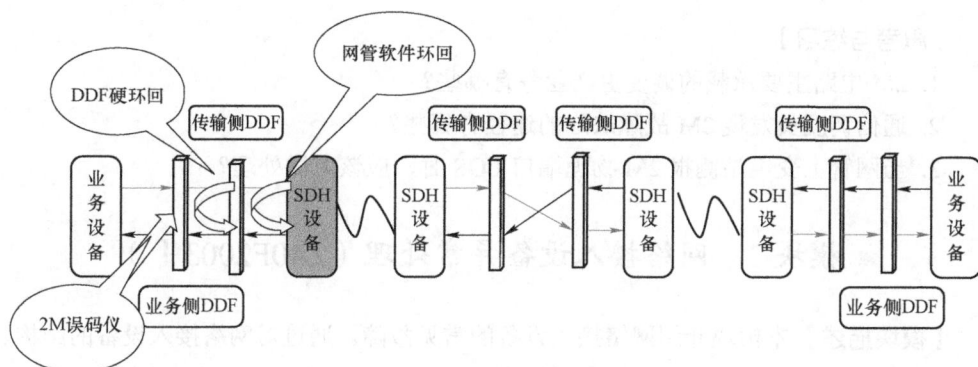

图 4-2-8　2M 故障处理流程

2. 网管上变电站侧/中心机房侧支路板报 TU12–AIS/VC12–RDI 告警

此种故障从告警可看出为变电站至中心局间经传输网络业务路由时出现光缆中断导致，可能原因为：变电站至中心局间业务未配置保护路由，同时沿变电站至中心局间业务路由方向发生光缆中断、故障站点业务数据配置错误或者未完全下发、变电站至中心局间沿业务路由发方向存在光板或者交叉板故障、

处理方法：变电站至中心局间业务路由方向从基站向中心局逐站检查，是否发生上述可能原因。

（三）常见缺陷处理

1. 设备缺陷

如是业务侧设备缺陷，则由业务侧派专员前往处理；如是通信设备缺陷，则由通信调度员通知相关设备专职前往处理。

2. 光缆线路缺陷

如是光缆线路缺陷，则由通信调度员通知相关线路专职前往处理。

3. 网管配置缺陷

如是网管配置缺陷，则由通信调度员通知相关厂家重新配置数据。

4. 电缆或接头缺陷

如是电缆或接头缺陷，则由通信调度员通知相关线路专职前往处理。

在 2M 电路承载的业务中，如继电保护、安全自动装置、协调防御系统、自动化数据、调度电话等缺陷均为紧急缺陷，需要在 24h 内处理完毕或降低缺陷等级。MIS、行政电话、电视电话会议等缺陷为重要缺陷。

通信调度应根据通信缺陷紧急程度和影响范围，及时向相关领导汇报。涉及上级通信调度调管范围内的通信缺陷，还应及时向上级通信调度汇报。

【思考与练习】

1. 2M 电路主要承载的调度生产业务有哪些？
2. 通信调度员发现 2M 故障缺陷的途径有哪些？
3. 当网管上变电站侧报 2M 物理端口 LOS 时，应该怎样处理？

◢ 模块 3 网络接入设备异常处理（Z40F2003 Ⅰ ）

【模块描述】本模块介绍网络接入设备的常见故障。通过对网络接入设备的结构、异常类型、故障排查的详细讲解，掌握网络接入设备故障的处理步骤和方法。

以下着重介绍网络故障类型、故障原因，解决网络接入设备故障的处理思路和方法。

【模块内容】

一、背景

"三集五大"体系建设后，业务系统集中部署，局域网承载着公司生产、营销、调度等多种业务应用的运行，其重要性不言而喻。网络接入设备作为直接面对用户的终端，因其使用对象广泛常常出现各种各样的网络接入问题，如何迅速地判断网络故障的原因所在，及时和准确地排除网络故障是保证业务系统稳定运行的重要内容之一。

二、网络故障的分类

网络接入设备包括服务器、PC、网卡、网络的连接设备（网络电缆）、集线器、交换机等设备。

在局域网故障中，根据故障性质的不同，可分为连通性故障、网络协议故障和网络配置故障。

按照故障出现的对象不同，可分为硬件故障和软件故障。硬件故障可分为网卡故障、集线器故障、交换机故障、路由器故障、服务器故障、网络的连接设备（网络电缆）故障等。

三、网络故障的原因

网络故障原因为硬件问题和软件问题 2 种，这些问题实际上就是网络连接性问题、配置文件和选项问题及网络协议问题。

（一）网络连接性

网络连接性是故障发生后首先应当考虑的问题。连通性的问题通常涉及网卡、跳线、信息插座、网线、Hub 、交换机和路由器等设备和通信介质。其中任何一个设备的损坏，都会导致网络连接的中断。连通性通常可采用软件和硬件工具进行测试验证。如当某一台计算机不能浏览公司网站页面时，在网络管理员首先想到的就是网络连通性的问题。到底是不是呢？可以通过测试进行验证。看得到网上邻居吗？ping 能得到网络内的其他计算机吗？只要其中一项回答为 Yes，那就可以断定本机到 Hub 或交换机的连通性没有问题。当然，即使都回答 No，也不表明连通性肯定有问题，也可能会有其他问题，因为如果计算机的网络协议的配置出现了问题也会导致上述现象的发生。

排除了由于计算机网络协议配置不当而导致故障的可能后，就应该查看网卡和 Hub 或交换机的指示灯是否正常，测量网线是否畅通。

（二）配置文件和选项

服务器、计算机都有配置选项，配置文件和配置选项设置不当，同样会导致网络故障，如服务器权限的设置不当，会导致资源无法共享的故障。计算机网卡配置不当，会导致网络无法连接的故障。当网络内所有的服务都无法实现时，应当检查 Hub 或交换机。一般而言，网卡未设置好，在网上邻居里只能看到自己一台计算机。如果自己乱设了 IP 地址的话，机器网卡可能被禁止，就不能正常登录门户和操作业务系统。

（三）网络协议

网络协议是实现局域网通信的"沟通语言"，没有网络协议，网络设备和计算机之间就无法通信。不同的网络协议具有不同的功能，如没有安装 NetBUI 协议，局域网无法实现正常通信；有时虽然安装了网络组件 NetBUI 协议，但访问网上邻居还是不行，可能出现了假安装的现象，删除 NetBUI 协议，再重新安装 NetBUI 协议一次，问题会解决。总之，网络协议是局域网内计算机的通信必备手段，如果网络协议安装不当，必然会给网络通信造成障碍。

四、网络故障排除步骤

由于网络协议和网络设备的复杂性，许多故障解决起来绝非像解决单机故障那么简单。网络故障的定位和排除，既需要丰富的知识水平，更需要长期经验的积累。网络故障排除步骤如下：

（1）了解故障现象：向用户询问发生网络故障的可能因素，常见网络故障排查见表 4—3—1。

表 4-3-1 　　　　　　　　 常 见 网 络 故 障 排 查

询问问题	引起网络故障的潜在因素
故障表现如何	网络不通、网络速度过慢、某项操作不能进行等
故障表现有什么规律	时间规律性、故障的随机性、故障的局部性等
故障发生前进行过哪些操作	优化系统、整理硬盘、调整 BIOS 参数
故障发生时正在进行什么操作	正在使用系统、使用应用软件、进行软件安装

续表

询问问题	引起网络故障的潜在因素
这个操作以前进行过吗	进行过，没问题；进行过，有问题，但已经解决等
以前同样的操作是否成功	完全可行、可行但是有些小问题、一直运行不畅等
最后一次成功运行是什么时候	在最近几天、一周以前等
最近硬件或软件发生哪些改变	更换网络设备、安装某个软件、卸载某个软件等
周围环境最近有什么变化	办公室搬迁、安装新的电源或电话线路、基建工程等

（2）重现故障现象。

为了准确地判断故障现象，维修人员需要亲自复现故障现象，也可以让用户演示所发现的问题，并注意出错信息。例如，在使用 Web 浏览器进行浏览时，无论键入哪个网站都返回"该页无法显示"之类的信息；使用 ping 命令时，无论 ping 哪个 IP 地址都显示超时连接信息等。诸如此类的出错消息会为缩小问题范围提供许多有价值的信息。

（3）分析故障原因。

导致网络故障的原因可能有如下几种：如网络硬件设备故障、网络线路故障、网络连接故障、网络软件设置不当、网络硬件或软件兼容性不好、应用环境发生变化等。

（4）查找网络故障。

检查物理层故障：如网络接头接触不良、网卡接触不良、网络线路中断等。

观察网络设备上的各种指示灯。通常，绿灯表示连接正常，红灯表示连接故障，不亮表示无连接或线路不通。根据数据流量的大小，指示灯会时快时慢的随机闪烁。如果所有数据指示灯同时闪烁，网络也是不正常的。

检查网络层故障：如网络协议的配置、IP 地址的配置、子网掩码和网关的配置以及各种系统参数的设定等。

检查网络操作系统层故障：这是用户最为熟悉，同时也是最容易出问题的地方。

检查应用层故障：这主要涉及网络服务器软件，如域名解析服务器（DNS）、DHCP服务器、邮件服务器和 Web 服务器等。

（5）处理网络故障。

如果知道硬件故障部位和性质，进行故障处理一般比较简单。往往采用更换法、重新安装法等。

软件故障处理起来要复杂得多，主要是因为用户对数据的安全性、完整性要求很高。随意更改配置或重新安装系统，往往可能造成更大的混乱。因此要在故障处理前进行系统镜像备份，在更改软件配置时，应当谨慎处理。

（6）故障总结。

处理完问题后，还必须搞清楚故障是如何发生的，是什么原因导致了故障的发生，以后如何避免类似故障的发生，拟定相应的对策，采取必要的措施，制定严格的规章制度。

五、常用网络故障诊断命令

熟练掌握网络诊断命令是快速判断故障点的捷径。常用网络诊断命令有Ping命令、ipconfig命令、netstat命令、tracert命令等。

（一）Ping 命令

Ping 命令是校验与远程计算机或本地计算机的连接的一种测试工具。Ping 命令向计算机发送 ICMP 回应报文并且监听回应报文的返回，以校验与远程计算机或本地计算机的连接。对于每个发送报文，Ping 最多等待 1s，并打印发送和接收的报文。比较每个接收报文和发送报文，以校验其有效性。默认情况下，发送四个回应报文，每个报文包含 64byte 的数据（周期性的大写字母序列）。

计算机只有在安装 TCP/IP 协议之后才能使用该命令。可以使用 Ping 实用程序测试计算机名和 IP 地址，如果能够成功校验 IP 地址却不能成功校验计算机名，则说明名称解析存在问题。

Ping 命令实际是通过 ICMP 协议来测试网络的连接情况的，即将数据发送到另一台主机，并要求在应答中返回这个数据，以确定连接的情况，所以用 Ping 命令可以确定本地主机是否能和另一台主机通信。通过 Ping 本机的回送地址可确定本机的网络配置是否正确。

Ping 命令有很多功能，在使用 Ping 命令时，使用不同的参数可以进行不同的测试。参数说明如下：

–t：校验与指定计算机的连接，直到用户中断。

–a：将地址解析为计算机名。

–n count：发送由 count 指定数量的 ECHO 报文，默认值为 4。

–l size：发送包字节的大小，默认值为 32。

–f：在包中发送"不分段"标志。该包将不被路由上的网关分段。

–i ttl：将"生存时间"字段设置为 ttl 指定的数值。

–v tos：将"服务类型"字段设置为 tos 指定的数值。

–r count：在"记录路由"字段中记录发出报文和返回报文的路由。指定的 count 值最小可以是 1，最大可以是 9。

–s count：指定由 count 指定的转发次数的时间邮票。

–j.host–list：经过由 computer–list 指定的计算机列表的路由报文。中间网关可能分隔连续的计算机（松散的源路由），允许的最大 IP 地址数目是 9。

–k host–list：经过由 computer–list 指定的计算机列表的路由报文。中间网关可能分隔连续的计算机，允许的最大 IP 地址数目是 9。

–w timeout：以 ms 为单位指定超时间隔。

Destination –list：指定要校验连接的远程计算机

（二）ipconfig 命令

ipconfig 显示所有当前的 TCP/IP 网络配置值、刷新动态主机配置协议（DHCP）和域名系统（DNS）设置。查询本机的网络设置选项最快的方法就是在命令提示符窗口中输入 ipconfig 命令，在不加任何参数的状态下，它会显示目前的 IP 地址、子网掩码和默认网关。ipconfig 实用程序和它的等价图形用户界面——Windows 95/98 中的 WinIPCfg 可用于显示当前的 TCP/IP 配置的设置值。这些信息一般用来检验人工配置的 TCP/IP 设置是否正确。但是，如果计算机和所在的局域网使用了动态主机配置协议（DHCP），这个程序所显示的信息也许更加实用。这时，ipconfig 可以让我们了解自己的计算机是否成功地租用到一个 IP 地址，如果租用到，则可以了解它目前分配到的是什么地址。了解计算机当前的 IP 地址、子网掩码和缺省网关实际上是进行测试和故障分析的必要项目。

（三）netstat 命令

Windows 内浏览本机网络使用情况的指令就是 netstat，通过这个指令与相关参数能够提供计算机本身的网络连接状态、各种通信协议的网络系统使用统计。该诊断命令使用 NBT（TCP/IP 上的 NetBIOS）显示协议统计和当前 TCP/IP 连接，该命令只有在安装了 TCP/IP 协议之后才可用。

1. netstat –a

使用 "–a" 的参数可以将所有与网络相关的连接端口全部列出，以便用户查看目前有多少连接端口被占用，或是检查是否有不正常的连接状态。

2. netstat –e

使用 " –e " 的参数可以显示有关以太网的使用情况（包括接收发送的数据、单点互连的包数目、丢弃或错误的包数目等）。

3. netstat –r

使用 " –r " 的参数可以使本机目前的路由表全数列在屏幕上。

（四）tracert 命令

如果有连通性问题，可以使用 tracert 命令来检查到达目标 IP 地址的路径并记录结果。tracert 命令显示用于将数据包从计算机传递到目标位置的一组 IP 路由器，以及每个跃点所需的时间。如果数据包不能传递到目标，tracert 命令将显示成功转发数据包的最后一个路由器。

六、常见网络故障现象分析

（一）网络硬件设备故障

网络设备包含网络服务器设备、网络线路设备、用户网络设备 3 个部分。用户网络设备主要是各种类型的 Modem、网卡和微机。

网络服务器主机故障有服务器处理能力不够、服务器内存容量不够、由于硬件故障引起信息丢失等。

网卡故障：网卡有两个 LED 灯，红色的是链路指示灯，用来显示网卡是否与网络建立了连接；绿色的是数据传输指示灯，该灯随网卡发送/接收数据而闪烁。如果指示灯不闪烁，就意味着网络没有建立连接。

（二）网络线路故障

网络线缆应当牢固地连接在微机上，且连接处没有损坏、松动的地方；网络线缆不能超过规定的使用长度。

检查连接线缆是否存在短路或断路现象，整个网络应当使用同一种类型的线缆。

双绞线四对线的绕阻不同，应当按照标准线序进行接线，以减少近端串扰（NEXT）和背景噪声的影响。双绞线的长度最好大于 2m，线路太短容易发生时断时续的故障。

（三）网络连接不通

1. 网络设备检查

检查交换机、Hub 是否存在故障。

检查网卡安装是否正确，或与其他设备是否存在冲突。

检查微机到交换机之间的双绞线与网卡是否存在故障。

检查网线、跳线或信息插座是否存在接触不良、断线、线对接错等故障。

检查线路是否过长，导致信号衰减严重。

检查市电是否没有打开、干扰过大、零线带电等故障。

2. 网络设置检查

Ping 网关和 DNS 进行检查。

本机 IP 地址、子网掩码、DNS 等参数是否配置正确。如果是自动获得 IP 地址时，查看 DHCP 服务器是否工作正常。

检查网络协议是否安装，或设置是否正确。

检查系统是否感染病毒。

检查路由器是否被黑客攻击。

测试广播风暴是否占用了所有网络带宽。

（四）网络速度非常慢

1. 网络数据包检测

如果交换机指示灯闪烁或黄灯常亮，表示网络有阻塞现象。

如果网络上出现较多的错误帧，需要确定发出错误帧的站点。

连续运行 Ping 命令，检测请求包与响应包是否相等。如果不相等，远端的线路或设备有可能存在容量问题或有故障。

如果有丢帧现象，可以进行双绞线测试。

检查网络拥挤是近来才出现的问题，还是一直存在的问题。

2. 网络设备故障

服务器高速缓存设置太小、内存不够、硬盘空间有限等。

路由器端口、交换机端口、网卡等都可能成为网络瓶颈。

3. 网络线路问题

双绞线没有按照正确标准制作，或受到损坏。

网络拓扑结构中存在信号回路。

4. 蠕虫病毒检查

蠕虫病毒会不停地往外发送数据包，造成网络阻塞。

5. 广播风暴

当广播包数量达到 30% 时，网络传输效率将会明显下降。

广播风暴通常由有故障的网卡、网线或集线器等造成，也可能是网络上过多的广播信息引起。

6. 软件设置检查

局域网中有重复的 IP 地址，造成网络地址冲突时，删除一些不常用的协议。

NetBEUI 是一个强广播协议，可以使用 TCP/IP 来取代 NetBEUI 协议。

【思考与练习】

1.【单选题】网络速度非常慢，网络设备上说法错误的是（　　）。

A. 服务器高速缓存设置太小　　　　　　B. 服务器内存太大

C. 硬盘空间有限　　　　　　　　　　　D. 网卡瓶颈

2.【单选题】有关广播风暴，说法错误的是（　　）。

A. 广播包数量达到 30% 时，网络传输效率将会明显下降

B. 广播风暴通常由故障的网卡、网线或集线器等造成

C. 网络上过多的广播信息引起

D. 广播包数量达到 20% 时，网络传输效率将会明显下降

3.【单选题】表示网卡与网络已建立连接，但是没有数据传输时网卡指示灯的状态是（　　）。

A. 红色灯亮，绿色灯闪烁　　　　　　　B. 红色灯亮，绿色灯不闪烁

C. 红色灯不亮，绿色灯不闪烁　　　　　D. 红色灯不亮，绿色灯闪烁

4.【单选题】有关网络服务器主机设备故障，以下说法错误的是（　　　）。

A. 服务器处理能力不够　　　　　B. 服务器内存容量不够

C. 硬件故障引起信息丢失　　　　D. 软件错误

5.【单选题】网络速度非常慢，有关网络线路上说法错误的是（　　　）。

A. 双绞线没有按照正确标准制作　　B. 双绞线受到损坏

C. 网络拓扑结构中存在信号回路　　D. 交换机端口瓶颈

▲ 模块 4　信息通信缺陷定级（Z40F2004Ⅰ）

【模块描述】本模块介绍信息通信缺陷的定级标准。通过对各种信息通信缺陷现象、影响范围及等级划分方法的介绍，掌握不同缺陷的分级定级方法。

【模块内容】

一、缺陷管理机制介绍

1. 总体架构

公司信息系统缺陷管理机制以"两级三线"运维体系为基础，总体架构为"两级调度，三层检修，一体化运行"。

公司"两级三线"运维体系主要指总部、分部及省公司两级和一、二、三线运维。一线运维指前台客户服务，主要包括服务受理、业务应用前台支持和桌面维护等工作内容；二线运维指后台运行维护，主要包括系统平台运维和业务应用运维等工作内容；三线运维指外围技术支持，主要向二线运维提供技术支持。

公司信息系统缺陷管理机制主要将二线后台运行维护按照调度、运行、检修进行专业化细分，明确调度、运行、检修各专业在缺陷处理流程各环节中的具体工作职责，建立公司总部、分部和省公司以及三线技术支持中心和厂商间的缺陷管理流程。

2. 缺陷组织机构和职责分工

结合公司实际情况，按照信息系统职能管理、运维等业务环节，明确缺陷管理所涉及的公司信息化各组织机构及相应的职责分工。

（1）信息化职能管理部门，负责信息系统调度、运行、检修、应用支持和信息安全的专业管理工作。具体职责如下：

1）负责组织制订缺陷管理制度；负责缺陷管理的组织协调工作，监督缺陷管理制度的执行情况；协调、督促运行维护部门及时处理相关缺陷，并审核缺陷、检修计划。

2）负责缺陷的信息传递、整理、反馈、统计工作；负责典型缺陷库的建立和维护，并按各单位缺陷管理指标完成情况，对缺陷管理工作进行评价和考核。

3）负责对缺陷发现、处理、验收等环节进行监督、检查；负责对缺陷的疑难问题组织协调相关资源进行技术分析、审定处理方案、提出处理意见；负责在必要时召集有关单位分析缺陷管理或处理过程中发现的问题，分析缺陷发生原因，制定防止缺陷再次发生的改进措施（包括技术的和非技术的），督促缺陷的及时处理；负责定期组织召开分析会，分析缺陷产生的原因，了解可能存在的技术改进和管理改进点，提出整改措施，完善缺陷处理流程，提高系统运行水平。

（2）信息系统运维单位，依据公司信息运行调运检体系，负责所辖信息系统设备运行监控、巡视、检修、停复役、应急处置等实施工作。具体职责如下：

1）信息调度负责调管范围内信息系统缺陷审核、发布和督导等工作。负责调管范围内信息系统缺陷处理的计划检修审批工作，按规定批准临时检修和紧急抢修。负责组织协调相关资源进行消缺工作，并定期发布缺陷处理状态。

2）信息运行负责所辖范围的信息系统缺陷的上报、初步审核、验收、归档工作，并编写消缺分析报告。对缺陷进行分析，掌握缺陷严重程度，对缺陷处理情况及时跟踪，负责所辖范围内缺陷的信息传递、整理、反馈汇总、统计、分析工作。

3）信息检修负责所辖范围的信息系统缺陷的分析、检修安排；负责编写疑难问题的处理方案、建议，并提交上级管理单位。认真对缺陷进行分析，掌握缺陷严重程度，在规定时限内处理缺陷。负责所辖范围内的信息系统缺陷的信息整理、汇总、分析、反馈工作。

二、缺陷分类定级原则

信息系统按照缺陷一旦爆发所产生的危害程度及影响范围来定义缺陷级别；按照缺陷所属的信息系统类型来定义缺陷的类别。

（一）缺陷级别

缺陷按其严重程度划分为三个等级。

（1）紧急缺陷：对信息系统安全运行有直接威胁并需立即处理，否则随时可能造成系统停运、设备故障、网络瘫痪等信息系统事件的缺陷。如双机容错的主机系统、网络设备等中的一台宕机，但未影响对外服务；网络流量发生异常，使网络传输效率显著下降，但连通性未受影响；机房专用空调制冷失效导致主机设备迅速升温等。

（2）重要缺陷：对信息系统安全运行有严重威胁，但系统尚能坚持运行，需尽快处理的缺陷。如 CPU、内存、磁盘等系统资源问题造成系统响应效率下降。

（3）一般缺陷：对信息系统安全运行影响不大，短时间内不会劣化成重要或紧急的缺陷。如双机容错的 UPS 中的一台宕机，未影响对外服务；机房环境出现异常，但未影响系统设备运行。

（二）缺陷类别

按照信息系统的运行架构可将缺陷划分为以下九类。

（1）业务应用系统缺陷：业务应用系统中在自身程序设计上的缺陷或在应用时产

生的错误。主要包括接口、功能模块、设备终端和数据等方面的缺陷。业务系统包括一体化信息平台系统、业务部门应用系统、信息通信调度运行管理支持系统。

（2）网络系统缺陷：网络设备或其操作系统发生影响信息网络安全运行的缺陷。主要包括硬件、操作系统、链路和综合布线等方面的缺陷。

（3）服务器缺陷：服务器设备或其操作系统发生影响服务器安全运行的缺陷。主要包括硬件、操作系统和其他相关软硬件配置等方面的缺陷。

（4）数据库缺陷：数据库发生影响系统安全运行的缺陷。主要包括数据库管理软件和配置等方面的缺陷。

（5）中间件缺陷：中间件发生影响系统安全运行的缺陷。

（6）存储缺陷：存储设备或其操作系统发生影响安全运行的缺陷。主要包括硬件、管理软件和配置等方面的缺陷。

（7）备份系统缺陷：备份硬件或其管理软件发生影响安全运行的缺陷。主要包括硬件、管理软件和配置等方面的缺陷。

（8）安全设施缺陷：安全设施或其系统发生影响安全运行的缺陷。主要包括防火墙、入侵检测和防病毒等相关软硬件方面的缺陷。

（9）基础设施缺陷：信息机房基础设施发生影响安全运行的缺陷。主要包括机房空调、不间断电源、防雷接地和机房监控软件平台等方面的缺陷。

（三）缺陷分类的定级原则

1. 业务应用系统缺陷定级原则

（1）紧急缺陷：三类及以上业务的重要模块、重要数据、重要流程的缺陷，或引发六级及以上信息系统事件的缺陷。

（2）重要缺陷：三类及以上业务的一般模块、一般数据、一般流程的缺陷，其他业务的重要模块、重要数据、重要流程的缺陷，或引发八级及以上信息系统事件的缺陷。

（3）一般缺陷：其他业务的一般模块、一般数据、一般流程的缺陷。

2. 网络系统缺陷定级原则

（1）紧急缺陷：网络设备存在可能直接威胁网络安全运行的软硬件缺陷。例如：核心、汇聚层网络设备中存在软硬件故障，随时可能导致设备不可用；核心、汇聚层链路中断，存在影响信息系统业务正常运行的风险。

（2）重要缺陷：对设备安全有严重威胁，但尚能坚持运行。例如：CPU、内存等网络设备资源问题造成网络系统响应效率下降；设备互联链路间存在错误包且不停增长。

（3）一般缺陷：不会影响网络系统正常运行，且短时间内不会劣化为重要缺陷。例如：设备利用率有异常、IOS 版本过低但未影响网络与信息系统设备运行；综合布线存在不规范现象。

3. 服务器缺陷定级原则

（1）紧急缺陷：缺陷可能导致服务器宕机；性能或安全性严重下降。

（2）重要缺陷：缺陷发生后服务器尚能正常运行，但性能或安全性有所下降；设备失去冗余保护。

（3）一般缺陷：缺陷发生后对服务器无明显影响，系统性能或安全性正常；设备未失去冗余保护。

4. 数据库缺陷定级原则

（1）紧急缺陷：缺陷可能导致数据库宕机；性能或安全性严重下降；不能支撑业务系统运行。

（2）重要缺陷：缺陷发生后数据库尚能正常运行，但性能或安全性有所下降；尚能支撑业务系统运行。

（3）一般缺陷：缺陷发生后对数据库性能或安全性无明显影响，系统性能或安全性正常。

5. 中间件缺陷定级原则

（1）紧急缺陷：缺陷发生后导致中间件工作异常；安全性严重下降；不能支撑业务系统运行。

（2）重要缺陷：缺陷发生后中间件尚能正常运行，但性能或安全性有所下降；尚能支撑业务系统运行。

（3）一般缺陷：缺陷发生后对中间件性能或安全性无明显影响，系统性能或安全性正常。

6. 存储缺陷定级原则

（1）紧急缺陷：缺陷发生后导致存储宕机；性能或安全性严重下降。

（2）重要缺陷：缺陷发生后存储尚能正常运行，但性能或安全性有所下降；设备失去冗余保护。

（3）一般缺陷：缺陷发生后对存储无明显影响，系统性能或安全性正常；设备未失去冗余保护。

7. 备份系统缺陷定级原则

（1）紧急缺陷：缺陷发生后备份设备宕机；数据备份失败。

（2）重要缺陷：缺陷发生后备份性能或安全性下降。

（3）一般缺陷：缺陷发生后对备份性能或安全性无明显影响。

8. 安全设施缺陷定级原则

（1）紧急缺陷：安全设施发生了不稳定运行的问题，如不立即处理，有随时造成信息系统事件的隐患。例如：双机容错的防火墙、入侵检测（IDS）设备等中的一台宕机，未影响对外服务。

（2）重要缺陷：安全设施尚能正常运行，但是性能已经下降。例如：安全设施的特征码库或是病毒库长时间未更新，安全设施记录的日志无法记录或是发生丢失。

（3）一般缺陷：短时间内不影响安全设施正常运行且不会劣化成重要或是紧急缺陷。例如：安全设施的特征码库或是病毒库短时间未更新，安全设施记录或日志短时间丢失。

9. 基础设施缺陷定级原则

（1）紧急缺陷：对基础设施直接构成威胁的缺陷，如不立即处理，有随时造成信息系统事件的隐患。如机房不间断电源宕机等。

（2）重要缺陷：对基础设施有严重威胁，但基础设施尚能坚持运行的缺陷，如：机房空调停运、不间断电源三相负荷不平衡度不符合规范要求等。

（3）一般缺陷：对基础设施缺陷短时间内不会劣化成重要或紧急缺陷，如：机房空调温湿度超限、视频摄像头损坏或视频信号无法正确读出、温湿度传感器指示灯、电源灯、告警灯指示不正常等。

三、缺陷消缺时限

对信息系统缺陷的管理遵循"早发现，早消缺"的原则，鼓励各单位积极采取措施发现缺陷，合理安排消缺计划，及时稳妥消除缺陷或有效降低缺陷级别。

在充分考虑消缺计划的合理性和及时性的基础上，对不同类型的缺陷分别提出了消缺时限。紧急缺陷的消除时间或立即采取限制其继续发展的临时措施的时间不超过24h；重要缺陷的消除时间不超过一个月；一般缺陷的消除时间不超过六个月；重要节、假日（国庆、春节）、迎峰度夏前，重要及以上缺陷全部消缺。

【思考与练习】

1.【单选题】属于重要缺陷的业务应用系统缺陷是（　　　）。

A. 主数据错误

B. 三类及以上业务重要数据不能保存

C. 三类业务及以上重要业务流程中断

D. 二类业务设备接口异常，导致设备无法使用

2.【单选题】业务系统包括一体化信息平台系统、业务部门应用系统、（　　　）。

A. 财务系统

B. DB2 数据库平台

C. symantec 防病毒系统

D. 信息通信调度运行管理支持系统

3.【单选题】紧急缺陷对系统安全运行有（　　　），否则随时可能造成系统停运、设备故障、网络瘫痪等信息系统事件的缺陷。

A. 严重威胁

B. 直接威胁并需立即处理

C. 重大威胁但尚能坚持

4.【单选题】网络系统缺陷是网络设备或其操作系统发生影响信息网络安全运行的缺陷。主要包括硬件、（　　　）、链路和综合布线等方面的缺陷。

A. 交换机端口瓶颈　　　　　　　　B. 路由错误

C. 配置信息　　　　　　　　　　　D. 操作系统

5.【单选题】不属于基础设施一般性缺陷的有（　　　）。

A. 烟雾传感器无法正常工作　　　　B. 机房温湿度超限

C. 机房事故照明不正常工作　　　　D. 门禁系统无法正常读卡

▶ 模块 5　光缆故障处理（Z40F2005Ⅱ）

【**模块描述**】本模块介绍光缆故障处理的思路和流程，通过对光缆承载业务特点、光缆抢修特点、光缆故障影响范围查询、光缆承载业务处理要点的详细讲解，掌握光缆故障的排查方法和处理流程。

以下着重介绍信息通信监控调度值班员在光缆故障处理过程中的工作思路和流程，包括通信缺陷处理应把握的基本原则、光缆故障处理过程中应完成的故障发现、定位故障点、缺陷处理协调、启用应急措施、光缆及业务恢复等步骤和要求，并将前述步骤结合两个典型案例进行分析。

【**模块内容**】

一、电力光缆常见缺陷

（一）光缆缺陷分类

（1）根据缺陷（故障）光缆阻断情况分为：光缆全中断、光缆中部分束管中断、单一束管中部分光纤中断三种。

（2）光缆缺陷原因分为以下几种：

1）外力因素—外力挖掘、车辆挂断、枪击。

2）自然灾害—鼠咬与鸟啄、火灾、洪水、大风、冰凌、雷击、电击。

3）光缆自身原因—自然断纤、环境温度影响。

4）人为因素—施工工艺、偷盗、破坏。

（二）电力特种光缆典型缺陷

1. OPGW 光缆遭雷击

在发生短路故障或雷击 OPGW 地线时，线体瞬间发热。雷击时流过地线的雷电流很大，但通流时间短，一般几微秒至几十微秒，故通流量远小于 OPGW 可以承受的通流量，OPGW 不会因整体发热而纤芯受损。但雷击会引起 OPGW 断股，严重的会引起光单元受损、部分纤芯中断，如雷击断股同时又有伴有强风等自然灾害可能引起 OPGW 随线路全部中断。

2. ADSS 光缆电腐蚀

ADSS 光缆电腐蚀的发生机理：处于高压导线周围的自承式光缆与相线、大地间的电容耦合所产生的电位在潮湿的光缆表面会产生电流；当光缆表面干燥时，会在干燥区发生电弧，引起的热量会侵蚀外护套导致裂口。

电腐蚀一般发生在 220kV 线路，110kV 及以下线路尚未发现电腐蚀。在 500kV 及以上线路，因电场强度过高，一般不架设 ADSS。ADSS 电腐蚀的主要成因是电晕放电、干带飞弧和早期材质不过关，几乎所有的电腐蚀均发生在杆塔连接处。电腐蚀现象无法避免，但可以有效抑制。目前，抑制电腐蚀的措施已比较成熟，多数情况可以比较妥善地解决。

二、通信缺陷处理原则

对于信息通信监控调度值班员来说，在协调指挥缺陷处理时，应把握以下原则：

（1）对于紧急缺陷的处理一般遵循"先抢通，再修复"的原则。

（2）影响一级、二级、三级重要通信业务、重要保护、安稳、自动化业务的应尽量在 3h 内恢复。根据通信可靠性要求，一般对于重要的业务都提前具备迁回路由。如某光路故障无法在 3h 内抢修恢复而影响重要业务时，应指挥起用该业务迁回路由，尽快恢复业务，缩短业务中断时间。

（3）指挥故障或缺陷处理时，不经上级调度许可，不得擅自扩大故障影响范围。

（4）原发故障或缺陷处理恢复后，应将已迁回的业务恢复到原有运行方式。如迁回后的运方符合运行要求或经上级调度许可可以调整为正式运方，应事后补发方式单并及时修改运行资料。

（5）在所有光路、电路恢复正常运行，运行方式恢复到正常状态，得到上级调度许可的情况下，方可判断为抢修结束。

三、光缆缺陷处理流程

对于信息通信监控调度值班员来说，在协调指挥光缆的缺陷处理时，一般流程为光缆缺陷（故障）的发现、定位故障点、缺陷处理协调、启用应急措施、光缆及业务恢复。

1. 光缆缺陷（故障）的发现

（1）网管告警。

当光缆发生故障时，会引起承载的业务光路中断或接收端误码，相应的通信监控系统或传输网管系统会显示告警信息。信息通信监控调度值班员通过网管监视发现告警。如使用同一条光缆的多条光路同时出现设备光口 R-LOSS 告警，或一条光路两侧设备光口同时出现 R-LOSS 告警，一般可判断为光缆故障。当设备光口收信误码越限，发端设备光口发光功率正常，也可能由光缆受损引起。

（2）线路巡视发现。

一般架空光缆垂落、接续盒外观缺陷、金具缺失、外力拉挂、地埋光缆露出地面等情况均能通过线路巡视发现。线路巡视人员应及时将光缆缺陷情况报告相应通信主管单位，信息通信监控调度员接受线路巡视人员或相关专职人员提供的缺陷报告。

（3）业务使用单位发现。

如有的光缆承载继电保护、自动化或其他业务专用光纤通道，当光缆发生故障影响业务时，相关业务设备会出现通道告警。业务使用单位应及时将故障或缺陷情况报告相应通信主管单位。信息通信监控调度员接受业务使用人员或相关专职人员提供的缺陷报告。

（4）上级通信监控调度通知。

运行有上级业务的光缆发生故障和缺陷时，本级通信调度接受上级通信监控调度值班员通知缺陷情况。

2. 定位故障点

（1）发现光缆缺陷或故障后，信息通信监控调度值班员应马上通知相关的运维职责单位，确定光缆的故障点。

（2）首先通知通信运维单位派人员到光缆终接站内或光缆终接盒所在位置，用OTDR 进行故障测距。

（3）同时通知光缆线路运维单位派人员进行光缆线路巡视，寻找故障点。

运维单位根据光缆测距和线路巡视相结合的方式找到故障位置后，及时将现场故障情况、影响范围、处理方案汇报给调度值班员。

3. 缺陷处理协调

（1）在光缆缺陷处理方案确定后，信息通信调度员应判断缺陷等级，确定处理时限的要求。当缺陷影响上级网络或业务时，及时向上级信息通信调度汇报相关影响范围，制定抢修处理方案。

（2）通知相关光缆线路运维单位进行紧急处理或抢修，对于跨境光缆注意需同时通知涉及的多个单位参加抢修。

（3）通知通信运维单位到变电站内或光缆终接盒所占位置配合光缆测试。

（4）OPGW、ADSS 光缆故障处理需一次线路停电或线路保护通道停用时，通知输电线路或变电运维单位办理一次相关申请手续。注意：需待一次申请批复后方可进行光缆抢修工作。

（5）根据本单位的要求，将故障情况、处理进展及时汇报主管领导。

4. 启用应急措施

（1）当故障光缆不能在规定时限内恢复，或因光缆故障影响重要业务运行安全时，应对承载的相关业务启用应急迂回措施。

（2）涉及上级业务需迂回时，服从上级信息通信调度指挥。

（3）信息通信调度员通知通信运维人员根据应急迂回方案进行光路迂回或电路迂回。

（4）办理相关申请手续。如迂回保护或安稳通道时，需通知变电运维单位办理保护或安稳停用手续；如迂回自动化通道时，需通知相关单位办理自动化通道停用手续。

5. 光缆及业务恢复

（1）当光缆抢修恢复后，通信运维人员应进行全程测试，测试正常后恢复业务跳纤。相关业务使用单位确认业务恢复（保护、自动化等）。

（2）信息通信调度员通过与上级调度及相关专业人员确认或网管确认的方法，确认光缆正常、业务已恢复。

（3）对应急迂回的业务根据实际情况进行恢复或更改运行方式。

（4）确认缺陷或故障已排除，运方恢复已完成，并得到上级调度许可的情况下，可以命令光缆抢修人员撤离现场，抢修工作结束。

（5）在光缆抢修工作完成后，信息通信监控调度值班员应做好缺陷记录，并根据本单位要求及时向主管领导汇报。

四、典型案例分析

（1）2008 年 8 月，××电网某 220kV 线路 OPGW 光缆因雷击和大风导致中断，影响国电京沪光通信系统。

1）故障发现：2008 年 8 月 14 日 12:50，××省通信调度值班员网管巡视时，发现国网京沪光纤系统平墩变电站到泗阳变电站段光路两侧收光 LOS 告警，此光路途径 4 个光缆段，基本在宿迁公司管辖范围内。值班员立即将此情况向国电通信调度进行了汇报，同时启动××电力通信系统突发事件应急预案。

2）确定故障点：××省通信调度值班员通知省市两级通信运维人员逐段核查各光缆段上承载其他电路的运行状态，同时通知宿迁供电公司安排线路人员进行巡线检查。

经传输网管核查初步判断宿迁境内泗阳—童庄 OPGW 光缆中断，需现场测距和巡视确定确切的故障位置。

通信调度值班员指挥查找故障点同时与××电力调度及变电站值班人员联系，了解到当地雷雨大风，获知 OPGW 光缆所在线路泗童 2628 线开关跳闸重合不成。

3）启用应急措施：按照先抢通再修复的原则，省通信调度值班员在得到上级通信调度许可的情况下，指挥通信抢修人员迅速启用迂回路由，14:50 泗阳—童庄段备用纤芯迂回完成，国网京沪光纤平墩—泗阳段光路告警消失，全线通信业务恢复。恢复业务仅仅用时 2h，保障了国网一级电路和业务的可靠运行。

14:45 值班员收到汇报，经光缆测距和巡视，发现泗阳—童庄 OPGW 光缆遭雷击中断，故障点距泗阳变电站 20km 处。

4）指挥光缆故障处理：根据现场输电线路抢修人员情况汇报，需对 9 个耐张段光缆进行更换，当天因雷雨大风材料不足，不具备施工条件。值班员立即将此情况汇报通信主管领导和上级通信调度。经上级许可后同意宿迁公司于 8 月 16 日更换故障光缆，施工完成后，并于 8 月 18 日将已迂回的光路恢复到修好的光缆上。

5）光缆及业务恢复：8 月 16 日，宿迁公司执行通信检修流程，正常完成了故障段光缆更换，测试正常后，8 月 18 日在省通信调度值班员指挥下顺利地将国电京沪光纤业务恢复到泗阳—童庄 OPGW 光缆上。至此整个光缆抢修过程结束。

从这个案例可以看到，××省通信调度值班员在故障处理时判断准确、指挥有效及时，保证了业务的快速恢复，且确定的光缆处理方案符合现场实际情况，保证了光缆抢修的质量。

（2）2013 年 6 月，××电网某 220kV 线路 ADSS 光缆电腐蚀导致部分纤芯中断，引起 220kV 线路保护中断。

1）故障发现：2013 年 6 月 21 日 6:10，苏州地区通信监控值班员接到省检修公司苏州分部变电运行人员汇报，220kV 石牵 2X97 线第一套继电保护装置通道中断。通信监控值班员立即查阅运行资料，了解到此通道运行在石牌变电站—牵引变电站 ADSS 光缆上，该光缆全程随石牵 2X97 线敷设。通过传输网管查看，发现运行在同一光缆上的通信光路并无告警，初步判断光缆可能部分纤芯故障。

2）确定故障点：地区通信监控值班员立即通知通信运维人员到石牌变电站和牵引变电站进行光缆测试，同时通知省检修公司线路运维人员进行线路特巡。

7:40 通信人员汇报故障纤芯经测距，断点距离石牌变电站通信室内光配架 350m，24 芯光缆已断 8 芯，到石牵 2X97 线站内 0 号塔构架处检查，发现 ADSS 光缆在防震鞭处有明显损伤，随时可能全部中断，需立即更换。

3）指挥光缆故障处理：地区通信监控值班员根据 ADSS 光缆运维职责通知信通公司迅速组织故障段光缆更换，通知省检修公司线路运维人员配合现场施工，并通知继电保护运维人员办理石牵 2X97 线第一套继电保护装置停用申请手续。同时地区通信监控值班员将光缆故障情况和处理方案汇报信通公司领导。

4）光缆及业务恢复：17:30 现场故障光缆完成更换并测试正常，跳线恢复后，经继电保护人员确认 2X97 线第一套继电保护装置通道正常，地区通信监控值班员通过传输网管确认该光缆上运行的传输光路恢复正常，至此整个光缆抢修过程结束。

从这个案例可以看到，苏州地区通信监控值班员熟悉光缆运行资料，对故障判断准确果断，确定的光缆抢修方案符合现场实际情况，保证了继电保护重要业务安全运行。

【思考与练习】

1. 从保障业务运行的角度考虑，光缆缺陷处理中应遵循的基本原则是什么？

2. 光缆故障处理协调过程中，在什么情况下应对其承载的业务启用应急迂回措施？

3. 电力特种光缆故障抢修工作中，影响一次线路运行或影响线路保护通道运行时，是否应办理一次相关申请手续？

模块 6　SDH 设备故障处理（Z40F2006Ⅱ）

【模块描述】本模块介绍 SDH 设备故障处理的思路和流程，通过对 SDH 设备承载业务特点、SDH 设备常见故障分析、SDH 设备故障影响范围查询、SDH 设备承载业务处理要点的详细讲解，掌握 SDH 设备故障的排查方法和处理流程。

【模块内容】

一、电力系统中应用的典型网络

1. SDH 光传输系统典型拓扑的应用

在电力系统通信中一般采用复杂网络的拓扑结构，下面介绍一些实际应用中的结构。

（1）环带链，光传输拓扑图界面环带链如图 4-6-1 所示。

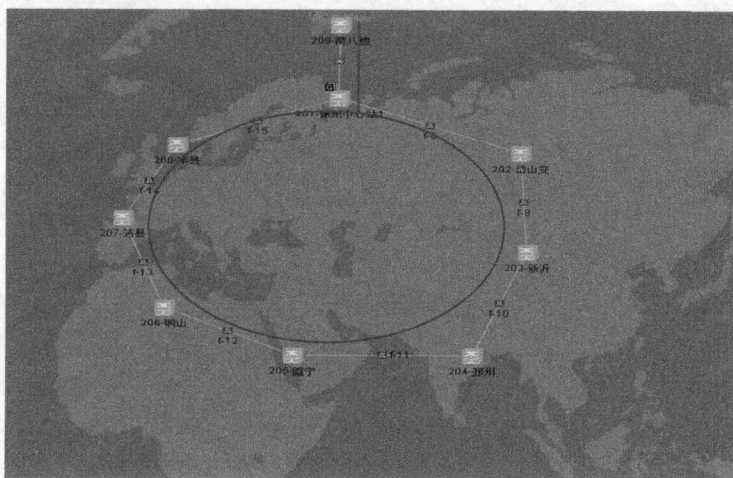

图 4-6-1　光传输拓扑图界面环带链

（2）环形子网的支路跨接，光传输拓扑图界面支路跨接如图 4-6-2 所示。

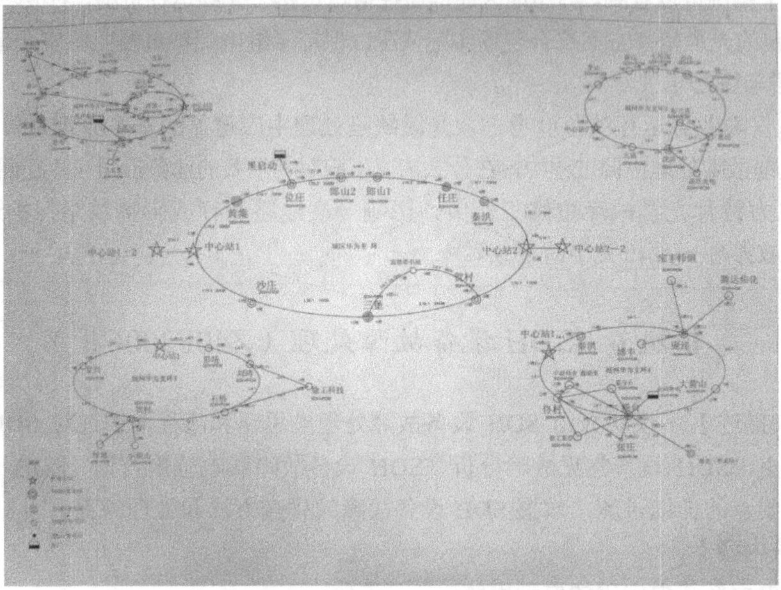

图 4-6-2　光传输拓扑图界面支路跨接

（3）相切环，光传输拓扑图界面相切环如图 4-6-3 所示。

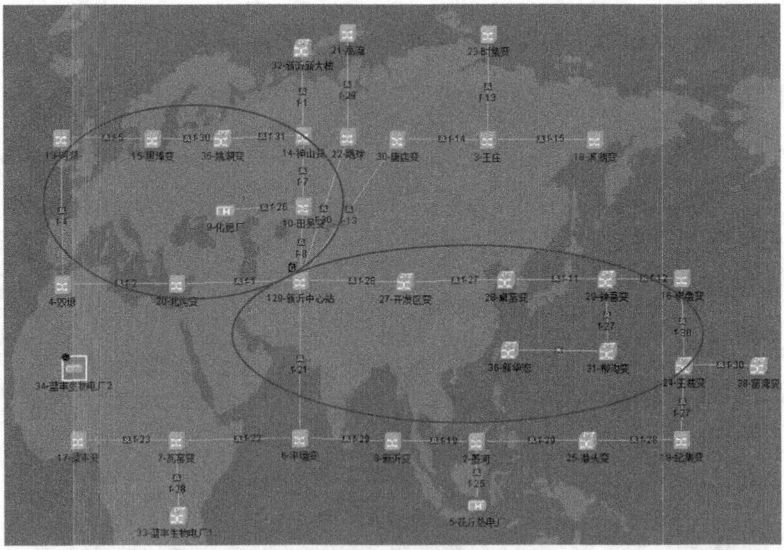

图 4-6-3　光传输拓扑图界面相切环

（4）相交环，光传输拓扑图界面相交环如图 4-6-4 所示。

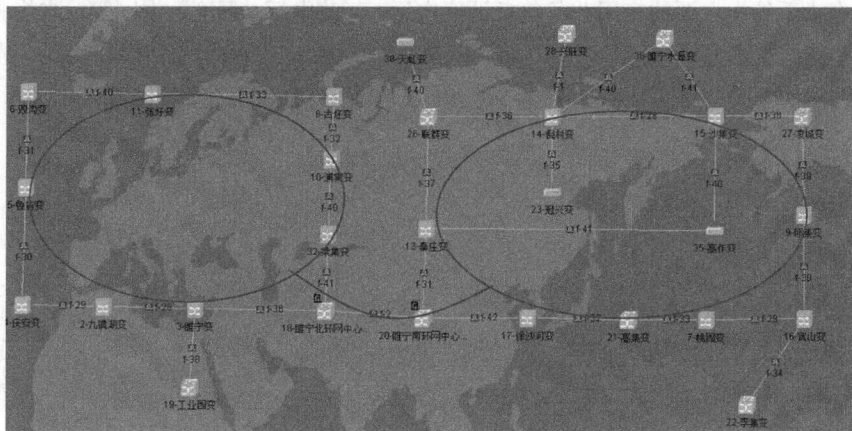

图 4-6-4　光传输拓扑图界面相交环

从图 4-6-4 中我们可能认为此拓扑与相交环无关。但如果用其他方式来展示此拓扑图的话，就可以看出它是一个多环相交的拓扑图，光传输拓扑图界面应用实例图如图 4-6-5 所示。

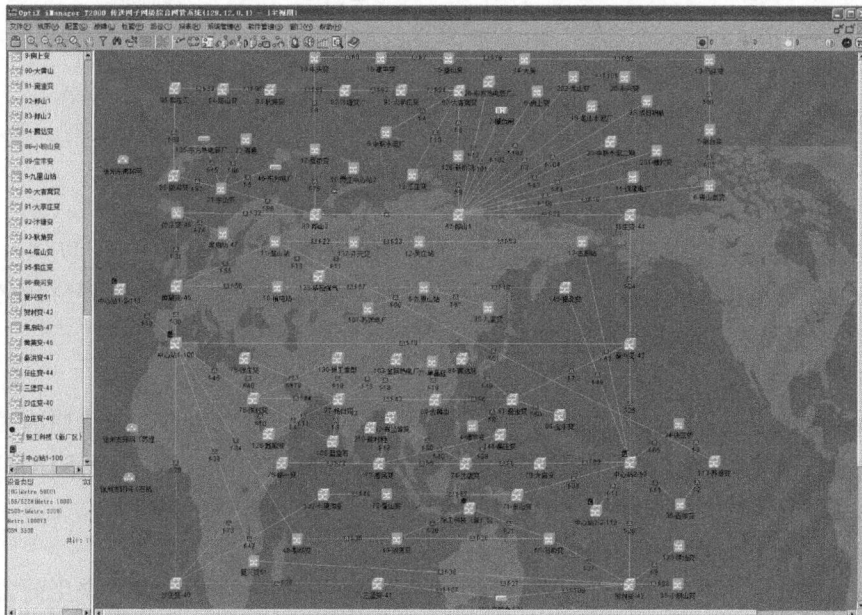

图 4-6-5　光传输拓扑图界面应用实例图

2. 电力系统中典型业务拓扑

在电力系统中主要的应用业务包括调度电话、行政电话、调度数据网等，这些业务系统的拓扑结构基本为星形，即以中心站为枢纽站、其他站点的业务集中至中心站。光传输承载的调度数据网业务拓扑图如图 4-6-6 所示，该图为 220KV 调度数据网应用的示意图：

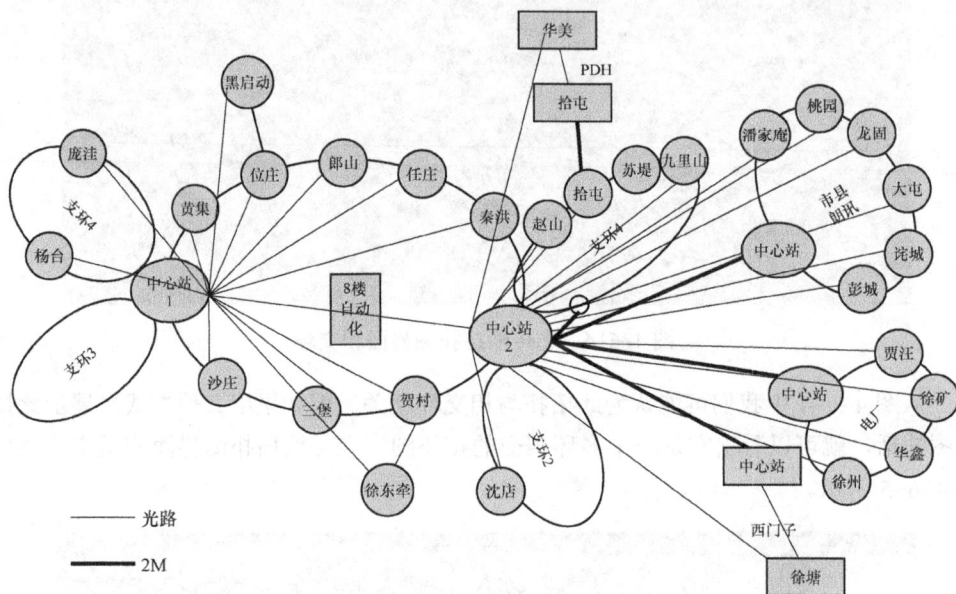

图 4-6-6　光传输承载的调度数据网业务拓扑图

二、SDH 常见的告警和性能事件

1. SDH 常见的告警

SDH 设备的告警信息种类非常多，各个厂家的告警名称也略有不同。以华为 SDH 为例，常见告警有单板不在位、光信号接收失败、光信号帧失步、2M 信号接收失败、2M 业务配置错误、倒换告警、时钟源丢失等。

（1）BD_STATUS 单板不在位

该告警表示设备没有识别到本单板，为主要告警。产生此告警的常见原因为单板未插、单板故障、单板与母板之间通信故障或单板正在复位重启中。BD_STATUS 产生后，将影响该板上所有业务，一般可能产生 PS、TU–AIS 等关联告警。

（2）R–LOS 光信号接收失败

该告警表示光板的接收机没有收到可识别的光信号，为紧急告警。产生此告警的常见原因为本端接收机故障、尾纤或光缆中断、对端发送机故障、线路光衰耗大导致收光功率低于接收机的接收灵敏度。R–LOS 产生后，对应的光路将会失效，一般还会关联引发 PS、TU-AIS、LTI 等关联告警。

（3）R-LOF 光信号帧失步

该告警表示光板的接收机连续 5 帧未收到可识别的光信号，为紧急告警。产生此告警的常见原因为光信号处于接收失败的前期阶段，或接收光功率接近或超过接收机的临界值。R-LOF 产生后，对应的光缆通道将会失效或不稳定，一般还会关联引发 PS、TU-AIS、LTI 等关联告警。

（4）T-ALOS　2M 信号接收失败

该告警表示 2M 接口没有检测到对端设备送来的信号，为主要告警。2M 接口一般与对端的 PCM 设备、SDH 设备、程控交换机、路由器等相连，产生此告警的常见原因有 2M 板未接对端设备、用户侧设备无信号发出、对接线缆中断或 2M 板故障。T-ALOS 产生后，对应的 2M 通道将会失效，一般无关联告警产生。

（5）TU-AIS　2M 业务配置错误

该告警表示在配置过程中出现时隙没有对应或业务路由不完整现象（有收无发或有发无收等），为主要告警。产生此告警的常见原因为配置时隙没有对应、2M 板故障、交叉板故障。TU-AIS 产生后，对应的 2M 通道将会失效，一般情况会关联引发保护倒换（protection switching，PS）告警。

（6）PS 倒换告警

此告警表示业务通道发生了保护倒换或热备份板卡发生了主备用切换，为主要告警。产生此告警的常见原因为设保护的网络光板/光路中断、主用板卡故障、主用时隙配置错误等。PS 产生后业务暂时不受影响，一般无关联告警产生。

（7）LTI 跟踪时钟源丢失

该告警表示设备提取不到应跟踪的时钟基准源，为主要告警。产生此告警的常见原因为被跟踪时钟源故障、光缆中断、时钟跟踪方向配置错误、时钟跟踪方向链路故障等。一般 SDH 设备会设置时钟保护，所以 LTI 出现后业务暂时不受影响。如果时钟源丢失后，SDH 设备的时钟劣化严重，则会影响业务的质量，甚至导致业务失效。LTI 一般无关联告警产生。

（8）FAN_FAIL 告警

该告警表示风扇故障或风扇掉电，为主要告警。一般设备配有三个风扇，当一个风扇故障时不对设备造成影响。一般无关联告警产生。

2. SDH 常见的性能事件

（1）误码秒（errored second，ES）、严重误码秒（severely errored second，SES）、不可用秒（unavailable seconds，UAS）。

ES 表示传输过程中至少有一个误码的秒。

SES 表示误码率＞10^{-3} 的秒。

UAS 的开始是连续出现 10 个 SES；UAS 的结束是连续出现 10 个非 SES。

（2）背景误码块（BBE）。

BBE 表示同一块中的任意比特发生差错的块。

（3）指针调整统计（PJC）。

指针调整问题有 AU 指针调整和 TU 指针调整两类。

指针调整事件有指针正调整（PJCHIGH）和指针负调整（PJCLOW）两种。

如果出现指针调整过于频繁，表明网络的同步存在问题，可能是同步源问题，也可能是时钟跟踪问题。

检查 AU 指针调整问题，查看线路板（OIB）上 MSA 类型的性能事件（PJCHIGH 和 PJCLOW）数据。

检查 TU 指针调整问题，查看支路板（SP1 或 PD1）上 HPA 类型的性能事件（PJCHIGH 和 PJCLOW）数据。

（4）帧失步（OOF）。

告警产生的原因：接收信号损耗偏大；传输过程误码过大；接收方向器件有故障；对端站发送有故障。

告警处理步骤：检查告警单板接收光功率，光功率正常则检查告警单板是否存在问题；如光功率超出正常范围，则检查对端站至本站光纤及其接口是否损坏；如光纤及告警单板都正常，则检查对端站光发送板是否存在问题。

三、SDH 缺陷定位的一般手段

1. SDH 缺陷定位的基本原则

缺陷定位关键是将故障点准确地定位到单站。缺陷故障定位的一般原则可总结为：先外部，后内部；先网络，后网元；先高级，后低级。

（1）先定位外部，后定位内部。在定位故障时，应先排除外部的可能因素，如光纤中断、对接设备故障、电源及环境等。

（2）先定位网络，后定位网元。在定位故障时，首先要尽可能准确地定位出是哪个站的问题，再将故障定位到具体的设备。

（3）先分析高级别，后低级别。如线路板的故障常常会引起支路板的异常告警，故在分析告警时，应首先分析高级别的告警，如紧急告警、主要告警；然后再分析低级别的告警，如次要告警和提示告警。

2. 故障定位的常见方法与处置步骤

（1）故障定位的常见方法有观察分析法、环回测试法、复位法、替换法、配置数据分析法、更改配置法、仪表测试法以及经验处理法。

（2）故障定位的常用方法和一般步骤，可简单地总结为：一分析，二环回，三换板。当故障发生时，首先通过对告警、性能事件、业务流向的分析，初步判断故障点范围；然后，通过逐段环回，排除外部故障或将故障定位到单个网元，以至电路板；最后，更换引起故障的电路板，排除故障。故障定位方法的适用范围与特点见表4-6-1。

表4-6-1 故障定位方法的适用范围与特点

序号	常用方法	适用范围	特 点
1	告警、性能分析法	通用	全网把握，可初步定位故障点；不影响正常业务；依赖于网管
2	环回测试法	分离外部故障，将故障定位到单站、电路板	不依赖于告警、性能事件的分析；快捷；可能影响检验码（error correcting code，ECC）及正常业务。环回测试包含硬件和软件环回
3	替换法	将故障定位到电路板，或分离外部故障	简单；对备件有需求；需要与其他方法同时使用
4	配置数据分析法	将故障定位到单站或电路板	可查清故障原因；定位时间长；依赖于网管
5	更改配置法	将故障定位到电路板或传输支路	风险高；依赖于网管
6	仪表测试法	分离外部故障，解决对接问题	通用，具有说服力，准确度高；对仪表有需求；需要与其他方法同时使用
7	经验处理法	特殊情况	处理快速；易误判；需经验积累

四、监控调度过程中常见的缺陷处理

1. 缺陷发现的途径

通常我们发现缺陷有以下三种途径。

（1）综合监控系统或 SDH 网管发出告警，一般在工作台的显示屏上会出现具体的告警信息。如果是综合监控系统，还伴有一定的声光告警以提醒调度监控员。

（2）相关业务的使用单位向调度监控员反映业务的不可用。

（3）相关的设备巡视单位在巡视过程中发现缺陷。

2. 缺陷等级的定义

通信缺陷按其严重程度分为紧急缺陷、重要缺陷和一般缺陷三个等级。

（1）紧急缺陷是指造成一、二级骨干传输网光路中断，三、四级骨干传输网主备光路中断，重要通信业务主备通道中断或机房基础设施严重故障的通信缺陷等。

（2）重要缺陷是指造成三、四级骨干传输网光路中断，重要通信业务单通道中断，通信设备核心板卡故障或机房基础设施故障的通信缺陷等。

（3）一般缺陷是指造成一般通信业务通道中断，通信设备板卡故障或机房基础设施异常的通信缺陷。

3. 常见缺陷的快速定位

（1）设备失电。

一般 SDH 设备均会配备两路直流电源，而设备失电基本分为单路电源失电、两路电源失电两种。

单路电源失电、一般不影响设备的正常运行，属一般缺陷。在发生此类告警时一般首先判定是否是–48V 直流电源失电，若是应通知相关的直流电源管理部门。通信管辖的电源应通知相关的通信运维单位，而变电运行管辖的大直流电源应通知相应变电运行部门或操作队。

两路电源失电，属紧急缺陷。如果调度监控员在相应的监控或网管上看到 A 网元脱管，同时与之相邻的网元 B、C 所对应的光接口出现 R–LOS 告警，且伴随其他的保护倒换等告警。那么，调度监控员可判定为 A 网元设备失电，属紧急缺陷，应立即通知相关的直流电源管理部门。

（2）R–LOS 告警的判定。

R-LOS 是光信号接收失败告警。若在监控和网管上同时出现 1 个 R–LOS、2 个 R–LOS 和多个 R–LOS 告警时，调度监控员应依据以下原则进行处理。

1）1 个 R–LOS 告警。根据 SDH 常见告警和故障定位的原则和方法可基本判定故障点。如果故障点确定在光缆线路侧可根据光缆缺陷的处理流程处理。

2）2 个 R–LOS 告警。如果在监控和网管中的一条光路的两个相对应的光接口均出现 R–LOS 告警，一般可判定为此条光路所经过的光缆出现问题，可根据光缆缺陷的处理流程处理。如果两个 R–LOS 告警不是同一条光路的两个光接口出现的，那么可按照出现一个 R–LOS 告警处理。上述两类故障如果在环网上出现，一般不影响业务，属一般缺陷。如果在支路上出现应视影响业务的情况来判断其属于哪种缺陷。

3）多个 R–LOS 告警。如果在监控和网管中出现多个 R–LOS 告警，则可基本判定是光缆故障。一般来说，这样的情况是多条光路同时中断而造成的，根据出现 R–LOS 告警的多条光路是否走同一条光缆来快速判定出现问题的光缆，并根据光缆缺陷处理流程通知相应的部门。此类故障已造成多条光路中断，属重要缺陷。

（3）2M 业务缺陷的判定。

2M 业务缺陷基本可以根据 2M 业务的缺陷流程来处理。但如果在 SDH 网管设备上出现某个 2M 通道出现 T–ALOS 告警，一般可判定为线路侧问题或外部设备（如调度数据网、交换机）的问题，属一般缺陷。调度监控员一方面应通知相关的通信部门检查处理，另一方面应通知相应的业务使用单位检查自己的设备问题。如果最后判定为设备端口问题需更换端口，应得到调度监控员的许可方可更换。

（4）其他缺陷的处理。

调度监控员在发现其他非线路、支路板卡的告警时，可直接通知相应的通信运维部门处理。

4. 缺陷的恢复

（1）各缺陷处理单位在缺陷的处理过程中应随时汇报缺陷的处理情况。如查找到故障点、需要更换板卡、需要更换端口，均需随时向调度监控员汇报。

（2）各缺陷处理单位在缺陷处理完毕后也应及时向调度监控员汇报。

（3）调度监控员在接到缺陷处理完毕后，应从两方面对缺陷的恢复情况进行确认。第一，在网管监控上出现的告警应确认告警是否消除，如告警未消除应请缺陷处理单位继续处理。如果当时影响了业务同时也应确认业务是否恢复，如业务未恢复同样需继续处理；第二，由业务部门反映的缺陷在确认通道无异常后就应向相应的业务部门说明情况，或在缺陷处理完毕后直接向业务部分确认业务是否恢复。

（4）在确认告警全部恢复和业务也全部恢复后，调度监控员应通知缺陷处理单位撤离现场。

5. 汇报制度

根据国网公司《电力通信运行管理规程》规定，须遵守以下制度。

（1）下级通信调度应在规定的时段向上级通信调度回报所辖通信网前 24h 的运行情况。

（2）遇下列情况时，通信调度应立即向上级通信机构逐级汇报：

1）电网调度中心、重要厂站的继电保护、安全自动装置、调度电话、自动化实时信息和电力营销信息等重要业务阻断。

2）重要厂站、电网调度中心等供电电源故障，造成重大影响。

3）人为误操作或其他重大事故造成通信主干电路、重要电路中断。

4）遇有严重影响通信主干电路正常运行的火灾、地震、雷电、台风、灾害性冰雪天气等重大自然灾害。

如华东网调至 500kV 任庄变电站的二级调度数据网中断，××省调度监控员应向华东网调的通信调度员汇报。京沪西门子光纤的某个站点发生缺陷，应按照省调、网调、国调通信调度这样一种顺序逐级汇报。

（3）遇有重大问题应同时向所在单位通信主管领导汇报。具体来说，各级通信机构的调度监控员应根据各单位制定的汇报制度向各单位的分管主任、班组长或专职汇报。

【思考与练习】

1. R–LOS 告警可能是由于什么原因产生的？

2. 常用的故障定位的方法有哪些？

3. 巡视某地区中心站设备时发现该站至省公司的一台 SDH 的红灯亮，调度监控员要做什么？

▲ 模块 7 PCM 设备故障处理（Z40F2007Ⅱ）

【模块描述】本模块介绍 PCM 设备故障处理，掌握设备故障处理的主要操作方法和注意事项。

【模块内容】

一、PCM 常见故障现象

（1）网管网元连接中断：在网管日常检查时发现网元刷新失败，显示网元连接中断。

（2）自动化模拟专线通道中断：PCM 承载的自动化模拟专线通道中断故障。

（3）电话摘机无拨号音：设备承载的电话现场摘机无拨号音。

二、常见故障处理方法

（一）网管网元连接中断

（1）通过网管检查中心站主控板 2M 电路是否正常。

（2）检查承载 2M 电路的 SDH 相关端口有无告警。

（3）通过 SDH 的 2M 电路环回功能，检查 PCM 的 2M 电路是否正常。

（4）通过输配检查 2M 线缆及接头是否正常，通过数配逐段环回检查定位故障点。

（二）自动化模拟专线通道中断

（1）通过 PCM 网管对故障的音频专线模拟端口进行不同方向的环回检查。

（2）通过示波器检查有无模拟信号，或通过监听喇叭检查有无音频信号。

（三）电话摘机无拨号音

（1）首先在局端用测试话机检查音配端子有无拨号音。

（2）通过 PCM 网管检查业务接口板卡灯状态是否正常。

（3）在站端用测试话机检查有无拨号音。

三、常见故障案例

（一）电源故障

1. 故障现象

设备机柜和机框所有指示灯全灭，网管显示该网元连接中断，传输 2M 电路的 SDH 产生 2M 信号丢失告警，对端 PCM 显示 2M 电路告警等。

2. 故障原因

通信电源故障无输出或电源电压不满足要求，电源输出分路空开跳闸等。

3. 故障处理

检查设备电源供电输入和通信电源分路输出是否正常，解决通信电源故障。

（二）电源板故障

1. 故障现象

设备机框指示灯正常闪亮，电源板运行指示灯 FAIL 长亮告警且伴有告警音。

2. 故障原因

设备电源板故障。

3. 故障处理

检查设备电源板电源开关是否打开，输入、输出熔丝是否已熔断，更换故障电源板。

（三）2M 电路故障

1. 故障现象

网管显示该网元连接中断，传输 2M 电路的 SDH 产生 2M 信号丢失告警，PCM 主控板显示 2M 电路中断告警等。

2. 故障原因

SDH 传输系统 2M 通道中断，PCM 与 SDH 之间的 2M 电缆或 2M 端子故障，主控板故障。

3. 故障处理

由远及近进行环回测试，检查 2M 电缆及接头，测试 2M 电路是否正常，观察主控板 E1S、V5L、V5S 灯态是否正常，复位重启 PCM 的 2M 电路接口。

（四）电话故障

1. 故障现象

单条或多条业务电路故障，话机摘机无声、无拨号音、不振铃或误振铃、有杂音或串音等。

2. 故障原因

外线断线、短路、地气、混线等故障情况，FXO、PV8、PWX 板卡或话机等硬件故障。在所有的故障原因中，用户外线故障、ASL 板故障占很大比例。

3. 故障处理

用户外线短路，通过查看用户端口状态可快速判断，如果状态为锁定态，则是短路。通过呼叫该用户，如果能听到回铃音，应该排除外线短路的情况。判断 ASL 板用户端口是否故障，若无馈电或馈电电压太低，则表明单板端口损坏，需要将用户移到其他端口，或直接更换 ASL 板。

四、复杂故障案例

（一）远动通道故障

1. 故障现象

音频专线模拟通道中断、反应误码过多等。

2. 故障原因

外线侧断线、短路、地气等故障情况，VFB 、PV8、PWX 板卡等硬件故障。

3. 故障处理

由远及近进行模拟通道环回测试，先软件后硬件缩小故障范围，检查自发自收是否正常有误码，判断 VFB 板用户端口是否故障，移到其他端口进行测试，或更换 VFB 板测试。

（二）某 PCM 母板故障引起话机无拨号音

1. 故障现象

用户摘机后，无拨号音，并听"吱吱啦啦"的噪声，整框用户状况相同。在维护台上各单板状态正常。

2. 分析过程

用户框母板某些电源线和信号线有碰线。用户取机无拨号音或有噪声在接入网是经常碰到的问题，对此问题的解决关键在于问题的定位。首先我们要排除外线的干扰，其次要查交换机的问题，因为信号音是交换机送的，最后再定位接入网。对接入网硬件的鉴别可通过在中心站侧对调 2M 链路来判断。

3. 解决方法

通过在中心站侧和另外一个外围站交换 2M 口，判断为外围站侧的硬件问题。在外围站侧把用户板拔掉，只剩一块，问题依旧；把用户线接头拔掉，只剩一个，则用户正常，再把接头一个一个的插上去，当插到某几个固定的位置时，则问题重现，怀疑外线问题，但把正常的插槽的接头插在有问题的插槽时，问题又出现，所以判断为用户母板有故障。换一块母板问题解决。

【思考与练习】

1.【多选题】会造成 PCM 网管网元丢失的故障是（　　）。

A. 设备失电　　　　　　　　　B. 2M 电路全部中断

C. 电话线故障　　　　　　　　D. 网管服务器串口中断

2.【多选题】电话常见故障现象有（　　）。

A. 摘机无声　　　　　　　　　B. 杂音

C. 串音　　　　　　　　　　　D. 误振铃

3.【多选题】用户侧电话线短路会造成（　　）。

A. 摘机无声　　　　　　　　　B. 杂音

C. 串音　　　　　　　　　　　D. 误振铃

4.【多选题】PCM 设备常见故障包括（　　）。

A. 2M 电路故障　　　　　　　　B. 板卡故障

C. 电源故障　　　　　　　　　　D. 光缆故障

5.【多选题】音频专线模拟通道中断、反应误码过多，可能的原因有（　　　）。

A. 外线侧断线　　　　　　　　　B. 地气

C. 短路　　　　　　　　　　　　D. 板卡故障

6.【多选题】 PCM 主控板显示 2M 电路中断告警，可能的原因有（　　　）。

A. SDH 传输系统 2M 通道中断

B. PCM 与 SDH 之间的 2M 电缆断线主控板故障

C. 2M 端子故障

D. 主控板故障

7.【判断题】 FXO、FXS 均使用一对音频线，FXS 的两根出线之间有 48V 左右的直流电压，用万用表可直接测量。（　　　）

模块 8　保护通道故障处理（Z40F2008Ⅱ）

【模块描述】本模块介绍保护通道故障处理的思路和流程，通过对保护业务特点及通道保障要求、保护通道投退流程、保护通道维护界面及故障排查方法的详细讲解，掌握保护业务故障的排查方法和处理流程。

【模块内容】

一、继电保护基础知识

1. 继电保护基本要求

（1）选择性。

选择性是指首先由故障设备或线路本身的保护切除故障，当故障设备或线路本身的保护或断路器拒动时，才允许由相邻设备、线路的保护或断路器失灵保护切除故障。

满足选择性的目的在于当发生故障时能够由靠近短路点最近的断路器去切除故障，这样有选择性地动作能够最大限度地减小停电范围，提高供电可靠性。

（2）灵敏性。

灵敏性是指在设备或线路的被保护范围内发生故障时，保护装置具有的正确动作能力的裕度，一般以灵敏系数来描述。灵敏系数应根据不利正常运行方式（含正常检修）和不利故障类型（仅考虑金属性短路和接地故障）计算。

（3）速动性。

速动性是指保护装置应能尽快地切除短路故障，其目的是提高系统稳定性，减轻故障设备和线路的损坏程度，缩小故障波及范围，提高自动重合闸和备用电源或备用设备自动投入的效果等。

速动性需要保护装置和断路器均快速动作才能提高整组的动作速度，对超高压电网要求较高，尤其是在关系到系统暂态稳定和重要的主设备安全时，对中低压电网则要求相对较低。

（4）可靠性。

可靠性是指保护该动作时应可靠动作（不拒动），不该动作时可靠不动作（不误动）。

2. 主保护

（1）快速纵联保护。

快速纵联保护是在故障时由线路两侧的纵联保护对本侧的电气量进行测量计算得出故障性质（如故障方向、位置等），并将判断结果（以某种信号的方式）通过某种通道（输电线、光纤等）传到对侧及接收对侧信号并和本侧判断结果进行比较，从而区分故障是否在本线路，并决定如何动作的保护。

信号类型：闭锁式、允许式、直接跳闸式。

通道类型：高频保护、光纤纵联保护。

构成原理：纵联方向、纵联距离、纵联零序方向、纵联差动。

（2）光纤电流差动保护。

光纤电流差动保护利用通道将本侧电流的波形或代表电流相位的信号传送到对侧，以基尔霍夫电流定律为依据，每侧保护根据对两侧电流的幅值和相位比较的结果区分是区内还是区外故障。

对线路保护来说，分相电流差动保护具有天然的选相能力和良好的网络拓扑能力，不受系统振荡、非全相运行的影响，可以反映各种类型的故障，是理想的线路主保护。但对数据同步和通道质量要求较高，时间同步和误码校验问题是光纤电流差动保护面临的主要技术问题。

3. 后备保护

（1）距离保护。

距离保护一般由三段式相间距离保护和三段式接地距离保护构成。相间距离保护主要反应各类相间故障及三相短路，接地距离保护主要用于反应单相接地故障。

（2）零序电流保护。

零序电流保护利用故障时零序电流的变化而构成。对中性点直接接地系统而言，正常时零序电流很小，接地故障时会有较大的零序电流流过保护，零序电流保护就是随零序电流增大而动作的一种保护。

二、保护通道投退流程

1. 计划检修

检修单位每月 15 日前将通信检修计划报送省公司通信调度汇总，联系变电检修人员应同时提交电网检修计划。

检修单位在工作开始前 3～5 个工作日办理通信检修申请，联系变电检修人员同时办理电网检修申请，检修批准时间以电网检修申请批复为准。

检修单位在工作开始前根据电网检修申请单首先向电网调度值班人员办理一次工作许可，待电网调度值班人员下达一次开工令后再向所辖通信调度办理通信工作许可，经通信调度逐级批准下达通信开工令后，现场检修人员方可正式开始检修工作。

2. 临时检修

检修单位在工作开始前 3～5 个工作日办理通信检修申请，联系变电检修人员同时办理电网检修申请，检修批准时间以电网检修申请批复为准。

检修单位在工作开始前根据电网检修申请单首先向电网调度值班人员办理一次工作许可，待电网调度值班人员下达一次开工令后再向所辖通信调度办理通信工作许可，经通信调度逐级批准下达通信开工令后，现场检修人员方可正式开始检修工作。

3. 紧急检修（抢修）

对于因通信故障而产生通道中断告警的保护业务，电网调度值班人员应在第一时间下令将其退出运行，通信调度应及时核实发生告警的保护业务是否及时退出运行。对发生告警但没有及时退出运行的保护业务，通信调度应及时联系口头办理退出运行手续。

在通信故障处理过程中，因抢修工作需要将原本不受影响的保护业务退出运行时，现场抢修人员应及时向电网调度值班人员口头办理退出运行手续，在获得批准并确认涉及的保护业务全部退出运行后方可开展抢修工作。如口头申请未获批准，则暂停抢修工作，事后另行办理临时/计划检修申请处理通信故障。

4. 注意事项

在对通信设备插拔板卡时，因为存在插拔板卡导致设备宕机的风险，为规避此类通信检修给电网安全运行带来安全风险，在插拔板卡前必须将该设备承载的所有保护、安稳业务办理退出运行手续（插拔不涉及背板总线的板卡模块无须办理）。

三、保护通道维护界面

1. 载波机传输保护通道

载波机、结合滤波器及连接两者的高频电缆由通信专业维护；保护装置及控制电缆由保护专业维护；耦合电容器、阻波器等由变电检修人员维护。载波机传输保护通道维护界面划分如图 4-8-1 所示。

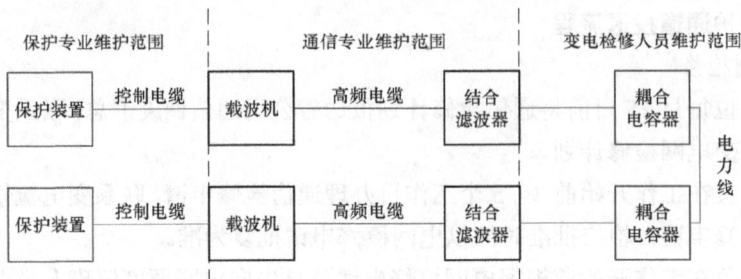

图 4-8-1 载波机传输保护通道维护界面划分

2. SDH 传输保护通道

SDH 设备、数字配线架（DDF）及 SDH 传输链路由通信专业维护；保护装置、保护接口装置及连接保护接口装置与 DDF 的 2M 电缆由保护专业维护。SDH 传输保护通道维护界面划分如图 4-8-2 所示。

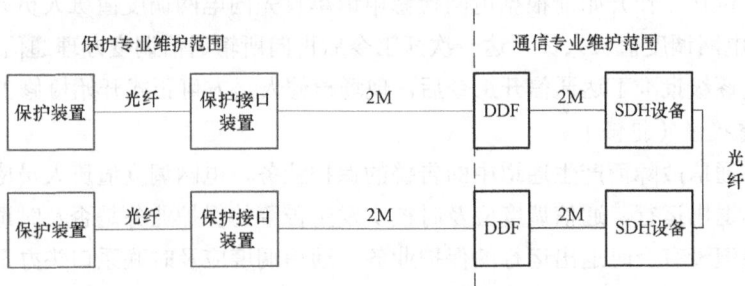

图 4-8-2 SDH 传输保护通道维护界面划分

3. PCM 传输保护通道

保护 PCM、数字配线架（DDF）、传输设备及 SDH 传输系统由通信专业维护；保护装置、保护接口装置及连接保护接口装置与保护 PCM 的电缆由保护专业维护。PCM 传输保护通道维护界面划分图如图 4-8-3 所示。

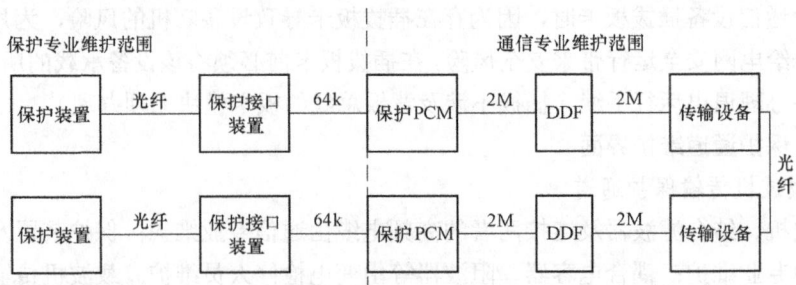

图 4-8-3 PCM 传输保护通道维护界面划分图

四、保护通道故障处理流程

1. 通信设备故障

（1）向变电站值班员核实发生告警的保护业务名称及发生时间。

（2）向主管领导汇报，并通知相关单位安排抢修人员赶赴现场配合处理。

（3）通知设备专责人赶到网管室协调处理。

（4）确认发生告警的保护业务是否退出运行，如未退出运行，及时向电网调度办理退出运行手续。

（5）根据通道路由组成环节，并结合设备、网管告警信息，迅速定位故障点。

（6）查找备品备件资料并取得备件，同时准备人员和车辆携带备件赶赴现场。

（7）通知现场抢修人员抵达现场后，必须按规定办理现场工作票，如需更换设备板卡则必须先将该设备承载的所有保护、安稳业务退出运行。

（8）通知现场抢修人员开始抢修前，必须首先汇报故障原因和抢修方案，需在同时得到通信调度以及变电站值班员许可后，方可开始工作。

（9）通信抢修人员在确认设备告警消失且相关保护、安稳业务均已具备投入运行条件后，完结现场工作票，并征得通信调度同意方可撤离现场。

2. 光缆中断故障

（1）核实光缆纤芯是全部中断还是部分中断，并检查有无迂回光缆纤芯可用。

（2）如有备用纤芯，则立即通知通信抢修人员赶赴设备两侧站点进行纤芯调整。

（3）如没有备用纤芯，立即通知设备专责人组织对保护业务进行紧急迂回转接，尽快恢复保护业务。

（4）通知通信抢修人员赶赴光缆两侧站点进行双向 OTDR 测试，初步定位光缆故障点（测试前需在光配上将尾纤断开）。

（5）通知光缆维护责任单位进行巡线检查，查明光缆故障点，并对故障光缆进行更换。

（6）通知设备两侧站点的通信抢修人员测试纤芯衰耗，并与以往测试数据比较，确认正常后恢复正常接线。

（7）确认设备告警及相关业务恢复正常，通知相关抢修人员撤离现场。

【思考与练习】

1. 继电保护基本要求有哪些？各有什么含义？

2. 保护通道的维护界面如何划分？

3. 如因通信设备故障导致保护通道中断应如何处理？

4. 如因光缆故障导致保护通道中断应如何处理？

◢ 模块 9　信息系统常见异常处理（Z40F2009 Ⅱ）

【模块描述】本模块介绍信息系统常见故障处理的思路和流程。通过对信息系统异常现象、原因、分类和处理方法进行详细讲解，掌握信息系统常见故障的排查方法和处理流程。

【模块内容】

一、业务信息系统的监控

业务信息系统及运行监控有关要求如下：

（1）实时监控各基础应用和应用系统启用的服务。

（2）门户系统：实时监控门户系统的运行状态；实时监控总部及网省公司目录级联状态。

（3）目录系统：实时监控目录系统与其他应用系统的身份同步、单点登录状态。

（4）域名解析系统：每日记录 2 次域名解析系统当前前 10 位解析数量。

（5）安全保障系统：① 监控：每日记录 1 次防病毒系统记录的感染病毒前 5 位的计算机；补丁更新系统记录的补丁未安装率前 5 位的计算机；桌面管控系统记录的当前内网计算机非法外连的计算机。② 巡视：对硬件实地巡检，检查液晶板及状态指示灯是否正常、有无报警。巡视频率按照第二级每日 1 次，第三级每日 4 次执行。

二、硬件平台的异常处理

（一）硬件的运行监控

1. 小型机、PC 服务器

（1）监控：每日记录 2 次当天 CPU 负载前 10 位以及内存利用率前 10 位的小型机或 PC 服务器。实时监视小型机、PC 服务器端口状态。

（2）巡视：定时巡视，通过设备面板指示灯检查硬件工作状态，并进行记录，设备包括电源、插座、风扇等。巡视频率按照第一级每日 1 次，第二级每日 2 次，第三级每日 4 次执行。

2. 存储、备份、负载均衡器

（1）监控：实时监控存储、备份以及负载均衡器的运行状态，检查备份作业完成情况。

（2）巡视：按第二级每日 2 次对带库进行实地巡检，检查液晶板及状态指示灯是否正常、有无报警。按第三级每日 4 次对存储阵列、光纤存储交换等设备进行实地巡检，检查液晶板及状态指示灯是否正常、有无报警。

3. 安全设备

（1）监控：每日记录 1 次各安全设备（防火墙、入侵检测、IPS 等）实时状态，如 CPU 占用率，内存使用率等。

（2）巡视：对设备进行实地巡检，检查液晶板及状态指示灯是否正常、有无报警，巡视频率按照第二级每日 1 次，第三级每日 4 次执行。

（二）服务器硬件平台运行和异常处理

1. 服务器硬件平台的运行要求

（1）事件处理：包括恢复系统运行、故障（缺陷）定位、原因分析、故障（缺陷）排除及协调厂商维保服务等；结合现场信息对故障（缺陷）产生原因进行分析，第三级、第二级、第一级分别于 3、5、7 日内解决或提交解决方案。若构成信息系统事故（障碍），按照《国家电网公司信息系统事故调查及统计规定（试行）》的要求处理。

（2）现场监护：对系统运维操作等工作进行监护。

（3）系统调优：按每年 1 次的频率进行性能分析，容量估算，设备参数的调整，性能调优，操作系统版本升级。

（4）日常运行：操作系统变更操作，如添加用户、增加空间、访问控制策略等；每日 1 次查看运行日志；每月 1 次补丁测试、升级、防病毒；系统口令、权限等的维护、设置和管理；系统备份与恢复。

（5）巡检：通过对软硬件检查、一个季度的故障与告警、运行数据、日志等分析，提交季度运行分析报告。

2. 服务器异常排错的基本原则

（1）尽量恢复系统缺省配置。检查硬件配置，去除第三方厂商备件和非标配备件；检查资源配置，清除 CMOS，恢复资源初始配置；BIOS、F/W 驱动程序升级最新版本；检查扩展的第三方的 I/O 卡是否属于该机型的硬件兼容列表。

（2）从基本到复杂。

1）系统上从个体到网络：首先将存在故障的服务器独立运行，待测试正常后再接入网络运行，观察故障现象变化并处理。

2）硬件上从最小系统到现实系统：从可以运行的最小硬件系统开始，逐步运行到现实系统为止。

3）软件上从基本系统到现实系统：从基本操作系统开始，逐步运行到现实系统为止。

（3）交换对比。

1）在最大可能相同的条件下，交换操作简单、效果明显的部件。

2）交换 NOS 载体，即交换软件环境。

3）交换硬件，即交换硬件环境。

4）交换整机，即交换整体环境。

3. 服务器开机无显示异常排查举例

检查供电环境，零火、零地电压是否正常；检查电源指示灯；按下电源开关时，检查键盘上指示灯是否正常，风扇是否全部转动；更换另一台显示器；去掉增加内存，去掉增加的 CPU，去掉增加的第三方 I/O 卡；检查内存和 CPU 插的是否牢靠；清除 CMOS；更换主要备件，如系统板，内存和 CPU。

4. 服务器异常排除需要收集的信息

1）服务器信息：机器型号、机器序列号（S/N：如 NC00075534）、Bios 版本；是否增加其他设备，如网卡、SCSI 卡、内存、CPU；硬盘如何配置，是否做阵列，阵列级别是什么，安装什么操作系统及版本（Winnt 4，Netware，Sco，others）。

2）故障信息：在 POST 时，屏幕显示的异常信息；服务器本身指示灯的状态；报警声和 BEEP CODES；NOS 的事件记录文件；Events Log 文件。

3）确定故障类型和故障现象：开机无显示，上电自检阶段故障，安装阶段故障和现象，操作系统加载失败，系统运行阶段故障。

（三）存储硬件平台运行和异常处理

1. SAN 网络存储

（1）事件处理：处理运行监控中发现的故障、自动告警信息和来自客户的故障申告，包括恢复服务、故障定位、原因分析、故障排除及协调厂商维保服务等，要求 3 日内解决或提交解决方案；若构成信息系统事故（障碍），按照《国家电网公司信息系统事故调查及统计规定》的要求处理。

（2）现场监护：对系统运维操作等工作进行监护。

（3）系统调优：每季度进行 1 次性能统计，设备参数的调整，性能调优。

（4）日常运行：每日查看日志、整体运行状况等；光纤存储交换机 ZONE 的划分；系统口令、权限等的维护、设置和管理。

（5）巡检：每季度 1 次通过对软硬件检查、一个季度的故障与告警、运行数据、日志等分析，提交季度运行分析报告。

2. 存储

（1）事件处理：处理运行监控中发现的故障及自动告警或来自客户的故障申告，包括恢复服务、故障定位、原因分析、故障排除及协调厂商维保服务等，要求 3 日内解决或提交解决方案；若构成信息系统事故（障碍），按照《国家电网公司信息系统事故调查及统计规定》的要求处理。

（2）现场监护：对系统运维操作等工作进行监护。

（3）系统调优：存储阵列存储资源的划分；每季度 1 次性能统计，设备参数的调整，性能调优；

（4）日常运行：每日查看日志、整体运行状况等；系统口令、权限等的维护、设置和管理。

（5）巡检：每季度 1 次通过对软硬件检查、一个季度的故障与告警、运行数据、日志等分析，提交季度运行分析报告。

（四）备份系统的硬件平台运行和异常处理

（1）事件处理：处理运行监控中发现的故障及自动告警或来自客户的故障申告，包括恢复服务、故障定位、原因分析、故障排除及协调厂商维保服务等，要求 3 日内解决或提交解决方案；若构成信息系统事故（障碍），按照《国家电网公司信息系统事故调查及统计规定》的要求处理。

（2）现场监护：对系统运维操作等工作进行监护。

（3）日常运行：备份作业的增加、修改，备份策略调整；每日 1 次查看日志、整体运行状况等；磁带出入库等工作；系统口令、权限等的维护、设置和管理。

（4）巡检：每季度 1 次通过对软硬件检查、一个季度的故障与告警、运行数据、日志等分析，提交季度运行分析报告。

三、软件平台的异常处理

（一）数据库软件平台运行和异常处理

1. 数据库管理要求

（1）事件处理：处理运行监控中发现的故障及自动告警或来自客户的故障申告，包括恢复服务、故障定位、原因分析、故障排除及协调厂商维保服务等，要求第三级、第二级、第一级分别于 3、5、7 日内解决或提交解决方案；若构成信息系统事故（障碍），按照《国家电网公司信息系统事故调查及统计规定》的要求处理。

（2）现场监护：对系统运维操作等工作进行监护。

（3）系统调优：版本升级，重要补丁安装；性能调优。第三级每季度 1 次、第二级每半年 1 次、第一级每年 1 次。

（4）日常运行：日常操作，如根据应用需求进行表空间和用户的创建、更改，系统口令、权限等的维护、设置和管理；查看系统日志、备份日志等，空间使用检查；数据迁移，数据备份、数据恢复；数据备份恢复测试。

（5）巡检：通过对检查、一个季度的故障与告警、运行数据、日志等分析，提交季度运行分析报告。第三级每季度 1 次、第二级每半年 1 次、第一级每年 1 次。

2. 数据库常见问题举例

（1）第一种：异常是否有错误码。即发生错误时是否同时返回了错误码。有返回码的解决方案是在 db2 CLP 中运行 db2？SQLXXXX，然后根据对该问题的解释采取相应的解决方案。举例如下：

如在连接数据库时发生错误，显示

db2 connect to sample

SQL0332N There is no available conversion for the source code page "1386" to the target code page "819". Reason Code "1". SQLSTATE=57017

错误码分为返回码（SQL0332N）和原因码（Reason Code "1"），针对不同的原因码有不同的解决方案。

运行 db2？SQL0332 从输出中可以看到对于 reason code 1 的解释是：

......

1 source and target code page combination is not supported by the database manager.

......

所以可以通过设置代码页来解决这个问题，设置代码页如下：

db2set db2codepage=1386

db2 terminate

db2 connect to sample

通过以上设置就可以成功连接了。

（2）第二种分类方案是按照问题的范围和性质进行分类，分为数据库实例问题、数据库问题、数据库性能问题、应用开发与数据库有关的问题。以数据库性能问题为例进行说明。

数据库的性能问题一般不属于故障，但是当性能问题变得很严重时，就变成了故障。解决数据库的性能问题，可以从以下方面入手：检查数据库的配置，如缓冲池、排序堆等是否合理；检查数据库是否收集过统计信息，准确的统计信息对语句优化起着重要的作用；对 sql 语句进行优化；查看是否有系统资源瓶颈。

确认性能问题首先要从系统的资源消耗来分析，一般可以借助操作系统的工具，如 aix 的 topas 命令。数据库的性能问题一般表现为应用变慢，甚至没有响应。

数据库一般有 CPU 占用过多、IO 过于繁忙、有锁等待三类性能问题。快速定位问题的方法：如果系统的 CPU 利用很高，IO 很少，那么数据库的排序较多；如果系统的 IO 繁忙，CPU 很多是 wait，那么说明数据库有过多的 IO；如果系统 CPU、IO 都很空闲，那么说明可能是有锁的问题；如果系统 IO、CPU 都非常忙，说明有执行代价非常高的 sql 在执行。

1）快速找到执行成本较高的 sql。

首先要打开监视器的开关，运行以下程序：

db2 update monitor switches using bufferpool on lock on sort on statement on table on uow on；

在系统最繁忙的时候，运行以下程序：

db2 get snapshot for all applications > app.out

然后在该文件中查找处于 Executing 状态的应用，找到执行的对应的 sql 语句。

如果用这种方法找不到，可以收集 sql 的快照，运行程序如下：

db2 get snapshot for dynamic sql on > sql.out

这个快照记录了动态语句的快照信息，可以根据以下程序来找到最耗时的语句。

Total execution time（sec.ms）= 0.000000

Total user cpu time（sec.ms）= 0.000000

Total system cpu time（sec.ms）= 0.000000

2）优化 sql 语句。

db2 提供了很好的工具来做 sql 语句优化。首先要对找到的 sql 语句进行分析，看是否是该语句引起了性能问题。我们可以使用 db2expln 来查看 sql 语句的访问计划和执行成本。

首先将找到的 sql 语句写到一个文本文件 sql.in 中，以；结尾，然后运行以下程序：

db2expln –d –f –z "；" –g –o sql.exp

查看 sql.exp 可以看到这个 sql 语句的执行成本。

如果确认该语句有问题，可以使用 db2advis 通过建索引的方法来优化该语句，程序如下：

db2advis –d –i sql.in

如果通过创建索引无法优化该语句，一般只能从业务角度优化。

3）发生锁的问题的处理办法。

发生锁的问题，一般有锁等待、死锁两种情况。首先检查数据库配置参数 locktimeout，该参数一定不能设为–1，若设为–1 会引起某些应用无限期的等待。

可以通过快照来确定数据库发生的问题的类型，程序如下：

db2 get snapshot for db on

查看输出中的下列内容：

Deadlocks detected = 0

Lock Timeouts = 0

如果发生了死锁，可以通过创建死锁监视器来分析产生死锁的原因。

（二）域名解析系统运行和异常处理

（1）IP 地址是网路上的数字地址，为了方便记忆，采用域名来代替 IP 地址标识站点地址。域名解析就是域名到 IP 地址的转换过程，域名的解析工作由 DNS 服务器完成。在运信息系统应向总部备案，使用公司统一域名（sgcc.com.cn）。

（2）域名解析系统异常处理举例。

1）用 nslookup 来判断是否真的是 DNS 解析故障。

要想百分之百判断是否为 DNS 解析故障就需要通过系统自带的 nslookup 来解决了。

第一步：确认自己的系统是 windows xp 以上操作系统，然后通过开始→运行→输入 CMD 回车，进入命令行模式。

第二步：输入 nslookup 命令后回车，将进入 DNS 解析查询界面。

第三步：命令行窗口中会显示出当前系统所使用的 DNS 服务器地址，例如 DNS 服务器 IP 为 202.106.0.20。

第四步：输入无法访问的站点对应的域名。如输入 www.abc.com，假如不能访问的话，那么 DNS 解析应该是不能够正常进行的。我们会收到提示信息：DNS request timed out，timeout was 2 seconds。这说明计算机确实出现了 DNS 解析故障。

如果 DNS 解析正常的话，会反馈回正确的 IP 地址，如用 www.abc.com 这个地址进行查询解析，会得到正确的 IP 地址信息 name：abc.com，addresses：×.×.×.×。

2）查询 DNS 服务器工作是否正常。

第一步：在 windows xp 以上操作系统，然后通过开始→运行→输入 CMD 后回车，进入命令行模式。

第二步：输入 ipconfig /all 命令来查询网络参数。

第三步：在 ipconfig /all 显示信息中我们能够看到一个地方写着 DNS SERVERS，这个就是我们的 DNS 服务器地址，如 202.106.0.20 和 202.106.46.151。从这个地址可以看出是个外网地址，如果使用外网 DNS 出现解析错误时，我们可以更换一个其他的 DNS 服务器地址即可解决问题。

第四步：如果在 DNS 服务器处显示的是自己公司的内部网络地址，则说明公司的 DNS 解析工作是交给公司内部的 DNS 服务器来完成的，这时我们需要检查这个 DNS 服务器，在 DNS 服务器上进行 nslookup 操作查看是否可以正常解析。

3）检查缓存。

使用 DNS 控制台来检查名称服务器的缓存区中的内容，查看缓存数据上的 TTL，并及时刷新 DNS 控制台，如果缓存中某些记录已过时，可以将它们删除，并及时获得更新后的记录。

（三）其他软件平台运行和异常处理

1. 门户、目录系统

事件处理：处理运行监控中发现的故障及自动告警或来自客户的故障申告，包括恢复服务、故障定位、原因分析、故障排除及协调厂商维保服务等，要求 3 日内解决或提交解决方案。若构成信息系统事故（障碍），按照《国家电网公司信息系统事故调查及统计规定》的要求处理。

现场监护：对系统运维操作等工作进行监护。

系统调优：每季度 1 次主机调优，门户系统、数据库、门户内容目录调优，目录系统 eDirectory、AM、IDM 调优。

日常运行：日常操作，门户系统应用程序部署、权限管理、内容管理，目录系统中人员增加、部门增加、删减、修改等；总部及网省公司目录级联调试；目录系统与其他应用系统的集成；系统口令、权限等的维护、设置和管理。

巡检：每季度 1 次通过对软硬件检查、一个季度的故障与告警、运行数据、日志等分析，提交季度运行分析报告。

2. 软件平台运行和异常处理—邮件、一体化平台

事件处理：处理运行监控中发现的故障及自动告警或来自客户的故障申告，包括恢复服务、故障定位、原因分析、故障排除及协调厂商维保服务等，要求 5 日内解决或提交解决方案。若构成信息系统事故（障碍），按照《国家电网公司信息系统事故调查及统计规定》的要求处理。

现场监护：对系统运维操作等工作进行监护。

系统调优：内、外网邮件每半年 1 次性能调优，一体化平台每季度 1 次运行参数的调整、性能调优。

日常运行：每日 1 次查看日志、整体运行状况等；系统口令、权限等的维护、设置和管理。

巡检：邮件系统每半年 1 次通过对软硬件检查，一体化平台每季度 1 次通过对软硬件检查、一个季度的故障与告警、运行数据、日志等分析，提交季度运行分析报告。

3. 软件平台运行和异常处理—短信平台

事件处理：处理运行监控中发现的故障及自动告警或来自客户的故障申告，包括恢复服务、故障定位、原因分析、故障排除及协调厂商维保服务等，要求 5 日内解决或提交解决方案。若构成信息系统事故（障碍），按照《国家电网公司信息系统事故调查及统计规定》的要求处理。

现场监护：对系统运维操作等工作进行监护。

系统调优：每半年 1 次运行参数的调整、性能调优。

日常运行：业务系统与短信平台的集成，即处理业务系统接入申请；系统口令、权限等的维护、设置和管理；检查系统日志信息。

巡检：每半年 1 次通过对软硬件检查、一个季度的故障与告警、运行数据、日志等分析，提交季度运行分析报告。

（四）业务应用系统

1. 巡检：检查系统是否正常，检查日常数据备份的有效性，清理维护过程中及系统自身产生的垃圾数据。第三级每月 1 次、第二级每季度 1 次、第一级每半年 1 次。

系统调优：软件升级、更新；升级后组织业务部门进行确认测试。

故障处理：系统发生故障后，由运行维护部门牵头组织故障调查，出具调查报告。

技术支持：对客服不能解答的有关业务系统使用热线电话提供支持。

现场支持：如果业务部门要求，提供相关现场支持人员，原则上现场支持人员不修改程序，仅解决问题，若有新需求或 Bug 记录下来即可。

数据检查：每月检查 1 次系统垃圾数据以及系统文件，并对检查出来的垃圾数据进行处理，防止发生系统运行期间由于客户机系统出现问题导致文件内容被破坏情况。

运维分析：每周提供业务系统运行及运维服务情况统计分析周报，每月提交信息系统的运行及维护情况等分析报告。

2. 业务系统的应用分析

数据质量分析：每周开展数据质量分析，针对数据的准确性、一致性、及时性、有效性等进行质量分析，提交数据质量分析报告，融入应用分析周报。每月提交数据质量分析报告，融入应用分析月报。

应用效果分析：每周开展业务系统应用效果分析，针对业务应用的频率、业务量、登录情况、业务指标等应用效果进行重点分析，提交应用效果分析报告，融入应用分析周报。每月提交应用效果分析报告，融入应用分析月报。

功能完善分析：每周收集整理业务应用过程中的功能新需求，开展系统缺陷统计分析，形成功能完善的分析报告，融入应用分析周报。每月提交功能完善的分析报告，融入应用分析月报。

其他相关分析：每周开展应用情况相关分析，有助于进一步推进信息系统的应用，形成相关分析报告，融入应用分析周报。每月提交应用相关分析报告，融入应用分析月报。

【思考与练习】

1.【单选题】门户系统：实时监控门户系统的运行状态，实时监控总部及网省公司的（　　）。

A. 目录安全状态 B. 目录级联状态

C. 目录更新状态 D. 门户更新状态

2.【单选题】域名解析系统监控内容是：每日记录 2 次域名解析系统当前前（　　）位解析数量。

A. 3 B. 10 C. 20 D. 30

3.【单选题】安全系统监控内容：每日记录 1 次防病毒系统记录的感染病毒前（　　）位的计算机。

　　A. 1　　　　　　　B. 20　　　　　　　C. 10　　　　　　　D. 5

4.【单选题】硬件巡检检查液晶板及状态指示灯是否正常有无报警。巡视频率按照第二级每日 1 次，第三级每日（　　）次执行。

　　A. 4　　　　　　　B. 2　　　　　　　C. 3　　　　　　　D. 5

5.【单选题】小型机、PC 服务器监控：每日记录 2 次当天 CPU 负载前（　　）位以及内存利用率前 10 位的小型机或 PC 服务器。实时监视小型机、PC 服务器端口状态。

　　A. 50　　　　　　　B. 30　　　　　　　C. 20　　　　　　　D. 10

▲ 模块 10　网络核心设备异常处理（Z40F2010Ⅱ）

【模块描述】本模块介绍网络核心设备故障处理的思路和流程。通过对网络核心设备异常现象、原因、分类和处理方法进行详细讲解，掌握网络核心设备常见故障的排查方法和处理流程。

以下着重介绍核心网络设备及其作用、故障类型、故障原因及设备故障的处理思路和方法。

【模块内容】

一、背景

"三集五大"体系建设后，业务系统集中部署，信息网络承载着公司生产、营销、调度等多种业务应用的运行，其重要性不言而喻，而网络核心设备的运行维护显得尤为重要，因其网络实现技术复杂，各种各样的问题也层出不穷，如何迅速地判断其故障的原因所在，及时和准确地排除网络故障是保证业务系统稳定运行的重要内容之一。

二、网络拓扑及网络核心设备介绍

网络核心设备组成大部分为思科设备，小部分为华为设备。整体网络结构分为省市广域网、省市广域网备网、地市局域网、市县广域网、地市城域网、县公司局域网、县公司城域网和农村信息网。

（一）省市广域网

广域网主网核心全部为思科 GSR12000 系列设备，关键节点使用 GSR12410，其他节点全部使用 GSR12406，整体广域网拓扑结构为南环、北环、北支环。南环包括江苏省电力有限公司（简称江苏省公司）、镇江、常州、无锡、苏州、南通、泰州；北环包括江苏省公司、淮安、盐城、泰州、扬州；北支环包括宿迁、徐州、连云港；

其中江苏省公司和泰州作为南北环上的关键节点连接南北两环，南京作为一个独立节点双线路分别连接至江苏省公司二台核心上，整体形成一个由思科 GSR12000 组成的广域网网络拓扑。

思科 GSR 12410/12406 路由器属于 Cisco 12000 系列，它有 10/6 个插槽的机柜和交换机，其中每个线路卡插槽的吞吐量达 20Gbit/s（10Gbit/s 全双工）。其可以提供无与伦比的运营商级性能和可靠性，提供有保证的数据包优先传输，并保证满负载系统的真正线速为 10Gbit/s。GSR12000 设备在广域网中作为各个地市的核心节点，担任各地市业务的 MPLS VPN 的 P 角色，负责 MPLS VPN 数据的快速转发工作。

（二）省市广域网备网

广域网备网设备作为主网 GSR12000 备份设备，选用的是华为 NE40E-X8，各地市的备网设备互联自行组成一个独立的广域网备网，广域网备网根据传输网络结构部署为三个环。

华为 NE40E-X8 路由器为全业务路由器，扩展模块 11 个，其中 8 个业务线路板槽位，2 个路由交换板槽位，1 个交换网板槽位，交换速率：1.44Tbit/s，转发性能：800Mpackets/s。NE40E-X8 为备网核心节点，担任各地市业务的 MPLS VPN 的 P 角色，负责 MPLS VPN 数据的快速转发工作。但其工作前提是只有当广域网主网链路完全中断后，备网 NE40E 才会替代主网设备进行数据包转发。

（三）地市局域网

地市局域网使用二台 CISCO 6500 系列交换机作为各地市局域网核心，最终上联至地市核心节点 GSR 12000 上。局域网中各地市及省公司每个节点都使用 2 台 CISCO 6500 系列交换机作为核心，一般是 1 台 CISCO 6509，1 台 CISCO 6513，CISCO 6500 系列交换机可提供 3 插槽、6 插槽、9 插槽和 13 插槽的机箱，以及多种集成式服务模块，包括数千兆位网络安全性、内容交换、语音和网络分析模块。Catalyst 6500 系列中的所有型号都使用了统一的模块和操作系统软件，形成了能够适应未来发展的体系结构，由于能提供操作一致性，因而能提高 IT 基础设施的利用率，并增加投资回报。从 48 端口到 576 端口的 10/100/1000 以太网布线室再到能够支持 192 个 1Gbit/s 或 32 个 10Gbit/s 骨干端口，提供每秒数亿个数据包处理能力的网络核心，CISCO 6500 系列能够借助冗余路由与转发引擎之间的故障切换功能提高网络正常运行时间。2 台设备启用 HSRP 协议，互为热备，一台设备异常后，另外一台设备替代所有工作，在整体网络结构中担任 MPLS VPN 的 PE 角色，是各地市及省公司局域网的网络服务提供者。

（四）市县广域网

市县广域网主要是各县公司的 2 台 CISCO 7600 设备进行互联互通，县公司采用一台老的 CISCO 7603 或 CISCO 7609 设备为县公司核心节点，后期又增加了一台

CISCO 7609 与原核心互为热备。CISCO 7600 Services Router（CISCO 7600 业务路由器）可在运营商的网络边缘提供城域以太网 WAN 和 MAN 网络，主要致力于以线速提供高起点的 IP 业务。该产品系列可在多种高性能接口上把直接光纤连接与丰富的智能 IP 业务进行组合，有效利用电信运营商网络。7600 能在运营商网络的边缘（在运营商网络边缘，业务的生成及提供对整个用户群具有巨大的影响力）实现性能和 IP 业务应用的线性扩展。

每个县公司现在都已经有 2 台 CISCO 7600 系列设备，双机热备，同时也是各县公司局域网网络服务的提供者。

（五）其他网络结构

各地市城域网、县公司局域网、县公司城域网都使用 CISCO 4500、CISCO 3500 及部分其他品牌的三层或二层接入层交换机进行组网，整体结构不属于核心网络，此处暂不做详细介绍。

三、核心网络常见故障现象

通过北塔网管系统全天对核心网络进行监控，常见网络故障有设备硬件故障、软件故障、传输链路故障、环境问题、设备性能问题、病毒攻击问题等。

（一）设备硬件故障

网络设备全天全年处于运行状态，网络中很多网络设备已经处于老化边缘，经常会出现一些设备硬件故障，如光纤模块损坏、线卡损坏、引擎故障、风扇故障、电源故障等。

处理硬件故障时只能使用备件进行替换，只有常备配件才能快速解决网络设备硬件故障引起的问题。如果设备在质保范围内，更换完成后可以与相关厂家联系提供设备质保服务。

为了解决此类问题的产生，网络拓扑结构中尽量使用双设备双节点的冗余机制，尽量保证网络设备出现异常时不影响整体网络业务的运行。

（二）设备软件故障

设备软件问题产生的原因众多，常见的软件故障有配置信息错误或不合理、系统软件功能不足、软件自身 bug 等。

为了解决此类问题的产生，需要时刻监控网络中的小异常，有些小的网络异常就是网络大型故障的开始，尽量把网络故障在小范围产生时消除在萌芽中。

（三）传输链路故障

传输链路故障包括传输光纤中断故障、传输设备异常等引起网络链路中断等。为了解决传输链路故障，在网络部署过程尽量保证链路的冗余，一条链路异常后，可以立即切换其他链路转发数据，留有故障处理时间，保证网络业务的正常运行。

（四）设备环境问题

设备运行的环境问题包括机房的温湿度、电源稳定等，有些故障因为机房空调无法控制温湿度，也可能由于设备安放位置问题，导致设备的进出风口被阻挡等，导致设备温度过高引起设备自保护而停机或烧坏芯片，或湿度过大引起电气元件损坏触发硬件故障。如果设备供电电源不稳定也可能导致设备烧坏引起网络故障。

对于以上问题需要调整机房空调系统或者设备安放位置，对电源系统问题，可通过增加 UPS 对供电电源进行整流整压，还可以在电源中断时对机房内所有设备持续供电，保证整体业务的正常运行。

（五）设备性能问题

如现各单位变电所都使用思科或华为的三层交换机作为路由节点，并启用 OSPF 动态路由协议，这些设备的路由性能较弱，路由表的支持数量较少，由于主网中有近万条路由信息，没有经过优化后，经常导致设备路由表溢出引起网络异常。

为了解决此类问题的产生，需要对变电所的网络路由进行汇总或优化，减少整体路由列表数，减轻设备路由处理的事务，提高设备性能，保障网络业务的正常运行。

（六）病毒攻击问题

很多的网络故障都是由于网络中的病毒攻击引起，常见的病毒攻击有 ARP 攻击、DHCP 欺骗、蠕虫病毒、DDOS 攻击等，这些病毒都会引起网络异常。

为了解决此类问题的产生，需要在网络拓扑部署入侵检测系统（IDS）、入侵防御系统（IPS）、流量监控、防病毒系统或软件等。

四、故障处理推导方法

网络中两个现象完全相同的故障也可能是不同的原因造成的，因为我们的网络千差万别，引起故障的原因也就千变万化，有些是设备的原因，有些是人为的原因。我们所能提供的就是对故障分析的一些方法和原则，以及一些常见故障原因，具体故障还要根据具体情况判断。

（一）故障信息收集

在故障发生的时候，由于已经影响到了业务，因此很多人急于恢复故障，总是直接将设备重启。原则上说业务为首要保证，因此并不能说这么做有问题。但由于设备重启，故障现象和故障日志都会随着重启而丢失，这对查找故障原因是非常不利的，如果没有这些数据，我们只能凭空猜想故障的可能性。如果不能正确分析出原因，很有可能下次仍然出现同样的问题，反而造成更大的损失。虽然我们需要尽快恢复业务，但仍希望能在最短时间内登录设备，将最基本的 show tech 和 show log 信息保留下来。

CISCO 的大部分设备信息都可以通过 show tech 显示出来，而 show log 可以记录一段时间内的系统日志信息，这两项数据对于故障诊断来说是最基本的信息来源。

对于设备自动重启这类故障，CISCO 会自动生成一个 crashinfo 文件，存放在 bootflash 或 flash 中，我们可以用 more 命令查看该文件的内容或者用 tftp 拷贝出来。该文件会记录设备自动重启前发生的事情以及导致系统重启的原因。但该文件并不是每次自动重启都能生成，有时候来不及生成就已经 crash 了，有时候是由于 bootflash 空间不足，无法保存下来。该文件只要生成就不会由于重启而丢失，是诊断这类故障的一个很有效的记录。

（二）故障描述和测试

很多人认为正确描述故障现象是一件简单的事情，其通常认为自己只是使用者，只需要告诉技术支持者受到的影响即可，其实这是远远不够的，使用者提供的信息越详尽，越准确，对故障的分析和解决来说就越有效率。

实际上要准确描述故障点和现象并不简单。需要多进行一些测试才能准确地定位故障点位置以及与其相关的内容。

（三）故障关注内容

故障关注的内容有孤立故障点、配置合理性、传输问题、拓扑是否正确、环境问题、产品性能影响、硬件表象及隐性故障、攻击流量分析方法、软件 bug 等。

（四）故障推导流程

网络故障的推导是解决网络问题的一种流程，可以帮助网络管理员在故障排查中整理思路，快速解决网络故障。下面以一个网络丢包的报修案例来验证网络故障的推导流程，流程推导如图 4-10-1 所示。

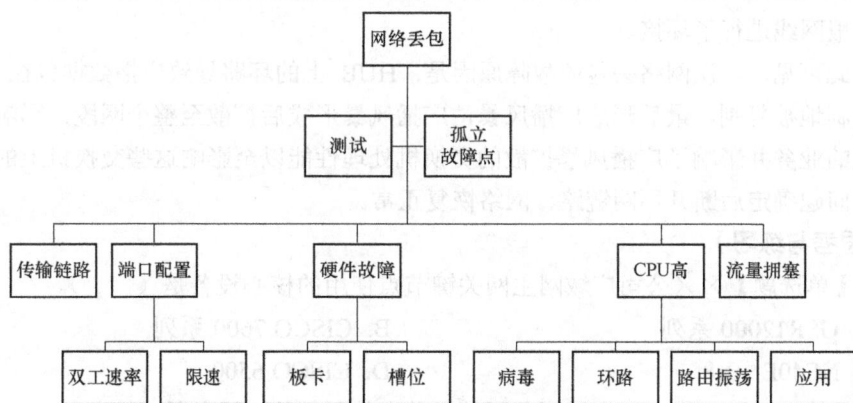

图 4-10-1 流程推导图

（五）故障推导案例

某公司部门报修，电脑办公业务缓慢，甚至中断。测试发现电脑至网关有网络丢包问题，首先要通过测试确定故障点，测试发现有一个 vlan 网段内的电脑都有丢包的现象，初步判定问题就是出在这个 vlan 网段内。由于出现这种问题的原因有多种，如设备软件问题、硬件问题、传输问题等，只能往下一步方向排查。

由于交换机其他网段都很正常，可以排除传输问题。由于更换电脑、更换交换机端口后问题依旧，也可以排除交换机端口的异常或交换机的硬件故障，初步判定应该是网络病毒或网络流量异常，只有通过设备状态和网络流量分析来测试、测试发现交换机有一端口流量异常，并且端口指示灯闪烁频繁，登录后查看设备端口状态，信息如下：

FastEthernet0/2 is up，line protocol is up（connected）

5 minute input rate 0 bits/sec，0 packets/sec

5 minute output rate 1000 bits/sec，1 packets/sec

581325 packets input，141272501 bytes，0 no buffer

Received 210438 broadcasts（0 multicast）

从端口信息可以看出本端口接收到的广播包非常多，此次问题就可以初步判定为：该网段内有异常广播流量，可能产生了广播风暴。定位了问题点后，就需要针对性的验证，验证时发现该端口下接一个 HUB，由于交换机有 STP（生成树协议），不会有网络环路，但 HUB 无此功能，将与 HUB 的互联端口关闭后，交换机上的网络恢复正常，所以判定问题应该在此 HUB 上，将 HUB 上的连接线路进行整理，发现在 HUB 上有一根网线进行了环接。

由此可见，本次网络丢包的故障原因是：HUB 上的环路导致广播数据包在 HUB 上无限制地被复制，最后形成广播风暴，广播风暴形成后扩散至整个网段，影响了整个网段的业务并影响了广播风暴扩散的交换机处理性能以至影响这些交换机上的其他业务，问题确定后断开环网链路，网络恢复正常。

【思考与练习】

1.【单选题】××公司广域网主网关键节点使用的核心设备是（　　）。

A. GSR12000 系列　　　　　　　　　　B. CISCO 7600 系列

C. NE40E　X8　　　　　　　　　　　　D. CISCO 6500

2.【单选题】××公司广域网备网关键节点使用的核心设备是（　　）。

A. GSR12000 系列　　　　　　　　　　B. CISCO 7600 系列

C. NE40E--X8　　　　　　　　　　　　D. CISCO 6500

3.【单选题】GSR 12410/12406 路由器有 10/6 个插槽的机柜和交换机，其中每个线路卡插槽的吞吐量约为（　　　　）。

A. 10Gbit/s（5Gbit/s 全双工）　　　　B. 20Gbit/s（10Gbit/s 全双工）

C. 30Gbit/s（15Gbit/s 全双工）　　　　D. 40Gbit/s（20Gbit/s 全双工）

4.【单选题】华为 NE40E X8 路由器为全业务路由器，扩展模块 11 个，其中 8 个业务线路板槽位，2 个路由交换板槽位，1 个交换网板槽位，交换容量是＿＿＿转发性能是＿＿＿。（　　　）

A. 1.44Tbit/s，800Mpackets/s　　　　B. 1Tbit/s，800Mpackets/s

C. 1.44Tbit/s，1Gpackets/s　　　　　D. 1Tbit/s，1Gpackets/s

5.【单选题】GSR12000 系列设备 LED 指示灯在（　　　　）。

A. 告警卡　　　　　　　　　　　　　B. 线卡

C. 电源模块　　　　　　　　　　　　D. 风扇系统

◢ 模块 11　信息通信系统应急处置（Z40F2011Ⅲ）

【模块描述】本模块介绍信息通信系统综合应急预案，通过对应急组织体系、应急预案范围、预案启动条件、应急处理步骤、应急联系方式等详细讲解，掌握信息通信系统各项应急预案启用、实施步骤。

【模块内容】

有缺陷的信息系统是指发生了异常，虽能继续使用但影响安全可靠运行的信息系统。

信息系统缺陷分为紧急缺陷、重大缺陷、一般缺陷三类。

（1）紧急缺陷：信息系统发生了直接威胁安全运行的问题，如不立即处理，随时可能造成故障的隐患。

（2）重大缺陷：缺陷对信息系统安全有严重威胁，但尚能坚持运行。

（3）一般缺陷：除上述紧急、严重缺陷以外的信息系统缺陷，指性质一般，情况较轻，对安全运行影响不大，短时间内不会劣化成危急或严重的缺陷。

对巡检和监控过程中出现的异常需要及时处理，处理的过程应严格按照制定的异常处理流程执行，这样才能保证在异常发生时，有条不紊地处理异常情况，避免遗漏处理步骤，以及产生二次异常。

《国家电网公司信息通信调度工作管理规范》中明确了对缺陷的管理要求，部分要求摘录如下：

第三十六条　各级调度机构应对本单位信息通信系统运行缺陷进行统一监控。

第三十七条　各级调度机构须对本单位运行机构审核通过的信息通信系统运行缺

陷进行核对、备案，对于总部统一推广系统中存在的缺陷，须报总部信息通信调度备案。

第三十八条 各级调度机构应对缺陷消缺过程进行跟踪和监督，定期统计缺陷的消缺率、复现率，每季度提交消缺统计报告。

第三十九条 调度值班员应迅速组织处理发现或受理申告的问题。缺陷涉及上级调度管辖的，应及时向上一级调度报告；影响电网业务时，应将缺陷情况报告同级电网调度值班员，在缺陷消除后，对于造成影响的缺陷应遵循相关事件定级制度。

下面对应急预案做介绍讲解。

一、应急预案分类

信息应急预案分为信息系统、信息网络和信息安全。

（1）信息系统：各个信息系统按照发生故障类型不同，需分别编制对应的应急预案，主要故障类型应包括服务器故障、数据库故障、存储故障等。

（2）网络故障各单位根据实际情况编制应急预案。

（3）信息安全各单位根据本单位情况自行设定故障，主要故障类型应包括病毒、木马、黑客攻击等。

通信应急预案分为通信设备、通信网络和通信事件。

（1）通信设备：按照发生故障类型不同，各单位根据需要编制多个应急处置预案。主要故障类型推荐为设备板卡故障、电源故障、风扇故障等。

（2）通信网络：包括传输网络、交换网络、数据网络，主要面向网络中大规模故障时的应急处理。

（3）通信事件：包括通信站电源全停、重要光缆中断（如承载特高压业务）、重要通信站核心设备停运、核心行政交换机停机等。

二、应急预案的适用范围

应急预案适用于各单位应对和处置因信息网络及管理信息系统事件、电力通信事件，引起的对正常生产、经营构成重大影响和威胁的突发事件。其中重点针对可能会造成各单位安全事故调查规程中八级及其以上安全事件的信息通信故障。

应急预案编制的主要原则应和信息通信实际故障处置情况相吻合，具备可操作性；细化到各个信息业务系统和通信设备，具备良好的可执行性。记录预案更新情况和每次预案启动执行情况，为日后查阅提供参考。

三、应急组织体系

根据国家电网有限公司信息系统运维体系规范"两级三线"要求，结合"两级调度，三层检修，一体化运行"的信息系统调度运行组织架构，各省信息通信分公司应设调度指挥监控机构、基础设施及应用系统运行机构以及信息通信检修机构。

（一）调度

负责组织编制和执行调管范围内信息系统的运行方式；负责指挥调管范围内信息系统运行操作及事故分析处理，采取措施提高信息系统安全稳定运行水平；负责受理并批复调管范围内的信息系统检修申请；负责公司信息系统年度、月度检修计划和临时检修计划的编制；负责组织信息调度专业人员的业务培训。

负责机房基础设施、信息网络、主机存储设备、基础应用平台、业务应用系统以及桌面终端等的实时监控、日常巡检，以及周期性任务的执行；负责监控告警的处理、监控数据的统计分析；负责定期组织应急演练；负责对内提供 7×24h 的运行服务。

（二）运行

全面负责信息基础设施及基础服务的运行工作。负责机房基础设施、网络、主机与存储、数据库、桌面终端等的安装调试及日常运行管理；负责基础设施运行流程、规范以及相关标准的制定；负责相关设备的运行配置库的建设；负责相关标准化作业指导书和知识库的发布；负责公司信息安全防护系统的运行工作。

全面负责应用系统运行管理工作。分业务域负责业务应用系统的运行工作；负责应用支撑平台的运行工作以及跨应用的集成；负责应用系统的软硬件资源的配置及应用状态的维护；负责基础应用平台、业务应用维护流程和规范的制定；负责应用系统配置库的建设；负责相关标准化作业指导书和知识库的发布。

（三）检修

全面负责省公司本部信息基础设施及基础服务的维护工作。负责机房基础设施、信息网络、主机与存储、数据库等计划检修、故障处理；负责相关设备的运行配置库的维护；负责公司信息安全防护系统的维护。

全面负责应用系统维护工作。负责公司所有业务应用系统的计划检修、故障处理；负责业务应用系统的升级、变更及发布等操作。负责定期组织开展业务系统的健康检测工作，及时发现、排除系统隐患。

全面负责基础平台维护工作，包括一体化平台、中间件等的计划检修、故障处理。负责基础平台系统的升级、变更及发布等操作。负责定期组织开展基础平台的健康检测工作，及时发现、排除系统隐患。

四、应急工作联络

发生突发事件时，应立即成立应急指挥领导小组，并公布领导小组成员的联系方式，对事件的处理和进展情况及时逐级上报。

五、应急处理步骤

应急处理步骤应根据事件的具体类型和处理方法制定。以下以基建管理系统的服务器故障为例，为大家提供参考。基建管理系统服务器故障应急预案见表4-11-1。

表 4-11-1 基建管理系统服务器故障应急预案

预案名称	基建管理系统服务器故障应急预案	预案编号	JS-××-11
应急 联系人	×××	联系方式	13×××××××××（手机）
			××-××××-××××（座机）
故障原因	基建管理系统软件或所在服务器出现故障		
现象描述	基建管理系统无法正常运行，基建管理相关日常工作不能正常进行		
应急方案	基建管理应急预案		
操作步骤	1. 基建管理系统或所在服务器出现故障，通过故障检验，确认满足预案启动条件，启动此预案流程； 2. 判断故障是出现在数据库服务器还是应用服务器，如果出现在数据库服务器转步骤 6，否则转步骤 3； 3. 在备份应用服务器上安装最新的应用程序； 4. 测试备份应用服务器上的应用程序； 5. 将备用应用服务器 IP 变更为发生故障的应用服务器 IP； 6. 在备份数据库服务器上恢复系统数据库； 7. 测试备份数据库服务器上数据库运行正常； 8. 将备份数据库 IP 变更为发生故障的数据库的 IP； 9. 事故分析； 10. 通过应用系统日志、主机系统日志等，对事件进行审计，对损失进行评估，追查事件的发生原因； 11. 消除隐患、调整策略； 12. 事件报告、归档； 13. 由系统运行部门形成事故分析报告，分析事故原因，修正预案处理流程并归档		
应急准备	车辆	工器具	备品备件
预案 启动明细	日期	情况概述	
预案 更新明细	日期	更新记录	
	2013-2-7	对流程进行优化、更新应急联系人	

系统拓扑图（选填项）

续表

预案流程

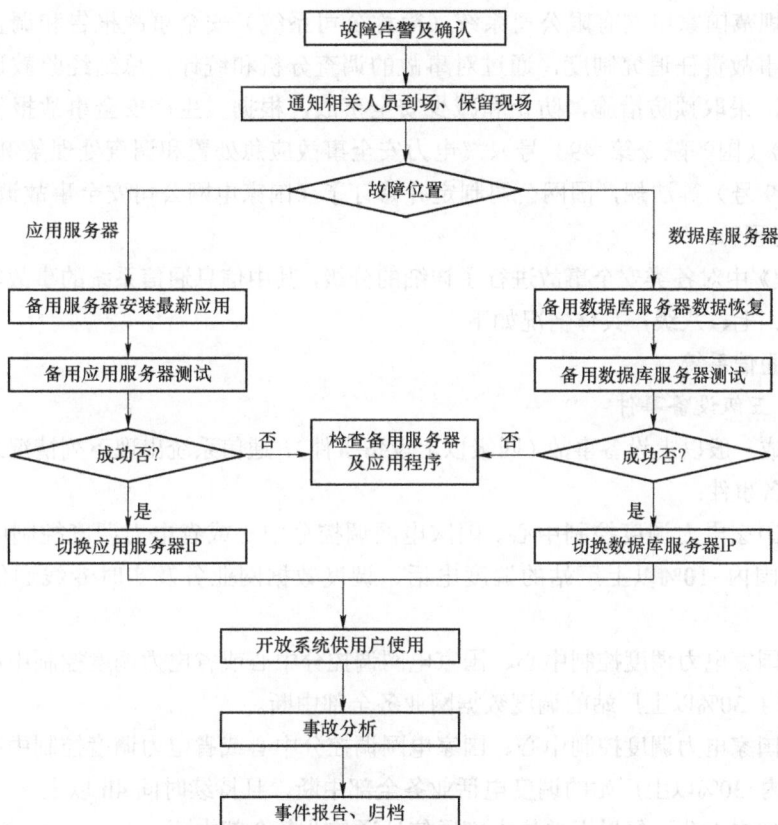

备注：

【思考与练习】

1. 应急预案的分类有哪些？

2. 调度值班员发现缺陷电网业务时，应将缺陷情况报告给哪些人员？

3. 应急预案的适用范围是什么？

◢ 模块 12　调度事件定级（Z40F2012Ⅲ）

【模块描述】本模块介绍信息通信系统严重缺陷导致的信息通信调度事件定级。

通过对信息通信严重缺陷进行分析和分级，掌握对信息通信调度事件定级的技能。

【模块内容】

为了规范国家电网有限公司系统（简称公司系统）安全事故报告和调查处理，落实安全事故责任追究制度，通过对事故的调查分析和统计，总结经验教训，研究事故规律，采取预防措施，防止和减少安全事故，根据《生产安全事故报告和调查处理条例》（国务院令第 493 号）、《电力安全事故应急处置和调查处理条例》（国务院令第 599 号）等法规，国网公司制定并修订了《国家电网公司安全事故调查规程》（简称《规程》）。

《规程》中对各类安全事故进行了详细的分级，其中信息通信系统的事故等级分布在五、六、七、八级，具体情况如下。

一、通信系统

（一）五级设备事件

未构成一般以上设备事故（四级以上设备事件），通信系统出现下列情况之一者定为五级设备事件：

（1）国家电力调度控制中心、国家电网调控分中心或省电力调度控制中心与直接调度范围内 10%以上厂站的调度电话、调度数据网业务及实时专线通信业务全部中断。

（2）国家电力调度控制中心、国家电网调控分中心或省电力调度控制中心与直接调度范围内 30%以上厂站的调度数据网业务全部中断。

（3）国家电力调度控制中心、国家电网调控分中心或省电力调度控制中心与直接调度范围内 30%以上厂站的调度电话业务全部中断，且持续时间 4h 以上。

（4）省电力公司级以上单位本部通信站通信业务全部中断。

【释义】通信站通信业务全部中断是指电网自有的通信站对外通信全部中断，不包括其他公网运营商提供的生产用通信方式。

（二）六级设备事件

未构成五级以上设备事件，通信系统出现下列情况之一者定为六级设备事件：

（1）地市供电公司级单位本部通信站通信业务全部中断。

（2）地市电力调度控制中心与直接调度范围内 30%以上厂站的调度电话业务、调度数据网业务及实时专线通信业务全部中断。

（3）地市电力调度控制中心与直接调度范围内 50%以上厂站的调度数据网业务全部中断。

（4）地市电力调度控制中心与直接调度范围内 50%以上厂站的调度电话业务全部中断，且持续时间 4h 以上。

（5）500 千伏以上系统中，一个厂站的调度电话业务、调度数据网业务及实时专线通信业务全部中断。

（6）220 千伏以上系统中，一条通信光缆或者同一厂站通信设备（设施）故障，导致 8 条以上线路出现一套主保护的通信通道全部不可用，且持续时间 8h 以上。

（三）七级设备事件

未构成六级以上设备事件，通信系统出现下列情况之一者定为七级设备事件：

（1）县供电公司级单位本部通信站通信业务全部中断，且持续时间 8h 以上。

（2）县电力调控分中心调度数据网业务全部中断，且持续时间 8h 以上。

（3）220 千伏（含 330 千伏）系统中，一个厂站的调度电话业务、调度数据网业务及实时专线通信业务全部中断。

（4）220 千伏以上系统中，线路一套主保护的通信通道全部不可用，且持续时间 8h 以上。

（5）一套安全自动装置的通信通道全部不可用，且持续时间 72h 以上。

（6）承载 220 千伏以上线路保护、安全自动装置或省级以上电力调度控制中心调度电话、调度数据网业务的通信光缆故障，且持续时间 8h 以上。

（7）省电力公司级以上单位电视电话会议，发生 10%以上的参会单位音、视频中断。

（8）省电力公司级以上单位行政电话网故障，中断用户数量 30%以上，且持续时间 4h 以上。

（四）八级设备事件

未构成七级以上设备事件，通信系统出现下列情况之一者定为八级设备事件：

（1）县供电公司级单位本部通信站通信业务全部中断。

（2）县电力调控分中心调度数据网业务全部中断。

（3）地市级以上电力调度控制中心通信中心站的调度台全停，或调度交换网汇接中心单台调度交换机故障全停，且持续时间 30min 以上。

（4）承载 220 千伏以上线路保护、安全自动装置或省级以上电力调度控制中心调度电话业务、调度数据网业务的通信光缆纤芯或电缆线路故障，且持续时间 8h 以上。

（5）调度电话业务、调度数据网业务、线路保护的通信通道或安全自动装置的通信通道非计划中断。

（6）地市供电公司级以上单位所辖通信站点单台传输设备、数据网设备，因故障全停，且持续时间 8h 以上。

（7）地市级以上电力调度控制中心通信中心站的调度交换录音系统故障，造成 7 天以上数据丢失或影响电网事故调查处理。

（8）地市供电公司级以上单位行政电话网故障，中断用户数量 30% 以上，且持续时间 2h 以上。

二、机房电源及空调系统

故障造成自动化、信息或通信设备失电；机房空气调节系统停运，造成自动化、信息或通信设备被迫停运。

（一）五级设备事件

A 类机房 8h 以上；B 类机房 24h 以上；C 类机房持续时间 72h 以上。

（二）六级设备事件

A 类机房 4h 以上；B 类机房 12h 以上；C 类机房持续时间 48h 以上。

（三）七级设备事件

A 类机房 2h 以上；B 类机房 6h 以上；C 类机房持续时间 24h 以上。

（四）八级设备事件

机房不间断电源系统、直流电源系统故障，造成自动化、信息或通信设备失电，并影响业务办理。

机房空气调节系统停运，造成自动化、信息或通信设备被迫停运，并影响业务办理。

三、网页篡改及数据丢失

（一）五级信息系统事件

（1）数据（网页）遭篡改、假冒、泄露或窃取，对公司安全生产、经营活动或社会形象产生特别重大影响。

（2）一类信息系统 72h 以上的数据丢失。

（3）二类信息系统 144h 以上的数据丢失。

（二）六级信息系统事件

（1）数据（网页）遭篡改、假冒、泄露或窃取，对公司安全生产、经营活动或社会形象产生重大影响。

（2）一类信息系统 24h 以上的数据丢失。

（3）二类信息系统 72h 以上的数据丢失。

（三）七级信息系统事件

（1）数据（网页）遭篡改、假冒、泄露或窃取，对公司安全生产、经营活动或社会形象产生较大影响。

（2）一类信息系统数据丢失，影响公司生产经营。

（3）二类信息系统 24h 以上的数据丢失。

（4）三类信息系统 72h 以上的数据丢失。

（四）八级信息系统事件

（1）数据（网页）遭篡改、假冒、泄露或窃取，对公司安全生产、经营活动或社会形象产生一定影响。

（2）二类信息系统数据丢失，影响公司生产经营。

（3）三类信息系统 24h 以上的数据丢失。

四、本地信息网络不可用

（一）五级信息系统事件

（1）省电力公司级以上单位本地信息网络不可用，且持续时间 8h 以上。

（2）地市供电公司级单位本地信息网络不可用，且持续时间 24h 以上。

（3）县供电公司级单位本地信息网络不可用，且持续时间 72h 以上。

（二）六级信息系统事件

（1）省电力公司级以上单位本地信息网络不可用，且持续时间 4h 以上。

（2）地市供电公司级单位本地信息网络不可用，且持续时间 8h 以上。

（3）县供电公司级单位本地信息网络不可用，且持续时间 48h 以上。

（三）七级信息系统事件

（1）省电力公司级以上单位本地信息网络不可用，且持续时间 1h 以上。

（2）地市供电公司级单位本地信息网络不可用，且持续时间 4h 以上。

（3）县供电公司级单位本地信息网络不可用，且持续时间 8h 以上。

（四）八级信息系统事件

（1）地市供电公司级单位本地信息网络不可用，且持续时间 1h 以上。

（2）县供电公司级单位本地信息网络不可用，且持续时间 4h 以上。

五、纵向贯通网络不可用

（一）五级信息系统事件

（1）省电力公司级以上单位与各下属单位间的网络不可用，影响范围达 80%，且持续时间 8h 以上。

（2）省电力公司级以上单位与各下属单位间的网络不可用，影响范围达 40%，且持续时间 16h 以上。

（3）省电力公司级以上单位与公司集中式容灾中心间的网络不可用，且持续时间 8h 以上。

（4）地市供电公司级单位与全部下属单位间的网络不可用，且持续时间 24h 以上。

（二）六级信息系统事件

（1）省电力公司级以上单位与各下属单位间的网络不可用，影响范围达 80%，且持续时间 4h 以上。

（2）省电力公司级以上单位与各下属单位间的网络不可用，影响范围达 40%，且持续时间 8h 以上。

（3）省电力公司级以上单位与各下属单位间的网络不可用，影响范围达 20%，且持续时间 24h 以上。

（4）省电力公司级以上单位与公司集中式容灾中心间的网络不可用，且持续时间 4h 以上。

（5）地市供电公司级单位与全部下属单位间的网络不可用，且持续时间 12h 以上。

（三）七级信息系统事件

（1）省电力公司级以上单位与各下属单位间的网络不可用，影响范围达 80%，且持续时间 2h 以上。

（2）省电力公司级以上单位与各下属单位间的网络不可用，影响范围达 40%，且持续时间 4h 以上。

（3）省电力公司级以上单位与各下属单位间的网络不可用，影响范围达 20%，且持续时间 12h 以上。

（4）省电力公司级以上单位与公司集中式容灾中心间的网络不可用，且持续时间 2h 以上。

（5）地市供电公司级单位与全部下属单位间的网络不可用，且持续时间 4h 以上。

（四）八级信息系统事件

（1）省电力公司级以上单位与各下属单位间的网络不可用，持续时间 1h 以上或影响范围达 10%。

（2）省电力公司级以上单位与公司集中式容灾中心间的网络不可用，且持续时间 1h 以上。

（3）地市供电公司级单位与全部下属单位间的网络不可用，且持续时间 2h 以上

六、信息系统业务中断

（一）五级信息系统事件

（1）一类信息系统业务中断，且持续时间 8h 以上。

（2）二类信息系统业务中断，且持续时间 24h 以上。

（3）三类信息系统业务中断，且持续时间 72h 以上。

（二）六级信息系统事件

（1）一类信息系统业务中断，且持续时间 4h 以上。

（2）二类信息系统业务中断，且持续时间 12h 以上。

（3）三类信息系统业务中断，且持续时间 36h 以上。

（三）七级信息系统事件

（1）一类信息系统业务中断，且持续时间 2h 以上。

（2）二类信息系统业务中断，且持续时间 6h 以上。

（3）三类信息系统业务中断，且持续时间 18h 以上。

（四）八级信息系统事件

（1）一类信息系统业务中断，且持续时间 1h 以上。

（2）二类信息系统业务中断，且持续时间 3h 以上。

（3）三类信息系统业务中断，且持续时间 9h 以上。

七、信息系统纵向贯通

（一）五级信息系统事件

（1）一类信息系统纵向贯通全部中断，且持续时间 12h 以上。

（2）二类信息系统纵向贯通全部中断，且持续时间 36h 以上。

（二）六级信息系统事件

（1）一类信息系统纵向贯通全部中断，且持续时间 6h 以上。

（2）二类信息系统纵向贯通全部中断，且持续时间 18h 以上。

（三）七级信息系统事件

（1）一类信息系统纵向贯通全部中断，且持续时间 3h 以上。

（2）二类信息系统纵向贯通全部中断，且持续时间 6h 以上。

（3）三类信息系统纵向贯通全部中断，且持续时间 48h 以上。

（四）八级信息系统事件

（1）一类信息系统纵向贯通全部中断，且持续时间 1h 以上。

（1）二类信息系统纵向贯通全部中断，且持续时间 3h 以上。

（2）三类信息系统纵向贯通全部中断，且持续时间 24h 以上。

备注：

一类信息系统是指受政府严格监管的信息系统，纳入国家关键信息基础设施的信息系统，对公司生产经营活动有重大影响的信息系统。如营销业务系统、95598 呼叫平台、95598 核心业务、证券业务管理系统和国网电子商城等。

二类信息系统是指受到政府一般监管的信息系统，服务于公司特定用户、对公司生产经营活动有一定影响的信息系统，服务公司全体员工、直接影响公司业务运作的信息系统。如公司总部和省公司级单位内外网门户网站、安全生产管理、电子商务平台、全国统一电力市场技术支撑、协同办公、ERP、资金结算、保险业务管理、易充电服务平台、内外网邮件、统一目录、统一权限等。

三类信息系统是指除一、二类信息系统以外的其他信息系统。

公司系统各单位事故发生后，事故现场有关人员应当立即向本单位现场负责人报告，现场负责人接到报告后，应立即向本单位负责人报告。情况紧急时，事故现场有关人员可以直接向本单位负责人报告。安全事故报告应及时、准确、完整，任何单位和个人对事故不得迟报、漏报、谎报或者瞒报。必要时，可以越级上报事故情况。

【思考与练习】

1. 信息通信系统的安全事故等级最高为几级？

2. 如果营销应用系统故障中断 3h 未恢复，将被定为几级事件？

3. 如果地市公司行政电话终端 3h 未恢复，将被定为几级事件？

第三部分

信息通信系统检修审核

第五章

信息检修审核

▲ 模块1　信息检修定义及分类（Z40G1001Ⅰ）

【**模块描述**】本模块介绍信息系统检修的定义及分类，通过对信息系统定义、信息系统检修范围、信息系统检修分类的讲解，了解信息系统检修的基本知识。

【**模块内容**】

1. 检修定义

信息系统检修是指为确保信息系统安全稳定运行，提升信息系统运行质量，所进行的检查、维护、故障处理、消缺、变更、调试、测试、升级等工作。

2. 检修工作内容

信息系统检修工作内容主要包括检修计划管理、检修工作执行、信息系统检测、检修工作分析。

3. 检修工作安排原则

信息系统检修机构应全程参与检修计划的编制工作。计划检修和临时检修的计划编制应综合年度、月度信息化建设项目和各业务部门的工作安排，原则上检修工作应安排在非应用高峰期间进行，重要保障期间不安排计划检修工作。临时检修计划的编制应考虑检修工作的紧迫性和必要性，原则上尽量避免安排临时检修工作。同一停运范围内的信息系统检修工作，应由信息系统调度机构统一协调，共同开展检修工作。

4. 检修分类

（1）根据影响程度和范围分为一级检修和二级检修2类。

1）一级检修。

影响公司总部与容灾（数据）中心、各单位之间信息系统纵向贯通及应用的检修工作。

2）二级检修。

未影响公司总部与容灾（数据）中心、各单位之间信息系统纵向贯通及应用的检修工作。

（2）根据是否列入计划分为计划检修、临时检修、紧急抢修。

1）计划检修。

列入年、月、周计划的信息系统定期维护、测试等检修工作。

2）临时检修。

未列入年、月、周计划，需适时安排的信息系统隐患处理、消缺等检修工作。

3）紧急抢修。

因信息系统异常需紧急停运处理以及信息系统故障停运后的检修工作。

【思考与练习】

1. 按流程类型国网公司下达检修计划为几级检修计划？

2. 检修计划按检修类型分类包括哪几类？

3. 信息系统检修工作内容主要包括哪些？

模块 2　信息检修职责分工及流程（Z40G1002Ⅰ）

【模块描述】本模块介绍信息系统检修的职责分工和流程，通过对信息系统检修职责划分、检修计划申请流程、工作票填报流程、操作票填报流程、信息系统检修开竣工流程的讲解，掌握信息系统检修的职责分工和检修流程。

【模块内容】

一、职责分工

1. 总部信通部

（1）负责公司信息系统检修工作的管理。

（2）负责建立公司信息系统检修工作的制度、标准和规范体系。

（3）负责公司信息系统一级检修计划的审批及督促执行。

（4）负责公司信息系统检修工作总体情况及重大事故分析。

（5）负责公司信息系统检修工作的监督、检查、评价和考核工作。

2. 国网信通公司

（1）负责公司总部及受托公司直属单位信息系统检修工作；受公司委托，负责公司信息网骨干网检修工作。

（2）负责公司信息网骨干网、公司总部及受托公司直属单位一级检修计划的编制、上报以及二级检修计划的编制、审批。

（3）负责公司信息网骨干网、公司总部及受托公司直属单位检修工作的执行、总结及分析工作。

（4）负责公司信息网骨干网、公司总部及受托公司直属单位信息系统检修的安全保障及应急处置工作。

3. 三地灾备中心

（1）负责本灾备中心信息系统的检修工作。

（2）负责本灾备中心信息系统一级检修计划的编制、上报以及二级检修计划的编制、审批。

（3）负责本灾备中心信息系统检修工作的执行、总结及分析工作。

4. 各单位职能管理部门

（1）负责本单位信息系统检修工作的管理。

（2）负责建立本单位信息系统检修工作的制度、标准和规范体系。

（3）负责本单位信息系统一级检修计划的审核及二级检修计划的审批。

（4）负责本单位信息系统检修工作总体情况及重大事故分析。

（5）负责本单位信息系统检修工作的监督、检查、评价与考核。

5. 各单位信息系统检修部门

（1）受本单位信息化职能管理部门委托，负责本单位信息系统检修工作。

（2）负责本单位信息系统检修计划的编制和汇总。

（3）负责本单位信息系统检修工作的执行、总结及分析工作。

（4）负责本单位信息系统检修的安全保障及应急处置工作。

各机构总体架构如图 5-2-1 所示。

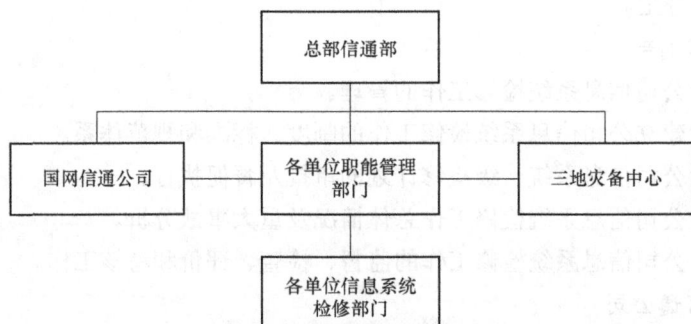

图 5-2-1　各机构总体架构

二、检修流程

1. 普通检修流程

（1）各单位对检修计划进行审核，审核通过后在 I6000 系统中填报检修计划。

（2）涉及国网信通联调的检修计划由国网信通公司进行审核，审核未通过退回至申请单位；审核通过后继续流转。

（3）涉及灾备中心联调的检修计划由灾备中心进行审核，审核未通过退回至申请单位；审核通过后继续流转。

（4）国网信通调度对检修计划进行审批，审批未通过退回至各单位；审批通过后各单位可按计划进行检修。

普通检修计划审批流程如图 5-2-2 所示。

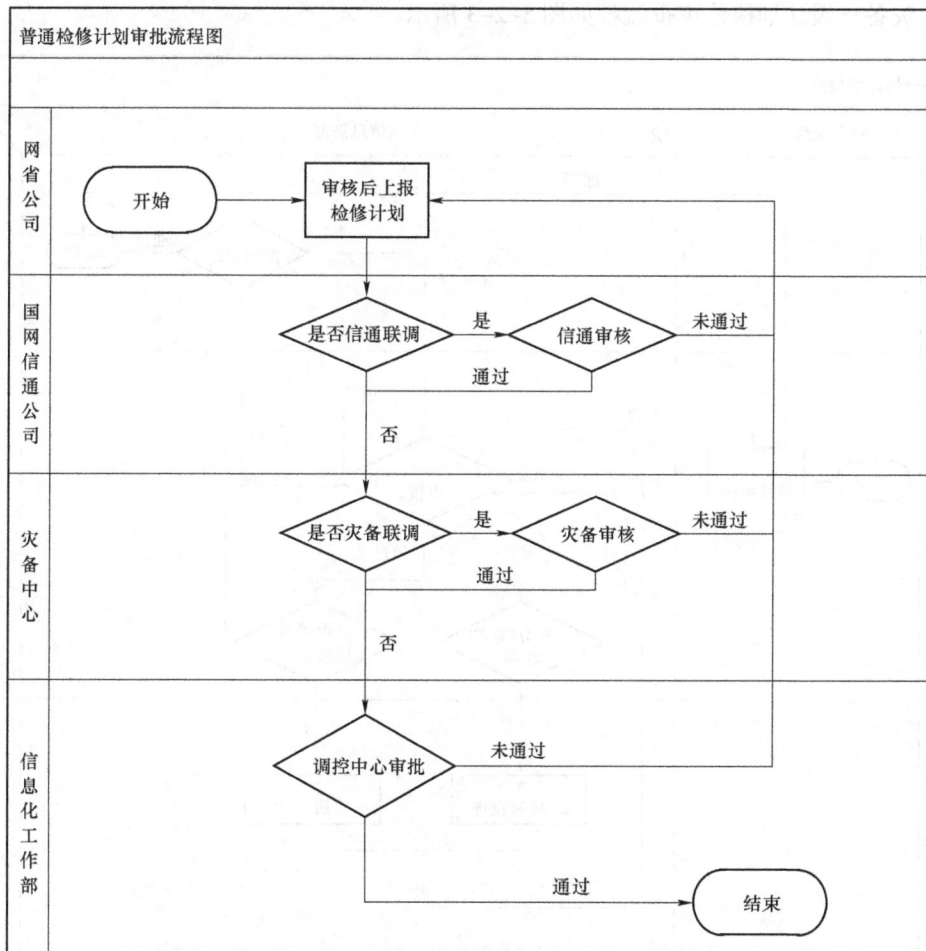

图 5-2-2　普通检修计划审批流程

2. 灾备检修流程

（1）灾备中心对检修计划进行审核，审核通过后在 I6000 系统中填报检修计划。

（2）涉及国网信通联调的检修计划由国网信通公司进行审核，审核未通过退回；

审核通过后继续流转。

（3）涉及网省公司联调的检修计划由网省公司进行审核，审核未通过退回；审核通过后继续流转。

（4）国网信通调度对检修计划进行审批，审批未通过退回；审批通过后可按计划进行检修。

灾备一级计划检修审批流程如图 5-2-3 所示。

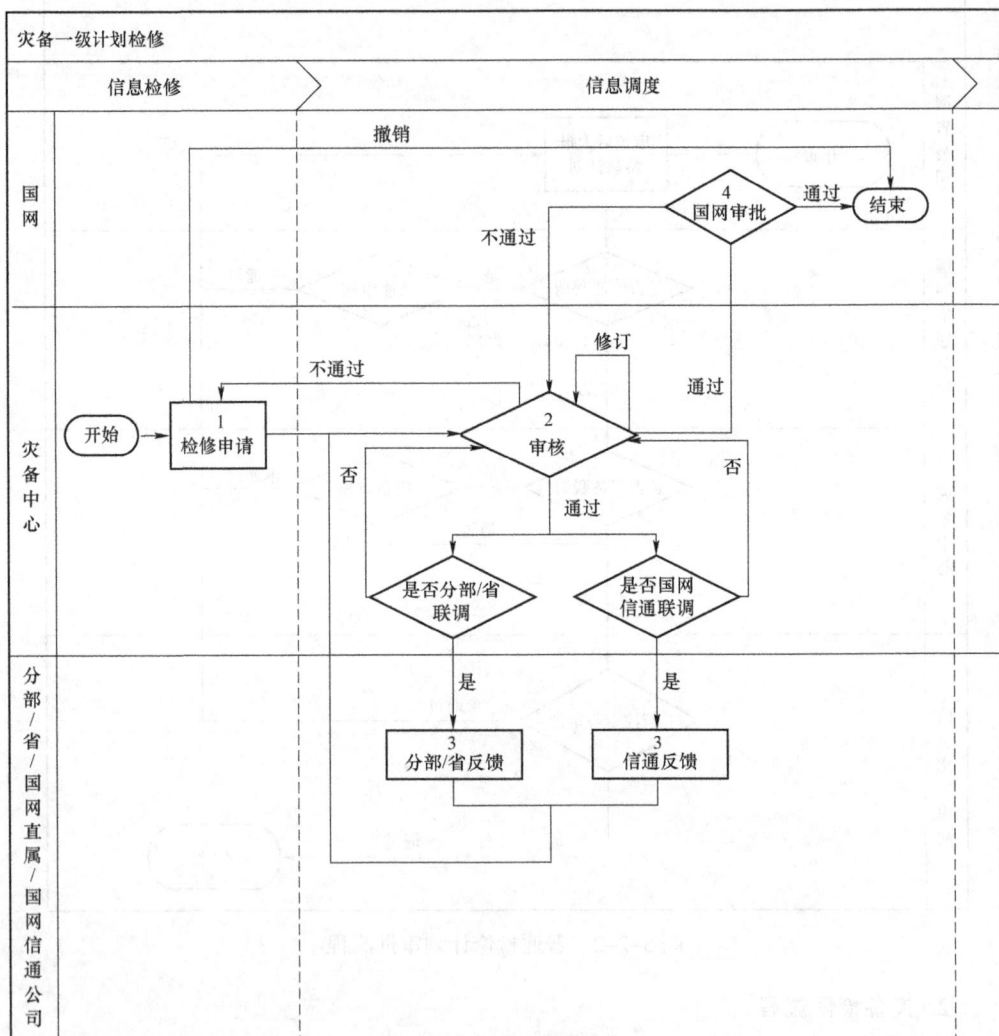

图 5-2-3　灾备一级计划检修审批流程

3. 统一下达检修流程

针对公司集中建设推广的上线信息系统，公司如需安排各单位统一进行某项检修操作，相关业务部门（单位）在系统开发建设单位的配合下，预先制定完善检修方案，统一明确检修操作所需的标准时长，并与检修工作涉及的灾备中心、网省公司等相关单位进行协调沟通。

统一下达检修计划审批流程如图 5–2–4 所示。

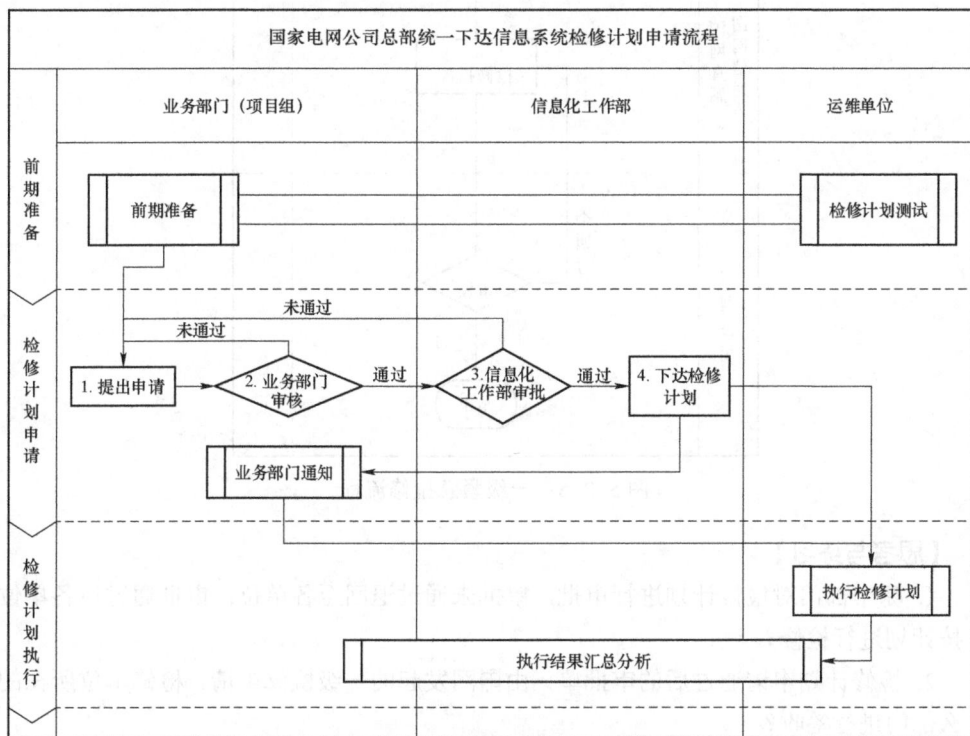

图 5–2–4　统一下达检修计划审批流程

4. 紧急抢修流程

紧急抢修指因信息系统异常需紧急停运处理以及信息系统故障停运后的检修工作。当发生紧急检修时，需要先电话向上级汇报，并根据相关的应急预案进行抢修处理，在抢修完成后 24h 内将准确异常时间和影响范围、详细问题原因及处理过程通过 IDS 系统上报国网信通调度。

一级紧急抢修流程如图 5–2–5 所示。

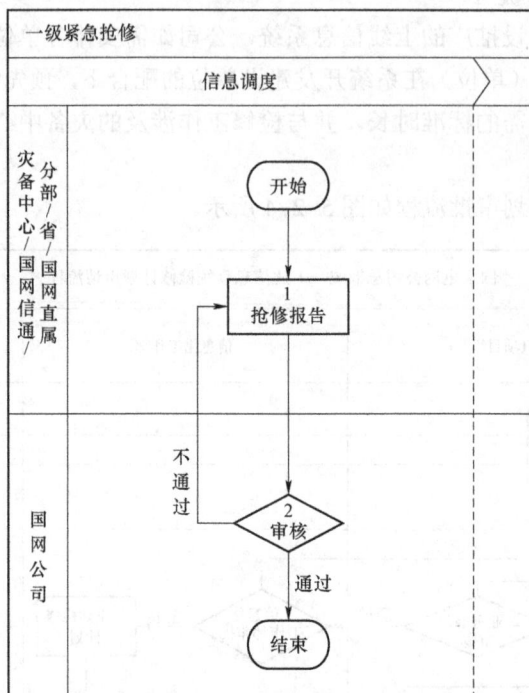

图 5-2-5　一级紧急抢修流程

【思考与练习】

1. 哪个部门对检修计划进行审批，审批未通过退回至各单位；审批通过后各单位可按计划进行检修？

2. 检修计划申请通过后的审批单，由国网发起的一级检修申请，检修单位所在的什么部门进行签收？

3. 紧急抢修指因信息系统异常需紧急停运处理以及信息系统故障停运后的检修工作。应在抢修完成后多少小时内将准确异常时间和影响范围、详细问题原因及处理过程通过 IDS 系统上报总部调控中心？

◢ 模块 3　信息检修申请、执行操作（Z40G1003Ⅰ）

【模块描述】本模块介绍信息系统检修的申请和执行操作，通过介绍信息系统检修开工许可条件、竣工许可条件、开工许可操作、竣工许可操作、执行操作要求，掌握正确规范的信息系统检修开竣工许可的操作步骤。

【模块内容】

一、上报时间

月检修计划：每月 15 日左右召集各位系统负责人召开检修计划平衡会，平衡各检修计划是否符合国网要求，平衡通过后将会整合所有检修计划，发送给相关系统负责人。系统负责人在检修平衡会后开始在 I6000 系统中上报一级检修计划申请，需在 19 日 17:00 前完成所有月检修计划的填报（该计划 20 日用于方式审批和调控审批流程）。

周检修计划：如要上报周检修计划，需在周四 17:00 前完成下周的周检修计划上报（并在当天完成方式审批和调控审批流程）。

临时检修计划：临时检修计划申请填报截止时间为检修申请开始时间的 24h 前，即需提前一天完成上报并完成方式审批和调控审批流程。

总部下发的检修计划，在与业务部门确认后，需在 I6000 系统下发文件通知后的一个工作日内，按要求完成填报检修计划申请。

二、上报前注意事项

（1）一级检修考核周期为 21 日至次月 20 日，一般 21 日左右不建议安排检修，考核周期内不得有重复检修。

（2）每月最多检修 24 次，原则上每次检修时间不得超过 48h。

（3）一级检修工作要求检修时间在 18:30 至次日 7:00，周末全天都可以。

（4）营销业务应用检修时间只能为 0:00—6:00。

（5）检修窗口时间需要注意的是只要有一天就算第一周。例如 5 月 1 号是周日，5 月 2 号就是 5 月第二周的周一，需要提醒系统负责人；检修窗口时间为工作日的 7:30—18:30。

三、在 I6000 系统上报检修

登录 I6000 系统，在业务管理下的检修管理中选择一级检修计划申请，一级检修申请如图 5–3–1 所示。

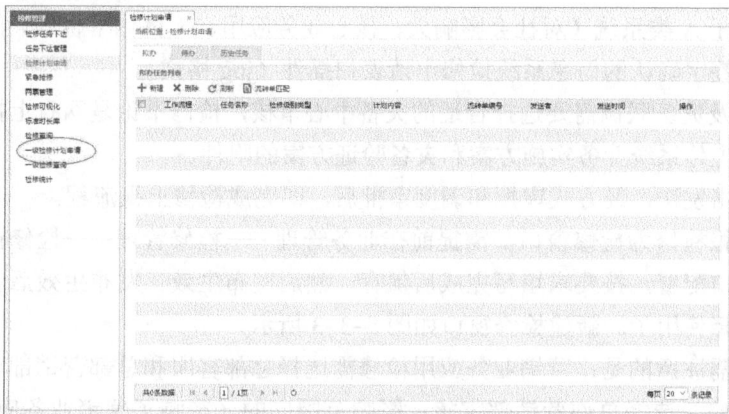

图 5–3–1　一级检修申请

点击拟办任务列表下的新建，新建一级检修申请如图 5-3-2 所示。

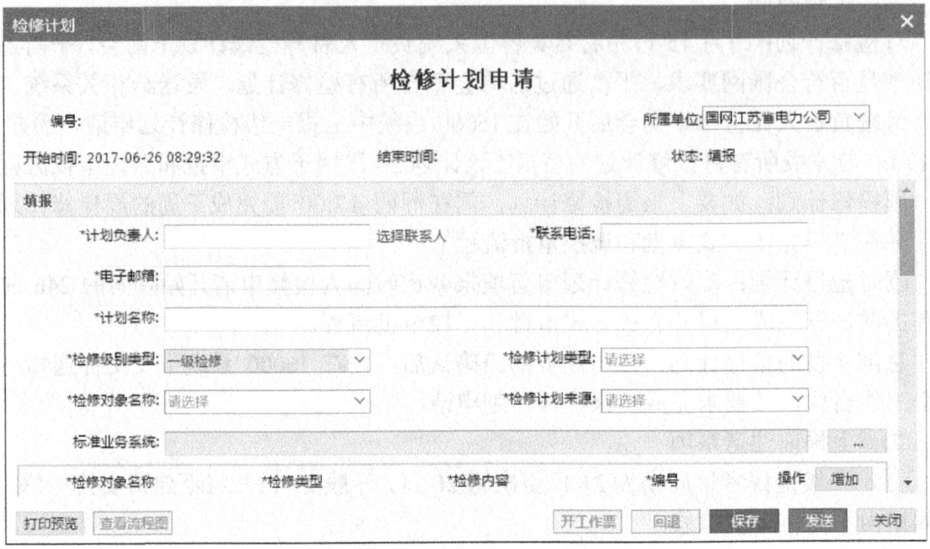

图 5-3-2 新建一级检修申请

进入检修申请填写界面后，需要注意以下几点：

（1）计划负责人填写真实的系统负责人信息。

（2）在检修对象名称中如选不到对应的系统名称，就选择其他信息系统。

（3）根据检修类型选择标准时长。

（4）如实际需要的检修时长大于标准时长，需在备注中添加标准时长不适用的说明。

（5）对于 A 类系统（对社会影响大、核心业务应用、一体化平台等）的检修，还需上传领导签字确认的信息系统检修申请表扫描件（jpg 格式）。

（6）涉及灾备联调需要选择合适的灾备中心审核，检修不论是网省上报还是国网下达，都要上传系统业务实施方案和灾备验证方案的附件。

最后点击发送，经方式审批和调度审批后，即完成检修上报流程。

如需上报检修为检修窗口，需提前在业务管理——检修管理——检修窗口配置下新建检修窗口配置，按要求填写完成后保存，然后发布生效。发布生效后就可以在检修窗口处选择使用了。新建检修窗口如图 5-3-3 所示。

此外还需注意的是：营销业务应用检修需选择总部客服和总部营销部审核；营销类的其他检修，选择总部营销部审核；影响范围广的（影响了营销业务应用、95598等）其他类型检修（如网络、UPS 等），也需选择总部客服和总部营销部审核。

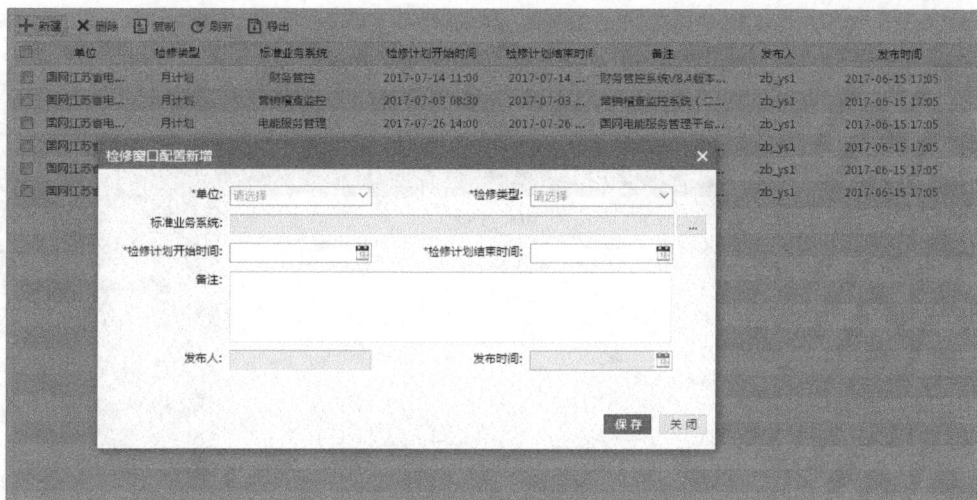

图 5-3-3　新建检修窗口

四、检修执行

（1）在接到检修负责人通知检修操作将要开始后，在 I6000 系统中确认该检修计划开始时间与检修负责人电话告知的开始时间是否吻合，检修操作对象是否一致，影响范围是否有变化，核准后确认检修开工，并在该检修单中写入检修开工时间。必须按照填报的计划检修时间开工，不得提前开工。

如检修负责人电话告知检修需延时开工，调度员需询问清楚检修延迟开工的原因并做好记录。

（2）一级检修确认开工后，需拨打国网信通公司电话汇报检修已开始；涉及上海灾备联调的检修还需要拨打灾备中心电话汇报检修已开始。

（3）在 I6000 系统中记录检修开工时间。

五、检修竣工

（1）接到检修负责人电话告知检修操作已完成后，需检查相关监控系统上有无告警，检修影响范围内涉及的业务是否已恢复正常。确认系统运行正常无告警，检修影响范围内业务恢复，方可以确认检修竣工。

（2）一级检修确认竣工后，需拨打国网信通公司电话汇报检修已完成；涉及上海灾备联调的检修还需要拨打灾备中心电话汇报检修已完成。

（3）在 I6000 系统中完成检修流程，检修验证及归档如图 5-3-4 所示。

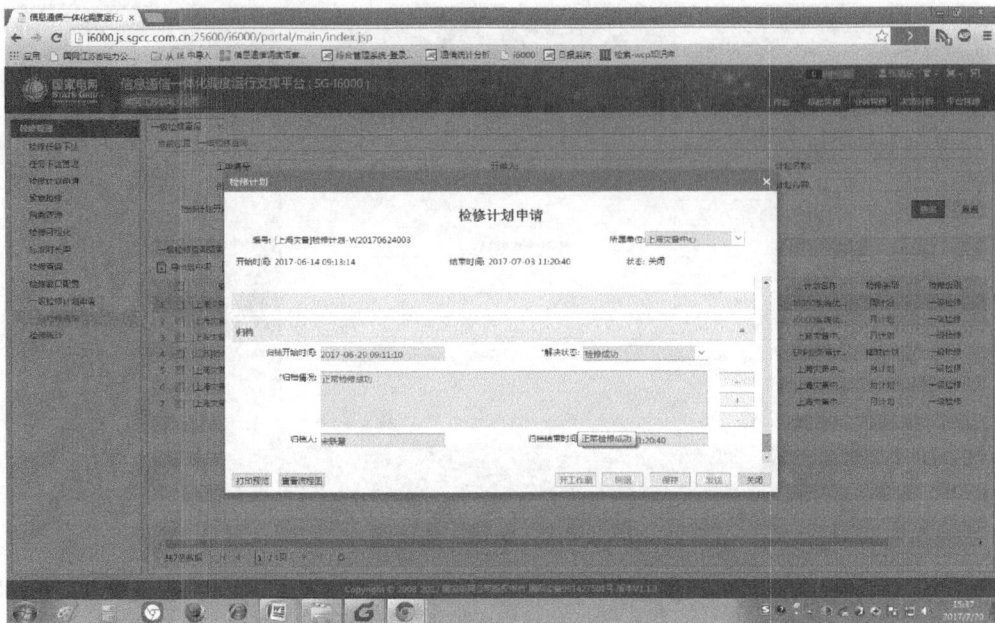

图 5-3-4 检修验证及归档

【思考与练习】

1. 月计划检修上报时间有哪些要求？

2. 上报营销系统检修有哪些特别要求？

3. 各单位对检修计划进行审核，审核通过后在什么系统中填报检修计划？

▲ 模块 4 信息检修申请填报规范（Z40G1004Ⅱ）

【模块描述】本模块介绍信息系统检修申请填报规范，通过对信息系统检修申请单申请理由、工作内容、影响范围填报规范以及重复检修判定的详细讲解，掌握信息系统检修申请单填写的审批方法。

【模块内容】

一、检修工作要求

（1）检修工作应提前落实组织措施、技术措施、安全措施和实施方案，提前做好对关键用户、重要系统的影响范围和影响程度的评估，开展事故预想和风险分析，制定相应的应急预案及回退、恢复机制。

（2）检修工作实施前，各单位信息系统检修机构应做好充分准备，落实人员、工具、器材、备品备件。正式开工前，应检查检修工作准备是否完整，确保现场人员清楚工作内容、范围和安全措施等。若检修工作由外部单位承担，应签订安全协议和保密协议。

（3）检修工作开始前须办理两票许可手续，许可手续办理完毕后方可进行检修操作。检修工作操作过程要按照工作票和操作票的工作内容严格执行，不得擅自扩大工作票工作内容和范围。

（4）检修工作实施期间，各单位信息系统检修机构应指派专人全程监护检修操作，保证检修工作安全执行。

（5）各单位不得无故取消或变更已批复的检修计划。如确需取消或变更，应及时向本单位信息系统调度机构报告；如需延长检修时间，应及时向本单位信息系统调度机构申请延期，经批准后方可超计划时间进行检修；若为一级检修计划，应由本单位信息系统调度机构及时向公司信息系统总调度报告或申请延期。

（6）检修工作中应严格执行信息系统调度、运行和检修工作规程以及现场有关安全工作规程和要求。

二、检修考核要求

（一）检修合格率

检修合格率为规范性指标，用于检查各单位检修工作是否合规，督促各单位增强检修工作的规范性。

计算公式：检修合格率=信息系统检修执行合格率×50%+通信系统检修执行合格率×50%

检修合格率包含信息系统检修执行合格率和通信系统检修执行合格率两项内容。

信息系统检修执行合格率=当月按规范完成的信息系统计划检修数/信息系统计划检修总数。

通信系统检修执行合格率=当月按规范完成的通信系统计划检修数/通信系统计划检修总数。

检修执行合格率为当月信息系统检修执行合格率与通信系统检修执行合格率的平均数。

（1）按规范完成的计划检修是指按检修计划达到计划目标，且在规定时间内完成的检修。检修是否符合规范由公司调度中心依据监控结果结合公司相关规范判断。

（2）当月检修总数：当月已执行的检修计划的总数，不包括按规范要求取消（信息通信重要活动保障）、因厂商升级包缺陷导致取消的检修计划数。

（3）在运检修操作均按要求办理两票手续；相关方案等附件正常上传。

（4）公司本部及下属单位全面应用检修管理模块。

（5）检修管理应用未完全覆盖下属单位，扣本指标总分的 5%。

（6）若检修计划填报中出现检修对象、检修类型以及影响范围填写不简明、不规范，公司统一下达、检修窗口复选框未勾选项等，视为检修填报不合格。

（7）若将执行的计划检修需相关部门配合，但在报送检修计划时未通知相关部门视为检修不合格，如营销系统检修未勾选客服联调，影响灾备的检修未勾选灾备联调，需国网信通公司配合的检修未勾选国网信通联调等。

（8）若信息系统检修计划执行完成 7 天内出现运行异常，则视为此项检修不合格。

（二）临时检修率

临时检修率为规范性指标，应督促各单位提高检修的计划性，减少临时检修。

计算公式：临时检修率=信息系统临时检修数/当月检修计划总数

（1）信息系统临时检修计划：指提前 24h 但不足 7 天申请的符合公司规范要求的检修计划。

（2）信息系统临时检修数：指当月已批准的临时检修计划的次数（不包括按规范要求取消的检修计划数，公司统一下达的检修计划）。

（3）当月检修计划总数：指当月已执行的检修计划的总数（不包括按规范要求取消的检修计划数）。

（4）检修窗口中临时检修纳入该指标考核范围。

（5）紧急消缺类的检修，视紧急程度可报送临时检修计划（需提前备案）。

注：对跨月检修纳入该检修截止日期所在月统计。

（三）月检修调整率

月检修调整率为规范性指标，应督促各单位提高检修的计划性，减少检修变更调整。

计算公式：月检修调整率=[周检修执行数/（周检修执行数+月检修执行数）]×100%

月检修调整率：当月的周检修执行数占当月的周检修加月检修的比例。

（1）月检修执行数是指当月执行的月检修数量（去掉公司统一下达的检修计划）。

（2）周检修执行数是指当月执行的周检修数量（去掉公司统一下达的检修计划）。

（3）检修窗口中周检修纳入该指标考核范围。

（4）允许各单位处于上线试运行阶段的系统在同一个考核周期内，应进行 2 次月检修，1 次周检修。

注：对跨月检修纳入该检修截止日期所在月统计。

（四）重复检修次数

重复检修次数为规范性指标，应督促各单位加强计划性管理，减少系统升级次数。

公式：统计考核周期内重复检修次数

（1）重复升级是指在同一考核周期内，对同一系统做两次及以上停机检修。

（2）每月的考核周期为上月 21 日 00:00:00 至本月 20 日 23:59:59，双月重复检修次数等于两个月的重复检修次数之和，不包含公司统一下达的检修计划。

（3）检修窗口中重复检修纳入该指标考核范围。

（4）允许各单位处于上线试运行阶段的系统,在同一考核周期内进行 2 次月检修、1 次周检修，不纳入重复检修考核。

（5）若系统实现自动灰度发布，可实现不停运检修且不影响业务应用，经总部同意后，允许检修次数不纳入考核；但若因此类检修导致系统发生故障或安全事件，将进行考核，且不再允许进行此类检修。

注：对跨月检修纳入该检修截止日期所在月统计。

【思考与练习】

1. 检修工作必须安排在什么时间段？

2. 检修工作开始前，需要做哪些准备工作？

3. 不得无故取消或延期已批复的信息通信检修计划，取消或延期已批复的检修计划，需报哪个部门或何人批准？

第六章

通信检修审核

模块 1　通信检修定义及分类（Z40G2001 I）

【模块描述】本模块介绍通信检修的定义及分类，通过对通信设备及业务定义、通信检修范围、通信检修分类的讲解，了解通信检修的基本知识。

【模块内容】

通信检修是指对运行中的通信线路、通信设备等进行修理、测试、试验等。通信检修需要进行设备软件、硬件操作和业务数据配置操作，通常会改变设备、网络运行状态。随着电网调控智能化程度和公司管理信息化程度的不断提高，通信系统的安全稳定运行对电网安全生产和公司经营管理的重要程度也越来越高。为避免因通信检修对通信系统的安全造成影响，必须加强对通信检修重要性的认识以及通信检修基本概念、管理要求的掌握。

一、通信检修术语定义

1. 通信检修

对运行中通信线路、通信设备等进行修理、测试、试验等。其需要进行设备软件、硬件操作和业务数据配置操作，通常会改变设备、网络运行状态。

通信检修方案编制有误、安全措施不到位或流程执行不规范，均可能对通信系统造成重大影响，严重时影响电网安全生产和公司经营管理。各级通信调度、运维人员必须高度重视通信检修的重要性和高风险性，严格按照通信检修管理要求和流程做好通信检修工作。

2. 电网通信业务

为电网调度、生产运行和经营管理提供数据、语音、图像等服务的通信业务。

3. 电力通信设施

承载电网通信业务的通信设备和通信线路。主要包括但不限于：传输设备、交换设备、接入设备、数据网络设备、电视电话会议设备、机动应急通信设备、时钟同步设备、通信电源设备、通信网管设备、通信光缆电缆和配线架等。

4. 通信检修申请单

计划检修和临时检修的工作申请、审批单。

检修申请单位应针对每件检修工作分别填写通信检修申请单，并向所属通信调度提出检修申请。通信检修申请单应包括检修原因、时间、工作内容、设备类型、影响范围、申请人等项目，并特别注明继电保护及安全自动装置通道影响情况和此项检修工作的安全要求。

5. 通信检修通知单

检修发起单位委托通信设备运行维护单位发起检修申请或进行检修配合的工作通知单。

检修发起单位应委托通信设备运行维护单位作为检修申请单位提出检修申请。两者可为同一单位；当两者为不同单位时，检修发起单位应将通信检修工作的原因、依据、性质、影响范围、工作内容、时间以及对通信系统的要求等通过通信检修通知单告知检修申请单位。

6. 通信检修工作票

变电站进行的通信检修工作，检修施工单位应填写现场工作票（变电站第二种工作票），电网运行维护单位应配合相关生产区域内的通信检修工作。

对独立通信站或中心机房进行的通信检修工作，检修施工单位应填写通信工作票，并履行审批程序，检修工作完成后应及时结票。

二、通信检修管理原则

（1）通信检修实行统一管理、分级调度、逐级审批、规范操作的原则，实施闭环管理。

（2）未经批准任何单位和个人不得对运行中的通信设施（含光、电缆线路）进行操作。

（3）对运行中的通信设施及电网通信业务开展以下检修工作，应履行通信检修申请程序。

1）影响电网通信业务正常运行、改变电力通信设施运行状态或引起通信设备故障告警的检修工作。

2）电网一次系统影响光缆、载波、通信电源等电力通信设施正常运行的检修、基建和技改等工作。

（4）通信检修应按电网检修工作标准进行管理。

1）涉及电网的通信检修应纳入电网检修统一管理。

2）涉及通信设施的电网基建、技改、检修等工作应经通信机构会签，并启动通信检修流程。

3）通信机构与调度机构应对检修工作开展协调会商，并制定相应的安全协调机制和管理规定。

（5）通信紧急检修应遵循先抢通，后修复；先电网调度通信业务，后其他业务；先上级业务，后下级业务的原则。

三、通信检修职责分工

1. 检修管理职责划分

（1）国网信通部。

1）制定公司系统通信检修管理工作标准、规程。

2）审批涉及公司总部电网通信业务的通信检修计划。

3）审批涉及管辖范围内电网调度通信业务以及重大的通信检修申请。

4）监督、协调和考核公司系统通信检修管理工作。

（2）各级电力调度控制中心。

1）会签涉及调度控制管辖范围内电网调度通信业务的通信检修申请。

2）将涉及通信设施的电网检修申请单提交本级通信机构会签。

3）定期召开通信机构参加的电网检修计划、协调会。

（3）国网信通公司。

1）制定、审核及上报涉及公司总部电网通信业务的通信检修计划。

2）受理、审核、上报管辖范围内涉及电网调度通信业务以及其他重大通信检修申请。

3）审批管辖范围内不涉及电网调度通信业务的通信检修申请。

4）指挥、监督、协调、指导或实施管辖范围内通信检修工作。

5）协助国网信通部开展公司系统通信检修统计、分析、评价及考核工作。

（4）分部、省公司、地（市）公司通信机构。

1）制定、审批管辖范围内通信检修计划。

2）审核、上报涉及上级电网通信业务的通信检修计划和申请。

3）受理、审批管辖范围内不涉及上级电网通信业务的通信检修申请。

4）指挥、监督、协调、指导或实施管辖范围内通信检修工作。

5）协助上级开展管辖范围内通信检修统计、分析、评价及考核工作。

6）对涉及电网通信业务的电网检修计划和申请进行通信专业会签。

7）协助、配合线路运维单位开展涉及通信设施的检修工作。

（5）各级线路运维单位。

1）制定、上报涉及光缆、电缆线路的通信检修计划和申请。

2）实施、监督光缆、电缆线路通信检修工作。

3）协助、配合通信机构开展通信检修工作。

（6）并网企业和用户。

1）制定、上报涉及电网通信业务的通信检修计划和申请。

2）实施运行维护范围内的通信检修工作。

3）协助、配合通信机构开展通信检修工作。

2. 检修单位工作分工。

（1）检修发起单位负责通信检修的组织策划。

（2）检修申请单位负责提交通信检修申请单。

（3）检修审批单位负责对通信检修申请单的逐级受理、审核、审批。

（4）检修施工单位负责通信检修的开工、施工、竣工。

（5）检修配合单位负责根据通信检修申请单和通信检修通知单的要求配合开展工作。

四、通信检修类型划分

1. 按检修急需程度划分

（1）计划检修。

列入通信年度和月度检修计划的通信检修工作。所有计划检修项目必须提前一个月申报月度检修计划。

（2）临时检修。

未列入通信年度和月度检修计划，需要临时安排的设备消缺等通信检修工作。

（3）紧急检修（抢修）。

因遭外力破坏或不可预期的通信设备故障，需立即实施的通信检修工作。紧急检修期间未经许可不得扩大故障影响范围。

2. 按检修内容划分

（1）一类通信检修。

需要继电保护、安全自动装置等电网生产业务退出运行的通信检修工作。一类通信检修需同时按一次检修流程和通信检修流程办理，审批结论和工作时间以一次检修申请批复为准。

（2）二类通信检修。

不需要继电保护、安全自动装置等电网生产业务退出运行的通信检修工作。二类通信检修仅需按通信检修流程办理。

五、通信检修时间要求

1. 通信检修计划

（1）年度检修计划。

各级通信机构应制定年度计划编制工作时间表，按时完成下年度计划的制定、汇总并逐级上报，于每年 11 月 15 日前报送至国网信通公司汇总审核，国网信通部于 12 月 10 日前完成年度计划的审核和下达。

（2）月度检修计划。

各级通信机构应制定月度计划编制工作时间表，按时完成下月度计划的制定、汇总并逐级上报，于每月 25 日前报送至国网信通公司汇总审核，国网信通部于每月 28 日前完成月度计划的审核和下达。

（3）检修计划安排。

涉及电网调度通信业务的通信检修，原则上应与电网检修同步实施。不能与电网检修同步实施，且涉及电网通信业务甚至影响电网调度通信业务的通信检修，应避开各级电网负荷高峰时段。迎峰度夏（冬）及重要保电期间原则上不安排通信检修。

电网检修、基建和技改等工作涉及通信设施或影响各级电网通信业务时，电网检修单位应至少提前 1 个月与通信机构会商，由通信机构上报月度检修计划；通信检修需电网配合的，应至少提前 1 个月与电网检修单位会商。

2. 通信检修申请

（1）计划检修。

提前 5 个工作日提交通信检修申请单，于工作前 2 个工作日上午 9:00 前上报至最终检修审批单位。

（2）临时检修。

提前 2 个工作日（节日期间临时检修应提前 3 个工作日）提交通信检修申请单，于工作前 1 个工作日上午 9:00 前上报至最终检修审批单位。

（3）其他。

重大检修或影响重要电网调度通信业务时，应在原检修提报时间要求的基础上提前 1 个工作日提交上报。影响电网调度通信业务的通信检修申请单至少提前 1 个工作日提交电力调控中心会签。

【思考与练习】

1. 通信检修对通信系统安全运行的重要性体现在哪些方面？

2. 通信检修的覆盖范围包含哪些工作？

3. 通信检修与电网检修的关系是什么？

▲ 模块 2　通信检修流程及开竣工（Z40G2002Ⅱ）

【模块描述】本模块介绍通信检修的流程及开竣工，通过通信检修计划申报流程、通信检修申请流程、通信检修开竣工流程的讲解，掌握通信检修的流程和开竣工处理步骤。

【模块内容】

通信检修通常会改变设备、网络运行状态，为做好通信检修的安全管控，信息通信调控值班员必须熟悉通信检修流程。尤其是通信检修开竣工环节，其作为通信检修安全管控最后一道防线，信息通信调控值班员在受理通信检修开竣工许可时，必须严格按照通信检修开竣工必备条件逐条审核，确认无误后方可下达通信检修开竣工许可。通信检修流程组成如图 6-2-1 所示。

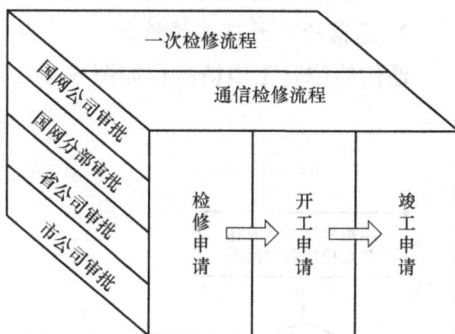

图 6-2-1　通信检修流程组成

一、通信检修流程

所有通信检修工作必须按照检修流程依次办理检修申请、开工申请和竣工申请，其中检修申请采用电子工单方式按市公司、省公司、国网分部、国网公司的顺序逐级申请和批复，开工申请、竣工申请采用电话+电子工单方式按相同层级逐级申请和批复。

二、通信检修申请（流程如图 6-2-2）

1. 光路转接

（1）中断骨干传输光路或导致骨干传输网开环运行超过 12h 的检修工作必须采用光路转接方案。

（2）临时光缆架设费用应在相应基建工程或技改项目中列支。

（3）光路转接工作需检修单位另行办理通信检修申请。

2. 电路迁回

（1）对造成重要通信业务中断的检修工作需采用电路迁回方案。

（2）业务迁回工作由实施通信网管操作单位办理通信检修申请。

三、通信检修开工

1. 通信检修开工必备条件

（1）现场确认相关组织、技术和安全措施到位。

（2）依据通信检修申请单，填写现场工作票，现场开工许可办理完毕（在变电站检修必备）。

（3）确认电网通信业务保障措施已落实。

（4）确认受影响的继电保护及安全自动装置业务已退出。

（5）确认有关用户同意中断受影响的电网通信业务。

（6）确认通信网运行中无其他影响本次检修的情况。

（7）相关通信调度已逐级许可开工。

（8）所属通信调度下达开工令。

2. 通信检修开工申请流程

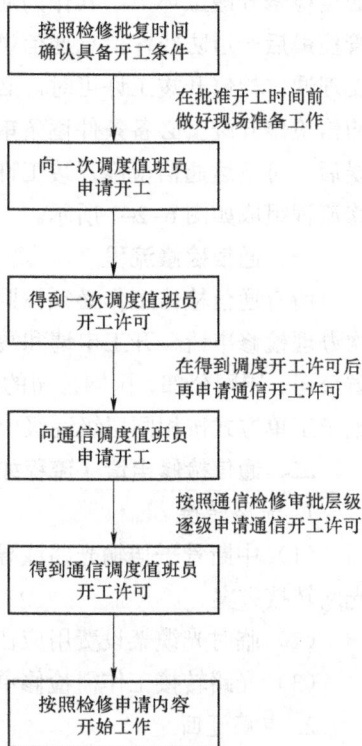

通信检修开工申请流程如图6-2-3所示。

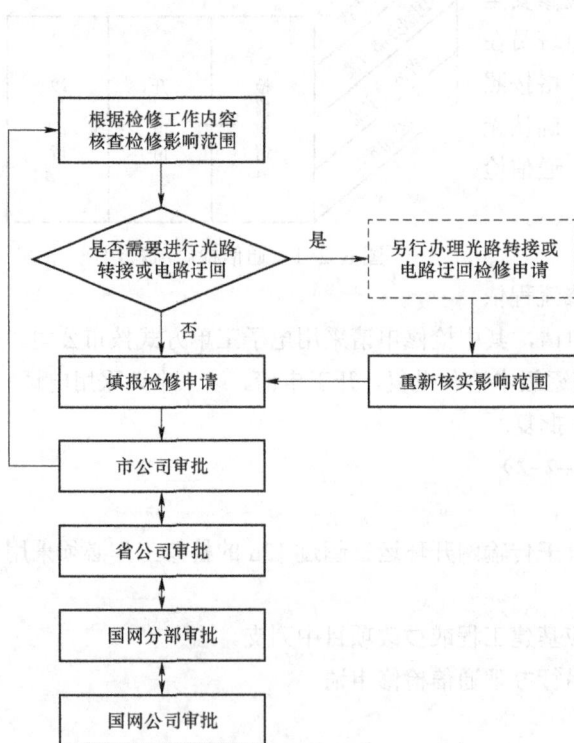

图 6-2-2　通信检修申请流程　　　　图 6-2-3　通信检修开工申请流程

四、通信检修竣工

1. 通信检修竣工必备条件

（1）现场确认检修工作完成，通信设备运行状态正常。

（2）确认检修所涉及的电网通信业务恢复正常。

（3）确认受影响的继电保护及安全自动装置业务恢复正常。

（4）相关通信调度已逐级许可竣工。

（5）所属通信调度下达竣工令。

（6）现场工作票结票，办理现场竣工许可手续完毕（在变电站检修必备）。

2. 通信检修竣工申请流程

通信检修竣工申请流程如图6-2-4所示。

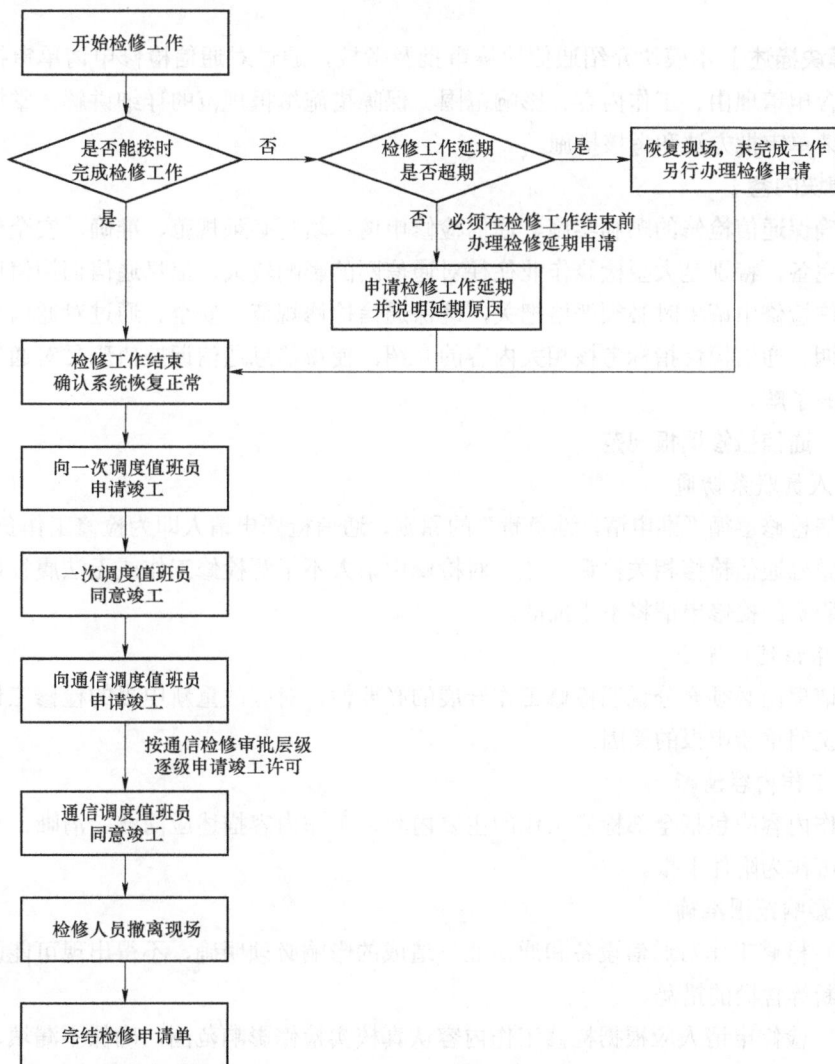

图 6-2-4　通信检修竣工申请流程

【思考与练习】

1. 哪些情况下需在通信检修申请前办理光路转接或电路迂回？
2. 通信检修开工必备条件包含哪些？
3. 通信检修竣工必备条件包含哪些？

▲ 模块 3 通信检修审批及考核（Z40G2003Ⅲ）

【模块描述】 本模块介绍通信检修审批及考核，通过对通信检修申请单审批的内容，包含申请理由、工作内容、影响范围、保障措施填报规范的详细讲解，掌握通信检修申请单审批方法和考核措施。

【模块内容】

为确保通信检修的顺利实施，通信检修申请单填写必须规范、准确，安全保障措施必须完备，特别是大型检修作业往往对通信网的影响较大，信息通信调控值班员在审批通信检修申请单时必须严格把关，确保通信检修规范、安全。通过对通信检修延期与改期、通信检修指标考核相关内容的介绍，使得信息通信调控值班员对通信检修有全面的了解。

一、通信检修填报规范

1. 人员联系畅通

通信检修遵循"谁申请，谁负责"的原则，通信检修申请人即为检修工作负责人，需配合做好通信检修相关协调工作。对检修申请人不了解检修工作或无法履行协调检修工作职责的检修申请将不予批准。

2. 申请理由充分

申请理由必须充分说明检修工作开展的必要性，对因故重新申报的检修工作还必须补充说明重新申报的原因。

3. 工作内容清晰

工作内容应包括全部检修工作的主要内容，工作内容描述应简洁、清晰，详细操作步骤可作为附件上报。

4. 影响范围准确

（1）检修工作对通信设备和通信业务造成的影响必须明确，不得出现可能影响或短时中断等含糊的措辞。

（2）检修申请人应根据检修工作内容认真核实检修影响范围，确保不漏填、不错填，并注意按通信业务及通信设备规范名称填写。

5. 安全措施完备

（1）一类通信检修需注明继电保护、安全自动装置通道是否已按一次检修流程办理退出运行手续。

（2）对配合线路停电检修进行的通信检修工作，需注明线路停电检修起止时间（中断已停电线路的继电保护业务无须办理一次检修申请）。

（3）对配合检修工作进行的业务迁回需注明完成时间，并在开工前核实相关业务已完成迁回。

（4）对中断光缆的检修工作，必须在光缆开断前在两侧变电站光配上依次断开该光缆所有跳纤；在光缆熔接完成后进行全程纤芯衰耗测试，确保纤芯接续正确、性能符合要求。

（5）对光缆接头盒检修工作而言，应在每天检修工作结束后恢复光缆上所有通信设备光路。

（6）对中断的调度电话、自动化远动、数据网通道必须逐一说明备用通道工作状态。

二、大型检修申报要求

1. 光缆检修

（1）检修工作需中断光缆。

由建设单位负责委托制定光缆过渡方案或业务迁回方案，如有必要组织相关单位召开光缆开断施工方案及业务迁回方案审查会，明确光缆中断时间和安全保障措施。

（2）检修工作涉及但不中断光缆。

督促施工单位制定保障光缆不中断施工的组织措施、技术措施和安全措施，并逐级上报检修申请，切实保障线路改造期间光缆安全可靠运行。

2. OPGW 光缆开断检修

在结合线路停电进行 OPGW 光缆开断检修时，需同时办理光缆开断工作的一次检修申请和通信检修申请。其中一次检修单的申请检修时间为光缆开断的起止时间，停电设备为光缆所在线路，工作内容为光缆开断；通信检修单的工作时间应与一次检修单的检修时间一致，影响范围为光路转接及业务迁回完成后的中断光路及业务，并在安全措施中注明线路停电检修起止时间。

3. 蓄电池充放电

500kV 变电站蓄电池充放电试验工作需严格执行有关安全管理规定，不得对承载继电继电保护、安全自动装置等重要业务的通信电源系统带负载进行蓄电池充放电试验。

建议将蓄电池从通信电源系统脱开后，通过充放电仪对蓄电池进行充放电，在充放电完成后再将蓄电池接入通信电源系统。如通信电源系统只配置了一组蓄电池，在蓄电池充放电期间应采用临时蓄电池接入通信电源，以确保通信电源系统可靠供电。

三、通信检修延期与改期

1. 延期申请

因通信自身原因未能按时开、竣工，检修施工单位应向所属通信调度提出延期申请，经逐级申报、批准后，相关通信调度予以批复；因其他专业工作、恶劣天气等原因造成延期，检修施工单位应向所属通信调度报告，通信调度进行备案。

通信检修申请单只能申请延期一次。

2. 开工延期

开工延期应在批复开工时间前 2h 向所属通信调度提出申请，通信调度根据规定批准并进行备案。影响各级电网通信业务的开工延期时间不得超过 4h；影响各级电网调度通信业务的开工延期时间不得超过 2h。

3. 竣工延期

竣工延期应在批复竣工时间前 1h 向所属通信调度提出申请，通信调度根据规定批准。不影响各级电网通信业务的竣工延期时间不得超过 8h；影响各级电网通信业务的竣工延期时间不得超过 6h；影响各级电网调度通信业务的竣工延期时间不得超过 4h。

4. 延期超期

因通信自身原因导致开工时间延期超过要求，通信检修申请单自行废止，通信检修工作另行申请。

因通信自身原因导致竣工时间延期超过要求，应在规定竣工时间前完成通信检修部分单项内容，同时做好相应的安全防护措施，确保电网通信业务及通信设备安全可靠运行，其他工作另行申请。

5. 检修改期

通信检修因通信自身原因改期，或因非通信自身原因造成改期超过 3 天的，原则上由通信调度退回申请单位重新申请；因非通信自身原因改期 3 天以内的，原则上可同意继续工作。

四、通信检修指标考核

1. 统计指标

（1）月度计划检修完成率：非通信原因造成未执行的检修不计入统计。

（2）月度临时检修率：因电网临时检修、通信设备严重缺陷或上级通信机构临时安排检修工作引起的临时检修不计入统计。

（3）月度检修按时完成率：非通信原因造成未按时完成的检修不计入统计。

（4）通信检修申请单正确率：由于非通信原因出现错误的通信检修申请单不计入

统计。

2. 检修考核

（1）未按规定制定并上报年、月度通信检修计划。

（2）未将影响电网通信业务的通信检修项目列入检修计划，导致通信检修计划内容不准确。

（3）未制订组织、技术及安全措施，导致通信检修工作实施过程中通信业务影响范围和程度扩大。

（4）未按通信检修申请单批复时间开工或竣工，且未按规定履行延期或改期手续。

（5）未按规定做好通信检修准备工作，导致通信检修内容或时间变更。

（6）由于通信检修工作质量原因，导致同一设备一年内检修 2 次以上。

（7）未按本规程规定时间报送或下达通信检修申请单、通信检修通知单、故障分析报告等。

（8）未履行本规程规定程序，擅自对通信设备进行检修，造成电网通信业务中断。

（9）在接到上级通信调度的通知后，未及时响应，造成故障处理延误或故障影响程度扩大。

【思考与练习】

1. 对存在安全风险但又不一定造成光路或通信业务中断的检修工作应如何办理通信检修申请？

2. 中断光缆的检修工作，其安全措施应包含哪些？

3. 结合线路停电进行的 OPGW 光缆开断检修需办理哪些申请手续？

第四部分

信息通信系统运行方式编制

第七章

运 行 方 式 编 制

◤ 模块 1　信息系统运行方式编制说明（Z40H1001Ⅲ）

【模块描述】本模块介绍了信息系统运行方式的编制说明。通过对信息系统运行方式编制的内容、要求以及作用的介绍，了解信息系统年度运行方式的编制要求。

【模块内容】

1. 编制依据

（1）《国家电网公司"十二五"信息化规划》

（2）《国家电网公司信息系统调度运行管理暂行办法》

（3）《国家电网公司信息系统运行维护工作规范（试行）》

（4）《国家电网公司信息系统安全管理办法》

（5）《国家电网公司信息骨干网运行管理暂行规定》

（6）《国家电网公司数据级信息灾备系统调度运行管理规定（试行）》

（7）《国家电网公司网络与信息系统突发事件处置专项应急预案》

2. 编制要求

（1）注重质量、讲究实效。统一认识，明确目标，确保年度运行方式能够最大限度满足业务需求和服务质量要求，达到信息系统安全连续运行目标，体现出运行方式对上年度运行情况的资料性和对本年度运行工作的指导性作用，具有较强的针对性。

（2）遵循标准、强化规范。按照统一要求制定年度运行方式，结合实际运行情况，综合考虑需求变化，及时组织编制月度运行方式进行滚动完善。

（3）内容全面、重点突出。对上年度机房基础设施、网络与信息系统运行情况进行全面总结分析，包括主要设备统计表、网络与信息系统拓扑结构图等主要基础性资料，覆盖所属各级单位，重点突出对上年度计划检修、运行故障、存在缺陷和隐患的汇总统计，分析产生的原因和存在的主要矛盾，并提出解决措施，明确本年度例行检修计划、应急演练计划和新（改、扩）建计划。

3. 运行方式定义

运行方式是网络与信息系统运行在某一时刻的现状描述，是根据网络与信息系统的实际运行情况，合理使用网络、主机、存储等资源，确保系统安全、高效、优质、经济运行的决策、计划和方案。

4. 运行方式分类

运行方式分为常态运行方式和特殊运行方式两大类。

（1）常态运行方式。

在运行资源现状的基础上，结合运行分析和优化改进，制定各系统的年度常态运行方式，应包括网络与信息系统按既定计划变更后的拓扑结构、运行策略和运行模式。年度运行方式内容需全面，以原则性、指导性为主，应作为月度运行方式的纲领。

（2）特殊运行方式。

特殊运行方式是指针对特殊时段、特殊事件而制定的运行方式，如重要保障、检修、故障应急等情况下的运行式。特殊运行方式以常态运行方式为基础，只列出对常态运行方式进行调整的地方，以及其他注意事项。特殊运行方式是对常态运行方式的强调和补充。

5. 涵盖对象

（1）网络系统：广域网（含城域网）、局域网（含核心层、汇聚层和接入层）。

（2）物理环境：信息机房的电源系统、空调系统、接地系统、监控系统、消防系统、KVM 系统等。

（3）应用系统：企业门户、ERP、营销系统、协同办公、财务管控、安全监督、农电管理、电力交易、数据交换、内网邮箱等。

（4）基础系统：存储备份系统、数据库系统、安防系统、IT 服务系统、灾备系统。

（5）其他：计划检修、新（改、扩）建信息化项目、应急演练、信息系统上下线等。

【思考与练习】

1. 运行方式分为哪两大类？

2. 运行方式编制的原则包括哪些内容？

3. 运行方式涵盖哪五类对象？

▲ 模块 2 信息系统运行方式编制工作组织（Z40H1002Ⅲ）

【模块描述】本模块介绍了信息系统运行方式编制工作组织，通过对信息系统运行方式的编制方式、发布方式的介绍，了解信息系统运行方式编制工作的组织方式。

【模块内容】

1. 编制方式

（1）公司运行方式编制工作实行两级编制方式。

（2）省公司负责编制运维工作范围内的运行方式。

（3）国网信息通信有限公司（简称信通公司）负责编制公司一级信息骨干网和在公司总部部署信息系统的运行方式。

（4）京、沪、陕三地灾备中心负责编制公司信息灾备系统运行方式。

（5）鲁能集团有限公司、南瑞集团有限公司、国网新源控股有限（简称新源公司）公司、国网电力科学研究院有限公司（简称中国电科院）、国网英大国际控股集团有限公司（简称英大集团）、中国电力财务有限公司（简称中电财）负责编制运维工作范围内的运行方式。

2. 发布方式

（1）年度运行方式。

1）公司年度运行方式总体实行"两级编制、分级发布"制度。

2）各省公司、鲁能集团有限公司、南瑞集团有限公司、新源公司、中国电科院、英大集团、中电财年度运行方式经公司信息通信部审批同意后自行发布。

3）公司信息灾备系统年度运行方式由信通公司、上海公司和陕西公司分别审查后报送总部，由公司信息通信部负责安排、审批和发布。

4）公司一级信息骨干网和在公司总部部署信息系统的年度运行方式经公司信息通信部审批同意后由信通公司自行发布。

（2）月度运行方式。

1）公司月度运行方式总体实行集中报备制度。

2）省公司、鲁能集团有限公司、南瑞集团有限公司、新源公司、信通公司、中国电科院、英大集团、中电财、三地灾备中心编制完成月度运行方式后向公司信息通信部集中报备。

【思考与练习】

1. 公司运行方式编制工作实行什么方式？

2. 公司年度运行方式总体实行什么制度？

3. 公司月度运行方式总体实行什么制度？

◢ 模块 3 信息系统运行方式编制内容（Z40H1003Ⅲ）

【模块描述】本模块介绍了信息系统运行方式编制的内容，通过对信息系统上年度运行情况、存在问题及改进措施、本年度运行方式的介绍，掌握信息系统运行方式所需要编制内容的使用。

【模块内容】

年度运行方式分为上年度运行情况、存在问题和改进措施、本年度运行方式、附录四部分。

一、上年度运行情况

运行情况部分重点对上年度机房基础设施、网络和信息系统的架构、资产、规模进行描述，对其变化情况、应用情况、计划检修、运行故障、存在缺陷以及性能进行全面分析，以便信息部门全盘掌控系统运行现状，安排科学、合理的运行方式。

运行情况部分包括上年度机房基础设施、网络、信息系统的现状及运行情况分析，上年度应急工作情况分析、运行方式变化大事记等五方面内容。

1. 机房基础设施现状及运行情况分析

对机房定置分布、电源、空调、消防、接地、监控、KVM 等基础设施进行描述，并对其检修、故障、缺陷及与设计标准的符合度进行分析。

2. 网络系统现状及运行情况分析

对广域网、城域网、局域网的投运设备、拓扑结构、覆盖范围、承载业务、冗余状况、负载均衡策略等现状进行描述，对网络的性能、检修、缺陷、故障、负载等内容进行描述和分析。其中局域网包括核心层、汇聚层和接入层，应分别进行描述。

3. 信息系统的现状及运行情况分析

对主机系统、数据库系统、存储系统、备份系统、应用系统、安防系统六方面内容进行描述和分析。

（1）主机系统：着重对主机台账、系统数量、操作系统分类进行现状描述。

（2）数据库系统：着重描述所有系统的数据库类型分布、数量、容量、表空间分配策略、数据库归档模式、OGG 的 DDL 开启模式等。如有统一数据库平台，还应对系统架构以及所关联系统进行描述。

（3）存储系统：着重描述存储系统设备台账和拓扑结构、存储容量、容量分配策略、所关联的系统、存储读写速率、数据增长情况等，也可对系统存储设备进行描述和分析。

（4）备份系统：着重描述备份系统设备台账和拓扑结构、磁盘（磁带）容量、容量分配策略、备份策略、所关联的系统、备份读写速率、数据增长情况、数据恢复情况分析等。

（5）应用系统：主要包括公司统推系统和自建的重要系统。要从系统架构、应用集成关系、计划检修、缺陷故障情况等四个方面来进行描述和分析。

1）系统架构：系统拓扑架构；主机运行方式、负载情况；数据库运行方式、归档模式、数据增量情况；数据存储方式和备份方式等。

2）应用集成关系：与其他业务系统和一体化平台的接口关系，数据和流程交互关系等。

3）计划检修：对全年计划检修进行分类统计并对检修原因、检修效果进行分析，着重分析计划性重复停运情况。

4）缺陷故障情况：要对全年发现的缺陷和发生的故障进行统计、分析。

（6）安防系统：主要包括防火墙、入侵检测、边界监控、防病毒、操作系统补丁、桌面管控、漏洞扫描、流量监控等系统的部署情况、设备台账、版本情况、拓扑关系、计划检修、缺陷故障等。

4. 应急工作情况分析

主要对上年度网络与信息系统应急工作的组织架构、应急预案的制订和应急演练的开展情况进行汇总分析。

5. 运行方式变化大事记

主要列出机房基础设施、网络结构、信息系统的重大调整变化，新（改、扩）建信息化项目、信息系统上下线等内容以及由此带来的影响。

二、存在问题和改进措施

根据对上年度机房基础设施、网络和信息系统的现状描述及运行情况分析，计划检修、运行故障、存在缺陷和隐患的统计分析，汇总所有存在的问题，提出改进策略和意见，明确年度检修计划、新（改、扩）建计划以及应急演练计划，并将其作为下一年费用申请、工作任务安排的依据。

三、本年度运行方式

1. 本年度需求分析

根据业务需求和存在问题对本年度运行工作的需求进行汇总分析，以便于安排本年度运行方式。本年度需求分析主要包括以下部分。

（1）资源需求：主要是新增业务需求，包括新上变电所、新增网络节点、新建系统等网络流量需求、数据存储空间需求和系统配置需求等。

（2）变更计划：主要指根据生产部门和通信专业的检修改造计划，对网络、信息系统运行所带来的影响进行分析。

（3）维护需求：针对上年度遗留问题，本年度的整改措施应对网络与信息系统运行的影响进行分析。

2. 重点计划运行方式

（1）年度检修计划。

对于每年例行开展的年度检修计划和根据缺陷排查情况制定的消缺计划要明确列出内容、原因、计划时间、影响范围以及检修消缺后的网络与信息系统运行方式的变化。如网络系统春季和秋季检修，营销、PMS 等业务应用系统根据业务规律提前安排的检修和巡检计划。

（2）新（改、扩）建信息化项目。

包括项目内容、预期效果、项目建设期间对目前运行方式的影响、项目建设后对运行方式的改变情况。

（3）信息系统上下线计划。

按照信息系统上下线管理规定，规划安排本年度信息系统上线计划，包含上线试运行、转正式运行以及系统下线运行的相关内容。

（4）应急演练计划。

包括应急预案的制定或修订、应急培训、应急演练等，列出应急演练的内容、计划时间、影响范围和演练后的运行方式变化。业务的定期切换、数据的定期备份和恢复等方面也可作为应急演练的一部分。

3. 常态运行方式

（1）机房基础设施运行方式：根据上年度提出的改进措施和需求分析，分析本年度 A、B 类信息机房的电源、空调、消防、接地、监控等设施以及机房监控系统的部署变化；根据业务部门计划，对 C 类机房的增减、改造情况预安排。

（2）网络系统运行方式：根据需求分析、改进措施和工作计划，对本年度广域网、局域网的拓扑结构、冗余与负载均衡策略、路由策略、局域网 VLAN 划分策略、IP 分配策略及网管系统部署等方面的变化情况进行描述。

（3）信息系统运行方式。

1）应用系统：本年度各信息系统拓扑结构、主备运行、数据库运行方式、数据库归档模式的变化。

2）数据库系统：本年度数据库系统拓扑结构变化；冗余设置、数据库归档模式、GG 的 DDL 开启模式等的变化。灾备系统还应增加数据库复制业务及部署、每个数据库复制业务所包含的复制进程命名、运行模式、数据库复制性能指标范围，包括 RPO、RTO，复制一致性、可用性等变化。

3）存储系统：本年度存储系统拓扑结构、存储容量分配策略以及存储空间占用情况等的变化。灾备系统还应增加存储复制技术架构、存储复制一致性组及部署架构、每个存储复制一致性组所包含的一致性组命名等变化。

4）备份系统运行情况：上年度备份系统拓扑结构、备份容量分配策略和备份策略的变化；备份空间占用情况等的变化。

5）安防系统运行情况：桌面管控系统的监管范围、告警策略、告警阈值等变化；安全防护系统架构与拓扑的变化；安全设备配置、安全隔离措施、访问控制策略等的变化。

4. 特殊运行方式

（1）检修状态运行方式：列出年度计划检修期间的网络与信息系统运行方式变化。计划应安排合理，检修期间的系统停复役情况应描述清楚，严格控制停役时长。

（2）应急状态运行方式：根据输电线路和通信线路对网络的影响，列出广域网和局域网的常态运行路由和倒换路由；在网络与信息系统设备故障状态下系统以何种状态运行来确保服务不中断，以及当需要启用灾备系统时，对灾备网络、业务灾备运行、数据存储等运行状态的描述。

（3）保障时期运行方式：要描述在春节、国庆和迎峰度夏等重要时期，网络与信息系统的运行方式，以及具体措施和安全保障工作部署，以确保全系统零缺陷的运行方式，原则上在这些重要时期不安排计划检修。

四、附录

主要包括涉及机房运行的各种图纸，如机房供电布线图、网络布线图、空调系统图；网络与信息系统拓扑图、设备统计表、缺陷（故障）统计表；IP 资源分配统计表；VLAN 资源分配表；应用系统统计表；数据库拓扑图；存储系统拓扑图；信息系统限停序位表等内容。涉及内容要全面，并且需要覆盖到所属各级单位。

【思考与练习】

1. 重点计划运行方式包括哪几部分？

2. 特殊运行方式包括哪几类？

3. 运行方式需要对上年度机房基础设施、网络和信息系统的架构、资产、规模进行描述，并对其变化情况和哪些内容进行全面分析？

▲ 模块 4 信息系统运行方式资料收集（Z40H1004Ⅲ）

【模块描述】本模块介绍了信息系统运行方式资料的收集，通过对上年度机房基础设施、网络信息系统运行情况的介绍，了解信息系统运行方式编制时所需要掌握的资料。

【模块内容】

编制运行方式前要对上年度机房基础设施、网络与信息系统运行情况等资料进行全面收集，要包括主要设备统计表、网络与信息系统拓扑结构图等主要基础性资料，要覆盖所属各级单位。收集的资料主要分设备台账、机房设施、网络系统、主机系统、安防系统、应用系统、新增业务和其他资料等八大类。

一、设备台账

1. 具体内容

包括网络设备、服务器、桌面设备、安全设备。

2. 相关要求

台账应详实、准确，内容至少涵盖设备的型号、配置、供货商及联系方式、OS 类型及版本、投运时间、过保时间、存放地点、所属系统以及 IP 地址等。

二、机房设施

1. 具体内容

包含机柜、电源系统、空调系统、消防系统、接地系统、监控系统、KVM 系统。

2. 相关要求

除设备台账外，还应包括机房基础设备操作指南、机房内设备供电原理图及布线图、机房内网络布线图、机房消防设施布置图、空调系统图、监控系统布置图等。

三、网络设备

1. 具体内容

包含信息广域网拓扑，信息网局域网核心层拓扑，信息内、外网汇聚层拓扑，信息内、外网接入层拓扑，灾备网络拓扑，广域网、核心层负载情况，IP 地址分配等资源配备情况。

2. 相关要求

对当年的拓扑变化应同时收集，对网络资源使用状况尽可能以截图或数据表示。

四、主机系统

1. 具体内容

包含各信息系统拓扑结构、应用集成拓扑和数据交互关系、数据库部署架构、存储部署架构、存储容量分配策略、备份策略和备份容量分配策略、主机负载情况、数据库版本、使用容量和增量。

2. 相关要求

除静态数据外，还应收集主机和数据库的资源和使用情况，以便进行动态分析。

五、安防系统

1. 具体内容

包含安全防护架构、防火墙系统、入侵检测系统（IDS）、边界监控系统、防病毒系统、漏洞扫描系统、桌面管控系统、流量监控系统。

2. 相关要求

应同时收集系统被攻击情况、漏洞情况、病毒感染情况等。

六、业务系统

1. 具体内容

包含覆盖范围、注册用户、活动用户、应用重大缺陷。

2. 相关要求

覆盖单位均应进行收集。

七、新增业务

1. 具体内容

包含下一年信息化项目，各业务部门需求，下一年的建设，改造和检修计划，薄弱环节的补强措施，灾备业务需求。

2. 相关要求

新增业务的收集需准确和全面，以便准确预测下一年的网络流量、信息系统架构的调整、运行方式安排和费用申请。

八、其他

包含缺陷清单、当年网络与信息系统运行方式变化大记事、当年建设的项目、设备增减情况。

【思考与练习】

1. 运行方式资料主要分为哪八大类？

2. 设备台账主要包括哪些具体内容？

3. 网络设备主要包括哪些具体内容？

4. 主机系统主要包括哪些具体内容？

▲ 模块 5　通信运行方式编制目的及要求（Z40H1005Ⅲ）

【模块描述】 本模块介绍了通信运行方式的编制及要求，通过对通信运行方式编制的目的和编写要求的介绍，了解通信运行方式编制的原则。

【模块内容】

1. 编制目的

加强各级通信运行对电网的支撑保障水平，强化通信运行总结分析和需求预测能力，确保通信网承载的各类业务通道和电网的安全稳定运行，增强通信运行风险管控能力，提升运行精益化管理水平。

2. 编制依据

Q/GDW 760—2012《电力通信运行方式管理规定》

3. 编制要求

（1）年度通信运行方式要与"十二五"通信网规划以及年度电网运行方式相结合，要与年度通信网检修计划和技改/大修相结合。各级通信网的年度运行方式要相互协调，下级单位的通信网年度运行方式原则上应服从上级单位的通信网年度运行方式。

（2）要加强与一次专业的沟通协调，编制涉及通信专业的各类基建工程的运行方式和相应预案。因通信专业检修工作涉及一次系统调整运行方式的，要制定相应工作预案，且尽量安排在春、秋检期间进行。通信技改、大修项目的实施，要尽量安排在春、秋检期间进行。

（3）要综合考虑业务需求特性、网络建设发展、通信设备健康状况、通信资源共享情况、所辖和非所辖业务通道的运行情况及存在问题，合理安排年度通信系统运行方式和预案。通信运行方式编制工作应与电网运行方式编制同步开展，并在电网运行方式审核下发后进一步修改完善。

【思考与练习】

1. 通信年度运行方式编制目的是什么？
2. 通信年度运行方式编制依据是什么？
3. 通信年度运行方式编制要求是什么？

▲ 模块6 通信运行方式编制内容框架（Z40H1006Ⅲ）

【模块描述】本模块介绍了通信运行方式编制内容框架，通过对通信运行方式编制的主要内容和组成结构的介绍，了解通信运行方式编制的组成架构。

【模块内容】

（一）上一年度通信网新建系统

（1）新投运厂站和线路。

包括与所辖通信网相关新投运厂站；新增、改建线路及光缆。

（2）传输网络。

包括新增及退役传输系统设备，设备容量及数量（传输系统包括光传输、微波、载波、卫星等）。

（3）业务网络。

包括新增及退役业务网络设备，设备容量及数量（业务网络包括调度交换网、行政交换网、电视电话会议系统、调度数据网、PCM等）。

（4）支撑网络。

包括新增及退役支撑网络设备，设备规格及数量（支撑网络包括电源系统、时钟系统、监控系统、网管系统等）。

（二）上一年度通信网现状

（1）光缆网络现状。

包括光缆的种类、长度，并附有光缆地理接线图或拓扑图。

（2）传输网络现状。

包括光传输、微波、载波、卫星等各传输系统的设备组成、传输容量、网络拓扑。

（3）业务网络现状。

包括调度交换网、行政交换网、电视电话会议系统、调度数据网、PCM 等各业务网络的设备组成和组网方式。

（4）支撑网络现状。

包括电源系统、时钟系统、监控系统、网管系统等各支撑网设备的组成。

（5）重要业务现状。

包括继电保护和安全稳定控制装置等重要业务现状。

（三）上一年度通信网运行情况及分析

1. 上一年通信网运行概况

包括通信系统服务范围、网络覆盖率、业务电路运行情况、年度通信设备运行率和年度通道保障率、通信检修工作完成情况。

2. 主要设备运行情况分析

（1）光缆运行情况。

包括光缆故障次数、原因、与上年度比较故障率的增减。

（2）传输网设备运行情况。

包括光传输、微波、载波等设备典型故障的简单描述以及故障原因分析、与上年度比较故障率的增减。

（3）业务网设备运行情况。

包括 PCM、交换机、会议电视系统等设备典型故障的简单描述以及故障原因分析、与上年度比较故障率的增减。

（4）支撑网设备运行情况。

包括各设备典型故障的简单描述以及故障原因分析、与上年度比较故障率增减。

（5）总结通信设备故障的特点、趋势、分布等情况，提出对各类通信设备的评价意见。

3. 通信网危险点分析

结合上一年发生的故障，分析通信网的危险点。

4. 上一年度通信网解决的问题

针对上一年度通信网运行方式中提出的问题，对在上年中已经通过工程项目实施改造、解决了的问题进行回顾总结。

（四）通信网存在的问题、改进措施和建议

内容包括分析通信网络、通信设备的薄弱环节，分析通信运行方式存在的问题，有针对性地提出整改建议和措施。

（五）本年度通信运行方式编制的依据和需求预测

结合通信规划、电网运行方式及上年度运行方式，说明本年度通信运行方式的编制依据，并对年度通信需求进行预测。

（六）本年度通信系统建设

（1）与基建项目配套的新（改、扩）建通信项目建设。

（2）单项或大修、技改通信项目建设。

（3）至××××年年底的通信系统概况。

内容包括光缆网络、传输网络、业务网络、支撑网络至年底的系统状况（可附图说明）。

（七）本年度通信运行方式

（1）本年度通信系统运行要求。

内容包括设备组网原则、通道配置原则、主要运行指标。

（2）重要检修方式下典型运行方式安排。

（3）通信系统危险点分析及应急措施。

（八）附录

内容包括光缆地理接线图、光纤、微波拓扑图；调度交换网、行政交换网、综合数据网、电话电视会议系统、通信网管系统拓扑图；光缆一览表、各类业务电路配置表（按继电保护、安稳控制系统、调度电话、调度数据网、会议电视等分类）；通信项目建设计划、通信年度检修计划。

【思考与练习】

1. 上一年度通信网现状包括哪些内容？

2. 上一年度通信网运行情况及分析包括哪些内容？

3. 本年度通信运行方式包括哪些内容？

模块 7 通信运行方式编制要求（Z40H1007Ⅲ）

【模块描述】本模块介绍了通信运行方式编制要求，通过对通信运行方式编制时的内容、原则和方式方法的介绍，了解通信运行方式编制时的规则规范。

【模块内容】

一、通信网现状

1. 光缆现状

（1）光缆现状可从不同类型光缆的长度、纤芯公里数、纤芯资源使用情况来描述。

（2）光缆拓扑图可包括站点类型（中心站、500kV/220kV/110kV 变电站、电厂、杆塔）、光缆类型（500kV/220kV OPGW 光缆、ADSS 光缆、普通光缆）、纤芯数量、光缆长度等信息。

（3）附录中详细光缆资料可包括光缆名称、光缆等级、光缆芯数、电力线路名称、光缆长度、电压等级、运行管理单位、维护责任单位等信息。对复杂光缆段，可按搭接杆塔进一步细化为几段光缆。

光缆拓扑图示例如图 7-7-1 所示。

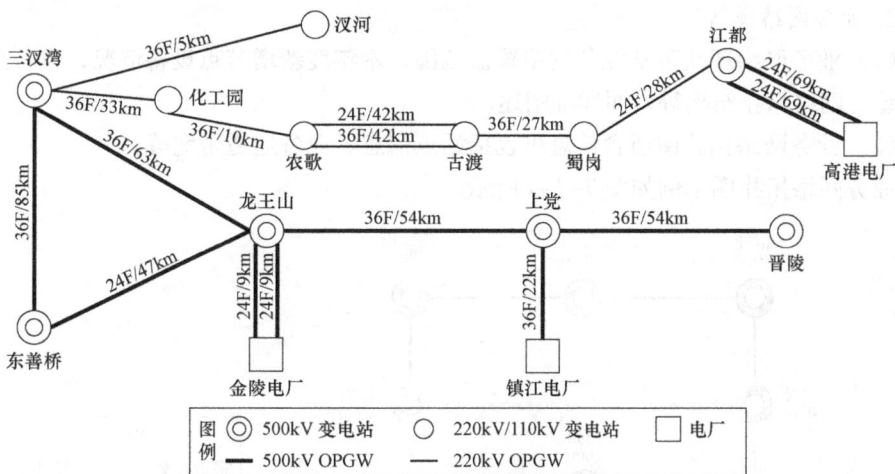

图 7-7-1　光缆拓扑图示例

2. 传输网络现状

（1）传输网络现状可从系统投运时间、网络覆盖范围、本年度新增设备情况、设备型号及数量、网络容量及拓扑结构、网络保护方式、带宽使用情况等方面详细阐述。

（2）传输网络拓扑图所含信息可包括设备容量（10G/2.5G/622M/155M）、设备名称、光路信息等。

传输网络拓扑图示例如图 7-7-2 所示。

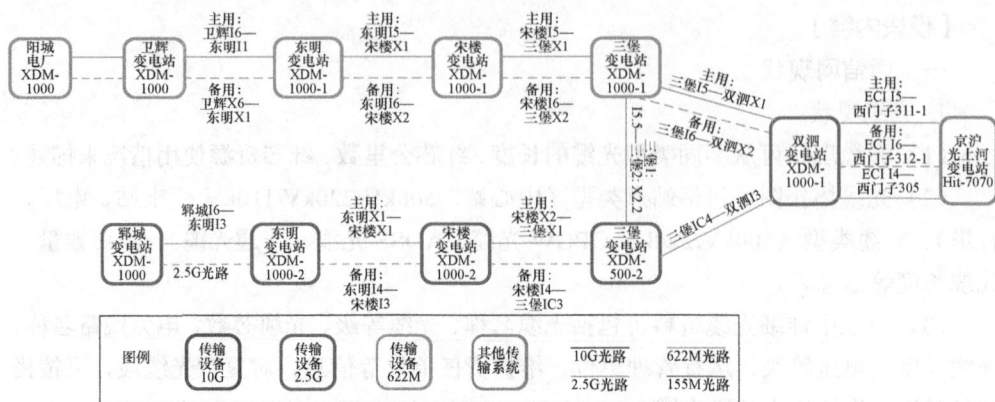

图 7-7-2 传输网络拓扑图示例

3. 业务网络现状

（1）业务网络现状可从业务网络覆盖范围、本年度新增节点设备情况、设备型号及数量、网络拓扑结构等方面详细阐述。

（2）业务网络拓扑图所含信息可包括站点信息、业务通道带宽等。

业务网络拓扑图示例如图 7-7-3 所示。

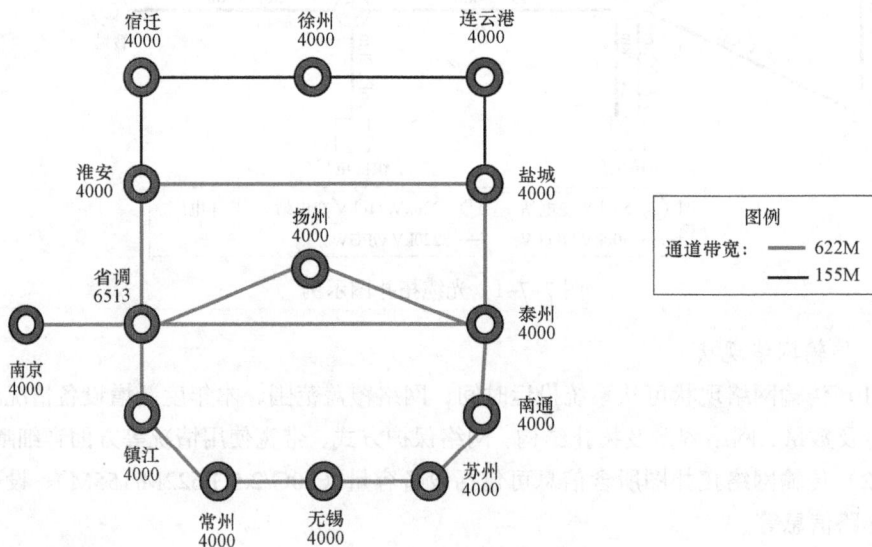

图 7-7-3 业务网络拓扑图示例

二、上一年度通信网运行情况及分析

1. 上一年度通信网运行概况

（1）通信网运行概况主要包括以下几个方面：通信系统覆盖范围、通信设备运行指标、通信通道及业务保障情况、电路开通情况、通信设备缺陷及影响业务通道情况、通信检修工作完成情况等。

（2）本节内容可充分利用图表形式，直观地反映上一年度与上上年度通信网运行情况、各类型设备运行情况比较结果。

相关的图表示例如下：2011、2012 年故障分类统计如图 7-7-4 所示、2012 年江苏电力通信设备故障次数分类统计如图 7-7-5 所示。

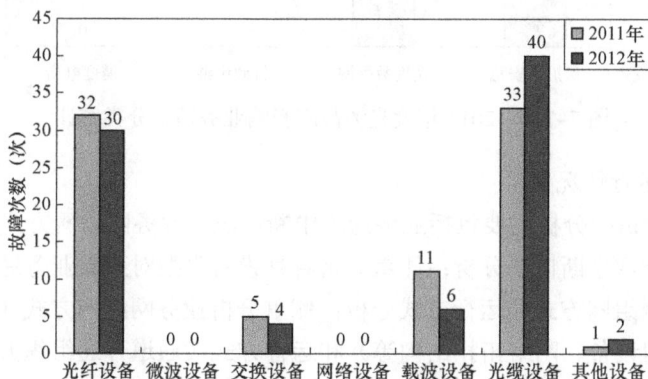

图 7-7-4　2011、2012 年故障分类统计

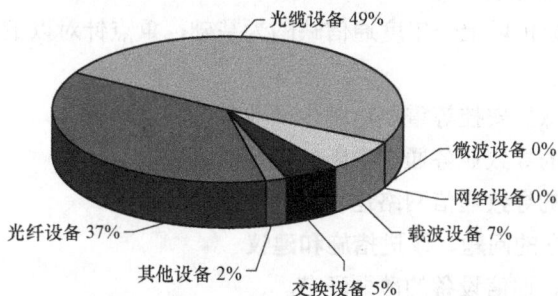

图 7-7-5　2012 年江苏电力通信设备故障次数分类统计图

2. 主要设备运行情况分析

（1）设备运行情况分析包括设备缺陷次数、缺陷原因、故障历时、与前一年度情况比较、影响业务通道情况等。

（2）设备分析的侧重点在于分析设备对业务通道的影响，即发生的设备缺陷是否影响业务通道,影响到哪些类型业务通道,发生缺陷后缺陷处理时长对业务通道中断的影响等。2012 年度光缆故障影响业务通道分类统计如图 7-7-6 所示。

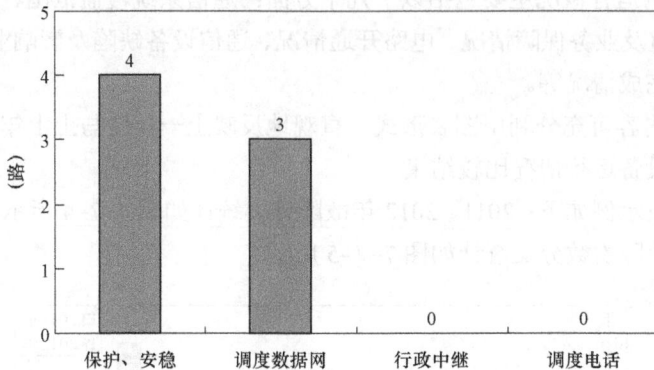

图 7-7-6 2012 年度光缆故障影响业务通道分类统计

3. 业务网运行情况分析

业务网运行情况分析主要包括业务通道中断情况、业务网组网方式和运行方式。

(1) 业务通道中断情况分析:侧重分析各种设备类型对某类业务通道的影响。

(2) 业务网组网方式和运行方式分析:侧重分析业务网组网方式(包括业务网承载网络、业务网设备、网络拓扑结构等)和运行方式(通道开通组织方式、设备运行监控情况等)。

4. 通信网危险点分析

通信网危险点分析以上一年度通信缺陷为基础,重点针对以下几种缺陷情况进行分析:

(1) 多次影响保护安控等重要电网生产业务的缺陷。

(2) 频繁发生的导致业务通道中断的设备缺陷。

(3) 频繁发生的导致通信网络运行可靠性降低的缺陷。

三、通信网存在的问题、改进措施和建议

(1) 通信网络、通信设备的薄弱环节。

从通信网络组网方式、可靠性、安全性等方面寻找通信网络、通信设备的薄弱环节。这些薄弱环节并不一定以缺陷的形式表现出来,而上节中通信网危险点分析则侧重于对上一年度已发生的通信缺陷进行分析。

(2) 业务部门需求与通信系统支撑能力之间的差距。

(3) 通信运维工作中反映出来的其他薄弱环节。

(4) 外部原因导致通信系统存在的薄弱环节。

四、本年度通信运行方式安排

1. 通信需求预测

（1）新增变电站通信需求：保护、调度数据网、调度电话业务。

（2）业务网系统建设需求。

2. 通信系统建设

（1）内容来源：基建项目配套通信项目建设，通信技改、大修项目。

（2）内容包含：光缆网络、传输网络、业务网络、支撑网络。

（3）年度系统现状无须展示全貌，可重点突出网络变化部分。

3. 重要检修方式下典型运行方式安排

（1）依据：年度重点通信检修计划。

（2）分析：检修情况下对通信网络及业务通道影响情况。

（3）方式安排：针对检修内容开展的电路迂回、业务迂回、事故预想、应急预案等。

五、附录资料

附录资料主要包括各种传输网络、业务网络拓扑图，各种业务通道明细表及本年度通信检修计划。图表展示的信息及数量需与前面章节描述情况一致。

【思考与练习】

1. 传输网络现状可从哪几个方面详细阐述？

2. 通信网运行概况主要包括哪几个方面？

3. 通信网危险点和薄弱环节可从哪几个方面阐述？

▲ 模块 8　通信运行方式编制评分标准（Z40H1008Ⅲ）

【模块描述】本模块介绍了通信运行方式编制评分标准，通过对通信运行方式编制的评分方法、评分内容的介绍，掌握对通信运行方式编制的考评办法。

【模块内容】

一、结构和规范性

1. 篇章结构

（1）总体结构：符合 Q/GDW 760—2012《电力通信运行方式管理规定》的章节要求。

（2）总体内容：正文部分应包括上一年度通信运行情况分析、上一年度通信网危险点分析及处理预案，并根据上年度运行问题提出改进措施，做好本年度通信需求预测，且通信系统网络图和各类通信通道电路配置表应齐全。

2. 文字语句

（1）语句通顺：语句通顺、精炼，表达意思清晰、准确。

（2）图表数据：图表文字表达准确，与正文内容一致，数据准确，与文章内容描述一致。

3. 报告格式

（1）目录：与正文内容保持一致。

（2）编号：编号规范，分级编号，层次清晰。

（3）字体：字体规范，分层字体大小合适，前后一致。

（4）图片：图片文字清晰、大小合适，图表标题说明准确。

二、方式内容

符合 Q/GDW 760—2012《电力通信运行方式管理规定》的模板要求。

三、方式合理性

（1）上下级方式一致性：下级单位通信年度运行方式原则上应服从上级单位通信网年度运行方式。

（2）重要通道 $N-1$ 原则：电网调度电话、自动化信息、继电保护及安全稳定控制装置等重要业务电路的运行方式编制应满足 $N-1$ 原则。

（3）通信保障：对通信网络承载能力、业务风险管控方面分析情况。

（4）非正常运行方式分析：对于本年度基建、技改、大修、检修等工作，需简述对传输系统、业务的影响（必要时附图），并考虑建设/检修期间的业务临时运行方式等。

【思考与练习】

1. 年度运行方式总体结构和总体内容需遵循哪些要求？

2. 年度运行方式报告格式有哪些要求？

3. 年度运行方式合理性包括哪几个方面？

第五部分

信息通信支撑系统应用

第八章

信息通信一体化调度运行支撑平台（I6000）

◢ 模块1　I6000工作台模块应用（Z40I1001Ⅰ）

【模块描述】本模块介绍 I6000 系统工作台模块的基本界面。通过对工作台模块中模块配置及编辑的关键内容的介绍，掌握对工作台模块的使用。

【模块内容】

　　工作台是用来展示用户自定义的个性化组件并可以根据选择的特定的布局模式进行个性化布局的一个展示平台。I6000 系统工作台主界面如图 8-1-1 所示。

图 8-1-1　I6000 系统工作台主界面

1. 配置

进入主页面可以看到页面右上角配置组件，点击配置进入编辑模式。当配置结束后退出编辑模式。

2. 定制

点击配置—定制按钮，弹出模块选择窗口。工作台定制界面如图 8-1-2 所示。

图 8-1-2 工作台定制界面

3. 模块布局调整

当工作台在编辑模式下，将鼠标放在模块的标题栏，按住鼠标左键移动，可以将该模块移动位置。

4. 模块属性设置

将鼠标移至每个模块的右上角，点击编辑，模块出现如下界面（图 8-1-3），可设定此模块的刷新频率、边框颜色。

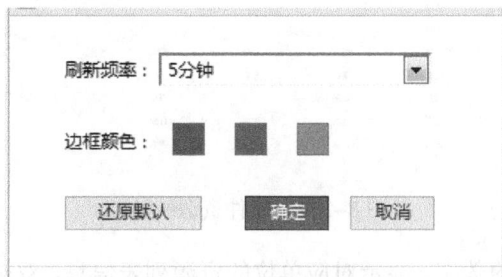

图 8-1-3 模块属性设置界面

【思考与练习】

1. 如何进入工作台配置界面？

2. 如何进行模块布局调整？

3. 可以设置哪些模块属性？

▲ 模块 2 I6000 基础管理模块应用（Z40I1002 I）

【模块描述】本模块介绍 I6000 系统基础管理模块的基本界面。通过对基础管理模块中资源管理、资源监测的关键内容的介绍，掌握对基础管理模块的使用。

【模块内容】

一、资源管理

1. 统计分析

硬件资源的统计分析可以提供多维度的硬件资源综合查询，此功能可供管理人员实现对设备的多个维度的统计汇总工作。

（1）硬件资源统计。

进入菜单：基础管理→资源管理→统计分析→硬件资源统计，输入各查询条件，点击【确定】按钮，根据查询条件会显示各单位的统计结果。硬件资源统计如图 8-2-1 所示。

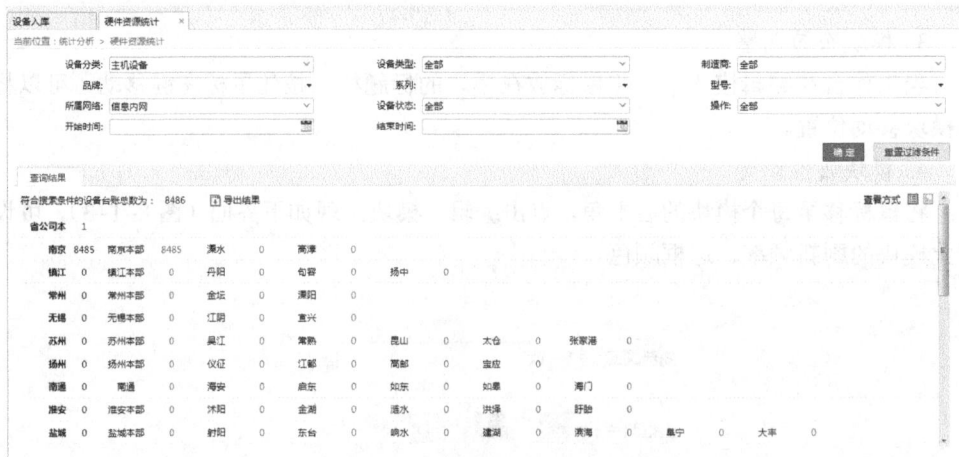

图 8-2-1 硬件资源统计

点击统计结果中的数字，显示对应单位的资源列表信息，双击资源列表某条记录，弹出对应资源详细信息，点击导出结果，正确导出查询的结果。点击导出查看，下载导出列表。

（2）软件资源统计。

进入菜单：基础管理→资源管理→统计分析→软件资源统计，输入各查询条件，点击【确定】按钮，根据查询条件显示各单位的统计结果。软件资源统计如图8-2-2所示。

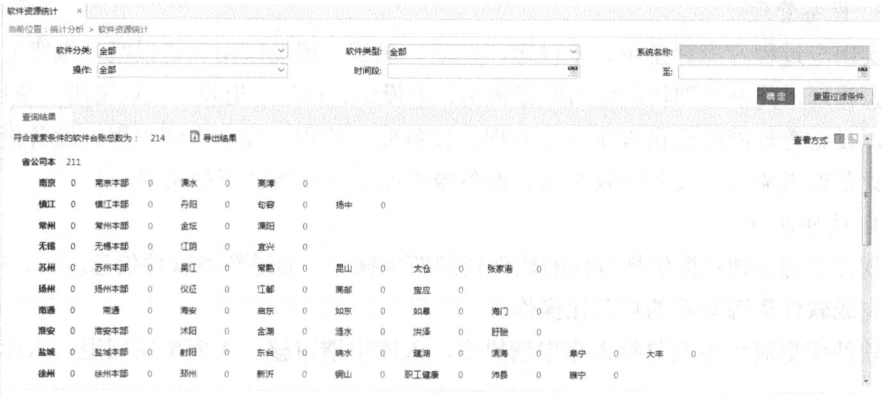

图 8-2-2　软件资源统计

点击统计结果中的数字，显示对应单位的资源列表信息。双击资源列表某条记录，弹出对应资源详细信息。点击导出结果，正确导出查询的结果。点击导出查看，下载导出列表。

2. 多维度查询

在多维度查询页面，用户首先选择查询的对象是硬件资源或者软件资源。多维度查询如图8-2-3所示。

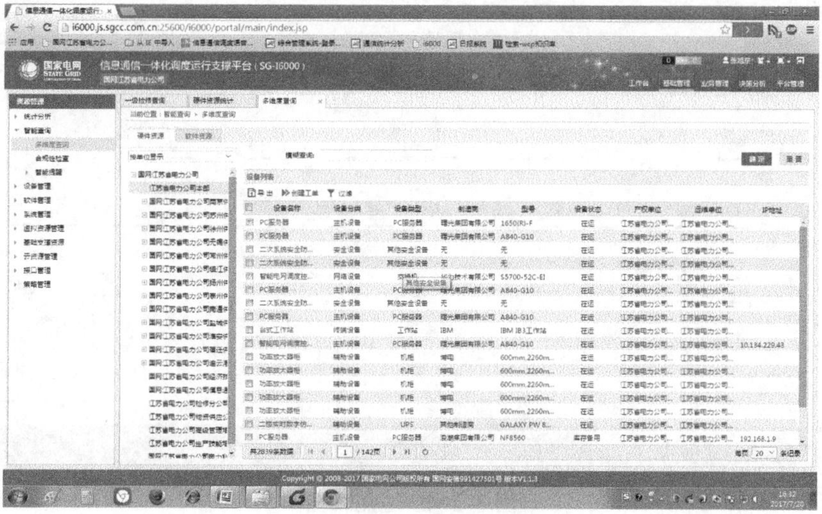

图 8-2-3　多维度查询

选择左侧下拉框中的分类确定查询维度，选择查询维度后，可通过模糊匹配查询或过滤查询条件来进一步查询需要的设备。

页面提供导出搜索和导出选中两种导出方式，双击记录可查看设备详情。

3. 设备管理

实现全过程（库存备用、未投运、在运、退运、现场留用、待报废、报废）的设备资源管理，其中基础状态包括库存备用、未投运、在运、退役、现场留用、待报废、报废。设备管理同时提供设备入库流程、设备变更流程、设备申请流程、设备投运流程、设备退役流程、设备回收流程、设备报废流程及设备转资的实现。

4. 软件新建

软件资源新建：提供规范化的软件资源新增操作，通过新增软件信息编辑、申请、审核完成软件资源新建的规范化操作。

软件变更流程主要包括入库申请提交、入库申请审核、入库申请回退、入库申请归档。

二、资源监测

1. 运行视图

（1）查看应用视图，应用视图如图 8-2-4 所示。

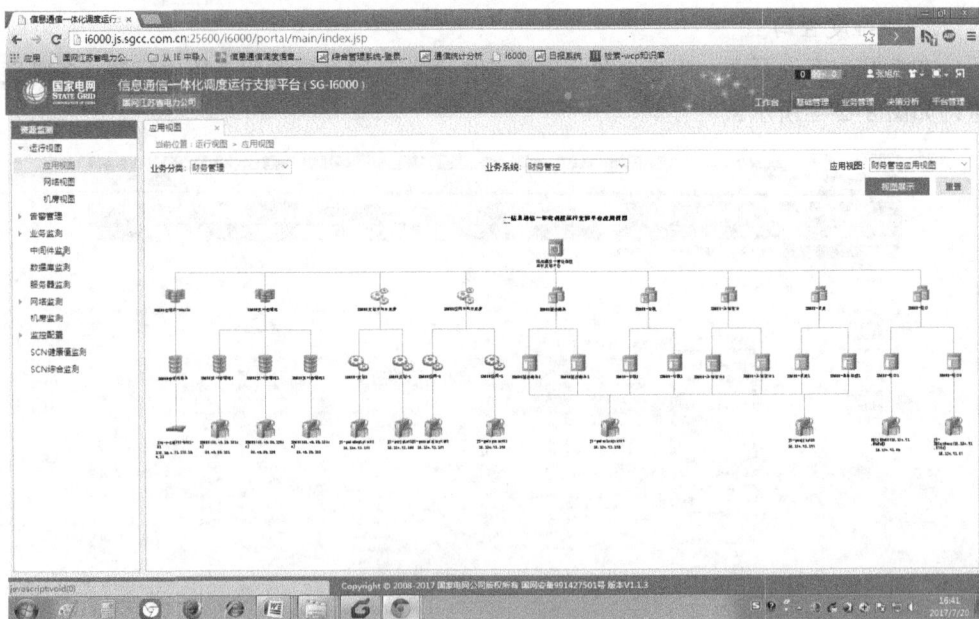

图 8-2-4 应用视图

（2）查看网络视图，网络视图如图 8-2-5 所示。

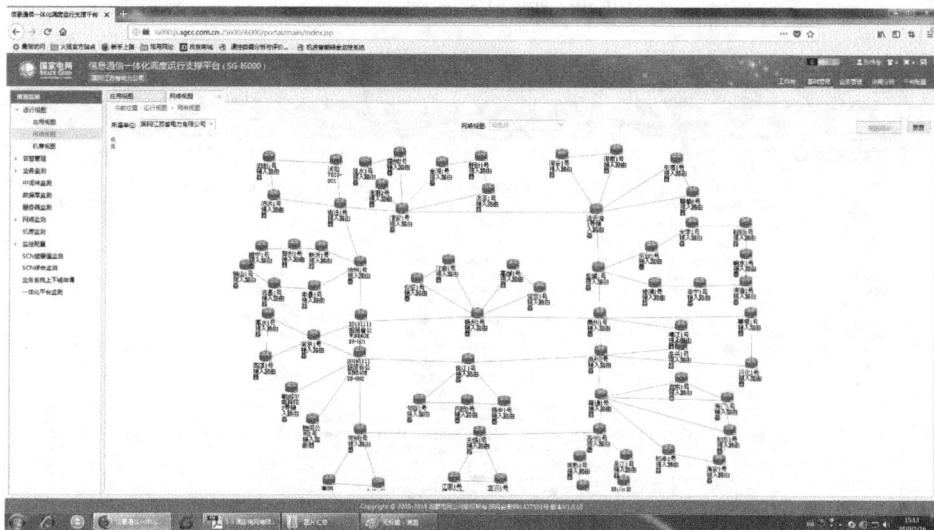

图 8-2-5　网络视图

（3）查看机房视图，机房视图如图 8-2-6 所示。

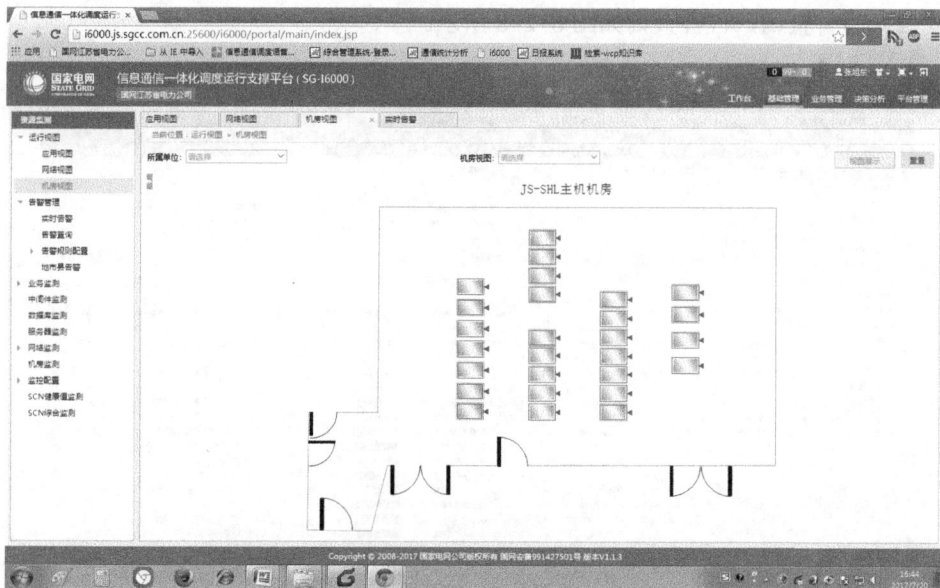

图 8-2-6　机房视图

2. 告警管理

（1）查看实时告警，实时告警如图 8-2-7 所示。

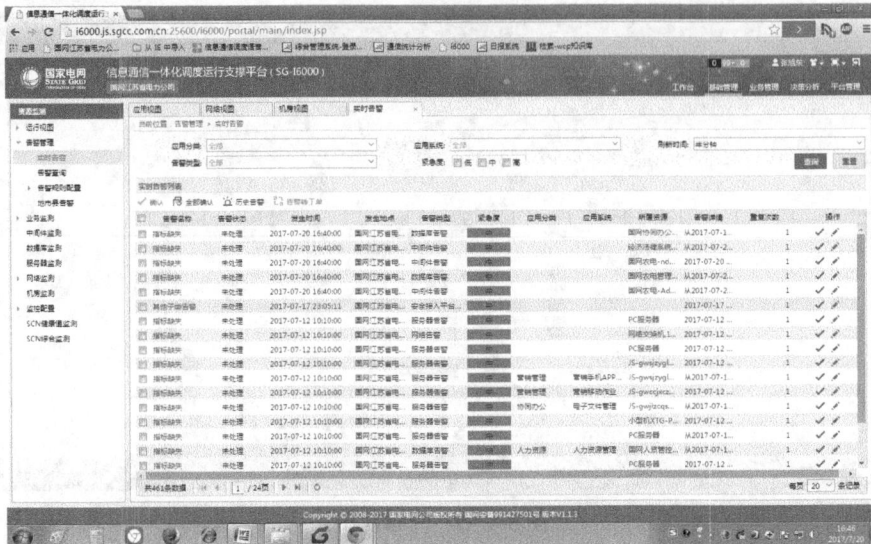

图 8-2-7 实时告警

（2）告警查询，告警查询如图 8-2-8 所示。

图 8-2-8 告警查询

3. 业务监测

查看应用系统监测，应用系统监测如图 8-2-9 所示。

图 8-2-9 应用系统监测

4. 中间件监测

查看中间件监测，中间件监测如图 8-2-10 所示。

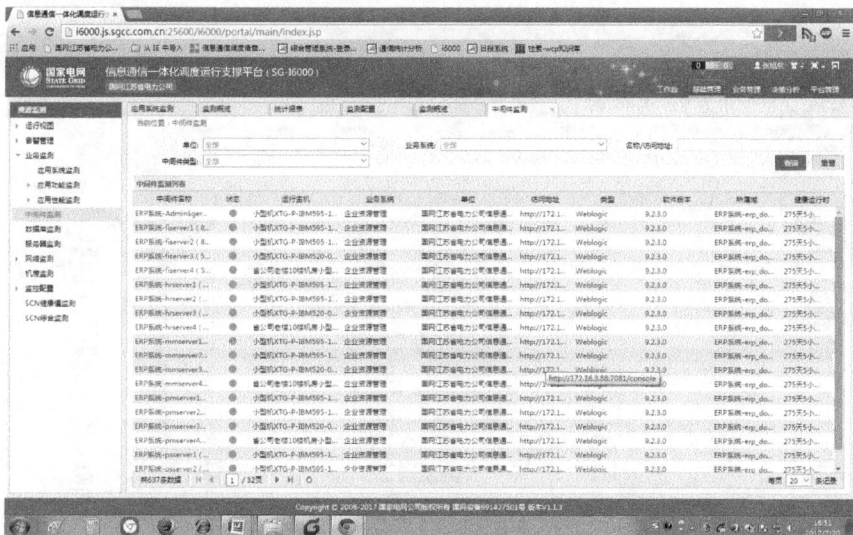

图 8-2-10 中间件监测

5. 数据库监测

查看数据库监测，数据库监测如图 8-2-11 所示。

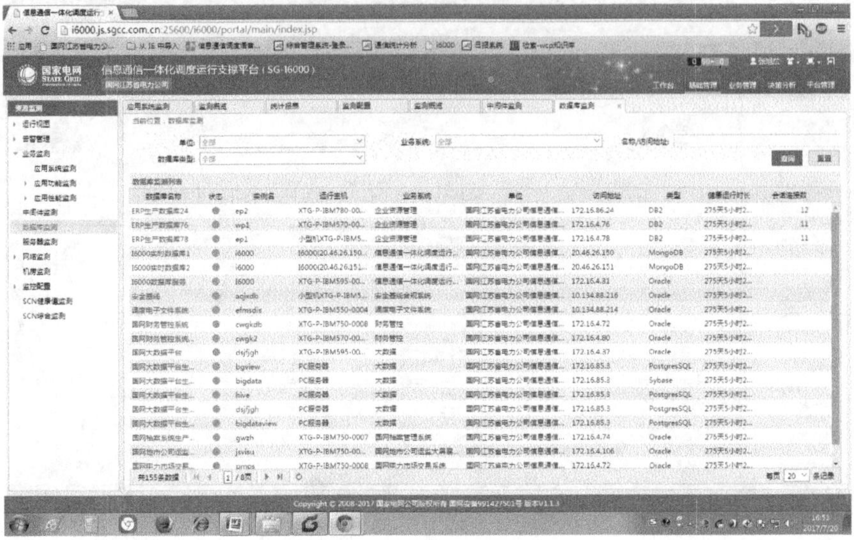

图 8-2-11 数据库监测

6. 服务器监测

查看服务器监测，服务器监测如图 8-2-12 所示。

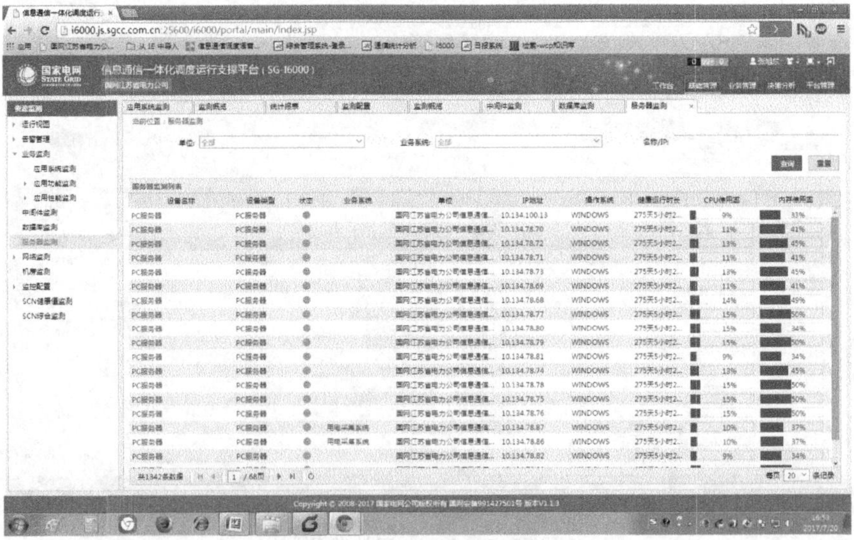

图 8-2-12 服务器监测

7. 网络监测

查看网络设备监测，网络设备监测如图 8-2-13 所示。

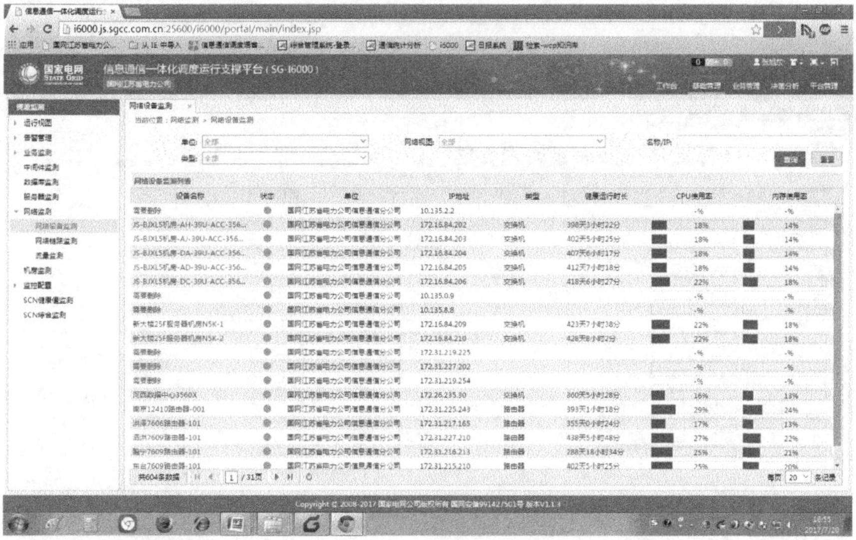

图 8-2-13 网络设备监测

8. SCN 健康值监测

查看 SCN 健康值监测，SCN 健康值监测如图 8-2-14 所示。

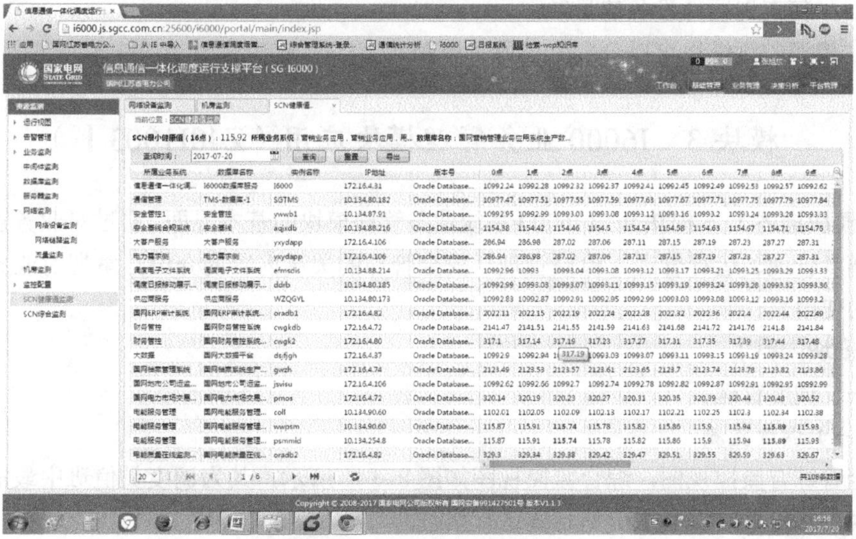

图 8-2-14 SCN 健康值监测

9. SCN 综合监测

查看 SCN 综合监测，SCN 综合监测如图 8-2-15 所示。

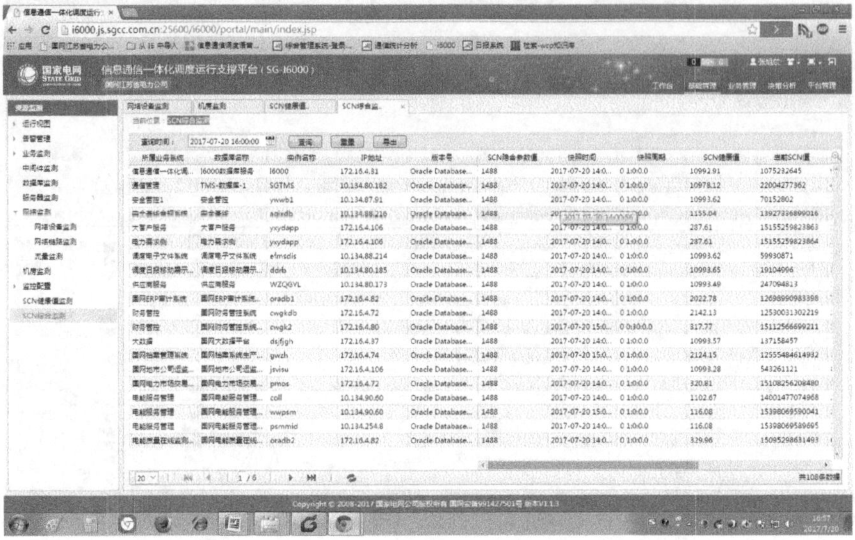

图 8-2-15 SCN 综合监测

【思考与练习】

1. 基础管理分为哪两大功能模块？

2. 如何查询硬件设备信息？

3. 资源监测模块可以分别监控哪些资源？

◢ 模块 3 I6000 业务管理模块应用（Z40I1003 Ⅰ）

【模块描述】本模块介绍 I6000 系统业务管理模块的基本界面。通过对业务管理模块中调度管理、运行管理、检修管理、安全管理的关键内容的介绍，掌握对业务管理模块的使用。

【模块内容】

一、调度管理

（一）调度监测

查看综合监控视图，综合监控视图如图 8-3-1 所示，其为调度员值班中最常用的监控视图，可以实时监控信息系统运行状态。

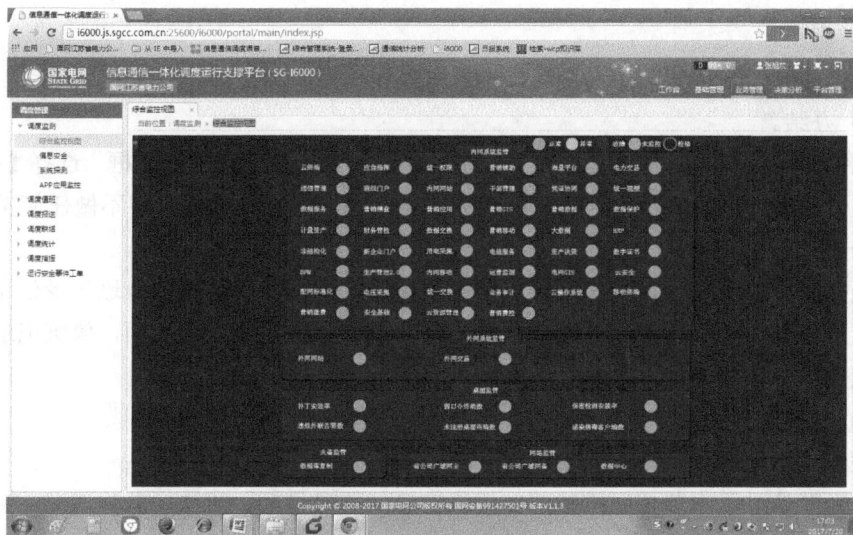

图 8-3-1　综合监控视图

（二）调度值班

（1）值班视图默认以月视图显示公司当月值班信息。可选择页面右上角的日视图切换显示当日值班视图；也可选择页面左上角的公司下拉列表、日期控件，查看任意一天或一月的值班信息。

（2）值班日志。

进入菜单：业务管理→调度管理→调度值班→值班日志。

页面默认显示本单位已维护的交接班信息（时间类型、事件时间、所属单位、事项摘要、事项描述、前班遗留、状态、创建人、更新人、更新时间）

1）新增。

点击【新建】按钮，弹出新建值班记录页面，在该页面填写事项时间、所属单位、影响信息对象、事件类别、事项级别、事项摘要等信息后点击【保存】按钮，提示新建成功。

2）修改。

双击要修改的记录，弹出详细编辑页面，修改完成后，点击【保存】按钮完成修改。

3）删除。

勾选需要删除的值班日志，点击【删除】按钮，系统弹出确认框。选择【确定】删除模板并提示删除成功；选择【取消】则退出，取消删除操作。

4）刷新。

点击【刷新】按钮，手动刷新显示所有模板信息。

5）办结。

选择一行或多行，点击【办结】按钮，页面提示：系统弹出确认框。选择【确定】对所选值班记录进行完结操作，并标记为完结状态；选择【取消】将不做任何操作。

6）事项追溯。

选择一行值班记录，点击【事项追溯】按钮，页面将会把所选值班记录信息传递给值班日志事项追溯页面，并打开该页面。在值班日志事项追溯页面，值班记录的所有记录会被查询并展现出来。

（3）交接班。

进入菜单：业务管理→调度管理→调度值班→交接班。

页面默认显示本单位已维护的交接班信息（值班日期、班次、总体情况、交接事项、交接班人员、确认日期、发布状态）。

1）新增。

点击【新建】按钮，将弹出新建交接班页面，用户只能新建未有的交接班记录。新建时系统默认会把当前班次范围内的所有值班日志信息在事项处理及日常工作记录情况栏中显示出来，包括执行中和完结状态，其中若有值班记录还是执行中状态，该条记录将作为待处理事项在交接班事项栏列出来。点击【保存】按钮，保存相应信息。点击【发布】按钮，将执行中状态记录复制到下一班（创建时间变更，状态为前班遗留，其他信息不变）。

2）修改。

双击要修改的记录，弹出详细编辑页面，修改完成后，点击【保存】按钮完成修改。

3）删除。

勾选需要删除的模板，点击【删除】按钮，系统弹出确认框。选择【确定】删除模板并提示删除成功；选择【取消】则退出，取消删除操作。

4）刷新。

点击【刷新】按钮，手动刷新显示所有模板信息

（三）调度报送

1. 公告通知

进入菜单：业务管理→调度管理→调度报送→公告通知。

实现本信息调度管理机构对本级或下级单位发布信息通信调度运检各类公告、通知或文件。通知分为普通公告和需要下级单位及时查阅并进行签阅的文件通知，上级单位可及时掌握到文件的签阅情况。

（1）新建。

点击【新建】按钮，弹出新建公告通知页面，在该页面填写通知标题、通知等级、通知内容、下发附件、指定单位、是否需签阅、发布单位、发布人等信息，点击【保存】按钮，提示基本信息保存成功，此时该文件通知处于拟稿未发布状态，点击【发布】按钮，状态变为已发布。

（2）签阅。

点击【签阅】按钮，填写签阅意见，签阅意见将反馈至发布单位，同时该条记录的状态变为已签阅。

（3）修改。

勾选未发布公告，点击【修改】按钮，用户根据实际需求修改标题和部分内容，点击【保存】按钮，提示基本信息保存成功，此时该文件通知处于拟稿未发布状态，点击【发布】按钮，状态变为已发布。

（4）转发。

选中一条通知信息，点击【转发】按钮，弹出详细页面，用户根据实际需求修改标题和部分内容，并重新获取当前发布单位和发布人信息，点击【保存】按钮，提示基本信息保存成功，此时该文件通知处于拟稿未发布状态，点击【发布】按钮，状态变为已发布。

（5）删除。

选择一行或多行，点击【删除】按钮，弹出页面提示：确实要删除当前对象吗？选择【确定】页面将删除所选列表的通知信息；选择【取消】页面将不做任何操作。

2. 日常报送

进入菜单：业务管理→调度管理→调度报送→日常报送。

实现本信息通信调度管理机构对本级或下级单位日常报送任务的下发，指定单位根据报送任务进行材料上报，信息通信调度管理机构对上报材料进行汇总、统计。

（1）任务下发。

进入菜单：业务管理→调度管理→调度报送→日常报送→任务下发。

该页面默认显示当月本单位下发任务信息列表页面（任务名称、是否可用、下发状态、下发时间），按下发时间降序排列。

1）查询。

根据下发任务的任务名称、可用（是、否）、起止发布日期、起止任务日期、主记录（是、否），点击【查询】按钮，可查出相应信息列表。

2）新建。

点击【新建】按钮，弹出任务下发记录页面，在该页面填写任务名称、任务描述、下发附件、指定上报单位、发布单位、发布人、任务类别等信息，点击【保存】按钮，提示基本信息保存成功，此时该文件通知处于拟稿未发布状态，点击【发送】按钮，状态变为已发送。

3）修改/查看。

双击一条记录：若该条记录已发布，则可查看内容详情，不可编辑；若该条记录未发布，则可编辑修改各可填项，并继续【保存】或【发送】，执行时仍需进行新建时的验证。

4）删除。

选择一行或多行，点击【删除】按钮，弹出页面提示：确实要删除当前对象吗？选择【确定】，页面将删除所选列表的任务下发信息；选择【取消】，页面将不做任何操作。删除成功之后，刷新任务下发记录列表。

5）不可用。

选择一行记录，点击【不可用】按钮，弹出页面提示：是否确定设为不可用？选择【确定】，页面将删除所选列表的文件任务信息，将该任务作废处理；选择【取消】，页面将不做任何操作。

（2）材料上报。

进入菜单：业务管理→调度管理→调度报送→日常报送→材料上报。

显示已上报任务页面（任务下发时间、任务名称、单位、上报截止时间、上报时间、上报状态）。

1）查询。

输入任务名称、起止上报时间，下发起止任务时间，点击【查询】按钮，可查出相应信息列表。

2）新建。

点击【新建】按钮，弹出【新建材料上报】页面，在该页面填写任务描述、材料附件。点击【保存】按钮，提示基本信息保存成功，此时该文件通知处于拟稿未发布状态，点击【保存并上报】按钮，将材料上报信息下发到各指定接收单位。

3）修改/查看。

双击一条记录，若该条记录已上报，则可查看内容详情，不可编辑；若该条记录未上报，则可编辑修改各可填项，并继续【保存】或【保存并上报】，执行时仍需进行新建时的验证。

4）删除。

选择一行或多行，点击【删除】按钮，弹出删除确认提示：确实要删除当前对象吗？选择【确定】，页面将删除所选列表的材料上报信息；选择【取消】，页面将不做任何操作。删除成功之后，刷新材料上报记录列表。

3. 报送任务

进入菜单：业务管理→调度管理→调度报送→报送任务。

重大活动期间（例如春节、国庆等），实现省信息系统及通信安全运行情况报送任务的下发、上报、汇总和统计功能。

（1）任务下发。

进入菜单：业务管理→调度管理→调度报送→报送任务→任务下发。

维护本单位的报送任务下发信息（新建、修改、发布、删除）。

1）查询。

根据检索条件任务名称、起止发布日期、起止任务日期、任务类型（总部下发、省级下发），点击【查询】按钮，可查出相应报送任务信息列表。

2）新建。

点击【新建】按钮，弹出【任务下发记录】页面，填写任务名称、任务描述、指定上报单位、开始日期、结束日期、发布单位、发布人，点击【保存】按钮，提示基本信息保存成功，此时该报送任务处于拟稿未发布状态，点击【发布】按钮，将任务信息下发到各指定上报单位。

3）修改/查看。

双击一条记录，若该条记录已发布，则可查看内容详情，不可编辑；若该条记录未发布，则可编辑修改各可填项，并继续【保存】或【发布】，执行时仍需进行新建时的验证。

4）删除。

选择一行或多行，点击【删除】按钮，弹出删除确认提示：确实要删除当前对象吗？选择【确定】，页面将删除所选列表的任务下发信息；选择【取消】，页面将不做任何操作。删除成功之后，刷新任务下发记录列表。

（2）任务上报。

进入菜单：业务管理→调度管理→调度报送→报送任务→任务上报。

页面默认显示本单位报送任务列表（日期、任务名称、报送单位名称、报送截止日期、上报时间、上报状态）。

1）查询。

输入任务名称、起止上报时间，点击【查询】按钮，可查出相应信息列表。

2）上报（新建）。

选择某条上报任务，点击【上报】按钮，新建一个针对该任务的运行情况上报页面，填写相关系统安全运行情况信息后点击【发送】按钮，验证各填写项不为空后，进行任务上报。

3）修改。

已完成上报，状态为已上报的任务，仍可继续双击该条记录弹出详情页面，编辑修改重新上报，数据将覆盖前一次上报数据，以最新上报数据为准。所有验证信息和新建时相同。

4）删除。

选中需要删除的数据记录，点击【删除】按钮，页面弹出删除确认提示：确实要删除当前对象吗？选择【确定】，页面将删除所选列表的指标信息；选择【取消】，页面将不做任何操作。删除成功之后，刷新任务上报列表。

（四）调度联络

1. 联系单

进入菜单：业务管理→调度管理→调度联络→联系单。

总部和省级信息通信调度（灾备异常发单的权限在总部完成）通过各种监控手段，发现应用系统或链路等异常，主动填写、下发工作联系单，要求相关单位处理并反馈处理情况。总部和省级信息通信调度根据处理情况记录相关审核信息（如问题类型、异常类型、停运时长等），工作联系单可分一级工作联系单和二级工作联系单。本模块实现工作联系单的填写、下发、处理、审核、完结流程全过程闭环管理。

（1）联系单申请。

各级信通调度通过各种监控手段，发现应用系统或链路等异常，填写下发调度联系单。

（2）处理反馈。

接收单位处理联系单申请并反馈处理情况。

（3）审核定性。

信息通信调度管理机构对各直属单位、省公司填写完并反馈回来的联系单进行审核定性。

（4）完结。

关闭调度联系单并归档。

2. 指令票

与联系单类似，指令票如图 8-3-2 所示。

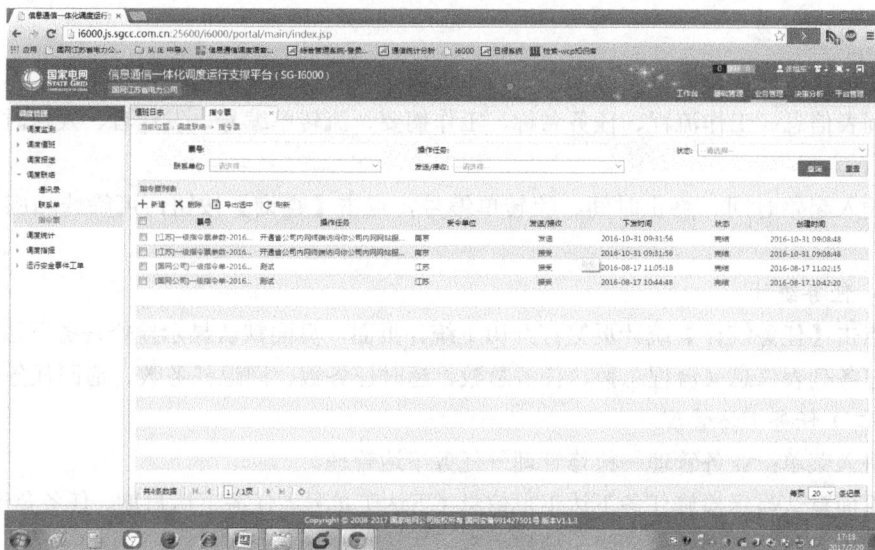

图 8-3-2　指令票

二、检修管理

（一）检修任务下达

进入菜单：业务管理→检修管理→检修任务下达。

页面默认显示拟办页签内的检修任务下达工单信息（工作流程、任务名称、工作摘要、流转单编号、发送者、发送时间、操作）。

1. 拟办

（1）新建。

点击【新建】按钮，弹出【检修任务下达】页面，填写检修工作名称、检修任务类型等信息后点击【发送】按钮，选择下一环节相关处理人员提交工单。

（2）删除。

拟办任务列表页面选中一条记录，点击【删除】按钮，将删除该条记录。

（3）刷新。

在拟办任务列表页面点击【刷新】按钮，列表将被刷新为数据库最新数据。

2. 待办

点击【待办】页签打开待办页面，页面默认显示检修任务下达待办任务列表信息（工作流程、任务名称、工作摘要、流转单编号、发送者、发送时间、操作）。

在待办任务列表页面点击【刷新】按钮，列表将被刷新为数据库最新数据。

3. 历史任务

点击【历史任务】页签打开历史任务页面，页面默认显示检修任务下达工单历史任务列表信息（工作流程、任务名称、工作摘要、流转单编号、发送者、发送时间、操作）。

输入起始时间、终止时间、流转单编号，点击【查询】按钮，可筛选相应信息列表。

4. 任务统计

点击【任务统计】统计页签打开历史统计页面，页面默认显示检修任务下达工单历史任务列表信息（流程总数、任务总数、超时任务数、回退任务数、追回任务数）。

（二）任务下达管理

进入菜单：业务管理→检修管理→任务下达管理。

页面默认显示检修任务下达工单信息（下达工单号、任务下达日期、任务负责人、检修工作名称、检修对象名称、检修内容、下属单位接收情况）。

1. 查询

输入任务负责人、任务下达日期、检修任务下达工单号，点击【查询】按钮，可筛选相应信息列表。

2. 新建

与【检修任务下达】拟办页签内的新建按钮功能相同。

3. 详情

点击【详情】按钮，查看【任务下达单位详情】页面信息。

（三）检修计划申请

进入菜单：业务管理→检修管理→检修计划申请。

页面默认显示拟办页签内的检修计划申请工单信息（工作流程、任务名称、检修级别类型、计划内容、流转单编号、发送者、发送时间、操作）。

1. 拟办

（1）新建。

点击【新建】按钮，弹出【检修计划】页面，填写计划负责人、联系电话、电子邮箱、计划名称、检修级别类型等信息后点击【发送】按钮，选择下一环节相关处理人员提交工单。

（2）删除。

拟办任务列表页面选中一条记录，点击【删除】按钮，将删除该条记录。

（3）刷新。

点击【刷新】按钮，检修计划申请拟办列表将被刷新为数据库最新数据。

2. 待办

点击【待办】页签打开待办页面，页面默认显示检修计划申请待办任务列表信息（工作流程、任务名称、检修级别类型、计划内容、流转单编号、发送者、发送时间、操作）。

在待办任务列表页面点击【刷新】按钮，列表将被刷新为数据库最新数据。

3. 历史任务

点击【历史任务】页签打开历史任务页面，页面默认显示检修计划申请工单历史任务列表信息（工作流程、任务名称、检修级别类型、计划内容、流转单编号、发送者、发送时间、操作）。

输入起始时间、终止时间、流转单编号，点击【查询】按钮，可筛选相应信息列表。

4. 任务统计

点击【任务统计】统计页签打开历史统计页面，页面默认显示检修计划申请工单历史任务列表信息（流程总数、任务总数、超时任务数、回退任务数、追回任务数）。

（四）紧急抢修

进入菜单：业务管理→检修管理→紧急抢修。

页面默认显示拟办页签内的紧急抢修申请工单信息（工作流程、任务名称、抢修级别、抢修内容、流转单编号、发送者、发送时间、操作）。

1. 拟办

（1）新建。

点击【新建】按钮，弹出【紧急抢修】页面，填写发现人、公司、联系电话、抢修标题、抢修级别、抢修开始时间、抢修对象名称等信息后点击【发送】按钮，选择下一环节相关处理人员提交工单。

（2）删除。

拟办任务列表页面选中一条记录，点击【删除】按钮，将删除该条记录。

（3）刷新。

点击【刷新】按钮，紧急抢修拟办列表将被刷新为数据库最新数据。

2. 待办

点击【待办】页签打开待办页面，页面默认显示紧急抢修申请待办任务列表信息（工作流程、任务名称、抢修级别、抢修内容、流转单编号、发送者、发送时间、操作）。

在待办任务列表页面点击【刷新】按钮，列表将被刷新为数据库最新数据。

3. 历史任务

点击【历史任务】页签打开历史任务页面，页面默认显示紧急抢修工单历史任务列表信息（工作流程、任务名称、抢修级别、抢修内容、流转单编号、发送者、发送时间、操作）。

输入起始时间、终止时间、流转单编号，点击【查询】按钮，可筛选相应信息列表。

4. 任务统计

点击【任务统计】统计页签打开历史统计页面，页面默认显示紧急抢修工单历史任务列表信息（流程总数、任务总数、超时任务数、回退任务数、追回任务数）。

（五）两票管理

进入菜单：业务管理→检修管理→两票管理。

页面默认显示拟办页签内的两票申请工单信息（工作流程、任务名称、工作内容/操作任务、流转单编号、发送者、发送时间、操作）。

1. 拟办

（1）新建。

点击【新建】按钮，弹出【开工作票】页面，填写相应工作票信息后点击【发送】按钮，选择下一环节相关处理人员提交工单。点击【开工作票】页面的【开操作票】按钮，弹出【开操作票】页面，在【开操作票】页面填写相应信息后点击【发送】按钮，选择下一环节相关处理人员提交工单。点击【关闭】按钮，不做任何操作，返回上一级。

（2）删除。

拟办任务列表页面选中一条记录，点击【删除】按钮，将删除该条记录。

（3）刷新。

点击【刷新】按钮，工作票拟办列表将被刷新为数据库最新数据。

2. 待办

点击【待办】页签打开待办页面，页面默认显示工作票待办任务列表信息（工作流程、任务名称、工作内容/操作任务、流转单编号、发送者、发送时间、操作）。

在待办任务列表页面点击【刷新】按钮，列表将被刷新为数据库最新数据。

3. 历史任务

点击【历史任务】页签打开历史任务页面，页面默认显示紧急抢修工单历史任务列表信息（工作流程、任务名称、工作内容/操作任务、流转单编号、发送者、发送时间、操作）。

输入起始时间、终止时间、流转单编号，点击【查询】按钮，可筛选相应信息列表。

4. 任务统计

点击【任务统计】统计页签打开历史统计页面，页面默认显示工作票历史任务列表信息（流程总数、任务总数、超时任务数、回退任务数、追回任务数）。

三、缺陷管理

（一）缺陷消缺申请

进入菜单：业务管理→运行管理→缺陷管理→缺陷消缺申请。

页面默认显示拟办页签内的缺陷消缺申请工单信息（工作流程、任务名称、缺陷等级、内容、流转单编号、发送者、发送时间、操作）。

1. 拟办

（1）新建。

点击【新建】按钮，在弹出【缺陷消缺申请】页面填写申告人、公司、部门、缺陷分类、缺陷等级、缺陷详述等信息后点击【发送】按钮，选择流程下一环节相关处理人员提交工单。

（2）删除。

拟办任务列表页面选中一条记录，点击【删除】按钮，将删除该条记录。

（3）刷新。

点击【刷新】按钮，列表将被刷新为数据库最新数据。

2. 待办

点击【待办】页签打开待办页面，页面默认显示缺陷消缺申请工单待办任务列表信息（工作流程、任务名称、缺陷等级、内容、流转单编号、发送者、发送时间、操作等）。

待办任务列表页面点击【刷新】按钮，列表将被刷新为数据库最新数据。

3. 历史任务

点击【历史任务】页签打开历史任务页面，页面默认显示缺陷消缺申请工单历史任务列表信息（工作流程、任务名称、缺陷等级、内容、流转单编号、发送者、发送时间、操作等）。

输入起始时间、终止时间、流转单编号，点击【查询】按钮，可筛选相应信息列表。

4. 任务统计

点击【任务统计】页签打开任务统计页面，页面默认显示缺陷消缺申请工单任务统计信息（流程总数、任务总数、超时任务数、回退任务数、追回任务数等）。

（二）缺陷消缺下发

进入菜单：业务管理→运行管理→缺陷管理→缺陷消缺下发。

页面默认显示拟办页签内的缺陷消缺下发工单信息（工作流程、任务名称、缺陷等级、内容、流转单编号、发送者、发送时间、操作等）。

1. 拟办

（1）新建。

点击【新建】按钮，在弹出【缺陷消缺下发工单】页面填写缺陷来源、缺陷分类、缺陷等级、缺陷描述、涉及单位等信息后点击【发送】按钮，选择下一环节相关处理人员提交工单。

（2）删除。

拟办任务列表页面选中一条记录，点击【删除】按钮，将删除该条记录。

（3）刷新。

点击【刷新】按钮，列表将被刷新为数据库最新数据。

2. 待办

点击【待办】页签打开待办页面，页面默认显示缺陷消缺下发待办任务列表信息（工作流程、任务名称、缺陷等级、内容、流转单编号、发送者、发送时间、操作等）。

待办任务列表页面点击【刷新】按钮，列表将被刷新为数据库最新数据。

3. 历史任务

点击【历史任务】页签打开历史任务页面，页面默认显示缺陷消缺下发工单历史任务列表信息（工作流程、任务名称、缺陷等级、内容、流转单编号、发送者、发送时间、操作等）。

输入起始时间、终止时间、流转单编号，点击【查询】按钮，可筛选相应信息列表。

4. 任务统计

点击【任务统计】页签打开任务统计页面，页面默认显示缺陷消缺下发工单任务统计信息（流程总数、任务总数、超时任务数、回退任务数、追回任务数等）。

（三）任务下发管理

进入菜单：业务管理→运行管理→缺陷管理→任务下发管理。

页面默认显示缺陷消缺下发工单信息（下发工单号、任务下发日期、缺陷来源、缺陷等级、缺陷分类、缺陷性质、下属单位接收情况等）。

（1）查询。

输入填报人、任务下发日期、缺陷消缺下发工单号，点击【查询】按钮，可筛选相应信息列表。

（2）新建。

与【缺陷消缺下发】拟办页签内的新建按钮功能相同。

（3）详情。

点击【详情】按钮，查看【任务下发单位详情】页面信息。

（四）缺陷监管

进入菜单：业务管理→运行管理→缺陷管理→缺陷监管。

实现缺陷消缺申请工单的监管页面，可以通过统计频率、统计指标等条件查询相应工单统计，并可以查看查询结果的详细信息。

（五）缺陷库

进入菜单：业务管理→运行管理→缺陷管理→缺陷库。

实现缺陷消缺申请工单的管理页面分为总部公共缺陷库和分部及省公司的独立缺陷库两级。用户可以根据相关搜索条件，如关键字、缺陷等级、缺陷性质等，查询到相应上报到缺陷库的缺陷消缺申请工单。

四、安全管理

（一）安全监测

1. 安全概览

进入菜单：业务管理→安全管理→安全监测→安全概览。

默认显示【昨日客户端病毒处理】、【昨日爆发病毒数 top5】、【感染病毒客户端数】、【保密检测系统安装率】、【敏感信息检查执行率】、【终端补丁安装率】、【设备数量】；底部显示各个单位【昨日客户端病毒处理数】；右上侧显示【高危主机数】、【昨日爆发病毒数】、【感染病毒客户端数比率】、【在线防病毒客户端数比率】、【开启实时监控客户端数比率】；右中侧显示【安全接入平台告警数】；右下侧显示【通道流量趋势】。

（1）昨日客户端病毒处理。

点击饼状图【昨日客户端病毒处理】按钮，右上侧文本联动变化，显示昨日客户端病毒处理数；底部柱状图联动变化，展示各个单位昨日客户端病毒处理数。

（2）保密检测系统安装率。

点击仪表盘【保密检测系统安装率】按钮，底部柱状图联动变化，展示各个单位保密检测系统安装率。

（3）敏感信息检查执行率。

点击仪表盘【敏感信息检查执行率】按钮，底部柱状图联动变化，展示各个单位敏感信息检查执行率。

（4）终端补丁安装率。

点击仪表盘【终端补丁安装率】按钮，底部柱状图联动变化，展示各个单位终端补丁安装率。

（5）设备数量。

点击饼状图【设备数量】按钮，底部柱状图联动变化，展示各个单位设备数量。

2. 内网安全

（1）内网安管。

进入菜单：业务管理→安全管理→安全监测→内网安全→内网安管。

默认显示【风险最大值】、【配置脆弱性】、【新接入安全事件数】、【漏洞总数】、【漏洞状态】；底部显示各个单位【昨日漏洞分布情况】；右上侧显示【已安装防病毒软件终端数量】、【昨日违规软件使用数量】、【昨日风险指数等级】、【昨日应用风险等级】；右中侧显示【风险指数】；右下侧显示【威胁数量】。

1）风险最大值。

点击仪表盘【风险最大值】按钮，右上侧文本联动变化，显示昨日风险指数等级、昨日应用风险等级；右中侧联动变化，显示昨日风险最大值的同比图；右下侧联动变化，显示昨日风险最大值的环比图；底部柱状图联动变化，展示各个单位昨日风险最大值。

2）配置脆弱性。

点击柱状图【配置脆弱性】按钮，右上侧文本联动变化，显示昨日配置脆弱性数量；右中侧联动变化，显示配置脆弱性的同比图；右下侧联动变化，显示配置脆弱性的环比图；底部柱状图联动变化，展示各个单位昨日配置脆弱性数量。

3）新接入安全事件数。

点击饼状图【新接入安全事件数】按钮，右上侧文本联动变化，显示昨日新接入安全事件数量；右中侧联动变化，显示新接入安全事件数量的同比图；右下侧联动变化，显示新接入安全事件数量的环比图；底部柱状图联动变化，展示各个单位昨日新接入安全事件数量。

4）漏洞总数。

点击饼状图【漏洞总数】按钮，右上侧文本联动变化，显示已安装防病毒软件终端数量、昨日漏洞数量；右中侧联动变化，显示漏洞数量的同比图；右下侧联动变化，显示漏洞数量的环比图；底部柱状图联动变化，展示各个单位昨日漏洞总数、高度风险漏洞数、极度风险漏洞数。

5）漏洞状态。

点击饼状图【漏洞状态】按钮，右上侧文本联动变化，显示昨日漏洞数量；右中侧联动变化，显示漏洞数量的同比图；右下侧联动变化，显示漏洞数量的环比图；底部柱状图联动变化，展示各个单位昨日漏洞数量。

（2）防病毒系统。

进入菜单：业务管理→安全管理→安全监测→内网安全→防病毒系统。

　　默认显示【开启实时监控客户端数】、【当前开启防火墙客户端数】、【上周完成扫描客户端数】、按操作系统分类的【防病毒客户端数】、【昨日客户端病毒处理】、【昨日爆发病毒数 top5】、【昨日感染病毒客户端 top5】；底部显示各个单位【昨日防病毒软件客户端数】；右上侧显示【昨日防病毒软件终端数】、【昨日爆发病毒数】、【昨日客户端病毒处理数】；右中侧显示【爆发病毒个数】；右下侧显示【感染病毒客户端个数】。

　　1）开启实时监控客户端数。

　　点击仪表盘【开启实时监控客户端数】按钮，右上侧文本联动变化，显示当前开启实时监控客户端数、当前开启实时监控客户端数比率；底部柱状图联动变化，展示各个单位当前开启实时监控客户端数、当前开启实时监控客户端数比率。

　　2）当前开启防火墙客户端数。

　　点击仪表盘【当前开启防火墙客户端数】按钮，右上侧文本联动变化，显示当前开启防火墙客户端数、当前开启防火墙客户端数比率；底部柱状图联动变化，展示各个单位当前开启防火墙客户端数、当前开启防火墙客户端数比率。

　　3）上周完成扫描客户端数。

　　点击仪表盘【上周完成扫描客户端数】按钮，右上侧文本联动变化，显示上周完成扫描客户端数、上周完成扫描客户端数比率；底部柱状图联动变化，展示各个单位上周完成扫描客户端数、上周完成扫描客户端数比率。

　　4）昨日更新病毒库客户端数。

　　点击仪表盘【昨日更新病毒库客户端数】按钮，右上侧文本联动变化，显示昨日更新病毒库客户端数、昨日更新病毒库客户端数比率；底部柱状图联动变化，展示各个单位昨日更新病毒库客户端数、昨日更新病毒库客户端数比率。

　　5）当前在线防病毒客户端数。

　　点击仪表盘【当前在线防病毒客户端数】按钮，右上侧文本联动变化，显示当前在线防病毒客户端数、当前在线防病毒客户端数比率；底部柱状图联动变化，展示各个单位当前在线防病毒客户端数、当前在线防病毒客户端数比率。

　　6）今日注册防病毒客户端数。

　　点击仪表盘【今日注册防病毒客户端数】按钮，右上侧文本联动变化，显示今日注册防病毒客户端数、今日注册防病毒客户端数比率；底部柱状图联动变化，展示各个单位今日注册防病毒客户端数、今日注册防病毒客户端数比率。

　　7）当前感染病毒客户端数。

　　点击仪表盘【当前感染病毒客户端数】按钮，右上侧文本联动变化，显示当前感染病毒客户端数、当前感染病毒客户端数比率；底部柱状图联动变化，展示各个单位当前感染病毒客户端数、当前感染病毒客户端数比率。

8）今日感染病毒客户端数。

点击仪表盘【今日感染病毒客户端数】按钮，右上侧文本联动变化，显示今日感染病毒客户端数、今日感染病毒客户端数比率；底部柱状图联动变化，展示各个单位今日感染病毒客户端数、今日感染病毒客户端数比率。

9）昨日爆发病毒数。

点击仪表盘【昨日爆发病毒数】按钮，右上侧文本联动变化，显示昨日爆发病毒数；底部柱状图联动变化，展示各个单位昨日爆发病毒数。

10）昨日客户端病毒处理。

点击饼状图【昨日客户端病毒处理】按钮，右上侧文本联动变化，显示昨日客户端病毒处理数；底部柱状图联动变化，展示各个单位昨日客户端病毒处理数。

（3）补丁漏洞。

进入菜单：业务管理→安全管理→安全监测→内网安全→补丁漏洞。

默认显示【高危主机数】、【漏洞统计】、【终端补丁安装率】、【终端补丁下载率】、【终端补丁未安装数】、【当月漏洞扫描数】、【高危漏洞 top10】；底部显示各个单位【漏洞总数】。

1）高危主机数。

点击仪表盘【高危主机数】按钮，底部柱状图联动变化，展示各个单位高危主机数。

2）漏洞统计。

点击饼状图【漏洞统计】按钮，底部柱状图联动变化，展示各个单位漏洞总数。

3）终端补丁安装率。

点击仪表盘【终端补丁安装率】按钮，底部柱状图联动变化，展示各个单位终端补丁安装率。

4）终端补丁下载率。

点击仪表盘【终端补丁下载率】按钮，底部柱状图联动变化，展示各个单位终端补丁下载率。

5）终端补丁未安装数。

点击仪表盘【终端补丁未安装数】按钮，底部柱状图联动变化，展示各个单位终端补丁未安装数。

6）当月漏洞扫描数。

点击仪表盘【当月漏洞扫描数】按钮，底部柱状图联动变化，展示各个单位当月漏洞扫描数。

（4）保密检测。

进入菜单：业务管理→安全管理→安全监测→内网安全→保密检测。

默认显示【敏感信息检查执行率】、【含敏感字样未加入白名单终端数】、【保密检测系统安装率】、【无敏感字样终端数】、【含敏感字样文件终端数】；底部显示各个单位【敏感信息检查执行率】。

1）敏感信息检查执行率。

点击仪表盘【敏感信息检查执行率】按钮，底部柱状图联动变化，展示各个单位敏感信息检查执行率。

2）含敏感字样未加入白名单终端数。

点击仪表盘【含敏感字样未加入白名单终端数】按钮，底部柱状图联动变化，展示各个单位含敏感字样未加入白名单终端数。

3）保密检测系统安装率。

点击仪表盘【保密检测系统安装率】按钮，底部柱状图联动变化，展示各个单位保密检测系统安装率。

4）无敏感字样终端数。

点击仪表盘【无敏感字样终端数】按钮，底部柱状图联动变化，展示各个单位无敏感字样终端数。

（5）运维审计。

进入菜单：业务管理→安全管理→安全监测→内网安全→运维审计。

默认显示【累计运维操作数】、【累计操作告警数】、【当日运维操作数】、【昨日操作告警数】、【运维系统数量】、【运维操作统计】；底部显示各个单位【累计运维操作数】。

1）累计运维操作数。

点击仪表盘【累计运维操作数】按钮，底部柱状图联动变化，展示各个单位累计运维操作数。

2）累计操作告警数。

点击仪表盘【累计操作告警数】按钮，底部柱状图联动变化，展示各个单位累计操作告警数。

3）当日运维操作数。

点击仪表盘【当日运维操作数】按钮，底部柱状图联动变化，展示各个单位当日运维操作数。

4）昨日操作告警数。

点击仪表盘【昨日操作告警数】按钮，底部柱状图联动变化，展示各个单位昨日操作告警数。

3. 外网安全

进入菜单：业务管理→安全管理→安全监测→外网安全。

默认显示【病毒木马感染】、【敏感信息数】、【当日互联网访问流量】、【病毒时段记录】、【防病毒软件安装数 TOP10】；底部显示各个单位【互联网访问流量】；右上侧显示【终端注册数】、【在线终端数】、【敏感信息数】、【当日外网网站被攻击数】；右中侧显示【被攻击次数 TOP5】。

（1）病毒木马感染。

点击饼状图【病毒木马感染】按钮，底部联动变化，展示今日 24 小时的病毒木马感染数曲线图。

（2）敏感信息数。

点击饼状图【敏感信息数】按钮，底部联动变化，展示今日 24 小时的敏感信息数曲线图。

（3）当日互联网访问流量。

点击饼状图【当日互联网访问流量】按钮，底部柱状图联动变化，展示各个单位的互联网访问流量。

4. 安全接入平台

（1）平台概览。

进入菜单：业务管理→安全管理→安全监测→安全接入平台→平台概览。

默认显示【告警事件监测】、【通道流量趋势】、【见识告警事件】、【今日网省通道利用率峰值】、【安全平台更新时长】、【网省终端监测】。

（2）终端监测。

进入菜单：业务管理→安全管理→安全监测→安全接入平台→终端监测。

默认显示【注册终端总数】、【当前在线终端数】、【今日在线峰值】、【历史在线峰值】、【不同类型终端注册数】、【不同类型终端在线数】、【终端告警】、【业务终端注册数】、【业务终端在线数】。

（3）平台监测。

进入菜单：业务管理→安全管理→安全监测→安全接入平台→平台监测。

默认显示【CPU 平均利用率】、【内存利用率】、【设备并发连接数】、【CPU 利用率超标数】、【内存利用率超标数】、【违法访问控制策略数】。

（4）通道监测。

进入菜单：业务管理→安全管理→安全监测→安全接入平台→通道监测。

默认显示【通道日流量】、【通道利用率】、【通道流量月趋势】。

5. 信息网隔离

（1）隔离装置概览。

进入菜单：业务管理→安全管理→安全监测→信息网隔离→隔离装置概览。

默认显示【设备数量】、【内存利用率超标数】、【CPU 利用率超标数】、【隔离装置更新时长】；底部显示各个单位【设备数量】。

1）设备数量。

点击仪表盘【设备数量】按钮，底部柱状图联动变化，展示各个单位设备数量。

2）内存利用率超标数。

点击仪表盘【内存利用率超标数】按钮，底部柱状图联动变化，展示各个单位内存利用率超标次数。

3）CPU 利用率超标数。

点击仪表盘【CPU 利用率超标数】按钮，底部柱状图联动变化，展示各个单位 CPU 利用率超标次数。

（2）隔离装置监测。

进入菜单：业务管理→安全管理→安全监测→信息网隔离→隔离装置监测。

默认显示隔离装置设备表格，包括设备名称、运行单位、安全事件数、状态、健康运行时长、IP 地址、CPU 使用率、内存使用率；支持按设备名称、运行单位进行组合查询。

1）设备名称查询。

在表格上方【设备名称】输入框中输入查询关键字，点击【查询】按钮可以查看筛选的隔离装置设备信息。

2）运行单位查询。

在表格上方【运行单位】下拉框中选择一个运行单位，点击【查询】按钮可以查看筛选的隔离装置设备信息。

3）重置查询条件。

点击表格上方的【重置查询条件】按钮，可以重置查询条件。

6. 防火墙

（1）防火墙概览。

进入菜单：业务管理→安全管理→安全监测→防火墙→防火墙概览。

默认显示【防火墙总数】、【端口总流量】、【CPU 平均使用率】、【内存平均使用率】、【平均并发连接数】、【端口平均丢包率】、【端口平均错包率】、【端口平均带宽利用率】；底部显示各个单位【防火墙总数】。

1）防火墙总数。

点击饼状图【防火墙总数】按钮，底部柱状图联动变化，展示各个单位防火墙总数。

2）CPU 平均使用率。

点击仪表盘【CPU 平均使用率】按钮，底部柱状图联动变化，展示各个单位 CPU

平均使用率。

3）内存平均使用率。

点击仪表盘【内存平均使用率】按钮，底部柱状图联动变化，展示各个单位内存平均使用率。

4）平均并发连接数。

点击仪表盘【平均并发连接数】按钮，底部柱状图联动变化，展示各个单位平均并发连接数。

5）端口平均丢包率。

点击仪表盘【端口平均丢包率】按钮，底部柱状图联动变化，展示各个单位端口平均丢包率。

6）端口平均错包率。

点击仪表盘【端口平均错包率】按钮，底部柱状图联动变化，展示各个单位端口平均错包率。

7）端口平均带宽利用率。

点击仪表盘【端口平均带宽利用率】按钮，底部柱状图联动变化，展示各个单位端口平均带宽利用率。

（2）防火墙监测。

进入菜单：业务管理→安全管理→安全监测→防火墙→防火墙监测。

默认显示防火墙设备表格，包括设备名称、运行单位、状态、健康运行时长、IP地址、CPU 使用率、内存使用率；支持按设备名称、运行单位进行组合查询。

1）设备名称查询。

在表格上方【设备名称】输入框中输入查询关键字，点击【查询】按钮可以查看筛选的防火墙设备信息。

2）运行单位查询。

在表格上方【运行单位】下拉框中选择一个运行单位，点击【查询】按钮可以查看筛选的防火墙设备信息。

3）重置查询条件。

点击表格上方的【重置查询条件】按钮，可以重置查询条件。

（二）桌面监测

1. 内网桌面

进入菜单：业务管理→安全管理→桌面监测→内网桌面。

默认显示内网【终端数量】、【弱口令终端数】、【未注册数量】、【违规外联告警】、【在线桌面终端】、【登录终端数】、【防病毒安装数】、【补丁安装率】、【终端使用率】；

底部显示内网各个单位【在线桌面终端】；右上侧显示内网【台式机在线数量】、【笔记本在线数量】、【昨日终端数量】；右中侧显示内网【违规外联告警数】；右下侧显示内网【今日在线桌面终端】。

（1）终端数量。

点击饼状图【终端数量】按钮，右上侧文本联动变化，显示应注册终端数、注册终端数、注册终端率；右中侧联动变化，显示内网终端的环比图；右下侧联动变化，显示今日24h内网应注册终端数；底部柱状图联动变化，展示各个单位的内网终端数。

（2）弱口令终端数。

点击仪表盘【弱口令终端数】按钮，右上侧文本联动变化，显示昨日弱口令终端数；右中侧联动变化，显示弱口令终端数的同比图；右下侧联动变化，显示弱口令终端数的环比图；底部柱状图联动变化，展示各个单位的弱口令终端数。

（3）未注册数量。

点击仪表盘【未注册数量】按钮，右上侧文本联动变化，显示应注册终端数、终端注册率；右中侧联动变化，显示未注册终端数峰值的环比图；右下侧联动变化，显示今日24h未注册终端数；底部柱状图联动变化，展示各个单位的未注册终端数。

（4）违规外联告警。

点击仪表盘【违规外联告警】按钮，右上侧文本联动变化，显示终端违规外联实时告警数量；右中侧联动变化，显示违规外联告警数的环比图；右下侧联动变化，显示今日24h的违规外联告警数；底部柱状图联动变化，展示各个单位的终端违规外联实时告警数量。

（5）在线桌面终端。

点击仪表盘【在线桌面终端】按钮，右上侧文本联动变化，显示当前在线台式机、当前在线笔记本；右中侧联动变化，显示在线桌面终端数峰值的环比图；右下侧联动变化，显示今日24h在线桌面终端；底部柱状图联动变化，展示各个单位的在线桌面终端。

（6）登录终端数。

点击仪表盘【登录终端数】按钮，右上侧文本联动变化，显示当日登录终端数、弱口令终端数；右中侧联动变化，显示每日登录终端数峰值的环比图；右下侧联动变化，显示今日24h的登录终端数；底部柱状图联动变化，展示各个单位的登录终端数。

（7）防病毒安装数。

点击仪表盘【防病毒安装数】按钮，右上侧文本联动变化，显示昨日安装防病毒软件终端数、昨日防病毒软件安装率；右中侧联动变化，显示安装防病毒软件终端数的同比图；右下侧联动变化，显示安装防病毒软件终端数的环比图；底部柱状图联动变化，展示各个单位的防病毒软件安装数、防病毒软件安装率。

（8）补丁安装率。

点击仪表盘【补丁安装率】按钮，右上侧文本联动变化，显示昨日补丁库中补丁总数、昨日已安装补丁数；右中侧联动变化，显示补丁安装率的同比图；右下侧联动变化，显示补丁安装率的环比图；底部柱状图联动变化，展示各个单位的昨日补丁安装率。

（9）终端使用率。

点击仪表盘【终端使用率】按钮，右上侧文本联动变化，显示当日登录终端数、上个月无使用记录的终端数；右中侧联动变化，显示终端使用率峰值的环比图；右下侧联动变化，显示今日 24h 的终端使用率、登录终端数；底部柱状图联动变化，展示各个单位的终端使用率。

2. 外网桌面

进入菜单：业务管理→安全管理→桌面监测→外网桌面。

默认显示外网【终端数量】、【终端注册率】、【当前在线统计】、【安装防病毒软件终端数】、【补丁安装率】、【弱口令终端数】、【保密检测系统安装数】；底部显示外网各个单位【在线桌面终端】；右上侧显示外网【注册终端数】、【应注册终端数】、【未注册终端数】；右中侧显示外网【今日在线桌面终端】；右下侧显示外网【使用违规软件终端数】。

（1）终端数量。

点击饼状图【终端数量】按钮，右上侧文本联动变化，显示注册终端数、应注册终端数、未注册终端数；右中侧联动变化，显示今日 24h 的在线桌面终端；右下侧联动变化，显示使用违规软件终端数的环比图；底部柱状图联动变化，展示各个单位的在线桌面终端。

（2）终端注册率。

点击仪表盘【终端注册率】按钮，右上侧文本联动变化，显示注册终端数、应注册终端数、未注册终端数；右中侧联动变化，显示今日 24h 的应注册终端；右下侧联动变化，显示外网终端的环比图；底部柱状图联动变化，展示各个单位的当前终端注册率。

（3）当前在线统计。

点击饼状图【当前在线统计】按钮，右上侧文本联动变化，显示登录终端数、终端使用率；右中侧联动变化，显示今日 24h 的登录终端数；右下侧联动变化，显示今日 24h 的终端使用率；底部柱状图联动变化，展示各个单位的当前在线台式机数、当前在线笔记本数。

（4）安装防病毒软件终端数。

点击仪表盘【安装防病毒软件终端数】按钮，右上侧文本联动变化，显示昨日终端安全告警数、昨日系统运行异常数、昨日违规软件使用数、昨日使用违规软件的终端数；右中侧联动变化，显示安装防病毒软件终端数的同比图；右下侧联动变化，显示安装防病毒软件终端数的环比图；底部柱状图联动变化，展示各个单位的昨日安装防病毒软件终端数。

（5）补丁安装率。

点击仪表盘【补丁安装率】按钮，右上侧文本联动变化，显示昨日补丁库中补丁总数、昨日已安装补丁数；右中侧联动变化，显示补丁安装率的同比图；右下侧联动变化，显示补丁安装率的环比图；底部柱状图联动变化，展示各个单位的昨日补丁安装率。

（6）弱口令终端数。

点击仪表盘【弱口令终端数】按钮，右上侧文本联动变化，显示昨日权限变更审计信息数、昨日权限变更终端数、昨日弱口令审计信息数；右中侧联动变化，显示弱口令终端数的同比图；右下侧联动变化，显示弱口令终端数的环比图；底部柱状图联动变化，展示各个单位的昨日弱口令终端数。

（7）保密检测系统安装数。

点击仪表盘【保密检测系统安装数】按钮，右上侧文本联动变化，显示昨日未添加白名单终端数；右中侧联动变化，显示保密检测系统安装数的同比图；右下侧联动变化，显示保密检测系统安装数的环比图；底部柱状图联动变化，展示各个单位的昨日保密检测系统安装数。

【思考与练习】

1. 调度员进行信息系统实时监视的界面主要是调度监测模块的哪一视图？

2. 如何下发缺陷单？

3. 如何进行检修的申请？

▶ 模块4　I6000 决策分析模块应用（Z40I1004Ⅰ）

【模块描述】本模块介绍 I6000 系统决策分析模块的基本界面。通过对决策分析模块中决策看板、评价分析的关键内容的介绍，掌握对决策分析模块的使用。

【模块内容】

一、决策看板

1. 调度监视

进入菜单：决策分析→决策看板→调度监视。

（1）网络运行（图8-4-1）。

以柱、线图、文本组、图表的形式展现网络时延均值、网络时延峰值指标、网络运行负荷光缆长度、网络总流量等网络运行指标。网络运行功能点见表8-4-1。

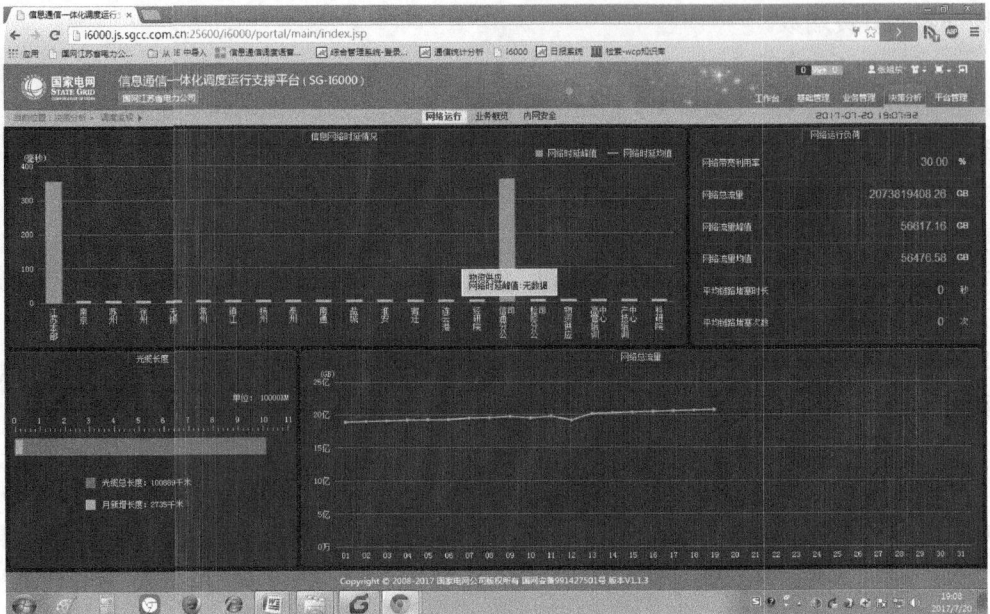

图8-4-1　网络运行

表8-4-1　　　　　　　　　　网络运行功能点

功能点名称	功能点内容描述（业务步骤/业务规则）
信息网络时延情况	以柱线图展示【网络延时峰值】、【网络延时均值】的指标情况
网络运行负荷	以文本数组展示【网络宽带利用率】、【网络总流量】、【网络流量峰值】、【网络流量均值】、【平均链路阻塞时长】、【平均链路阻塞次数】的指标情况
光缆长度	以图表的形式展现【光缆总长度】、【月新增光缆长度】的指标情况
网络总流量	以趋势图的形式展现当日24h【网络总流量】的指标情况

（2）业务概览（图8-4-2）。

以柱、线图、仪表盘的形式展现业务系统在线人数统计、累计登录人数统计、值班记录、继电保护、安全自动装置、调度自动化、归档通信方式单、累计归档缺陷单、累计归档检修单等业务指标。业务概览功能点见表 8-4-2。

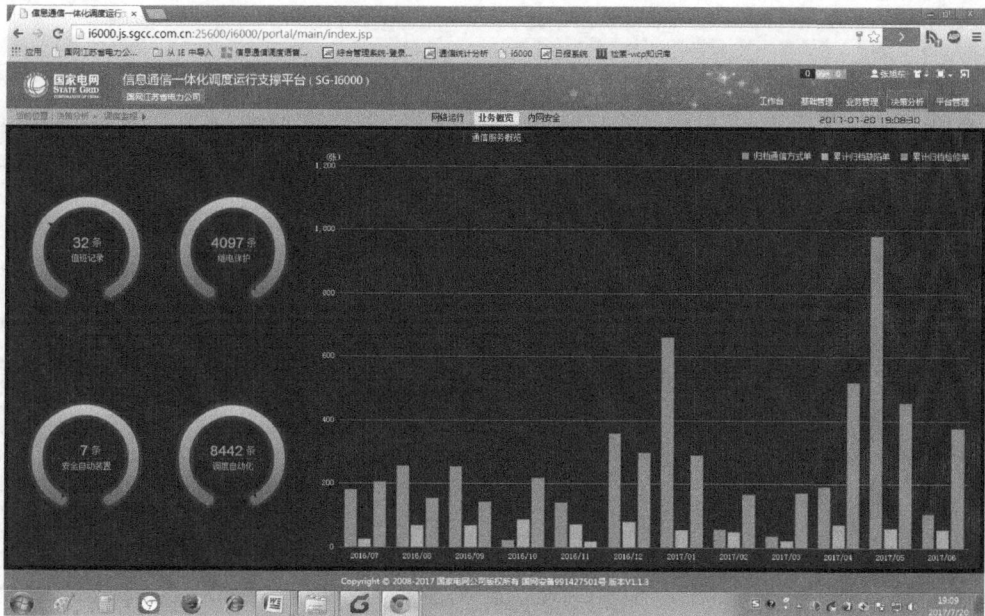

图 8-4-2 业务概览

表 8-4-2   业务概览功能点

功能点名称	功能点内容描述（业务步骤/业务规则）
业务系统登录人数统计	以柱线图的形式展现【业务系统在线人数峰值】、【业务系统登录人数峰值】、【业务系统日登陆人数】的指标情况
系统登录人数统计	以柱线图的形式展现 24h【日登录人数】、【当日在线人数】、【昨日在线人数】的指标情况
通信服务概览	以仪表盘形式展现【值班记录】、【继电保护】、【安全自动装置】、【调度自动化】的指标情况； 以柱状图的形式展现 12 个月内【归档通信方式单】、【累计归档缺陷单】、【累计归档检修单】的指标情况

（3）内网安全（图 8-4-3）。

以线图和柱图的形式展现省公司弱口令终端数、感染病毒客户端数、违规外联数、本月爆发病毒数等内网安全指标。内网安全功能点见表 8-4-3。

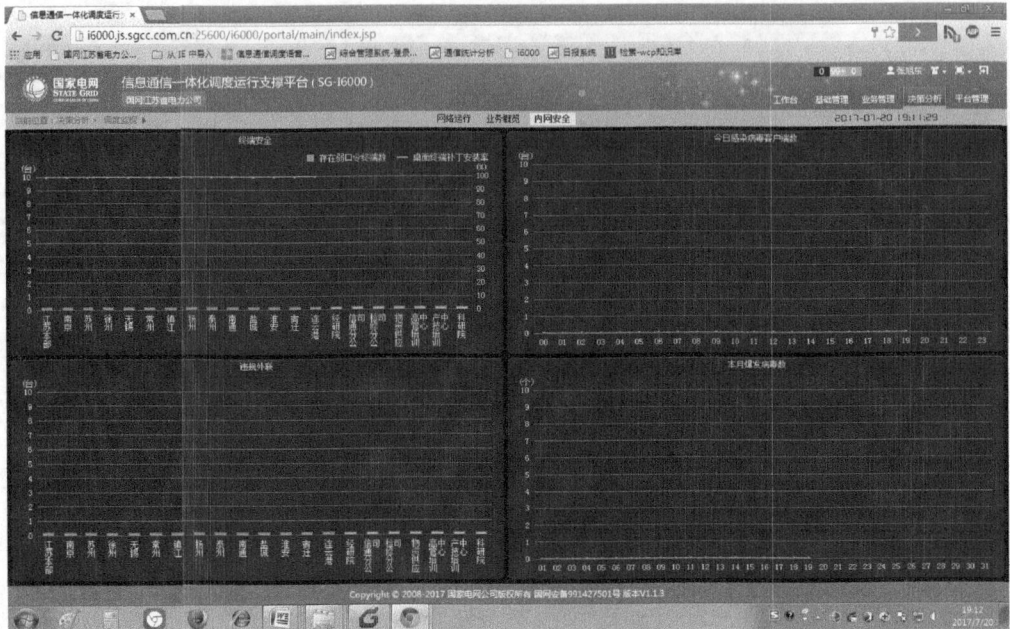

图 8-4-3 内网安全

表 8-4-3 内网安全功能点

功能点名称	功能点内容描述（业务步骤/业务规则）
终端安全	以柱线图的形式展现【存在弱口令终端数】、【桌面补丁安装率】的指标情况
违规外联	以柱状图的形式展现【违规外联数】的指标情况
今日感染病毒客户端数	以趋势图的形式展现当日 24h 内【感染病毒客户端数】的指标情况
本月爆发病毒数	以趋势图的形式展现当月每日【爆发病毒数】

2. 运行检修

进入菜单：决策分析→决策看板→运行检修。

（1）设备规模（图 8-4-4）。

以饼状图、地图、雷达图等展现形式直观地展示内外网设备数量、设备数量分布、设备状态汇总、设备监控率等指标情况。设备规模功能点见表 8-4-4。

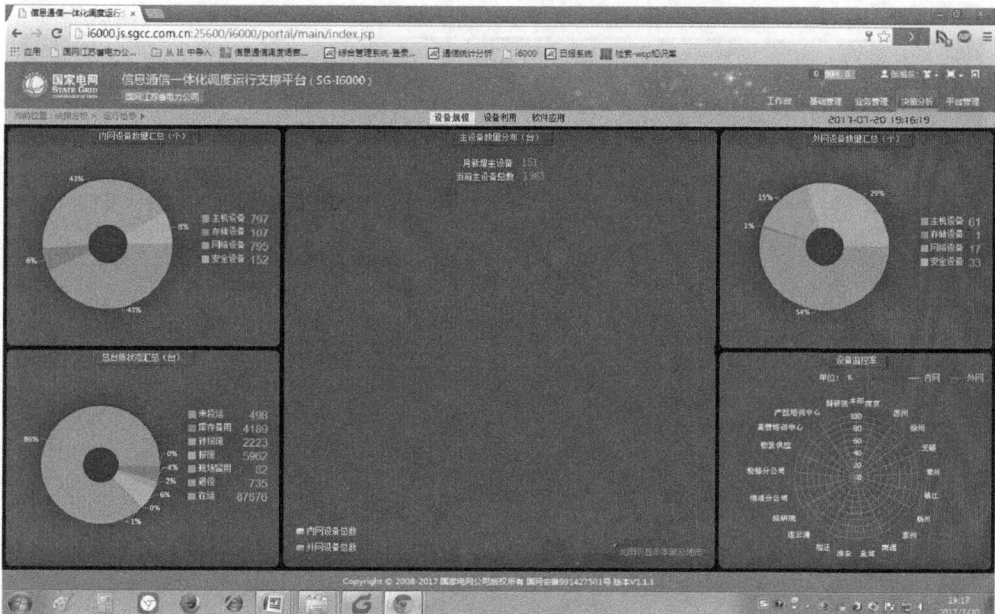

图 8-4-4　设备规模

表8-4-4　　　　　　　　　　　　**设 备 规 模 功 能 点**

功能点名称	功能点内容描述（业务步骤/业务规则）
内网设备数量汇总	以饼状图的形式展现【内网设备数量】的指标情况
外网设备数量汇总	以饼状图的形式展现【外网设备数量】的指标情况
设备状态汇总	以饼状图的形式展现按设备状态分类的设备数量
设备监控率	以雷达图的形式展现各地区内外网设备的【设备监控率】
设备数量分布	以地图的形式展现【内网设备总数】、【外网设备总数】的指标情况； 以文本数组的形式展现【月新增设备数】、【当前设备总数】的指标情况

（2）设备利用（图 8-4-5）。

以柱状图、趋势图、仪表盘、饼状图等展现形式直观地展示设备投运数量、设备厂商排名、新增设备数量、本月到保设备、故障设备厂商排名、设备腾退再利用等指标情况。设备利用功能点见表 8-4-5。

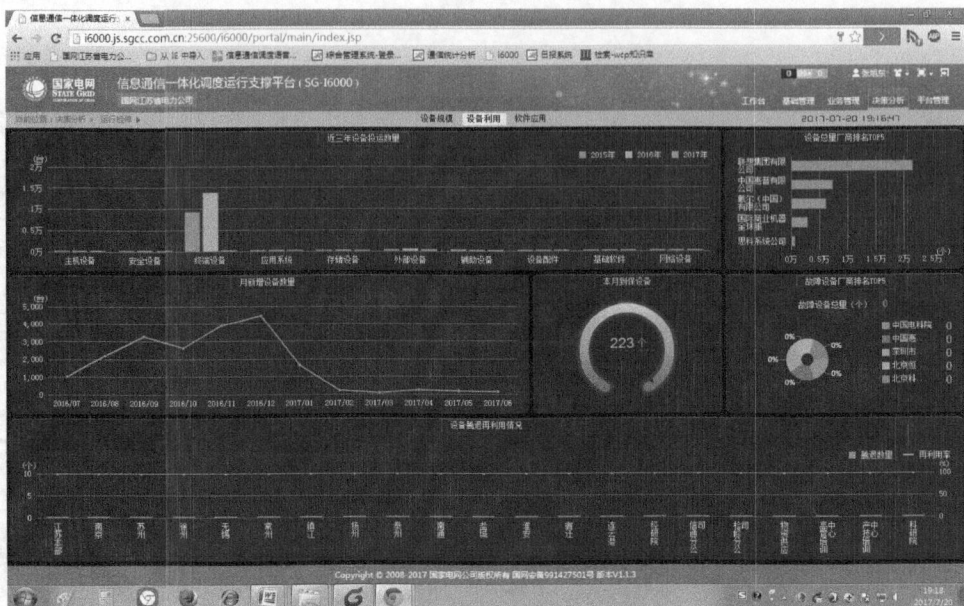

图 8-4-5 设备利用

表 8-4-5 设 备 利 用 功 能 点

功能点名称	功能点内容描述（业务步骤/业务规则）
近三年设备投运数量	以柱状图的形式展现各类型设备近三年的【设备投运数量】
设备总量厂商排名 TOP5	以柱状图的形式按【设备总量】的厂商排名 TOP5 进行展现
月新增设备数量	以趋势图的形式展现 12 个月内【月新增设备数量】的指标情况
本月到保设备	以仪表盘的形式展现【本月到保设备】的指标情况
故障设备厂商排名 TOP5	以文本的形式展现【故障设备总量】的指标情况 以饼状图的形式按【故障设备】的厂商排名 TOP5 进行展现
设备腾退再利用情况	以文本的形式展现【设备再利用总量】的指标情况； 以柱线图的形式展现【腾退设备数量】、【再利用数量】、【再利用率】

（3）软件应用（图 8-4-6）。

以柱状图、趋势图、仪表盘、饼状图等展现形式直观地展示基础软件情况、基础软件明细、各单位业务系统建设及监控、新增监控业务系统等指标情况。软件应用功能点见表 8-4-6。

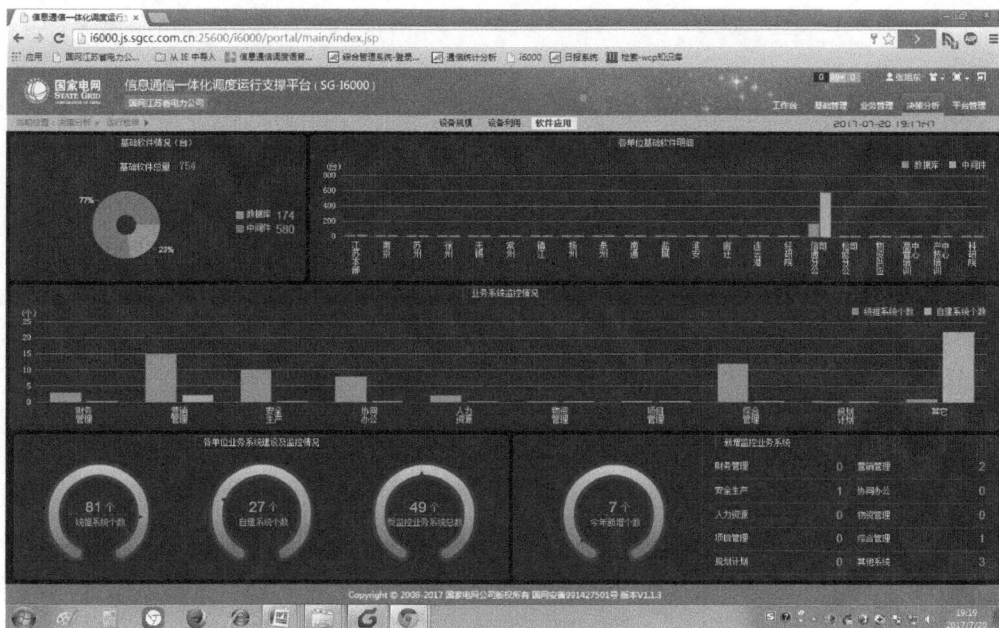

图 8-4-6　软件应用

表 8-4-6　　　　　　　　　　**软件应用功能点**

功能点名称	功能点内容描述（业务步骤/业务规则）
基础软件情况	以文本、饼状图的形式展现【基础软件数量】的指标情况
各单位基础软件明细	以柱状图的形式展现今年各月的【数据库】、【中间件】基础软件明细情况
业务系统监控情况	以柱线图的形式展现【统推系统个数】、【自建系统个数】的指标情况
各单位业务系统建设及监控情况	以仪表盘的形式展现【统推系统个数】、【自建系统个数】、【受监控业务系统总数】的指标情况
新增监控业务系统	以仪表盘及文本组的形式展现【今年新增监控业务系统个数】总数，以及按十大业务系统分类的情况

3. 信通看板（图 8-4-7）

进入菜单：决策分析→决策看板→信通看板。

以文本组、饼状图、柱状图、趋势图等展现形式直观地展示综合监管、监控设备、台账设备、日增一单/两票数、带宽占用率、各应用系统在线人数、在线桌面终端数以及终端注册率的指标情况。信通看板功能点见表 8-4-7。

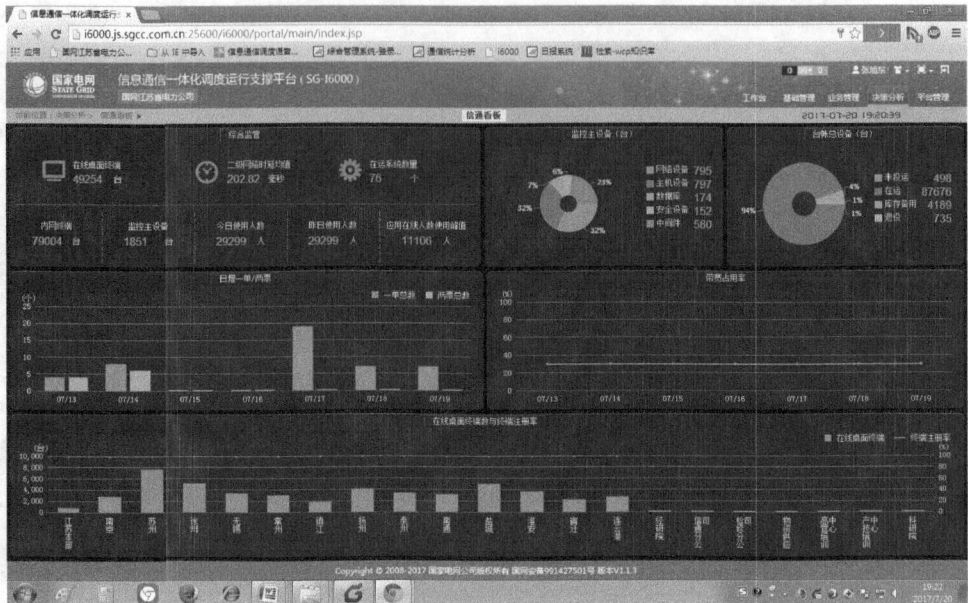

图 8-4-7　信通看板

表 8-4-7　　　　　　　　　信 通 看 板 功 能 点

功能点名称	功能点内容描述（业务步骤/业务规则）
综合监管	以图形化的文本形式展现【在线桌面终端数】、【网络时延均值】、【在运系统数量】、【内网终端数】、【监控主设备】、【今日使用人数】、【昨日使用人数】、【应用在线人数使用峰值】的综合指标情况
监控设备	以饼状图的形式展现【监控设备】情况
台账设备	以饼状图的形式展现【台账设备】情况
日增一单/两票	以柱状图的形式展现近 7 日内每日新增【一单总数】、【两票总数】的指标情况
宽带占用率	以趋势图的形式展现近 7 日内每日【宽带占用率】的指标情况
应用系统在线人数	以图形化的文本组形式展现各应用系统的【在线人数】的指标情况
在线桌面终端数与终端注册率	以柱线图的形式展现【在线桌面终端】、【终端注册率】的指标情况

二、评价分析

点击【评价分析】进入评价分析模块的功能页面（图 8-4-8）。

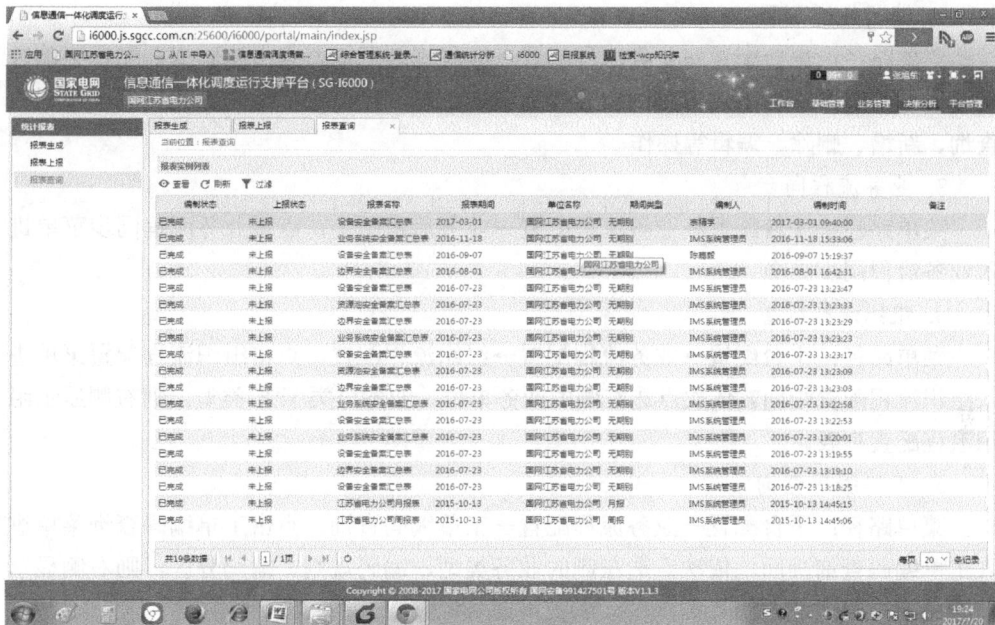

图 8-4-8　评价分析模块

【思考与练习】

1. 决策看板展示哪三部分内容？
2. 调度监视界面包含哪些模块？
3. 简述信通看板的功能点？

◢ 模块 5　I6000 平台配置模块应用（Z40I1005Ⅰ）

【模块描述】本模块介绍 I6000 系统平台配置模块的基本界面。通过对平台配置模块中业务流程配置、数据总线配置、任务调度配置的关键内容的介绍，掌握对平台配置模块的使用。

【模块内容】

该模块为系统管理员使用的系统管理模块，本章主要对该模块功能进行简要介绍。

一、业务流程配置

1. 业务类型配置

菜单路径：平台配置→业务流程配置→业务类型配置。点击业务类型配置菜单进入业务类型配置画面；点击业务分类名称，则显示业务类型列表。

2. 编码规则配置

菜单路径：平台配置→业务流程配置→编码规则配置。点击编码规则配置菜单进入编码规则配置画面；点击左侧的业务类型，在右侧可以进行编码参数和编码规则的查询、新增、删除、编辑等操作。

3. 业务流程同步

菜单路径：平台配置→业务流程配置→业务流程同步。点击业务流程同步菜单进入业务流程同步画面。

4. 组织流程配置

菜单路径：平台配置→业务流程配置→组织流程配置，点击组织流程配置菜单进入组织流程配置画面。依次点选左侧的业务单位、业务分类/业务类型，则右侧显示组织流程配置列表。

5. 工单编码查询

菜单路径：平台配置→业务流程配置→工单编码查询，点击工单编码查询菜单进入工单编码查询画面。依次点选左侧的业务类型、编码规则、编码分区，则右侧显示已生成的编码列表。

二、数据总线配置

1. 应用节点配置

菜单路径：平台配置→数据总线配置→应用节点配置。

2. 消息主题配置

菜单路径：平台配置→数据总线配置→消息主题配置。

3. 消息队列配置

菜单路径：平台配置→数据总线配置→消息队列配置。

三、任务调度配置

1. 定时任务配置

菜单路径：平台配置→任务调度配置→定时任务配置，点击定时任务配置菜单进入定时任务配置画面。

（1）任务组查询。

在任务组中点选组名称，可以查询任务组下的任务。

（2）任务组新增。

右击任务组，输入组名称。

（3）任务组编辑。

右击组名称，修改相关信息。

（4）任务组删除。

右击组名称，可以选择删除该任务组。

（5）任务过滤。

输入任务名称、触发器状态等查询条件，查询符合查询条件的定时任务列表。

（6）任务新增。

输入或者选择相关信息，可以新增任务。

（7）任务修改。

选中一个任务，可以修改该任务以及相关信息。

（8）任务删除。

选中一个任务，当该任务是停用状态，可以删除该任务；如该任务是启用状态，则提示"定时任务正在运行，删除失败！"，弹出提示框。

（9）任务启用。

选中一个任务，如果该任务是已停用状态，可以启用该任务，弹出提示框。

（10）任务停用。

选中一个任务，如果该任务是启用状态，可以停用该任务，弹出提示框。

（11）查看明细。

单击定时任务记录中的任务停用按钮，可以打开定时任务详细信息。

（12）查看日志。

单击定时任务记录中的查看日志按钮，可以打开定时任务日志。

2. 任务日志查询

菜单路径：平台配置→任务调度配置→任务日志查询。

输入任务名称等查询条件，查询符合查询条件的定时任务日志列表。

【思考与练习】

1. 叙述安全接入平台的 3 种接入方式？

2. 隔离装置总览页面以表格的形式展示所属地区的隔离装置信息，显示了设备的哪些内容？

3. 分页控件在表格的下面，默认每页显示多少条记录？

◢ 模块 6　IMS 告警监管模块应用（Z40I1006Ⅱ）

【模块描述】本模块介绍 IMS 系统告警监管的基本界面。通过对告警监管模块中实时告警、告警查询维护等内容的介绍，掌握告警监管模块的使用和告警数据的判别方法。

【模块内容】

一、概述

运行监管以仪表盘、饼状图、曲线图、柱状图等形式对该地区的网络指标进行展现。点击曲线图和不同的仪表盘按钮后，右侧三块区域和底部地域的柱状图会相应变化。IMS 系统告警监管界面如图 8-6-1 所示。

仪表盘展现告警关闭率；饼状图展现告警状态；曲线图展现近一周发生频率较高的告警（TOP10）、今日每小时告警数量、本周每日告警数量；柱状图展现昨日告警总条数。

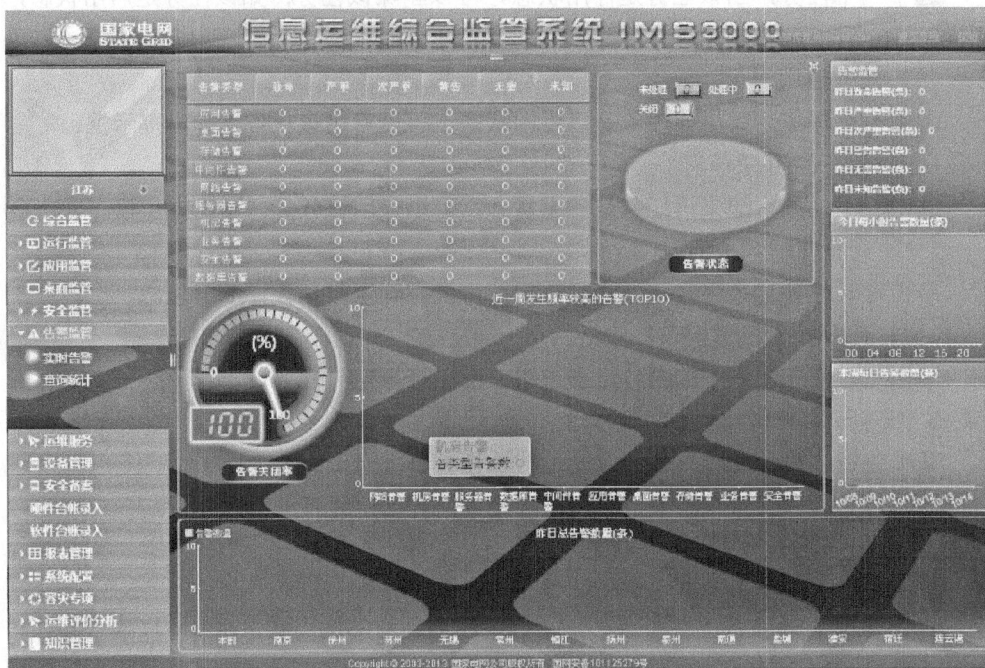

图 8-6-1　IMS 系统告警监管界面

二、子目录

（一）实时告警

展示告警面表中未关闭的告警，页面默认展示当天当前地域的所有未关闭告警。这些告警均为压缩后的告警。重复次数记录了当前实时告警有多少条重复的同类告警，点击可以查看具体的单条告警。

通过选择内外网告警、告警时间和紧急度三者可过滤查询告警，点击告警名称可以查看告警详情。告警名称、时间、告警类型、发生地点、所属资源都有可以选择的下拉列表，用于过滤告警的展示条件。

（1）处理中的告警。

展示断面表中处理中的告警。页面默认展示当天当前地域的所有处理中的告警。这些告警均为压缩后的同类告警。重复次数记录了当前有多少条重复的同类告警。点击放大镜可以查看这些单条告警。处理中告警界面不能对告警进行确认和转工单操作，其他与实时告警界面相同。

（2）已关闭告警。

展示告警面表中已关闭的告警，页面默认展示当天当前地域的所有已关闭的告警。这些告警均为压缩后的告警。重复次数记录了当前有多少条重复的同类告警。点击放大镜可以查看具体的单条告警。已关闭告警界面不能对告警进行确认和转工单操作，其他与实时告警界面相同。

（二）查询统计

（1）告警查询。

告警查询界面，可以通过输入单一或组合条件，查询所有告警。对查询出的未关闭告警，可以进行确认和转工单操作。

（2）告警统计分析。

根据时间、发生地点、告警类型及告警级别查询出告警信息，可以导出查询到的告警信息，通过柱状图及饼图来展示查询出的告警件数和告警比率。

【思考与练习】

1. 如何进行告警查询？

2. 告警是如何分类的？

3. 点击告警名称可以查看哪些内容？

模块 7　IMS 运维服务模块应用（Z40I1007Ⅱ）

【模块描述】本模块介绍 IMS 系统运维服务的基本界面。通过对运维服务模块中工作单、工作票、操作票的创建、查询、填写要求等内容的介绍，掌握运维服务模块的操作方法。

【模块内容】

一、概述

运维服务以仪表盘、饼状图、曲线图、柱状图等形式对该地区的网络指标进行展现。点击曲线图和不同的仪表盘按钮后，右侧三块区域和底部地域的柱状图会相应变化。IMS 系统运维服务界面如图 8-7-1 所示。

仪表盘展现近日缺陷平均解决小时数、今日事件平均解决小时数、事件关闭率、缺陷消缺率、工作票归档、事件及时关闭率、两票关联率。

饼状图展现昨日工单统计、新增工单数、新增两票数。

曲线图展现工作票计划解决率。

柱状图展现事件/缺陷工单总数、一线解决率。

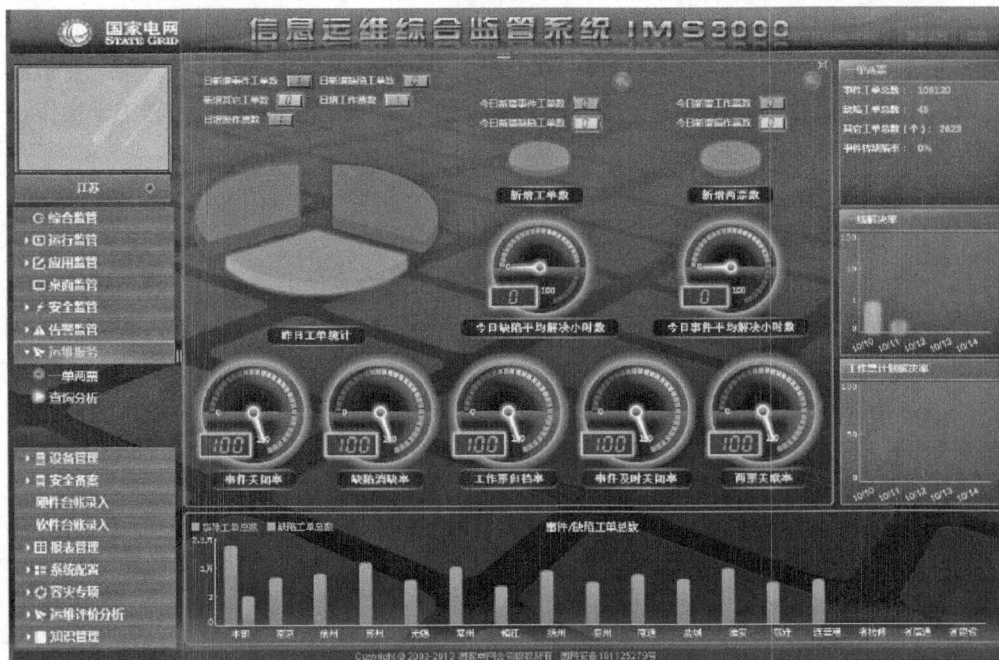

图 8-7-1　IMS 系统运维服务界面

运维服务管理展示当前登录用户的待办任务，包括调度管理流程、运行管理流程、检修管理流程、客服管理流程的数据。当点击某个具体的任务后，弹出一个新界面，进入一单两票管理模块中具体的工单处理界面，则可以进行工单的操作。

二、子目录

1. 任务列表

任务列表是指需要用户进行处理的任务，包括调度管理流程、检修管理流程、运行管理流程、客服管理流程等工单任务。用户可以在待办事宜列表中选择查看该用户所属的所有任务工单，并进行相应的处理。

当前任务标签页下的工单指需要用户进行处理的工单任务，可以在此列表中选择查看该用户所属的所有任务工单，并进行相应的处理。

历史任务标签页主要记录已经处理并完成归档或历史遗留下的历史任务工单。

任务统计标签页主要记录对该用户所属的任务工单的统计分析。

2. 流程管理

流程树上按照调度运行检修体系结合容灾运维业务进行流程划分，流程管理分为调度管理流程、运行管理流程、检修管理流程、客服管理流程四大类。

3. 流程操作

（1）缺陷管理流程。

缺陷管理是指对信息设备及信息系统存在的缺陷进行消除的管理活动。缺陷管理是运行维护部门十分重要的日常工作，对出现的缺陷应及时登记并进行消缺闭环管理。

1）开单。

用户登录系统后，首先在左边的流程树上找到需要新建流程节点【缺陷管理】，双击该节点或者点击工具栏上【新建】按钮，此时将弹出缺陷管理工单界面。

完成缺陷填报阶段的信息填写后，点击【发送】按钮，将工单发送给缺陷分析阶段的处理人。

2）缺陷分析。

检修单位接到缺陷通知后，负责该缺陷的分析人员对现场进行勘查、分析，并将分析过程（描述怎么分析的）、分析结果（是/否缺陷、是否需要裁定）、分析结论（描述缺陷性质—分类、等级、定性，如网络类重要非共性缺陷）、缺陷原因（分析结果的原因）、消缺方案（包括风险方案）等信息录入缺陷管理工单中，然后将缺陷管理工单流转至审核阶段进行审核。

如果分析人员对缺陷的填报内容有异议，可退回原填报单位，由原填报单位根据实际情况对缺陷填报内容做出修正后，再进行分析。

完成缺陷分析阶段的信息填写，点击【发送】按钮，将工单转交给缺陷审核阶段的处理人。

3）缺陷审核。

在接受和记录缺陷之后，调度人员对缺陷的描述、分级和分类等信息进行审核，并将审核结果（可以、消缺方案不通过、非缺陷）、审核意见等信息录入缺陷管理工单中。若确认缺陷有效，将缺陷分配给相应的检修人员进行消缺处理，并确定是否计入省公司的典型缺陷库；若确认缺陷无效，可将缺陷管理工单退回，重新分析后，再进行审核。

缺陷管理工单审核完成后，系统将自动向总部申请总部定性，此时会在总部系统里生成总部专家定性待办任务。

缺陷工作审核完成前，后边流程节点的用户可以根据需要更新前边流程节点用户填写的内容，如用户 A 填写了缺陷受理的内容，那么在缺陷分析阶段的用户 B 可以更改缺陷受理中的内容。

信息检修人员完成缺陷审核信息的填写后，点击【发送】按钮，完成缺陷的审核，并将工单转交给缺陷消缺阶段处理人。

4）缺陷消缺。

检修人员在接受调度分配的消缺工作后，需要了解清楚检修缺陷的详细情况，在规定的时限内完成消缺工作。消缺工作需要落实到检修计划中，对已上报的缺陷必须有明确的结论或处理检查结果，检修人员检修工作结束后要求现场进行消缺闭环处理即消缺计划；对未消缺或未完全消缺的缺陷退回重新进行检修安排。

消缺计划需填写消缺方案、操作方案、风险方案等内容。并将消缺计划执行中的计划时间段、工作内容、目的、实际时间段、完成状态（消缺中、消缺成功、消缺失败）、情况描述等内容录入到缺陷管理工单中，只有消缺成功的缺陷管理工单才可以归档。

在缺陷管理工单完成消缺后才能入缺陷库。完成缺陷消缺阶段的信息填写后，点击【发送】按钮，并将工单转交给缺陷归档阶段处理人。

5）缺陷归档。

缺陷消缺后，运行部门人员需要对缺陷消缺情况进行确认，包括缺陷的解决方案和管理流程方面，如改进升级规则、改进事件监测、找出技能差距和文档资料改进等，并将归档意见（对解决状态的说明）在缺陷管理工单中进行说明。

完成缺陷归档阶段的信息填写后，点击【发送】按钮，完成缺陷工单的归档。

6）总部专家评审。

各单位缺陷管理工单在缺陷审核后全部自动提交总部进行定性处理，总部的定性处理和省公司的缺陷消缺和缺陷归档并行进行。总部在接收到省公司的专家定性待办任务后，确定是否处理、是否为共性缺陷、是否入总部典型缺陷库。

专家给出是否入总部典型缺陷库的参考意见，并由总部领导确定，但共性缺陷、会自动入总部典型缺陷库。如果确定为典型缺陷，则在计入总部典型缺陷库的同时也会计入省公司典型缺陷库。

总部专家评审阶段的信息填写完成后，点击【发送】按钮，完成缺陷工单的归档，并将工单转交给总部领导审核阶段处理人。

7）总部领导审核。

总部领导对专家评审的内容进行审核，并给出审核意见，如果领导审核通过，专家建议的是否入总部典型缺陷库信息生效；如果审核不通过，则退给总部专家，进行再次评审。

总部审核阶段的信息填写完成后，点击【发送】按钮，完成缺陷工单的总部审核。

（2）检修计划管理流程。

检修计划管理是信息部门核心的运维操作管理内容，是运维检修活动管理的"纲"。具体功能包括检修计划申报、计划平衡、资源配置、检修计划执行反馈、跟踪与控制等过程。

1）开单。

检修计划由信息检修人员填写。信息检修人员登录系统后，首先在左边的流程树上找到需要新建的流程节点【检修计划管理】，双击该节点或者点击工具栏上【新建】按钮。此时将弹出检修任务管理工单界面。

检修人员完成检修计划信息的填写后，点击【发送】按钮，将工单转发给平衡阶段处理人。

2）平衡。

检修计划的平衡工作由检修主管人员担任，检修主管人员登录系统后，在当前任务列表中双击或者点击工单后的 按钮打开工单进行相关处理。

检修主管人员完成检修平衡阶段的信息填写后，点击【发送】按钮，将工单发送给审批阶段处理人。

3）审批。

检修计划的审批由调度主管人员担任，调度主管人员登录系统后，在当前任务列表中双击或者点击工单后的 按钮打开工单进行相关处理。

调度主管人员完成审批内容填写后，点击【发送】按钮，将工单转交给总部审批阶段处理人。

4）总部审批。

检修计划的总部审批由总部审批人员进行审批。总部审批人员登录系统后，在当前任务列表中双击或者点击工单后的 按钮打开工单进行相关处理。

总部审批人员完成总部审批阶段的信息填写后，点击【发送】按钮，将工单转交给执行内容阶段处理人。

5）执行内容。

负责检修的执行人员登录系统后，在当前任务列表中双击或者点击工单后的 按钮打开工单进行相关处理。

负责检修的执行人员完成执行内容阶段的信息填写后，点击【发送】按钮，将工单转交给验证阶段处理人。

6）验证内容。

负责验证的检修人员登录系统后，在当前任务列表中双击或者点击工单后的 ✍ 按钮打开工单进行相关处理。

负责验证的检修人员完成验证内容阶段的信息填写后，点击【发送】按钮，将工单转交给回访归档阶段处理人。

7）回访归档。

检修人员登录系统后，在当前任务列表中双击或者点击工单后的 ✍ 按钮打开工单进行相关处理。

检修人员完成回访归档阶段的信息填写后，点击【发送】按钮，关闭工单，完成流程的闭环管理。

（3）两票管理流程。

除日常巡视、监控外，在已正式投入运行的信息网络、应用系统、安全防护系统、存储备份系统、机房电源系统以及辅助系统上进行设备安装、调试、故障检修、安全性测试、预防性试验、备份与恢复、软件变更等工作，执行工作票制度，应填用工作票。凡可能导致三级及以上障碍（二、三类障碍由省公司根据实际情况定义）的操作必须填写操作票。操作票不可单独开出，操作票必须依附于工作票。

登录系统后，首先在左边的流程树上找到需要新建的流程节点【工作票/操作票管理】，双击该节点或者点击工具栏上【新建】按钮。

1）工作票开票。

填写工作任务、工作负责人、工作地点、工作时间等信息，其中工作地点中的各项信息只需要选择工作设备名称，相关设备关联属性便可自动获取并填充到相应字段上。

在工作票开票阶段可以点击【开操作票】，完成操作票的内容填写。然后点击发送，完成操作票的流转。

工作票与操作票为一对多的关系。操作票不可单独开出，操作票必须依附于工作票，一份工作票可关联多份操作票。

工作票与操作票将相互记录工单号，工作票中的危险点分析及操作任务将同步到操作票中。

在工作票许可、归档活动执行时，也同步执行操作票的许可、归档活动。工作票的许可、归档活动信息将同步到操作票中。

2）工作票签发。

填写完毕的工作票由信息部门熟悉信息系统运维、熟悉信息系统状况的人员进行签发处理，对信息填写不规范、不完整的工作票应回退拒绝签发，同意签发的工作票会转到许可阶段进行处理。

在签发环节，签发人应认真审查工作票所填写的全部内容，包括工作的必要性和安全性；工作票上所填安全措施是否正确完备；所派工作负责人和工作人员是否适当。

3）工作票许可。

许可环节由许可人（一般由信息系统设备运行主人或值班监控人员担任）填写许可开始、结束时间，选择是否同意执行还是做废弃处理，同意执行则由相关人员进行操作，废弃则直接流转到归档环节结束流程。

在对工作票进行许可工作的同时也对与之关联的操作票进行许可操作。

4）工作票归档。

工作票归档是工作票流程的最后一个环节，归档工作由工作票负责人担任，归档确认后可关闭工单。

在工作票的归档环节可以根据工作要求及时更新相关操作设备的对象的配置数据。设备配置信息更新后经信息运行人员确认。

在对工作票进行归档工作的同时也对与之关联的操作票进行归档操作。

5）关闭。

关闭工作票，完成流程闭环管理。

（4）事件管理流程。

事件管理流程是为了业务系统或用户桌面设备在发生故障的情况下，尽快予以解决，保持业务服务的连续性和业务系统的可用性。

与客户联络，接收客户故障异常申请，将任务按故障类型传递到相关环节进行处理，并对处理过程进行跟踪、督办，故障处理完毕后及时回访客户，形成闭环管理。

登录系统后，首先在左边的流程树上找到需要新建的流程节点【事件管理】，双击该节点或者点击工具栏上【新建】按钮。

1）受理。

服务台坐席在接到用户的保修电话后，开出事件工单（强调被动运维），填写用户的相关信息、事件简述、事件详述等信息。完成工单信息的填写后，将工单派发给一线/二线运维人员。

2）分配。

服务台人员接收到填报的事件工单后，进行处理，填写分配意见。填写完毕后，点击发送按钮，发送至处理流程节点。

3）处理。

一线/二线人员接受服务台人员分派的工单后进行处理，填写事件的解决方案，将工单发送给服务台坐席进行回访归档。在处理过程中二线人员可以发起缺陷管理流程，将事件上升为缺陷。

4）回访归档。

服务台坐席将事件的解决结果与解决方案告诉用户，并将工单关闭。事件工单坚持"谁开单，谁归档关闭"的原则。

5）结束。

关闭事件工单，完成流程的闭环管理。

（5）上下线计划管理流程。

上下线计划管理的目的是实现系统建设、运行维护各阶段的平稳过渡和有序衔接，确保系统安全稳定可靠运行。系统上线是指信息系统部署生产环境并提供用户实际使用，包括上线试运行与上线运行两个阶段。系统下线指系统退出正常运行，进入退役或报废状态，不再提供任何应用服务。信息系统的开发阶段、上线试运行阶段、上线正式运行阶段以及系统下线阶段构成其全部生命周期。

登录系统后，首先在左边的流程树上找到需要新建的流程节点【上下线计划管理】，双击该节点或者点击工具栏上【新建】按钮。

1）开单。

这个环节是上下线管理流程的起点。系统建设单位向信息部门提交信息系统上下线申请，首先在左边的流程树上找到需要新建的流程节点【上下线计划管理】，双击该节点或者点击工具栏上【新建】按钮。此时将弹出上下线计划管理工单界面。

负责受理业务部门的上下线申请人员完成上下线计划管理工单信息的填写后，点击【发送】按钮，将工单转发给总部审批阶段处理人。

2）总部审批。

上下线计划管理流程的总部审批工作由总部审批人员担任，总部审批人员登录系统后，在当前任务列表中双击或者点击工单后的 按钮打开工单进行相关处理。

总部审批人员完成上下线计划管理工单信息的填写后，点击【发送】按钮，将工单转发给计划执行阶段处理人。

3）计划执行。

检修人员根据调度人员的上下线统筹安排。检修人员负责相关信息系统上下线所有需要的软硬件的准备、运行测试、压力测试、安全评估等。

检修人员登录系统后，在当前任务列表中双击或者点击工单后的　按钮打开工单进行相关处理，记录计划执行的数据，然后按要求填写上下线计划管理流程中的计划执行阶段的信息。

4）结束。

关闭上下线计划管理流程，完成流程的闭环管理。

（6）紧急抢修管理流程。

公司信息系统及信息设备发生紧急故障，影响相关业务故障的开展时，通过紧急抢修管理流程规范相关操作，保障信息系统及信息设备服务的可用性与连续性，紧急抢修遵循"先抢修后补单"原则。

1）开单。

登录系统后，首先在左边的流程树上找到需要新建的流程节点【紧急抢修管理】，双击该节点或者点击工具栏上【新建】按钮。

调度人员完成紧急抢修工单信息的填写后，点击【发送】按钮，将工单转发给紧急处理阶段处理人。

2）紧急处理。

检修人员在接受调度分配的紧急抢修工作后，需要了解清楚紧急故障的详细情况，及时准确地完成紧急抢修工作，尽快恢复信息系统与信息设备的服务，保障业务服务的连续性。

检修人员完成紧急抢修工单处理内容信息的填写后，点击【发送】按钮，将工单转发给回访确认阶段处理人。

3）回访确认。

运行人员在检修人员完成紧急故障抢修工作后，运行人员需要对紧急抢修的结果进行验证，确定抢修后信息系统与信息设备是否恢复正常，监控是否恢复正常。然后根据实际情况填写回访确认阶段的工单信息。

4）归档（资料完善）。

紧急抢修完成后，运行部门人员对抢修情况进行确认，调度人员需要对本次抢修工作进行总结，包括改进升级规则、改进监测预警、找出技能差距和文档资料改进、完善相关应急预案等。根据实际情况填写资料完善阶段的相关信息。

调度人员完成回访归档阶段的信息填写后，点击【发送】按钮，关闭工单，完成流程的闭环管理。

（7）检修任务管理流程。

检修任务是信息部门检修工作的单元项，是检修计划的重要组成部分。

检修单的填写由信息检修人员完成，信息检修人员登录系统后，首先在左边的流程树上找到需要新建的流程节点【检修任务管理】，双击该节点或者点击工具栏上【新建】按钮。此时将弹出检修任务管理工单界面。

信息检修人员完成检修任务的各项信息填写后，点击【发送】按钮即可关闭工单，完成流程的闭环管理。

（8）值班管理流程。

值班管理用于记录值班期内的系统异常运行及故障发生、处理情况、各项操作任务执行情况、工作票的许可及执行情况、设备检修、验证情况、设备缺陷、消缺情况、设备巡视检查情况、各项定期维护工作情况。

1）开值班工单。

首先在左边的流程树上找到需要新建的流程节点【值班管理】，双击该节点或者点击右上方工具栏上的【新建】按钮。此时将弹出值班管理工单界面。

值班管流程分为值班内容（开单）、交接班两个阶段。控件背景色为淡绿色的表示在当前阶段可编写，且必须填写的内容。完成值班阶段的信息填写后，点击【发送】按钮，弹出对话框：选择接班人，点击【发送】按钮即可。

2）交接班。

用户登录系统后，双击当前任务列表中的值班管理工单，完成接班阶段的信息填写，点击【发送】按钮即可关闭工单，完成流程的闭环管理。

（9）巡视管理流程。

巡视管理是运行人员根据设备巡视制度对设备进行巡查的一种工作，运行人员可以通过巡视发现设备的运行情况是否良好、有无缺陷等。如果发现缺陷情况则登记缺陷信息后进入缺陷流程。

1）开巡视管理工单。

双击巡视管理子节点或选中巡视管理节点，点击右上方【新建】按钮创建工单。

巡视管理分为巡视计划（开单）、归档两个阶段。控件背景色为淡绿色的表示在当前阶段可编写且必须填写的内容。巡视工单的受理日期与状态、编号为系统动态设置的。

首先填写巡视工单的受理信息，完成巡视工单的巡视计划信息填写后，点击【发送】按钮，弹出对话框：选择下一活动的处理人，双击或者点击 ➠ 按钮实现，最后点击【发送】按钮，将工单发给回顾人进行归档处理。

2）归档。

归档人员打开该工单后，完成相关工单归档阶段相关信息的填写工作。最后点击【发送】按钮，关闭工单，完成流程的闭环管理。

（10）排班管理流程。

排班流程按月排班，记录运行主管的排班信息，定时获取排班记录中人员值班的日期。在当前日期与排班记录中人员值班的日期一致时，定时生成一个值班交接班工单，从而保证排班管理的顺利进行。

1）开排班工单。

首先在左边的流程树上找到需要新建的流程节点【排班管理】，双击该节点或者点击右上方工具栏上的【新建】按钮。此时将弹出排班管理工单界面。

控件背景色为淡绿色的表示在当前阶段可编写且必须填写的内容。运行主管根据编制排班计划阶段中的内容填写相关信息，并在排班目录中选择排班日期，然后点击【新增】按钮，进行对应月份的值班表填写，有视图1、视图2两种添加值班的视图方式。

完成编制排班计划阶段的信息填写后，点击【发送】按钮，将工单转发给审批阶段处理人。

2）审批。

用户登录系统后，双击当前任务列表中的排班管理工单，完成审批阶段的信息填写。

完成审批阶段的信息填写后，点击【发送】按钮，将工单转发给发布阶段处理人。

3）发布。

用户登录系统后，双击当前任务列表中的排班管理工单，完成发布阶段的信息填写。

完成工单发布阶段相关信息的填写工作后，点击【发送】按钮，关闭工单，完成流程的闭环管理。

【思考与练习】

1. 怎么开工单？

2. 怎么开操作票？

3. 怎么开工作票？

模块 8 IMS 设备管理模块应用（Z40I1008Ⅱ）

【模块描述】本模块介绍 IMS 系统设备管理的基本界面。通过对设备管理模块中终端设备、主机设备、网络设备、安全设备、应用系统等软硬件台账的填写和要求等内容的介绍，掌握设备管理模块的操作方法。

【模块内容】

一、概述

运行监管以仪表盘、饼状图、曲线图、柱状图等形式对该地区的网络指标进行展现。点击曲线图和不同的仪表盘按钮后，右侧三块区域和底部地域的柱状图会相应发生变化。

仪表盘展现设备信息完整率、台账设备监控率、本月到保设备总数、主机设备、存储设备、网络设备、安全设备、设备配件、终端设备、辅助设备、外部设备、应用系统、基础软件。

饼状图展现硬件设备台账统计。

曲线图展现新增设备/设备总数月曲线、各类型设备投运趋势。

柱状图展现设备总数、各厂商设备数（TOP5）。

设备管理主要是指对设备台账信息的管理，主要包括硬件台账、软件台账、台账回收站、问题台账、基础数据、操作记录等模块。IMS 系统设备管理界面如图 8-8-1 所示。

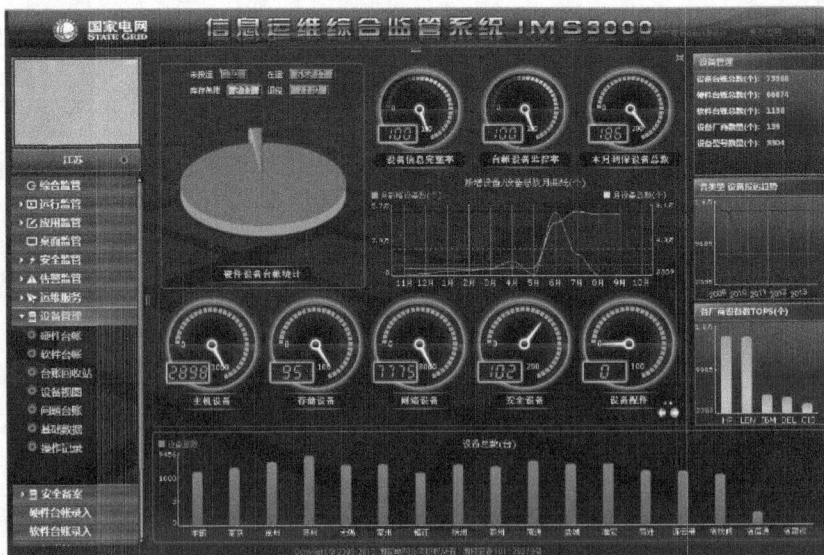

图 8-8-1 IMS 系统设备管理界面

二、子目录

（一）硬件台账

（1）新建。

点击硬件台账页面台账操作菜单，依次选择新建—××设备—×××，创建新的硬件台账。

填写相关台账信息，红色*标识项为必填项，黄色*标识项为应填项，都要填写完整。当必填项内容未填写而保存时，会出现提示。将*标识项内容填写完全后，可以进行台账的保存，但为了保证信息的全面性，应将应填项内容填写完整，点击保存时，会进行应填字段的判定，如有应填字段未填写，则会有提示。点击确定不影响新台账的保存。

弹出提示页面：保存成功，是否继续新建，选择【确定】，则自动跳转到新建页面，供用户再次创建同类型的另一个新台账；选择【取消】按钮，则直接展示新建台账的相关信息，结束台账创建工作。

（2）删除。

进入硬件台账页面选择台账操作→删除菜单，用以删除被选中的台账，如果没有选择任何一条台账，则提示是否删除记录。

选择一条或者一条以上的台账数据或当前查询条件有一条或者多条的台账数据时则会有提示，点击确定删除当前查询所有台账；点击取消，取消当前操作。

（3）台账关联。进入硬件台账页面选择台账操作→关联全部监控资源…菜单，用于关联台账设备和采集资源设备。将被选中的台账批量进行关联，点击关联菜单后，则会有提示。

（4）导入。

进入硬件台账页面选择台账操作→导入…菜单，启动硬件台账导入向导，将 Excel 中的数据导入到系统中。在弹出的【导入资源】对话框中，单击【选择文件】，按路径找到需导入的台账设备的 xls 表格，选择 xls 文件，单击打开，再单击导入资源对话框中的上传文件，此时进度条便可以便显示文件上传的进度。

上传成功后，点击【导入资源】对话框底部的【刷新】按钮，则会有提示。点击 OK，在导入历史记录中查看导入情况，注意第一条记录为当前资产导入情况。

如导入状态提示导入成功，则该 xls 表格内的资产数据已完成导入，该导入过程已经结束，则会有提示；如导入状态提示导入失败，则将鼠标移至导入失败上查看相关的提示信息。根据该提示，修改 xls 表格内的相关内容，并重新进行导入资源操作，直到成功导入。

（5）导出。

可以将检索出的硬件台账设备导出为 Excel 文件保存或备份。

点击硬件台账页面台账操作→导出搜索结果菜单，导出当前查询条件下的所有台账数据。当前查询条件中没有一条数据时，则会有提示；当前查询条件有一条或者多条台账数据时，则会有提示。当选择硬件台账页面台账操作→导出选中记录菜单，只导出被选中的台账。

（二）软件台账

（1）新建。

点击软件台账页面台账操作→新建菜单，选择某软件类型和分类，创建新的软件台账。

填写相关台账信息，红色*标识项为必填项，黄色*标识项为应填项，都要填写完整。当必填项内容未填写，点击右下角的【保存】按钮时，则会出现提示。将标识项的台账内容填写完全后，可以进行台账的保存，但为了保证信息的全面性及后期国网的考核，相应的应填字段{带有*）也应填写完整，点击保存时，会进行应填字段的判定，如有应填字段未填写，则会有提示。

点击【确定】不影响新台账的保存，提示：保存成功，是否继续新建，点击确定则自动创建一个新的台账表单。提示：保存成功，是否继续新建，点击取消则结束本次录入，直接展示新建台账的相关信息。

（2）删除。

软件台账的删除与硬件台账删除类似，不再复述。

（3）导出。

软件台账的导出与硬件台账导出类似，不再复述。

（4）导入。

软件台账的导入与硬件台账导入类似，不再复述。

（三）台账回收站

在硬件台账和软件台账中，删除的设备台账信息会暂时保存在台账回收站中。通过点击下拉框，可以显示被删除的硬件台账和软件台账。

（四）问题台账

所有不符合规范的硬件台账和软件台账都会显示在问题台账中，可以通过删除和修改操作来修改有问题的台账。

【思考与练习】

1. 如何新建硬件台账？

2. 如何新建软件台账？

3. 如何还原台账回收站的台账？

模块 9　IMS 安全备案管理模块应用（Z40I1009Ⅱ）

【模块描述】　本模块介绍 IMS 系统安全备案管理的基本界面。通过对安全备案管理模块中的业务系统安全备案、设备安全备案、边界安全备案等内容的介绍，掌握备案管理模块的操作方法。

【模块内容】

一、概述

为落实公司 2013 年信息安全重点工作要求，进一步加强信息系统与相关设备的精益化管理，建立覆盖公司所有在运信息系统、网络边界、主设备、终端的安全备案机制，特制定本方案。

安全备案的范围：信息安全备案工作覆盖国家电网公司总部、各分部、各单位及所属单位。IMS 系统安全备案界面如图 8-9-1 所示。

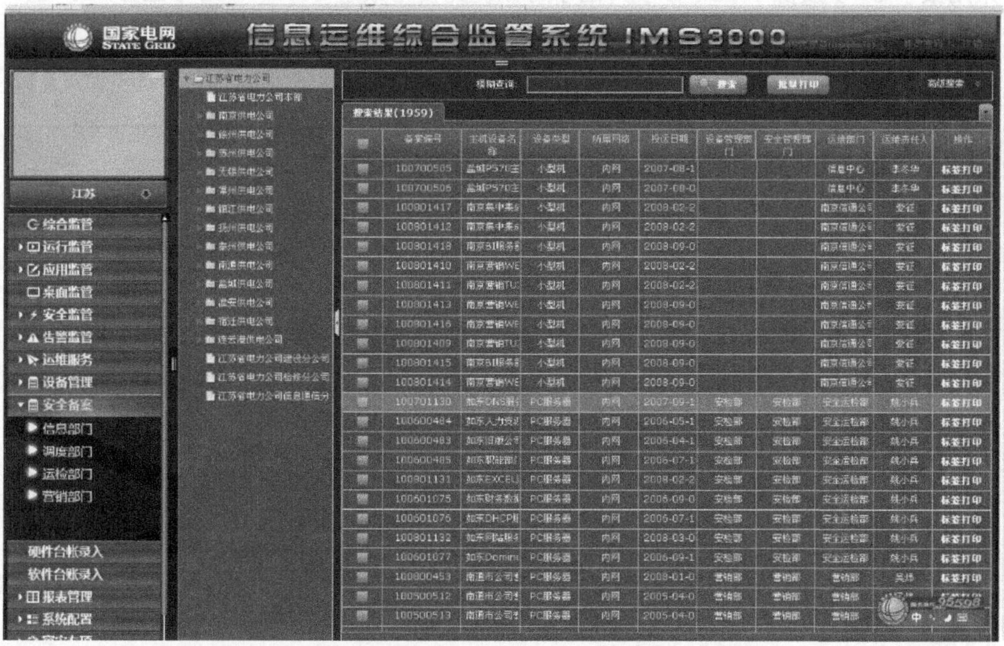

图 8-9-1　IMS 系统安全备案界面

备案对象包括所有在运管理信息系统、电力二次系统、公司统推及非统推自建系统和网络边界、信息主设备、各类接入公司网络的终端设备、安全防护拓扑图。详细信息如下：

（1）所有公司统一建设及各分部、公司各单位自建的在运管理信息系统、电力二次系统，包括业务应用已迁移但仍联网运行的系统以及未接入公司网络但资产归属公司统一管理的系统。

（2）网络边界，包括互联网边界、信息内外网边界、内网第三方边界、生产控制大区与管理信息大区边界、安全区Ⅲ与Ⅳ边界、Ⅰ与Ⅱ边界等。

（3）信息主设备，包括主机设备、网络设备、安全设备、存储设备等。

（4）各类接入公司网络终端，包括内外网办公终端、采集终端、控制终端、作业终端等。

（5）安全防护拓扑图，包括生产控制大区和管理信息大区。

二、信息系统安全备案编码规则

对信息系统、主设备、终端进行安全备案的统一编码，设备严格按照 9 位进行编码，设备编码中区域段、时间段、流水段依次连接，不留空格且不能省略。设备编码采用数字 0～9 及除 I、O、E 以外的字母，优先使用数字 0～9，字母不区分大小写，命名不含汉字和全角字符。编码规则见表 8-9-1。

表 8-9-1 编 码 规 则

设备唯一标识		
××	××	×××××
总部/各分部/公司各单位/信息灾备中心组织结构代码，2 位	设备上线时间，2 位	流水码，5 位
区域段	时间段	流水段

区域段前 2 位为公司总部、各分部、公司各单位、信息灾备中心的组织结构代码，编码内容参见附表 1。

时间段表示设备上线时间，2000 年以前上线的设备上线时间统一按 2000 年编码。

为简化对命名规范的解释，方便理解和推广应用，本规范以国网蒙东电力为例进行说明，假设其区域代码为 66，编码为 66030001，对其解读见表 8-9-2。

表 8-9-2 　　　　　　　　　　　66030001 解 读

字段	66	03	00001
类别	总部/各分部/公司各单位/信息灾备中心，2 位	上线时间，2 位	流水码，5 位
含义	国网蒙东电力	2003 年上线设备	流水码

三、备案信息填报及编码生成

每个系统、每个边界、每台设备在系统中均应填报安全备案信息，并绘制全网安全防护拓扑图。

各单位要建立备案信息与上下线相关运行安全工作的准入联动机制，未进行安全备案的系统、设备、网络边界属违规使用，不得上线，不能接入公司网络。系统下线时，要及时更新相应备案信息，对安全备案号进行销号，确保数据的准确性。

各类系统、设备、终端安全备案编码由 IMS 系统统一自动生成。

四、信息系统安全备案标签

对每台主设备，在原有机房设备标识的基础上，增加信息安全备案标签；对每个在运业务系统，在访问页面明显位置展现信息系统备案号；对每台办公类终端，每个作业类、采集类和控制类终端，在显著位置标识安全备案标签。信息安全备案贴标签工作，由相关系统主管部门负责组织开展。

设备标签用于标识设备信息，具体的设备信息内容有设备编码、安全区域和条码。

在设备标签制作时，通过不同颜色表示设备所部署的网络区域，使设备安全级别清晰醒目，标签的具体设计方案如下：

（1）机房设备标签方案见表 8-9-3。方案一用于粘贴在现有机房信息设备标签空白处，有条件的单位可选择方案二、方案三。

表 8-9-3 　　　　　　　　　　机 房 设 备 标 签 方 案

安全区	方案一	方案二	方案三
安全区 I	660300001	国家电网 STATE GRID 备案编号：660300001 责任人：××× 责任部门：蒙东电力呼伦贝尔供电公司信息通信分公司　（二维码）	国家电网 STATE GRID 责任人：××× 责任部门：蒙东电力呼伦贝尔供电公司信息通信分公司 （条码）660300001

续表

安全区	方案一	方案二	方案三
安全区Ⅱ	660300002	备案编号：660300002 责任人：××× 责任部门：蒙东电力呼伦贝尔 供电公司信息通信分公司	责任人：××× 责任部门：蒙东电力呼伦贝尔供电 公司信息通信分公司 660300002
安全区Ⅲ	660300003	备案编号：660300003 责任人：××× 责任部门：蒙东电力呼伦贝尔 供电公司信息通信分公司	责任人：××× 责任部门：蒙东电力呼伦贝尔供电 公司信息通信分公司 660300003
信息内网	660300004	备案编号：660300004 责任人：××× 责任部门：蒙东电力呼伦贝尔 供电公司信息通信分公司	责任人：××× 责任部门：蒙东电力呼伦贝尔供电 公司信息通信分公司 660300004
信息外网	660300005	备案编号：660300005 责任人：××× 责任部门：蒙东电力呼伦贝尔 供电公司信息通信分公司	责任人：××× 责任部门：蒙东电力呼伦贝尔供电 公司信息通信分公司 660300005
标签尺寸 （cm）	5×2	7×3	
字体	数字：Times New Rome、14 号	数字：Times New Rome、14 号； 汉字：宋体、七号、八号	

标准色标对照表：

	色调(E)：231	红(R)：197
颜色|纯色(O)	饱和度(S)：240	绿(G)：0
	亮度(L)：93	蓝(U)：46

	色调(E)：28	红(R)：247
颜色|纯色(O)	饱和度(S)：240	绿(G)：171
	亮度(L)：116	蓝(U)：0

	色调(E)：31	红(R)：161
颜色|纯色(O)	饱和度(S)：110	绿(G)：138
	亮度(L)：104	蓝(U)：60

	色调(E)：114	红(R)：0
颜色|纯色(O)	饱和度(S)：240	绿(G)：155
	亮度(L)：73	蓝(U)：131

	色调(E)：40	红(R)：224
颜色|纯色(O)	饱和度(S)：27	绿(G)：224
	亮度(L)：207	蓝(U)：216

注：部署于互联网边界、信息内外网边界、内网第三方边界、安全区Ⅲ与安全区Ⅳ边界、生产控制大区与管理信息大区边界、安全区Ⅰ与安全区Ⅱ边界、生产控制大区第三方边界的设备采用就高原则，使用高等级区域标签颜色。

（2）内网办公终端及显示器的标签方案见表 8-9-4。各单位至少选择方案一粘贴于内网办公终端，有条件的单位可选择方案二、方案三。

表 8-9-4　　　　　　　　　内网办公终端及显示器的标签方案

方案一	方案二	方案三
660300004	国家电网 STATE GRID 备案编号：660300004 责任人：××× 责任部门：蒙东电力呼伦贝尔 供电公司信息通信分公司	国家电网 STATE GRID 责任人：××× 责任部门：蒙东电力呼伦贝尔供电 公司信息通信分公司 660300004
标签尺寸（cm）：5×2	标签尺寸（cm）：7×3	
数字：Times New Rome、14 号	数字：Times New Rome、14 号； 汉字：宋体、七号、八号	

（3）显示器的标签方案见表 8-9-5。

表 8-9-5　　　　　　　　　显 示 器 的 标 签 方 案

方案
内网办公专机 严禁一机两用 禁接无线设备 维修需报信通
标签尺寸（cm）：20×1.5

注：不具备条件的单位可不打印条码。

（4）外网办公终端的标签设计方案见表 8-9-6。各单位至少选择方案一粘贴于外网办公终端，有条件的单位可选择方案二、方案三。

表 8-9-6　　　　　　　　　外网办公终端的标签设计方案

方案一	方案二	方案三
660300005	国家电网 STATE GRID 备案编号：660300005 责任人：××× 责任部门：蒙东电力呼伦贝尔 供电公司信息通信分公司	国家电网 STATE GRID 责任人：××× 责任部门：蒙东电力呼伦贝尔供电 公司信息通信分公司 660300005
标签尺寸（cm）：5×2	标签尺寸（cm）：7×3	
数字：Times New Rome、14 号	数字：Times New Rome、14 号； 汉字：宋体、七号、八号	

（5）外网非办公类终端的标签设计方案见表 8–9–7。

表 8–9–7　　　　　　　　　外网非办公类终端的标签设计方案

国家电网
STATE GRID

660300007

标签尺寸（cm）：5×2
数字：Times New Rome、14 号、加粗；

由于此类设备接触外来人员较多，所以标签只采用纯数字形式，以防泄密。

在各信息系统首页显著位置显示信息系统安全备案编码，可参照国家电网有限公司官方网站。

【思考与练习】

1. 安全备案的范围是什么？

2. 安全备案的对象是什么？

3. 简单叙述信息系统安全备案编码规则。

◢ 模块 10　IMS 报表管理模块应用（Z40I1010 Ⅱ）

【模块描述】本模块介绍 IMS 系统报表管理的基本界面。通过对报表管理模块中安全监控、运行水平、深化应用等报表内容的介绍，掌握报表管理模块的使用和报表查询方法。

【模块内容】

1. 概述

报表查询通过将时间、地域、报表状态、报表类型作为条件检索出符合条件的报表数据，并以表格的形式展示报表的名称、所属地域等信息。IMS 系统报表管理界面如图 8–10–1 所示。

2. 子目录

（1）报表查询。

报表查询通过将时间、地域、报表状态、报表类型作为条件检索出符合条件的报表数据，并以表格的形式展示报表的名称、所属地域等信息。

点击每条记录的报表名称，弹出该报表的详细内容页面。在报表详细页面中点击左上角的按钮分别提供 Word、Excel 和 PDF 三种形式的导出功能以及打印预览功能。

图 8-10-1　IMS 系统报表管理界面

分页控件在表格的下面，能够提供分页功能。默认每页显示 20 条记录。

（2）模板管理。

模板管理左侧区域以表格的形式展示所有已存在的报表模板的名称，右侧区域提供报表模板的新增、删除和修改功能。

点击左侧报表模板列表中的模板，右侧模板配置区域将会显示该模板的详细配置信息（模板、模板名称、所属区域、模板类型），同时可以修改这些配置信息，点击【保存】后修改成功。

点击模板配置区域中的【新增】按钮，该区域的内容将被清空，以便输入新增的模板的配置，输入完成后点击下方的【保存】按钮后新增成功。

对左侧报表模板列表中选中的模板，点击右侧模板配置中的【删除】按钮，可以删除该模板。

（3）报表维护。

报表维护以表格的形式展示所有已存在的报表模板和该模板所存在的实例，同时提供生成和删除指定时间的报表实例的功能。

选中左侧报表模板列表中的模板名称，然后在右侧实例生成区域将以表格的形式列出该模板存在实例。

在实例生成区域中设定时间后，点击【生成】按钮将生成新的报表实例。在实例生成区域中选中某一实例点击【删除】按钮，将删除该实例。

【思考与练习】

1. 如何查询报表？

2. 如何新增模板？

3. 分页控件在表格的下面，能够提供分页功能。默认每页显示多少条记录。

◢ 模块 11 IMS 容灾专项模块应用（Z40I1011Ⅱ）

【模块描述】本模块介绍 IMS 系统容灾专项的基本界面。通过对容灾系统的数据库复制和存储复制监控内容和方法的介绍，掌握容灾专项模块的使用和监控数据的分析方法。

【模块内容】

一、概述

灾备概况以气泡图的形式进行展现，IMS 系统容灾专项界面如图 8-11-1 所示。

图 8-11-1 IMS 系统容灾专项界面

二、子目录

（一）数据库复制监测

（1）数据库复制状态。

数据库复制状态主要监测营销业务应用系统的数据库复制状态。

（2）灾备端数据库复制。

灾备端数据库复制主要监测管控业务审计系统和营销业务应用系统的灾备端数据

库复制状态。

（3）生产端数据库复制。

生产端数据库复制主要监测营销业务应用系统的生产端数据库复制状态。

（二）存储复制监测

存储复制监测主要用于监测存储复制状态，包括存储复制状态、灾备端存储复制和生产端存储。

（1）存储复制状态。

存储复制状态主要监测集约化、协同办公、一体化、营销等其他系统的存储复制状态。

（2）灾备端存储复制。

灾备端存储复制主要监测包括 js_yxur、js_xtbyr、js_jyhur、js_other、js_ect 等一致性组的状态。

（3）生产端存储复制。

生产端存储复制主要监测生产端的存储复制状态。

【思考与练习】

1. 存储复制状态主要监测的系统有哪些？

2. 数据库复制监测主要监测哪些系统的数据库复制状态？

◢ 模块 12　IMS 知识管理模块应用（Z40I1012Ⅱ）

【模块描述】本模块介绍 IMS 系统知识管理的基本界面。通过对知识管理模块运维知识库文件共享、下载等使用方法的介绍，掌握知识管理模块的使用。

【模块内容】

一、概述

对来自日常信息运维工作中积累的运维经验进行归集，形成各类知识库，建设多维分类体系，构建完整的显性知识管理体系。专业技术文档由运维人员归集，按照统一的分类体系，进行上传；知识管理员对所上传的文档进行审核和管理，通过积分机制对上传知识的行为进行激励。

二、子目录

（1）知识上传。

点击知识库列表页面的【上传知识】按钮，在弹出页面选定文档的归属知识目录、共享范围、关键字等基本信息后，可以批量上传需要共享的知识文档并进入审批流程，待审批后在知识中心发布。选中一条记录，用户可以对知识进行在线浏览、下载、评论等操作，用户输入知识名称、提供者、部门等查询条件，点击【查询】按钮，可根据查询条件查询相关记录。

（2）知识查看

用户可以通过在知识库列表页面右上角输入检索条件（知识名称、提供者、部门），点击【查询】按钮查询出想要的知识信息。用户可以对知识进行在线浏览、下载、评论等操作。

（3）知识审批。

知识审批通过审批代办的形式，为具有审批权限的用户提供知识审批的功能。知识文档通过审批后会在知识中心中发布。

（4）知识订阅。

通过知识订阅，用户可根据需要按知识目录、组织机构、用户、专家领域、问题分类、知识属性等多种条件进行订阅，系统会根据当前用户的订阅信息推送各订阅条件下的最新 10 条知识文档，方便用户及时了解、获取需要的知识。

【思考与练习】

1. 如何把知识上传到知识库？

2. 如何查看知识库里的内容？

3. 如何订阅知识库里的内容？

▲ 模块 13 IMS 系统部署架构（Z40I1013Ⅲ）

【模块描述】本模块介绍 IMS 系统的部署架构。通过对服务器网络部署架构拓扑图、系统逻辑架构拓扑图的介绍，掌握 IMS 系统的部署架构方式。

【模块内容】

一、概述

（一）部署方式

根据"SG186"工程建设中的"一个系统、二级中心、三层应用"的设计精神，以及公司运维管理的实际情况，信息综合监管系统采取两级部署的方式，通过纵向级联，实现××公司与总部的数据交互。

（二）系统部署架构

系统部署架构如图 8–13–1。

（三）硬件配置

硬件配置见表 8–13–1。

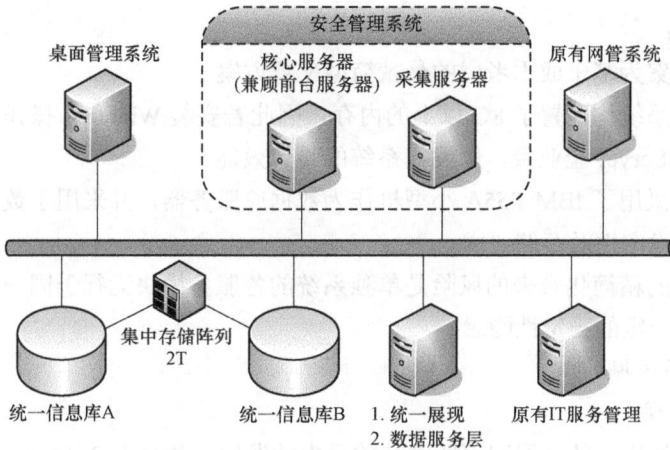

图 8-13-1 系统部署架构

表 8-13-1 硬 件 配 置

用途	推荐型号	数量	详细配置				用途描述
			CPU	内存	磁盘	操作系统	
信息运维综合监管系统							
数据处理服务展现服务	HP DL580G5	1	1CPU（英特尔® 至强® E7330 四核处理器 2.40GHz）	8GB	2×120G	Windows 2003 Server 企业版，或者 RedHat、Linux、AS4	安装数据服务总线、数据处理服务模块。对主机性能要求较高，以满足数据交换的实时性。部署展现所需的应用服务和 WEB 服务（J2EE 平台）
数据库服务	IBM P55A	2	4CPU 双核	16GB	2×146GB 10K RPM SAS disk	IBM AIX 5.3	采用 Oracle 数据库，实现统一信息库
安全管理系统							
核心服务器	HP DL580G5	1	2CPU（英特尔® 至强® E7320 四核处理器 2.13GHz）	8GB	2×146G	CentOS	后台核心服务器，同时兼顾前台展现服务
采集服务器	HP DL380G5	1/节点（网省及地市）	2CPU（英特尔® 至强® E5430 双核处理器 2.66GHz）	4GB	2×146G	CentOS	安全数据采集服务器，按节点情况配置服务器数量，目前按照各网省基本情况，考虑以网省和地市各部署一台为主
桌面管理系统							
桌面系统服务器	HP DL580G5	1	1CPU（英特尔® 至强®E7330 四核处理器 2.40GHz）	16GB	2×146G	Windows 2003 Server 企业版	系统管理服务器

方案说明：

（1）本方案为基于成本考虑的最精简型配置方案。

（2）由于系统均配置了 8G 以上的内存，因此若安装 Windows 操作系统必须安装 Windows 2003 Server 企业版，以发挥系统的最大效能。

（3）IMS 采用了 IBM P55A 小型机作为数据库服务器，并采用了数据库双机的方式保证系统的稳定性及存储要求。

（4）配置的精简化带来的风险是单独系统的各服务模块运行于同一台服务器上，有可能会带来一定的稳定性隐患。

（四）相关依据

1. 统一展现

根据测试结果，统一展现下所支持的最大并发用户数见表 8-13-2。

表 8-13-2 统一展现下所支持的最大并发用户数

展现规模	4 CPUs	8 CPUs
Small	322	598
Medium	299	586
Large	285	558

根据对国网各网省并发用户的估算，选取 Small 模式时，4 CPU 的硬件配置达到 322 个应用并发，8 CPU 的硬件配置达到 598 个应用并发。考虑到以上数据是实验室测试数据，与国网的实际门户系统肯定有一定的出入，根据经验，我们按测试数据的 70% 的计算，计算如下：

4 CPU 的硬件配置达到 322×70%≈225 个应用并发；

8 CPU 的硬件配置达到 1484×70%≈400 个应用并发。

根据以上推断，可以得出如下结论：

对于 4 CPU 的系统，能够支持的最大并发用户约 250 个；对于 8 CPU 的系统，能够支持的最大并发用户小于 400 个。

基于目前统一展现的并发用户需求，选取 4CPU 即可满足系统要求。

2. 统一数据总线服务

数据总线为系统核心，需要综合考虑综合网管、安管、桌面产品所产生的告警、性能数据量。

根据测试结果，统一数据总线下所支持的最大并发事件量见表 8-13-3。

表 8–13–3　　　　　　　　统一数据总线下所支持的最大并发事件量

CPU 规模	4 CPUs	8 CPUs
并发事件量	2000	3897

根据测试结果，项目建设规模要求如下：

（1）参考网管相关计算公式，我们假设被管理的主要服务器为 n 台，每秒钟每台服务器最多产生 0.5 条告警，则峰值业务量为每秒钟处理 $0.5n$ 条事件。目前试点单位服务器和网络设备总数在 400 台左右，即数据总线需要面对的峰值告警数据为 200 条/秒。

（2）参考网管产品性能数据的计算公式，总线需要面对的峰值告警数据为 1104 条/秒。

（3）参考安管产品的统计结果，每秒产生安全事件给总线带来的压力在 500 条左右。

（4）最后综合桌面的事件量，总线总共需要面对的事件量在 2500 左右。

结论：数据总线服务需选取 8CPU 配置才能满足系统的稳定运行要求。

3. 统一信息库

考虑到信息运维综合监管系统采用的是集成+成熟产品的技术路线，系统采用业内主流的基于 B/S 的三层架构。为利于对系统数据进行统一管理，满足数据处理的性能及安全性要求，发挥集成的优势，本配置方案采用了国家电网有限公司硬件集中采购入围的 IBM560 小型机，并采用双机模式部署。

数据库服务器不仅用来存放统一信息库中的信息，同时也用来存放各厂家成熟产品的数据库信息。

基于系统架构设计考虑，结合试点现场经验，每 30min 有大约 15 万条断面数据存入统一信息库。系统负责保存的长期历史数据以大约每天 250M 的速度增加，为确保满足系统在数据处理性能和存储空间方面的硬件要求，结合数据测算和经验，推荐采用如下硬件配置：数据库服务器采用 2 台 IBM P560UNIX 小型机及 2T 的磁盘阵列，数据库以双机方式部署；

数据库服务与 IMS 系统中的以下软件模块：安管软件模块 SOC（安氏软件）、桌面软件模块（北信源软件）、数据集成及统一展现（国网电科院）。

【思考与练习】

1. 对 4 CPU 的系统，能够支持的最大并发用户量约多少个？对 8 CPU 的系统，能够支持的最大并发用户量小于多少个？

2. 简单画出部署架构图。

3. 4 CPU 的硬件配置达多少个应用并发？8 CPU 的硬件配置达到多少个应用并发？

◢ 模块 14 IMS 系统后台服务管理（Z40I1014Ⅲ）

【模块描述】 本模块介绍 IMS 系统的后台服务。通过对 IMS 系统的后台总线、入库服务、级联服务、展示服务等功能和运行日志的介绍，掌握对 IMS 系统的各项后台服务异常的判别。

【模块内容】

后台服务关系如图 8-14-1 所示。

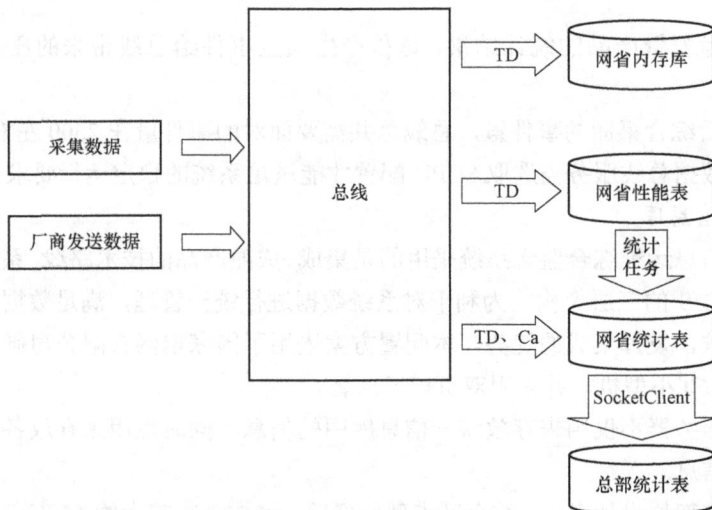

图 8-14-1 后台服务关系图

（一）总线服务

（1）功能介绍。

ActiveMQ 总线是接收性能、告警信息的载体，通过 ActiveMQ 上的 IMS.RawPerf、IMS.StatisticsData 和 IMS.RawEvent 队列接收数据。

（2）系统维护。

启停及状态判断如下：

启动：在 apache-activemq-5.4.2 的 bin 目录下面找到 activemq.bat 或桌面快捷方式，双击即可。

启动成功提示语句：INFO | Started SelectChannelConnector@0.0.0.0：8161。

停止：找到 activemq.bat 运行后弹出的 dos 窗口，点击关闭即可。

（3）日志。

日志路径为\IMS\uBS\apache–activemq–5.4.2 – APP11\data。

（4）查看总线。

登录地址：http://IP:8161/admin

账　号：admin

密　码：password

（二）统一信息库服务

（1）功能介绍。

IMSSERVER 是统一信息库服务，将工程与统一信息库建立连接。

（2）系统维护。

启停及状态判断如下：

启动：在 IMSSERVER_Release 的 bin 目录下面找到 IMSSERVER.bat 文件或桌面快捷方式，双击即可。

启动成功提示语句：IMS Server is ready。

停止：找到 IMSSERVER.bat 运行后弹出的 dos 窗口，点击关闭即可。

（3）日志。

日志路径为\IMS\uDB\IMSSERVER_Release\bin\logs。

（三）内存库

（1）功能介绍。

IMSMemDBServer 是内存库服务，将工程与内存库建立连接。

（2）系统维护。

启停及状态判断如下：

启动：在 IMSMemDBServer 的 bin 目录下面找到 IMSMemDBServer.bat 文件或桌面快捷方式，双击即可。

启动成功提示语句：IMS MemDBServer is ready。

停止：找到 IMSMemDBServer.bat 运行后弹出的 dos 窗口，点击关闭即可。

（3）日志。

日志路径为\IMS\uBS\IMSMemDBServer\IMSMemDBServer\bin。

（四）告警

（1）功能介绍。

AlertService 为告警加工服务。

（2）系统维护。

启停及状态判断如下：

启动：在 Alertservice 目录下面找到 AlertService.bat 或桌面快捷方式，双击即可。

启动成功提示语句：AlertStatusPeriodGenerate is Running。

停止：找到 AlertService.bat 运行后弹出的 dos 窗口，点击关闭即可。

（3）日志。

日志路径为\IMS\uBS\AlertService\logs

（五）TD 服务

（1）功能介绍。

TransDataDB 从总线接收性能数据并入库。

（2）系统维护

数据服务名称：TransDataDB。

启动：在 TransDataDB 目录下面找到 TransDataDB.bat 文件或桌面快捷方式，双击即可。

启动成功提示语句如下：

Consuming queue：IMS.RawPerf2

Using a non-durable subscription

停止：找到 TransDataDB.bat 运行后弹出的 dos 窗口，点击关闭即可。

（3）日志。

日志路径为\IMS\uBS\TransDataDB\logs

（六）级联服务

（1）功能说明。

将网省数据级联并上传至总部。

（2）系统维护。

启停及状态判断如下：

服务名称：SocketClient。

启动：在 SocketClient\bin 目录下面找到 SocketClient.bat 文件或桌面快捷方式，双击即可。

启动成功提示语句：SocketCStatusServer is ready。

主程序启动，当前系统版本：×.×

停止：找到 SocketClient.bat 运行后弹出的 dos 窗口，点击关闭即可。

（3）日志。

日志路径为\\java\\logs\\SocketClient.log

（七）桌面服务

（1）功能说明。

接收非标量指标数据（桌面指标、杀毒软件指标等）到数据库中。

（2）系统维护。

服务名称：CascadeStatisticsData。

启动路径：在 CascadeStatisticsData 目录下面找到 CascadeStatisticsData.bat 文件或桌面快捷方式，双击即可。

启动成功提示语句如下：

Consuming queue：IMS.StatisticsData

Using a non-durable subscription

停止：找到 CascadeStatisticsData.bat 运行后弹出的 dos 窗口，点击关闭即可。

（3）日志。

日志路径为\IMS\uBS\CascadeStatisticsData\logs

（八）日志记录服务

（1）功能说明。

RawDataRecord 记录总线队列 IMS.RawPerf 接收到的数据日志。

（2）系统维护。

启动：在 RawDataRecord 目录下面找到 RawDataRecord.bat 或桌面快捷方式，双击即可。

停止：找到 RawDataRecord.bat 运行后弹出的 dos 窗口，点击关闭即可。

（3）日志。

日志路径为\IMS\uBS\RawDataRecord\logs

（九）总线保护服务

（1）功能说明。

将总线堆积的超过配置数量（默认 10000）的数据自动接收入库，防止总线堆积过多宕掉。

（2）系统维护。

启动：在 MQHeapListener 的 bin 目录下面找到 MQHeapListener.bat 文件或桌面快捷方式，双击即可。

停止：找到 MQHeapListener.bat 运行后弹出的 dos 窗口，点击关闭即可。

（3）日志。

日志路径为\IMS\uBS\MQHeapListener\logs。

（十）指标服务

（1）功能说明。

BussKpicheck 用于检查指标缺失情况。

（2）系统维护。

启动：在 BussKPICheck 目录下面找到 BussKPICheck.bat 或桌面快捷方式，双击即可。

停止：找到 BussKPICheck.bat 运行后弹出的 dos 窗口，点击关闭即可。

（3）日志。

日志所在路径为\IMS\uBS\BussKPICheck\logs。

（十一）业务系统探测

（1）功能说明。

BusinessSystemDetect 是业务系统探测服务，探测 IMS 监控业务系统的主页是否正常。

（2）系统服务

启动：在 BusinessSystemDetect 的 bin 目录下面找到 businesssystemdetec.bat 文件或桌面快捷方式，双击即可。

停止：找到 businesssystemdetec.bat 运行后弹出的 dos 窗口，点击关闭即可。

（3）日志。

日志所在路径为\IMS\uBS\BusinessSystemDetect−v2\log。

【思考与练习】

1. 主要的后台有哪十一个服务？

2. 总线的日志如何查看？

3. 如何判断内存库启动完成？

▲ 模块 15 IMS 系统与业务系统接口机制（Z40I1015Ⅲ）

【模块描述】本模块介绍 IMS 系统与业务系统接口机制。通过对 IMS 系统中接入的网络管理、安全管理、桌面管理、运维服务管理、应用监控管理等相关系统的接入方式和要求的介绍，掌握监控数据异常位置的判别方法。

【模块内容】

为实现对电力业务应用系统的有效监控、满足同业对标的相关要求、实现信息系统运行和应用状态的实时监测，提高信息系统的可靠性和运行效率，业务应用系统本身需要将其自身的运行指标数据和业务指标数据通过规范的方式，发送到 IMS 系统。

国网信息系统调度运行监控中心建成投运以来，应用系统监控指标数据将通过

IMS 系统实时传送到信息调度中心并进行全景可视化展示。因此对 IMS 监控应用指标的准确性和稳定性提出了更高的要求，本模块针对国网 SG186 建设中一体化平台及八大业务应用系统，提出了为满足其应用运行监控而需提供的基础配置数据、运行数据指标（即指标规范）以及提供数据的方式方法（即接口规范）。

一、监控指标

业务系统监控指标主要反映业务系统的运行及应用状况。运行状况指标主要包括系统运行的健康性、稳定性、可靠性等方面；应用状况指标主要反应业务系统的实际使用状况，如其功能范围、使用频率等，以反应业务系统在信息化建设中为生产所提供信息化手段的强度以及公司在系统上线后信息化程度的不断提高。同时，业务系统监控指标作为同业对标的依据，能够客观、准确地量化对标单位的信息化水平，引导和推动各对标单位信息化建设工作，提高信息化管理实效。

为满足不同层次的业务系统监管需求，业务应用所需要提供的监测数据分为通用监控指标、业务系统专业应用指标两个层次。

1. 通用监控指标

通用监控指标主要反应各类业务系统的运行及应用状况，具有普遍适用性。要求各类被监管业务系统按照以下指标要求提供通用监控指标数据。

2. 专业应用指标说明

专业应用指标应根据业务应用专业领域的不同，选取能够准确反映业务应用状况的指标。专业指标应由系统开发厂商、业务应用部门共同提出，并制定相应的指标说明文档，并由国网信息化工作部审核。指标说明文档应包含指标名称、KPIName、指标说明、单位、发送频率、发送时间等信息，各项的内容应符合下面的要求。

指标名称：在 IMS 系统页面和信息调度中心大屏展示的指标中文名称。

指标单位：在 IMS 系统页面和信息调度中心大屏展示的指标的单位。

KPIName：作为该指标的唯一性标识，为防止与其他指标重名，命名应采用应用系统缩写+指标描述缩写的方式。如生产管理系统的指标变电工作任务单完成率命名为：PMSTransFinishRate。

指标说明：简要描述指标的含义，应通俗易懂。如生产系统指标变电工作任务单完成率：完成状态的数据数量除以变电工作任务单记录总数，得到变电工作任务单完成率。

指标频率：专业指标频率可以为每 5 分钟、每日、每月。指标发送频率以每日为宜，不建议使用月指标。

发送时间：在 IMS 系统内，日指标展示为前一天数据，月指标展示为上一月数据。因此，日指标发送时间应在当日 23:00 到次日凌晨 5:00 之间，月指标发送时间应在当月底至次月 1 日凌晨 5:00 之间。

二、JMS 接口要求

1. 接口特殊要求

（1）所有 5min 频率指标的发送机制，不能以 5min 间隔这种方式，而是需要以 5min 整点时刻触发（如 14:03 启动接口程序，则下次的 5min 数据发送接口触发的时间应该为 14:05、14:10…，而不应该是 14:08、14:13 …）。

（2）小时数据的发送机制，也不能以 1h 间隔这种方式，而是需要以 1h 整点时刻触发（如 14:23 启动接口程序，则下次的小时数据发送接口触发的时间应该为 15:00、16:00 …，而不应该是 15:23、16:23 …）。

（3）代码中每次建立的与总线的连接，使用完后须释放该连接（同一时刻连接数量不应该超过 50 个）；如果使用的是长连接，需要有总线自动重连功能，即 IMS 数据总线重启后，能重新建立连接，正常发送数据。

（4）发送消息体中的指标值只能是 string 格式的数字，不能是文字、字母等内容。另外注意：专业指标中的数据出现小数时，如 0.6，应发 0.6，而不能发送.6；如果为百分比类数据，如计算结果为 80.5%，应发送 80.5，不能是 0.805 或者 80.5%，但如果分子分母同时为 0，请发送 100 或者 0（根据业务应用考评情况确定），不能发送 null。

2. 接口示范代码

采用标准 JMS 消息接口方式时的示范代码如下：

```
//建立连接工厂

ActiveMQConnectionFactory connectionFactory = new ActiveMQConnectionFactory（user，password，url）;

//建立连接

Connection connection = connectionFactory.createConnection（ ）;

//创建会话

connection.createSession（transacted，ackMode）;

//建立队列

Queue = session.createQueue（subject）;

//建立消息生产者

publisher = session.createProducer（Queue）;

//构造消息

MapMessage messagep = session.createMapMessage（ ）;

//性能数据发送格式:

//第一次发送指标（以 5min 指标为例）:

//构造消息头（消息头为空，不用构造）
```

```
//构造消息体
messagep.setBytes（"CLASSNAME"，"BusinessSystem"）;
messagep.setBytes（"SCENE"，"NARI"）;
messagep.setBytes（"TIME"，"YYYY-MM-DDHH：MM：SS"）;
messagep.setBytes（"MAINDATA"，"Name=系统名称"）;
messagep.setBytes（"BusinessSystemSessionNum"，"9"）;
messagep.setBytes（"指标 2"，"9"）;
messagep.setBytes（"指标 3"，"9"）;
......
messagep.setBytes（"指标 n"，"9"）;
publisher.send（message）;
//第二次发送指标时（以 1h 指标为例）：
..........................
messagep.setBytes（"CLASSNAME"，"BusinessSystem"）;
messagep.setBytes（"SCENE"，"NARI"）;
messagep.setBytes（"TIME"，"YYYY-MM-DD HH：MM：SS"）;
messagep.setBytes（"MAINDATA"，"Name=系统名称"）;
messagep.setBytes（"1 小时指标 1"，"9"）;
messagep.setBytes（"1 小时指标 2"，"9"）;
messagep.setBytes（"1 小时指标 3"，"9"）;
......
messagep.setBytes（"1 小时指标 n"，"9"）;
publisher.send（message）;
......
```

即每次发送时，都必须包括以下四项内容。

```
messagep.setBytes（"CLASSNAME"，"BusinessSystem"）;
messagep.setBytes（"SCENE"，"NARI"）;
messagep.setBytes（"TIME"，"YYYY-MM-DD HH：MM：SS"）;
messagep.setBytes（"MAINDATA"，"Name=系统名称"）。
```

3. WebService 接口方式

新接入业务系统原则上均要求采取 webservice 接口方式。下面对 webservice 接口方式分别进行说明和示例。

（1）接口地址。

由业务系统提供接口访问地址，示例如下：

http：//IP：Port/businessSystem/services/ims?wsdl（仅供参考）

（2）方法名。

与业务系统约定获取数据的方法名为 getKPIValue，不能更改。

（3）参数信息。

以 xml 作为参数，参数信息见表 8–15–1。

表 8–15–1 参 数 信 息

参数名	参数格式	备注
param	String	xml 格式的字符串

参数 XML 格式示例如下：

```
<?xml version="1.0" encoding="gb2312"?>
<info>
    <CorporationCode>地域代码</CorporationCode>
        <!—传入的指标名称可以为一个或多个—>
<api name="指标名称 1"></api>
<api name="指标名称 2"></api>
<api name="指标名称 n"></api>
</info>
```

调用代码示例如下：

```
    String endPoint="";   ////提供接口的地址
String nameSpace = "";  //命名空间
    Service service = new Service （  ）;
Call call = （Call）service.createCall （  ）;
call.setTargetEndpointAddress （new java.net.URL （endPoint））;
call.setOperationName （new QName （nameSpace，"getKPIValue"））; //设置要调用哪个方法
call.addParameter （"param"，XMLType.XSD_STRING，ParameterMode.IN）; //设置参数名称
call.setReturnType （org.apache.axis.encoding.XMLType.XSD_STRING）;  //要返回的数据类型
String result=（String）call.invoke （new Object[]{"xml"}）;  // 调用服务，并传参
```

（4）返回值。

1）指标 BusinessSystemLoginRoll 返回格式。

返回信息的格式（result 的值）示例如下：

```
<?xml version="1.0" encoding="gb2312"?>
```

<LOGINUSER>

<USERINFO>

<LDAPID> </LDAPID>——如已经实现与目录同步，填写统一目录 USERID；如暂未实现与目录同步或业务应用中 USERID 与目录中 USERID 不一致则不填写（为空）

<CORPORATION>××省电力公司</CORPORATION>——省公司名称或国家电网公司总部，若人员为省公司本部人员，则下面的 SUBCOMPANY 填写 XXX 省电力公司本部，省公司人员的情况下，BUREAU 可不填，但标签必须保留。若为国家电网公司总部人员，则此处填写国家电网公司总部，下面的 SUBCOMPANY 和 BUREAU 均可不填，但这 2 个标签必须保留。

<SUBCOMPANY>南通市供电公司</SUBCOMPANY>——地市公司名称，若人员为地市公司本部人员，则下面的 BUREAU 填写 XXX 供电公司本部。

<BUREAU>海门市供电局</BUREAU>——县级单位名称

<DEPARTMENT>XX 部</DEPARTMENT>——部门名称

<SECTION>XX 处</SECTION>——处室名称

<NAME>张三</NAME>——用户名，不是账号，而是用户姓名

</USERINFO>

<USERINFO>

<LDAPID> </LDAPID>

<CORPORATION>国家电网公司总部</CORPORATION>

<SUBCOMPANY></SUBCOMPANY>

<BUREAU></BUREAU>

<DEPARTMENT>XX 部</DEPARTMENT>

<SECTION>XX 处</SECTION>

<NAME>李四</NAME>

</USERINFO>

<USERINFO>

<LDAPID> </LDAPID>

<CORPORATION>××省电力公司</CORPORATION>

<SUBCOMPANY>××省电力公司本部</SUBCOMPANY>

<BUREAU></BUREAU>

<DEPARTMENT>XX 部</DEPARTMENT>

<SECTION>XX 处</SECTION>

```
<NAME>王五</NAME>
</USERINFO>
<USERINFO>
<LDAPID> </LDAPID>
<CORPORATION>××省电力公司</CORPORATION>
<SUBCOMPANY>××市供电公司</SUBCOMPANY>
<BUREAU>××市供电公司本部</BUREAU>
<DEPARTMENT>XX 部</DEPARTMENT>
<SECTION>XX 处</SECTION>
<NAME>王五</NAME>
</USERINFO>
</LOGINUSER>
```

没有人员的情况送空 XML 格式字符串：

```
<?xml version="1.0" encoding="gb2312"?>
<LOGINUSER>
</LOGINUSER>
```

2）其余指标的返回格式。

返回信息的格式（result 的值）示例如下：

```
<?xml version="1.0" encoding="gb2312"?>
<return>
  <status>success/failure</status>
  <message>执行的结果提示</message>
  <!— 若 status 的值为 failure，reason 节点才存在 —>
  <reason>出错的原因</reason>
<api name="指标名称 1">
  <value>xx</value>
</api>
<api name="指标名称 2">
  <value>xx</value>
</api>
<api name="指标名称 n">
  <value>xx</value>
</api>
</return>
```

【思考与练习】

1. 为满足不同层次的业务系统监管需求，业务应用所需要提供的监测数据分为哪两个层次的指标？

2. JMS 接口要求是什么？

3. WebService 接口方式是什么？

◢ 模块 16 IMS 安全监控数据分析（Z40I1016Ⅲ）

【模块描述】本模块介绍 IMS 系统中涉及国网考核的安全监控数据。通过对指标含义、指标计算公式、指标取数逻辑、考核要求的介绍，掌握安全监控数据的分析和计算方法。

【模块内容】

内网安全监控主要涉及以下数据：

1. 内网桌面终端违规外联次数

评价目的：此项指标为安全性指标，用于督促各单位加强桌面终端安全运行管控，提高桌面终端运行安全性。

计算公式：Σ当月每日 IMS 监测到的内网桌面终端违规外联次数（单位：次）。

公式解释：内网桌面终端违规外联次数为 IMS 监控到的内网桌面终端违规外联次数。

评价方式：IF（内网桌面终端违规外联次数=0，100，100–内网桌面终端违规外联次数）。

统计口径：省公司、直属单位本部以及下属单位接入公司信息内网的全部桌面终端。

采集方式：IMS 系统自动记录，IMS 项目组负责数据统计。

2. 内网桌面终端注册率

评价目的：此项指标为安全性指标，用于督促各单位加强桌面终端安全运行管控，提高桌面终端运安全性。

计算公式：（Σ当月 IMS 每日监测到的内网已注册的桌面终端数/Σ应注册内网桌面终端总数）×100%。

公式解释：内网桌面终端注册率指当月 IMS 每日监测到的内网已注册的桌面终端数之和除以每日监测到的内网桌面终端累计总数。已注册的桌面终端指按公司规范注册的桌面终端管理系统，符合公司要求的终端。

评价方式：IF［内网桌面终端注册率≤80%，0，（注册率–0.8)/0.2×100］。

统计口径：省公司、直属单位本部以及下属单位接入公司信息内网的全部桌面终端。

采集方式：IMS 系统自动记录，IMS 项目组负责数据统计。

3. 内网终端防病毒软件安装率

评价目的：此项指标为安全性指标，用于督促各单位加强桌面终端安全运行管控，提高桌面终端运行安全性。

计算公式：（∑当月 IMS 每日监测到的内网安装防病毒软件终端数/∑已注册内网桌面终端总数）×100%。

公式解释：内网终端防病毒软件安装率指当月 IMS 每日监测到的内网安装防病毒软件终端数之和除以每日监测到的内网桌面终端累计总数。安装防病毒软件终端指按公司规范安装的防病毒软件，符合公司要求的终端。

评价方式：IF［内网终端防病毒软件安装率≤80%，0，（安装率–0.8）/0.2×100］。

统计口径：省公司、直属单位本部以及下属单位接入公司信息内网的全部终端。

采集方式：IMS 系统自动记录，IMS 项目组负责数据统计。

4. 内网终端弱口令数量

评价目的：此项指标为安全性指标，用于督促各单位积极更正弱口令。

计算公式：∑当月各单位内网终端弱口令账号的个数。

公式解释：弱口令账号是指各单位未按公司管理规定设置账号口令，存在弱口令的账号。

评价方式：IF（内网终端弱口令数量=0，100，100–内网终端弱口令数量）。

统计口径：省公司、直属单位内网终端计算机用户账号。

采集方式：IMS 系统自动记录，IMS 项目组负责数据统计。

5. 内网保密检测系统安装率

评价目的：此项指标为安全性指标，用于督促各单位加强桌面终端保密检测系统安全管控，提高桌面终端运行安全性。

计算公式：∑（当月 IMS 每日监测到的内网终端保密检测系统安装数/应注册内网保密检测系统终端总数×100%）/每月天数。

公式解释：内网保密检测系统安装率指当月 IMS 每日监测到的内网终端保密检测系统安装数之和除以每日监测到的内网应注册保密检测系统终端总数。

评价方式：IF［内网保密检测系统安装率≤80%，0，（安装率–0.8）/0.2×100］。

统计口径：省公司、直属单位本部以及下属单位接入公司信息内网的全部桌面终端。

采集方式：IMS 系统自动记录，IMS 项目组负责数据统计。

6. 内网桌面终端管理系统级联异常数

评价目的：此项指标为安全性指标，用于督促各单位加强桌面终端安全运行管控，提高桌面终端数据报送准确性。

计算公式：Σ当月每日监测到的内网桌面终端管理系统实时级联异常的数量。

公式解释：内网桌面终端管理系统级联异常数指当月每日监测到的内网桌面终端管理系统实时级联异常的数量，包括级联异常、端口异常等。

评价方式：IF（内网桌面终端管理系统级联异常数=0，100，100−5×内网桌面终端管理系统级联异常数）。

统计口径：省公司、直属单位本部以及下属单位接入公司信息内网的桌面终端管理系统服务器。

采集方式：IMS系统自动记录，IMS项目组负责数据统计。

7. 内网桌面终端补丁安装率

评价目的：此项指标为安全性指标，用于督促各单位加强桌面终端漏洞修复，提高桌面终端运行安全性。

计算公式：Σ（当月每天一级补丁已安装数量/应安装一级补丁数×100%）/每月天数。

公式解释：内网桌面终端补丁安装率指当月IMS监控到的内网桌面终端一级补丁安装数除以内网桌面终端一级补丁应安装数的安装率。

评价方式：IF［内网桌面终端补丁安装率≤60%，0，（安装率−0.6)/0.4×100］。

统计口径：省公司、直属单位本部以及下属单位接入公司信息内网的全部桌面终端。

采集方式：IMS系统自动记录，IMS项目组负责数据统计。

8. 内网终端防病毒软件实时监控率

评价目的：此项指标为安全性指标，用于督促各单位加强桌面终端防病毒软件管控，提高桌面终端运行安全性。

计算公式：Σ（ΣIMS每日监测到的内网当前开启防病毒软件实时监控的终端数/Σ内网当前在线防病毒终端数×100%)/每月天数。

公式解释：内网终端防病毒软件实时监控率指当月IMS每日监测到的内网当前开启防病毒软件实时监控的终端数除以内网当前在线防病毒终端数。

评价方式：IF［内网终端防病毒软件实时监控率≤80%，0，（实时监控率−0.8)/0.2×100］。

统计口径：省公司本部以及下属单位接入公司信息内网的全部终端。

采集方式：IMS系统自动记录，IMS项目组负责数据统计。

9. 内网终端病毒感染率

评价目的：此项指标为安全性指标，用于督促各单位加强桌面终端防病毒软件管控，提高桌面终端运行安全性。

计算公式：Σ（IMS 监测到的内网今日感染病毒的终端数/IMS 监测到的内网今日注册防病毒软件的终端数×100%）/每月天数。

公式解释：内网终端病毒感染率指 IMS 监测到的内网今日感染病毒的终端数除以 IMS 监测到的内网今日注册防病毒软件的终端数。

评价方式：IF（内网终端病毒感染率≥10%，0，100–病毒感染率/0.1×100）。

统计口径：省公司本部以及下属单位接入公司信息内网的全部终端。

采集方式：IMS 系统自动记录，IMS 项目组负责数据统计。

【思考与练习】

1. 内网桌面终端违规外联次数的计算公式是什么？

2. 内网终端弱口令数量的评价方式是什么？

3. 内网终端防病毒软件实时监控率采集方式是什么？

▲ 模块 17 IMS 运行水平数据分析（Z40I1017Ⅲ）

【模块描述】 本模块介绍 IMS 系统中涉及国网考核的运行水平评价数据。通过对指标含义、指标计算公式、指标取数逻辑、考核要求的介绍，掌握运行水平评价数据的分析和计算方法。

【模块内容】

（一）系统运行可靠性

1. 信息系统平均非计划停运次数

评价目的：此项指标为可靠性指标，用于督促各单位加强系统运行监控，积极发现缺陷，消除隐患，降低故障发生概率，减少非计划停运次数。

计算公式：信息系统非计划停运次数/纳入考核的系统数。

公式解释：系统平均非计划停运次数指调控中心的工作联系单、紧急抢修单记录的系统运行停运次数之和除以纳入考核的系统数。系统非计划停运次数解释如下：

（1）指各单位纳入评价的信息系统无法正常运行，且没有列入检修计划的停运次数，包括系统非计划停运次数、IMS 接口非计划停运次数。

（2）统计范围是纳入国网公司考核的信息系统。

（3）系统部分功能不可用次数纳入此指标评价范围。

评价方式：IF［系统平均非停运次数=0，100，IF（系统平均非停次数/0.05＞20，

0，100–系统平均非停次数/0.05×20）]。

统计口径：统计的系统包括各省公司、直属单位已上线且纳入评价的信息系统，不包括用于开发、测试、培训的系统以及各单位自建系统。

采集方式：IMS系统自动记录，调控中心负责数据统计。

2. 信息网络平均非计划停运时长

评价目的：此项指标为可靠性指标，用于督促各单位加强网络监控，积极发现缺陷，消除隐患，降低故障发生概率，缩短网络非计划不可用时长。

计算公式：Σ信息网络非计划停运时长/信息网络节点数。

公式解释：信息网络平均非计划停运时长指调控中心的工作联系单、紧急抢修单记录的网络不可用累计时长除以该单位本部和地市级下属单位数量。信息网络非计划停运时长指各单位纳入评价的广域网在当月无法正常运行，且没有列入检修计划的停运时长。（扣除因总部原因导致的无法正常使用的停运时长）。

评价方式：IF［信息网络平均非计划停运时长=0，100，100–（信息网络平均非计划停运时长/0.6）×5］。

统计口径：总部到省公司本部以及地市级单位的广域网（地市到县级公司的网络不纳入评价范围）。

总部到公司直属单位本部的广域网（到下属单位的网络不纳入评价范围）。

采集方式：IMS系统自动记录，调控中心负责数据统计。

3. 灾备复制关系平均非计划中断时长

评价目的：此项指标为可靠性指标，用于督促各单位加强灾备复制监控，积极发现缺陷，消除隐患，降低故障发生概率，减少灾备复制非计划中断时长。

计算公式：（Σ数据库复制非计划中断时长/数据库复制接入系统数+Σ存储复制非计划中断时长/存储复制接入系统数）。

公式解释：灾备复制非计划中断时长是公司检查当月各单位的数据库复制非计划中断时长和存储复制非计划中断时长之和。由灾备端原因导致的灾备复制非计划中断时长计入三地灾备中心所属省公司。

评价方式：IF｛灾备复制关系平均非计划中断时长≤1，100，IF［100–（灾备复制关系平均非计划中断时长–1)/（10–1）×100≤0，0，100–（灾备复制关系平均非计划中断时长–1)/（10–1）×100]｝。

统计口径：统计的系统包括各省公司、直属单位已上线且纳入评价的信息系统，不包括用于开发、测试、培训的系统以及各单位自建系统。剔除由于灾备端故障和容灾系统本身缺陷导致的非计划中断时长。

采集方式：三地灾备中心负责数据统计。

4. 灾备复制数据不一致次数

评价目的：此项指标为可靠性指标，用于督促各单位加强灾备复制监控，积极发现缺陷，消除隐患，提高生产端与灾备端数据一致性。

计算公式：灾备复制对象差异数+灾备数据延迟次数。

公式解释：

（1）灾备复制对象差异数=灾备复制标准库−灾备复制对象；灾备复制对象包括但不限于灾备复制表的数量和表的名称。数据库复制软件不支持复制对象在复制对象标准库中注明：此对象不纳入灾备复制对象与标准库差异数统计范畴。

（2）灾备数据延迟指生产端 Extract 进程最新生成 Trail 文件与 DUMP 进程投递 Trail 文件时间差超过 1h 或当前系统时间点与灾备端 Replicat 进程 logCheckpoint 时间点相差超过 1h。

评价方式：100−（灾备复制对象差异数+灾备数据延迟次数）×5。

统计口径：统计灾备单位数据库复制系统的复制对象及数据库复制系统 LAG 延时。

采集方式：总部安排人员定期检查并负责数据统计。

（二）系统纵向贯通性

1. 企业门户贯通不可用时长

评价目的：此项指标为贯通性指标，用于检查各单位门户级联贯通情况。

计算公式：Σ二级门户不可用时长+Σ三级门户不可用时长。

公式解释：企业门户贯通不可用时长是指因非计划停运导致访问门户级联中断的累计不可用时长（扣除因总部原因导致的无法正常使用的累计时长）。

评价方式：IF（企业门户贯通不可用时长>10，0，100−企业门户贯通不可用时长/0.1）。

统计口径：省公司统计本部及其下属单位。下属单位指直属（直管）单位，代管、控股、参股、三产及其他非主业单位。公司直属单位统计本单位总体情况。

采集方式：IMS 系统自动记录，调控中心和信通公司负责数据统计。

2. 业务应用贯通不可用时长

评价目的：此项指标为贯通性指标，用于检查各单位业务应用的贯通情况，确保能够通过企业门户正常访问业务系统。

计算公式：Σ当月总部检查发现的通过企业门户访问业务系统不可用时长+Σ各单位 IMS 系统与总部 IMS 系统连接中断的不可用时长+Σ各单位数据中心贯通不可用时长。

公式解释：业务应用贯通不可用是指总部访问门户正常的情况下业务应用不可用

或各单位 IMS 系统因连接中断无法上传至总部 IMS 系统或数据报送异常。

评价方式：IF（业务应用贯通不可用时长＞10，0，100−业务应用贯通不可用时长/ 0.1）。

统计口径：省公司统计本部及其下属单位。下属单位指直属（直管）单位，代管、控股、参股、三产及其他非主业单位。公司直属单位统计本单位总体情况。

采集方式：调控中心工作记录和信通公司检查记录。

3. 内外网网站无效链接数

评价目的：此项指标为贯通性指标，用于检查各内外网网站链接情况，确保各内网网站链接均能正常访问。

计算公式：当月内外网网站无效链接数。

公式解释：内外网网站无效链接指公司安排专人每月检查各单位内外网网站各级页面中的链接是否可以正常访问，并将无法正常访问的情况记录纳入评价。

评价方式：100−内外网网站无效链接数×5。

统计口径：省公司统计本部及其下属单位。下属单位指直属（直管）单位，代管、控股、参股、三产及其他非主业单位。直属单位统计本单位总体情况。

采集方式：总部安排人员抽查，信通公司负责数据统计。

（三）系统运行性能

1. 信息系统平均响应时长

评价目的：检查各单位信息系统对服务请求处理的时长情况，减少信息系统对服务请求的处理时间。

计算公式：Σ纳入评价的信息系统对服务请求处理的平均响应时长/纳入评价的信息系统数。

公式解释：

（1）某信息系统对服务请求处理的平均响应时长=Σ工作时段内信息系统对所有服务请求处理响应时长/工作时段内服务请求总次数。

（2）系统响应时长：从客户发出页面请求到系统完成后台计算并在界面展现的时长，不包括数据库响应时长（单位：s）。

（3）工作时段：工作日的 9:00 至 18:00。

评价方式：IF｛平均响应时长≤0.2s，100，IF［平均响应时长≥3s，0，100−（平均响应时长−0.2)/2.8×100]｝。

统计口径：统计的系统包括各省公司、直属单位已上线且纳入评价的信息系统，不包括各单位自建系统。

统计范围：省公司统计本部及其下属单位。下属单位指直属（直管）单位，代管、控股、参股、三产及其他非主业单位。公司直属单位统计本单位总体情况。

采集方式：IMS 系统提取。

2. 信息系统业务响应超时次数

评价目的：检查各单位信息系统对服务请求处理的时长情况，减少信息系统对服务请求的处理时间。

计算公式：Σ 业务响应超时次数。

公式解释：① 业务响应超时是指工作时段内响应时长超过 3s；② 工作时段：工作日的 9:00–18:00。

评价方式：100–信息系统业务响应超时次数×5。

统计口径：统计的系统包括各省公司、直属单位已上线且纳入评价的信息系统，不包括各单位自建系统。

统计范围：省公司统计本部及其下属单位。下属单位指直属（直管）单位，代管、控股、参股、三产及其他非主业单位。公司直属单位统计本单位总体情况。

采集方式：IMS 系统提取。

【思考与练习】

1. 信息系统平均非计划停运次数的计算公式是什么？

2. 灾备复制数据不一致次数的评价方式是什么？

3. 企业门户贯通不可用时长的采集方式是什么？

模块 18 IMS 运行工作规范性评价数据分析
（Z40I1018Ⅲ）

【模块描述】 本模块介绍 IMS 系统中涉及国网考核的运行水平评价数据。通过对指标含义、指标计算公式、指标取数逻辑、考核要求的介绍，掌握运行水平评价数据的分析和计算方法。

【模块内容】

（一）运行评价指标体系新增指标

（1）灾备复制数据不一致次数。

评价目的：督促各单位加强灾备复制监控，积极发现缺陷，消除隐患，提高生产端与灾备端数据一致性。

指标概述：包括灾备复制对象差异数和灾备数据延迟次数 2 部分内容。

1）灾备复制对象差异数考察灾备端复制对象与生产端被复制对象是否存在差异。

2）灾备数据延迟次数考察灾备复制延迟程度。

（2）信息系统业务响应超时次数。

评价目的：督促各单位提高系统性能，减少信息系统对服务请求的处理时间。

指标概述：统计各单位业务响应超时次数。

1）业务响应超时是指工作时段内响应时长超过 3s。

2）工作时段是指工作日的 9:00–18:00。

（3）运行方式规范性。

评价目的：督促各单位强化运行方式执行管控和运行方式对调度运行工作的指导性。

指标概述：检查各单位运行方式报送及时性，内容准确性、完整性。

（4）上下线计划不合格数。

评价目的：督促各单位规范信息系统上下线管理。

指标概述：包括未报送上线计划但实际已上线的系统数、上下线计划迟报次数、上下线计划不规范数 3 部分内容。

（5）建转运工作不规范次数。

评价目的：督促各单位规范建转运工作。

指标概述：主要包括上线计划执行情况、上线试运行验收执行情况、非功能性需求、知识转移、运维团队组建及接口横向集成情况等。

（6）配置参数规范性。

评价目的：督促各单位规范灾备复制软件参数配置。

指标概述：检查各单位的灾备复制软件参数中是否配置公司禁止配置的参数项，若无则为规范，记为是，否则记为否。

（7）缺陷初评准确率。

评价目的：督促三线技术支持中心提高缺陷评审准确率。

指标概述：缺陷初评准确率等于一次评审即为最终结果的个数除以各单位累计缺陷报送数。

（8）三线工单处理超时次数。

评价目的：督促三线技术支持中心提高工单处理效率。

指标概述：统计三线工单处理时长超过 7 天的次数。

（9）缺陷评审超时次数。

评价目的：督促三线技术支持中心提高缺陷评审效率。

指标概述：考察三线中心评审缺陷的时间，从缺陷报送日期起至初评完成日期止，超过 7 天视为超时。

（10）检修计划审批超时次数。

评价目的：督促三地灾备中心及时审批各单位报送的需灾备联调的检修计划。

指标概述：考察检修计划审批的时间，从检修计划报送日期起超过 3 个工作日未审批视为超时。

（11）有责投诉次数。

评价目的：督促各运维单位重视用户体验。

指标概述：通过投诉电话或总部各业务部门、领导反映的问题均视为投诉，经调查确认应由运行单位承担全部或部分责任的投诉次数。

（12）报送缺陷无效数。

评价目的：促进各单位报送缺陷的有效性。

指标概述：缺陷无效数为各单位报送的最终被认定的无效缺陷的数量减去 3。

注：当报送缺陷单位对三线初评、复评结果均有异议且最终确认结果与三线初评或复评结果相同，此指标值加 10。

（二）修订完善指标 11 个

（1）信息系统平均非计划停运时长。

调整说明：将系统部分功能不可用时长纳入评价范围，减半计算。

（2）信息系统平均非计划停运次数。

调整说明：将系统部分功能不可用次数纳入评价范围。

（3）信息通信系统调度工作任务执行不合格数。

调整说明：修订完善原信息通信系统调度指令合格率，明确了调度工作任务的范围；评分方式变更为调度联系响应不合格累计次数扣分。

（4）信息设备集中自动监控率。

调整说明：

1）明确了应集中监控的设备类型，包括信息内外网主机设备、交换机、路由器。

2）计算方法改为记录每天的监控率，取月均值。

3）评分方法变更为95%～100%线性扣分，100%时满分，低于95%时0分。

（5）信息通信系统检修执行合格率。

调整说明：增加对灾备联调检修不合格的考核。

（6）信息系统平均检修时长。

调整说明：包括系统平均检修时长和检修效率，各占 50 分。

1）系统平均检修时长=累计检修实际时长/纳入考核范围的系统数。

2）检修效率=（累计标准操作时长–累计检修实际时长）/检修次数，统计范围是已设计标准时长的检修类型，包括统一下达的检修。

（7）信息系统检修计划合格率。

调整说明：修订完善原信息系统检修计划审批一次通过率，新指标包括检修计划规范率和检修时长契合率。

1）检修计划规范率=1–（检修计划内容不规范次数+流程不规范次数+未按期执行次数)/执行计划数，其中未按期执行次数指已在月检修报送截止日期前 30 天及以上接到通知，但未如期安排检修计划的次数。

2）检修计划契合率=累计实际停运时长/累计计划停运时长，其中统一下达的检修不纳入计算范围。

（8）灾备复制非计划中断修复不规范次数。

调整说明：完善扩充原数据库复制非计划中断处理不合格次数，增加对灾备复制故障修复超时次数的评价。非计划中断修复超时指工作日工作时间内超过 1h 未恢复，其他超过 2h；评分方式变更为每发现 1 次不规范扣 10 分。

（9）报送缺陷有效数。

调整说明：修订完善原报送缺陷有效数前五名，评分方式变更如下。

1）报送缺陷有效数不超过 10 个时，得分为报送缺陷有效数×2。

2）报送缺陷有效数超过 10 个但不超过 30 个时，得分为（报送缺陷有效数–10）×3+20。

3）报送缺陷有效数超过 30 个时，按归一法线性计分，最高 100 分，最低 84 分。

（10）未及时报告故障数。

调整说明：评分方法变更为每发现 1 次，运行综合评价得分扣 0.2 分。

（11）重要缺陷数。

调整说明：合并原指标报送重大共性缺陷数和报送对其他单位有借鉴意义的重要缺陷数，在原有两项指标的基础上增加对一般共性缺陷的加分鼓励，并调整了评分方式。评分方式变更为重要共性缺陷数×0.5+重要且有借鉴意义缺陷数×0.05+其他重要缺陷数×0.01+一般共性缺陷数×0.01。

（三）沿用指标 24 个

（1）系统运行水平（7 个）。

1）一级指标：系统运行可靠性。

二级指标：通信业务通道可用率；信息网络平均非计划停运时长；信息网络平均非计划停运次数。

2）一级指标：系统纵向贯通性。

二级指标：企业门户贯通不可用时长；业务应用贯通不可用时长；内外网网站无效链接数。

3）一级指标：系统运行性能。

二级指标：信息系统平均响应时长。

（2）运行工作规范性（11个）。

1）一级指标：调度管理。

二级指标：信息通信系统调度联系单处理时长；信息通信系统调度值班不合格数量。

2）一级指标：运行管理。

二级指标：信息系统一单两票不合格数；信息通信设备台账合格率；信息系统缺陷及时消缺率。

3）一级指标：检修管理。

二级指标：信息系统临时检修率；信息系统月检修调整率；信息系统重复检修次数。

4）一级指标：客服管理。

二级指标：工单处理及时率；电话弃话率；电话及时接通率。

（3）加减分项（6个）。

1）一级指标：加分项。

二级指标：调度联系响应优秀数

2）一级指标：减分项。

二级指标：信息系统监控数据人为干预次数；灾备复制数据人为干预次数；五级信息通信事件发生次数；六级信息通信事件发生次数；七级信息通信事件发生次数。

【思考与练习】

1. 概述信息系统业务响应超时次数指标。

2. 缺陷初评准确率的评价目的是什么？

3. 概述信息系统平均检修时长的调整说明。

第九章

通信管理系统（TMS）

◢ 模块 1 TMS 告警查询及处理（Z40I2001 I）

【**模块描述**】本模块介绍 TMS 告警查询、分析处理的基本知识，通过对 TMS 告警监视模块操作过程的详细讲解，掌握如何查询、处理 TMS 中的设备告警。

【**模块内容**】

一、告警查询及处理模块功能介绍

告警查询提供通过各种条件或组合条件对告警信息进行查询的功能，可查询当前告警信息和历史告警信息。告警处理提供了告警定性、告警定位资源、告警辅助分析等操作功能。

通信调度员通过告警操作台中的实时告警列表对管理网元和业务进行集中监视，也可以对其中的告警记录进行查看、搜索、锁定等管理操作，并对未确认的告警进行处理，以确保系统业务正常。

二、TMS 检修管理模块操作流程

通信调度员登录系统后，首先进入告警操作台查看当前告警列表，可以查看当前告警的告警等级、确认状态、告警原因等详细信息，在传输拓扑图、设备面板图等图形管理模块中定位告警，并对需要处理的告警进行告警定性操作，告警定性的分类包括可归并、检修引起、方式引起、用户原因、误告、状态失常、设备缺陷。

三、操作实例

1. 告警操作权限

告警查看：当前登录的通信调度员可以查看本单位权限管辖范围内的所有设备、业务告警信息，同时可以查看本单位维护的设备、业务告警。

告警处理：当前值班的通信调度员可以对本单位权限管辖范围内的告警进行告警定性处理操作。

2. 进入告警操作台

登录后在主界面的底部点击 ▭▭▭ 即可调出告警操作台界面。

3. 告警操作台功能介绍

告警操作台实现了对告警的查看、处理、搜索、锁定等管理操作，告警操作台中显示的是当前告警列表。当前告警列表如图 9-1-1 所示。

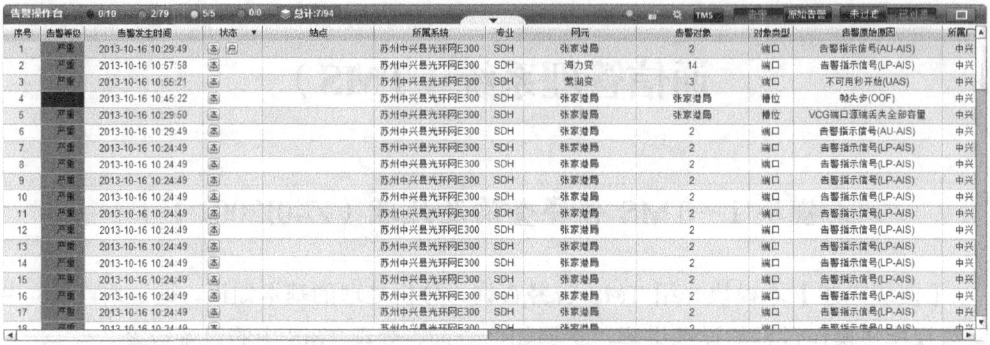

图 9-1-1　当前告警列表

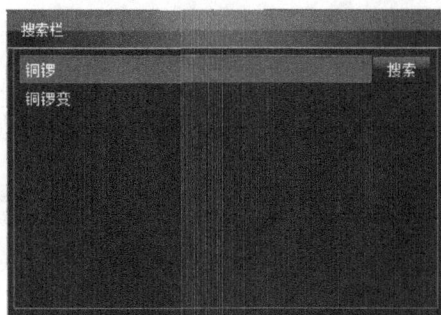

图 9-1-2　搜索界面

（1）点击 告警 原始告警 标签，可以在根告警（告警栏下选项）和原始告警列表中切换。

（2）点击 未过滤 已过滤 标签，可以在未过滤和已过滤列表中切换。其中告警过滤按照已经配置好的过滤规则进行。

（3） 模糊查询按钮，点击该按钮可弹出查询的条件框，按照自定义的关键字查询、显示符合条件的告警信息。搜索界面如图 9-1-2 所示。

按关键字查询所得的告警列表如图 9-1-3 所示，点击 按钮，可删除搜索条件并显示当前系统全部告警。

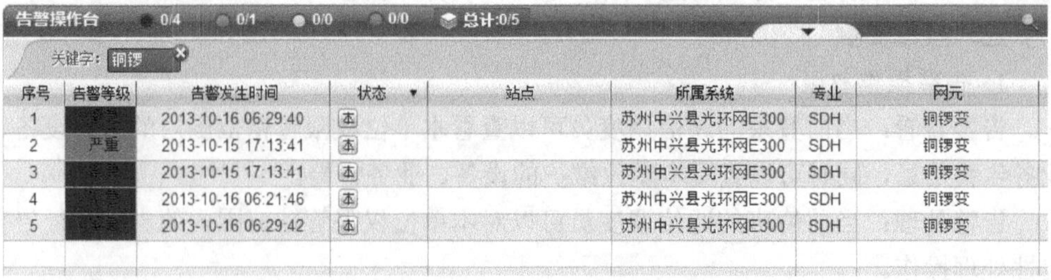

图 9-1-3　按关键字查询所得的告警列表

（4）🔓🔒操作台锁定/解锁按钮，锁定操作台之后可以禁止刷新当前告警信息，而解锁功能则恢复当前告警信息的刷新。

（5）⚙告警操作台配置按钮，可配置告警操作台、设置被监视的对象，告警操作台配置如图9-1-4所示：

1）点击📤，导出当前的告警信息列表。

2）点击同步按钮🔄，系统将与设备网管进行数据同步。

3）点击📋，配置告警操作台的显示效果，实现定制化的告警信息显示，告警配置如图 9-1-5所示。

4）TMS 按钮可选择告警查看的单位。

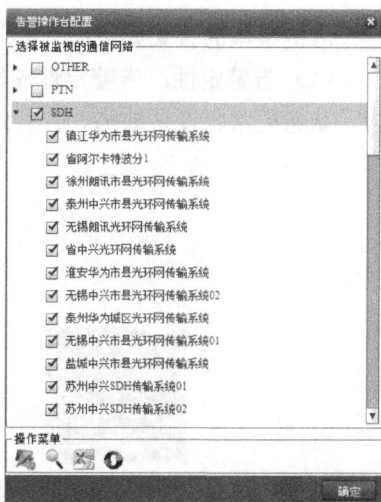

图 9-1-4　告警操作台配置

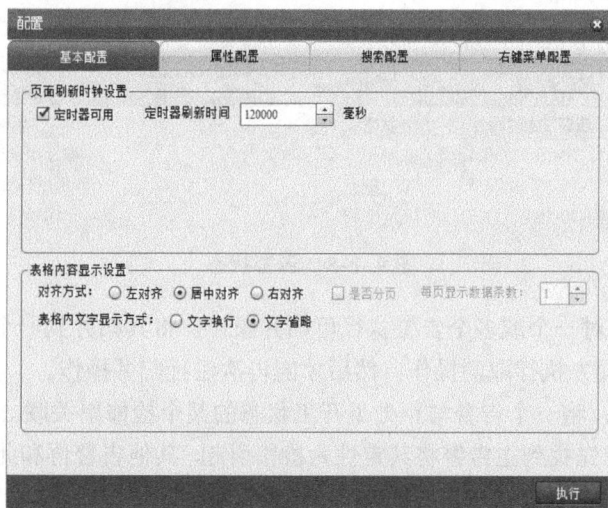

图 9-1-5　告警配置

5）可改变告警操作台大小。

4. 告警处理

系统产生告警后，通过查看当前告警列表，对未确认的告警进行处理，以确保系统业务正常。

在当前告警列表中选中一条告警，告警右键菜单如图 9-1-6 所示。

右键菜单的含义如下：

（1）告警定性：告警定性操作包括可归并、检修引起、方式引起、用户原因、误告、状态失常、设备缺陷。告警定性如图 9-1-7 所示。

图 9-1-6　告警右键菜单　　　　图 9-1-7　告警定性

进行告警定性操作成功的告警记录将标注为手动确认，备注说明定性原因，并在状态栏显示相应的图标，告警状态如图 9-1-8 所示。

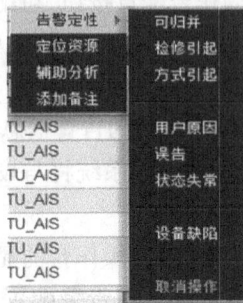

图 9-1-8　告警状态

1）可归并：对一个或多个告警执行可归并操作，将其归并到一个已处理的告警。如归并错误，必须先执行取消操作，然后才能再次进行归并操作。

2）检修引起：将一个告警与正处于开工状态的某个检修票关联，一个检修引起多条告警的情况，应先找到主告警将其定性为检修引起，其他告警再和此告警进行归并，告警—检修票关联如图 9-1-9 所示。

3）方式引起：将 1 个告警与正处于执行状态的某个方式单关联，因方式执行引起多条告警的情况，应先找到主告警将其定性为方式引起，其他告警再和此告警进行归并。

4）用户原因：对某个告警执行用户原因定性操作，在弹出的窗口中填写具体原因。

5）误告：对某个告警执行误告定性操作，在弹出的备注窗口中填写具体原因。

6）状态失常：对暂时无法定性的告警首先定性为状态失常，一旦确定告警原因后，取消状态失常操作，重新执行告警定性。

图 9-1-9　告警—检修票关联

7）设备缺陷：具备故障处理权限的值班员执行设备缺陷操作，直接填写缺陷单信息；不具备故障处理权限的值班员执行设备缺陷操作，会自动生成值班运行记录，同时线下联系故障专责处理。

缺陷派单之后，设备缺陷定性不能取消；若缺陷尚未进行派单操作，设备缺陷定性可以取消，如已启动缺陷单，且最终告警定性非设备缺陷，则需将该缺陷单废票。

（2）定位资源：实现告警定位至端口级。

（3）辅助分析：详细介绍该条告警的信息，告警辅助分析如图 9-1-10 所示。

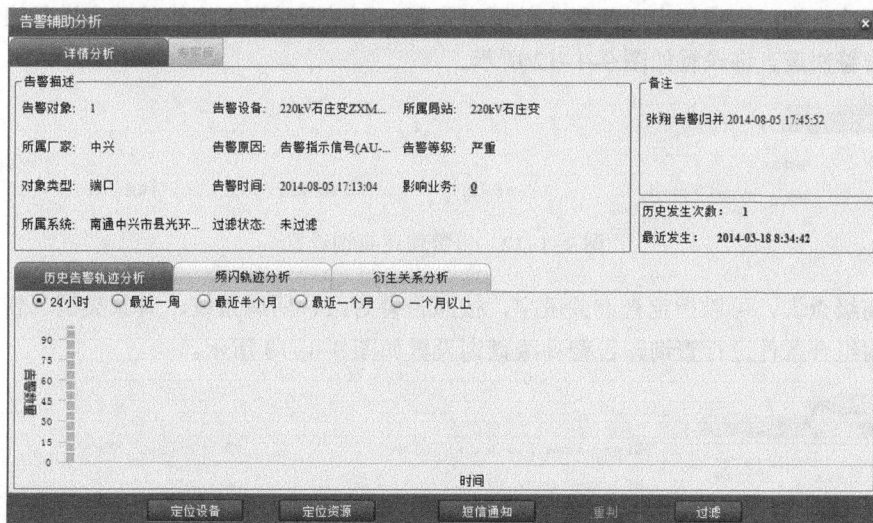

图 9-1-10　告警辅助分析

（4）添加备注：对该条告警添加说明。

5. 告警查询

（1）当前告警。

在告警操作台可以查看当前告警。

（2）历史告警。

点击菜单告警值班管理→历史告警查询，历史告警查询界面如图 9-1-11 所示。

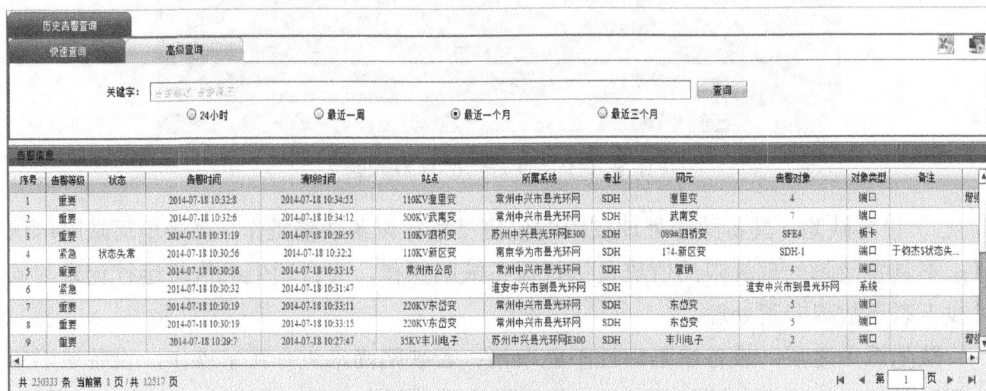

图 9-1-11　历史告警查询界面

1）按条件查询。

快速查询：查找指定时间段内的历史告警，可以同时指定查找关键字进行模糊查询。告警快速查询设置如图 9-1-12 所示。

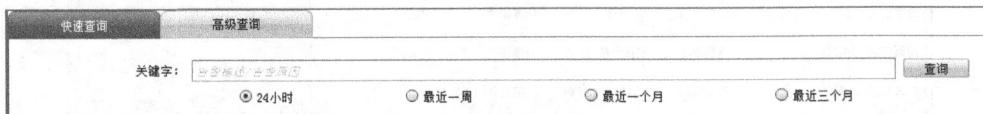

图 9-1-12　告警快速查询设置

高级查询：可以指定查询关键字，按照告警等级、所属系统、对象类型、告警发生时间组合条件进行查询。告警高级查询设置如图 9-1-13 所示。

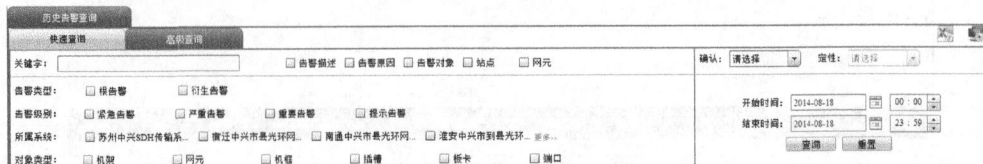

图 9-1-13　告警高级查询设置

2）告警信息显示，历史告警列表如图 9–1–14 所示。

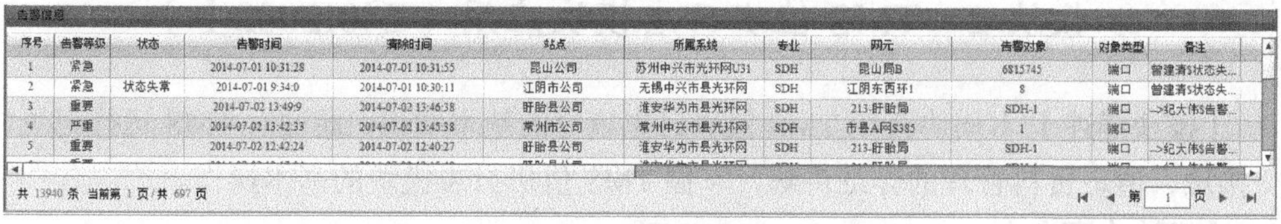

序号	告警等级	状态	告警时间	清除时间	站点	所属系统	专业	网元	告警对象	对象类型	备注
1	紧急		2014-07-01 10:31:28	2014-07-01 10:31:55	昆山公司	苏州中兴市光环网U31	SDH	昆山网B	6815745	端口	管道清1状态失…
2	紧急	状态失章	2014-07-01 9:34:0	2014-07-01 10:30:11	江阴市公司	无锡中兴市县光环网	SDH	江阴东西环1	8	端口	管道清1状态失…
3	重要		2014-07-02 13:49:9	2014-07-02 13:46:38	盱眙县公司	淮安华为市县光环网	SDH	213-盱眙馆	SDH-1	端口	-->纪大伟t告警
4	严重		2014-07-02 13:42:33	2014-07-02 13:45:38	常州公司	常州中兴市县光环网	SDH	市县A网S385	1	端口	
5	重要		2014-07-02 12:42:24	2014-07-02 12:40:27	盱眙县公司	淮安华为市县光环网	SDH	213-盱眙馆	SDH-1	端口	-->纪大伟t告警

共 13940 条 当前第 1 页/共 697 页   第 1 页

图 9–1–14　历史告警列表

3）查看历史告警信息详情。

在历史告警列表上选择一条告警信息，右键点击查看告警详情，历史告警详情如图 9–1–15 所示。

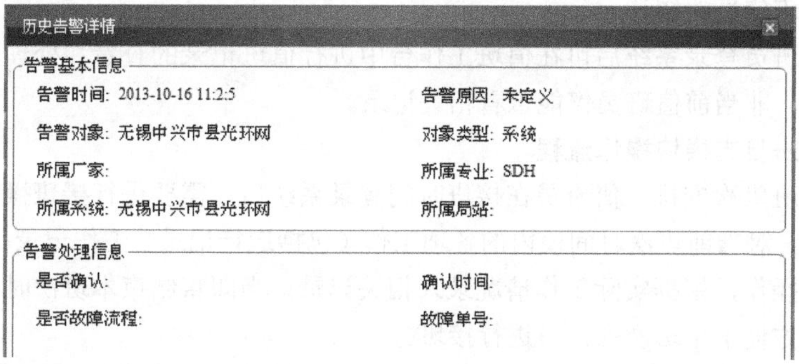

图 9–1–15　历史告警详情

4）告警记录页面跳转。

当告警记录较多时，可以指定页面进行跳转浏览，告警记录页面跳转设定如图 9–1–16 所示。

共 250235 条 当前第 1 页/共 12512 页   第 1 页

图 9–1–16　告警记录页面跳转设定

【思考与练习】

1. 如何在告警操作台上选择不显示某个传输系统的告警？
2. 对某条新发生的告警，分析原因并进行告警定位。
3. 简述告警定性的操作方法。

▲ 模块 2 TMS 值班日志模块应用（Z40I2002Ⅰ）

【模块描述】本模块介绍 TMS 值班日志填写的基本知识，通过对 TMS 运行记录、交接班、值班资料管理的详细讲解，掌握 TMS 值班日志模块的基本操作。

【模块内容】

一、值班日志模块介绍

值班管理模块以值班工作台的形式展现并进行运行记录、工单记录、工作记录的管理、维护，并提供相关记录的查询。通过值班管理模块，各单位值班管理员可以对本单位的值班维护班次、值班人员进行配置管理，值班管理模块提供了历史值班记录的查询，值班信息的统计。

当前值班员登录系统后可在值班工作台中进行值班记录的查看和处理，并可进行交接班操作，非当前值班员仅能查看相关记录。

二、值班日志模块操作流程

根据值班班次安排，值班员在接班时间登录系统后，需要进行接班操作，确定为当前值班员，对当前班次时间段内的各项工作（包括运行记录、工作记录、各类工单）进行记录、操作，根据实际工作情况录入相关记录；当即将结束本班次时，需要进行交班操作，方便下个班次的人员进行接班。

TMS 系统值班日志管理提供了方便的查询功能，能够根据日期、内容、填写人等条件进行运行记录、工作记录、各类工单记录的查询。同时，可以通过指定日期范围、值班人员查询相关的值班记录，或者在值班日历中查看当月的人员值班情况。选定某个值班班次能够查看该班次的详细信息，包括当班人员和相应的工作记录。

当登录人员被赋予值班管理员权限时，可以进行值班配置、定制月班次。在值班配置管理中可以对本地值班单位、值班单位班次、值班班组和自动排班模板进行设置。

三、操作实例

使用当前值班员账号登录 TMS 系统，打开告警值班管理→值班工作台菜单项，进入值班工作台界面，在工作台中可以进行各类工单和工作记录的查看、处理以及交接班操作，值班工作台如图 9-2-1 所示。

1. 运行记录

在值班工作台左侧的运行记录标签页下可查看处理运行记录，运行记录界面如图 9-2-2 所示。

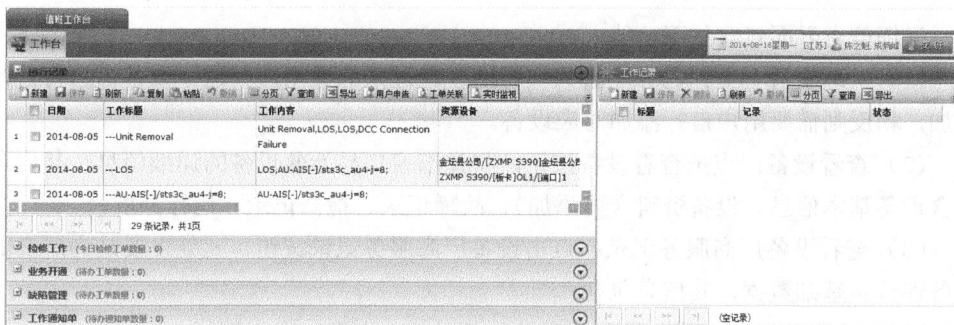

图 9-2-1　值班工作台

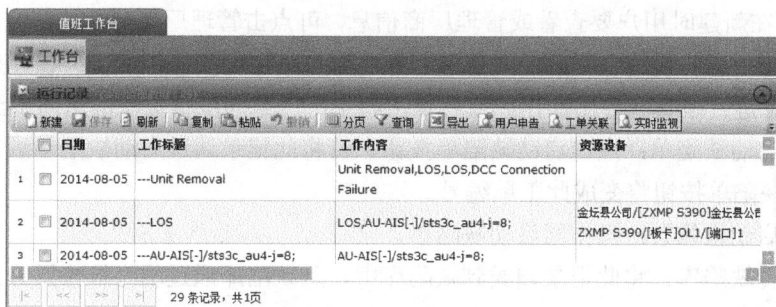

图 9-2-2　运行记录界面

此处运行记录由实时监视转运行记录、工单创建时创建运行记录和用户自行新建三种方式产生。值班人员可以新建、处理、过滤和导出值班工作台中的运行记录，双击运行记录可查看运行记录的详细信息并可进行记录的处理，运行记录详细信息界面如图 9-2-3 所示。

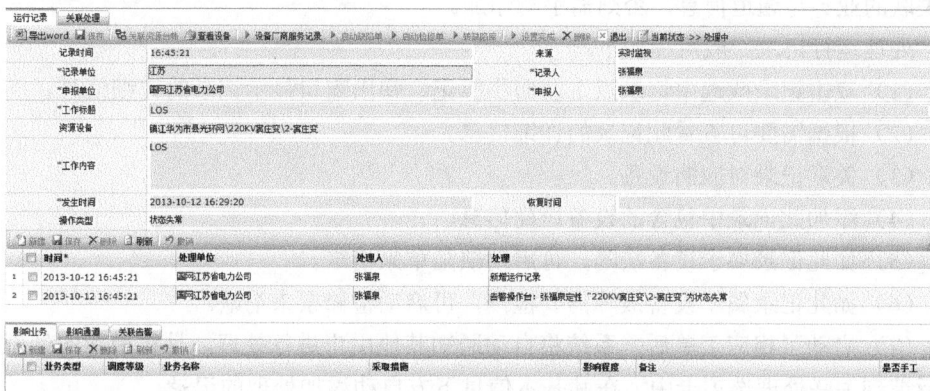

图 9-2-3　运行记录详细信息界面

详细信息界面包含如下功能：

（1）关联资源台账：若该记录为实时监视转过来的数据，其运行设备信息将自行添加，相反则需要用户自行添加对应设备。

（2）查看设备：点击查看设备按钮，将弹出窗口显示此设备的详细信息，其信息包含设备基本信息、设备资料（可添加）、故障记录、检修记录、运行分析。

（3）查看设备厂商服务记录：点击设备厂商服务记录按钮，此处主要是为厂商的服务评价做基础数据，其信息包含：

1）新建服务记录，其中包含厂商的服务时间、人数、费用等。

2）将所有服务记录导出成 EXCEL，可点击导出按钮完成。

3）如在新建时用户要查看或管理厂商信息，可点击管理厂商明细按钮完成，厂商明细管理包括当前系统中所有厂商信息。界面用户可进行的操作如下：在此处可对已添加的信息进行编辑和导出操作，或者点击与生产厂家同步将资源信息同步至此处。

（4）启动缺陷单：点击启动缺陷单按钮，可将此记录通过启动缺陷单进行处理，此时启动缺陷单按钮将变成此工单编号。

（5）启动检修票：操作同启动缺陷单。

（6）转缺陷库：将此记录归类到缺陷库中，且缺陷库通过临时检修票方式对其进行处理。

（7）删除记录：删除当前记录，若该记录启动了缺陷单或检修票，则无法进行删除。

（8）设备记录处理状态：点击设置完成按钮可将当前记录从处理中状态设置为已完成，将信息状态设置完成后不能对其进行修改，只能读取相应信息。

（9）查看影响业务与通道：若当前记录为实时监视转入的，在窗体下方会展示与此关联的业务与通道信息，否则需手动添加。

处理运行记录一般流程如下：

（1）双击记录或选中记录点击前面小标记，弹出窗口显示记录的详细信息。

（2）根据需要可查看此记录的详细信息。

（3）关联记录对应的设备。

（4）添加此记录中包含的设备厂商信息。

（5）如此记录属于设备缺陷，可启动缺陷单来消缺。

（6）如此记录属于设备故障需要检修，可启动检修票来消缺。

（7）启动了相应工单后，系统将自动通知其他用户进行处理，且将最新的处理结果反馈到关联处理选项卡中，在其基本信息下方自动添加处理的记录。

（8）运行记录处理完成后，将状态设置为已完成。

历史运行记录查询：点击菜单告警值班管理→通信值班→运行记录查询，可查看所有的历史运行记录，运行记录查询如图 9-2-4 所示。

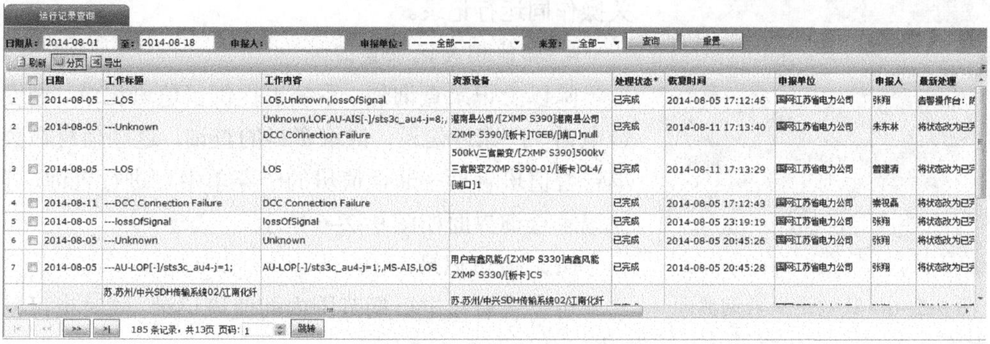

图 9-2-4　运行记录查询

此处可按照时间、申报人、申报单位以及来源进行条件查询，并支持将运行记录导出为 Excel。

2. 工单记录

在值班工作台的检修工作、业务开通、缺陷管理、工作通知单标签页中可查看各工单的处理情况，此处工单的信息主要由运行记录转工单及正常启动工单两种方式产生，双击记录可转至相应工单页面，然后根据工单流程进行处理。

3. 工作记录

当前值班员在值班工作台右侧的工作记录区域下可进行工作记录的查看和处理，此处的内容主要为值班员自行添加完成，双击记录可查看记录详情，然后根据实际需求进行处理。工作记录界面如图 9-2-5 所示。

图 9-2-5　工作记录界面

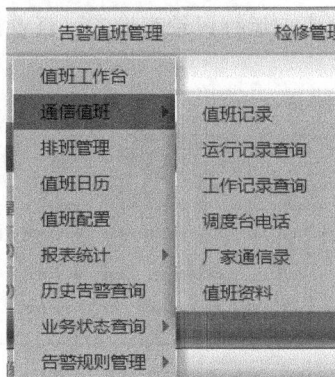

图 9-2-6 其他记录查询界面

历史工作记录查询：点击菜单告警值班管理→通信值班→运行记录查询，可查看所有的历史工作记录，相关操作同运行记录。

4. 其他相关记录查询

除以上记录查询外，系统也提供了值班记录、调度台电话、厂家通信录、值班资料的查询。这些信息在菜单告警值班管理→通信值班的子菜单中可进行查询，其他记录查询界面如图 9-2-6 所示。

（1）值班记录。

可以查看指定日期范围内的值班记录，同时也可以查询指定值班员值班的班次，值班记录如图 9-2-7 所示。

（2）双击某个班次记录，能够查看该班次相关的详细信息，包括该班次内处理的运行记录、工作记录、各类工单等，详细值班信息如图 9-2-8 所示。

图 9-2-7 值班记录

图 9-2-8 详细值班信息

（3）调度台电话。

可查看系统内记录的调度台电话列表，调度台电话界面如图 9-2-9 所示。

图 9-2-9　调度台电话界面

（4）厂家通信录。

可查看系统内相关设备的厂家技术支持服务信息，厂家通信录界面如图 9-2-10 所示。

图 9-2-10　厂家通信录界面

（5）值班资料。

可查看日常工作中涉及的相关资料，值班资料界面如图 9-2-11 所示。

图 9-2-11　值班资料界面

5. 交接班操作

（1）交班操作。

当前值班人员需要交班时，点击值班工作台右侧上方当前值班人员信息处的绿色交班按钮，交班按钮如图 9-2-12 所示。

点击交班按钮弹出交班班界面，交接班界面如图 9-2-13 所示。

此处主要由交接班信息、当前值班员未结束事项、下班人员信息认证三部分组成。其中交接班信息包括交接人员、班次、日期、环境情况等；未结束事项主要为值班操作台中未处理的记录。在界面下方需要输入下一值班人员系统登录名与密码，点击确认按钮，系统将自动退出至登录页面。

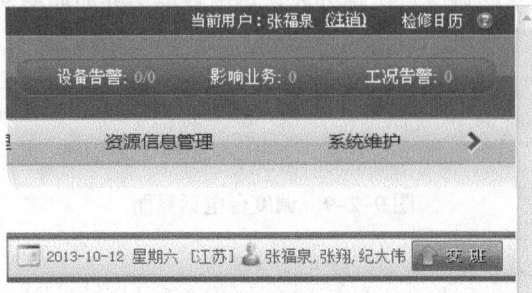

图 9-2-12 交班按钮

图 9-2-13 交接班界面

（2）接班操作。

接班人员登录系统，选择通信值班菜单，系统会自动弹出交接班页面，确认交接班信息，在天气与温度处理处填写对应信息，点击确认按钮即可交接班成功，接班界面如图 9-2-14 所示。

6. 值班配置

点击告警值班管理→值班配置菜单项可进入值班配置页面，此处可进行本地值班单位、值班单位班次、值班职责、值班班组、运行记录预定义、工作记录预定义和排班模板的管理。

交接班

接班

接班班次	白班	班次日期	2013-09-12	值班班组	江苏省电力公司
值班员	郭寮	接班时间	2013-09-12 14:33:32	接班操作人	郭寮
天气	晴	温度	25°		

未结束事项

	运行记录	通信保障	工作记录	缺陷单	检修单	方式单	业务申请单			
	□ 日期	来源	更新时间*	班次	处理状态*	申报单位	工作内容	申报人	最新处理
1	□ 2013-09-05	用户申告	2013-09-05 11:05:10	夜班	处理中				系统接收到【】上报检修工单：检修-20130809-华东-江苏-14
2	□ 2013-09-05	用户申告	2013-09-05 10:40:10	夜班	处理中				系统接收到【】上报检修工单：检修-20130809-华东-江苏-13
3	□ 2013-08-23	用户申告	2013-08-23 10:13:00	夜班	处理中	江苏省电力公司		戴勇	戴勇：启动工单：检修-20130823-华东-江苏-1 戴勇 对工单做了编辑
4	☑ 2013-08-12	用户申告	2013-08-12 17:53:57	夜班	处理中			余建宝	余建宝：启动工单：缺陷-余建宝-20130812 对工单做了编辑
5	□ 2013-08-12	用户申告	2013-08-12 17:23:46	夜班	处理中	盐城供电公司	华为设备检修	运维工2lc	运维工2lc：启动工单：检修-20130812-华东-江苏-盐城-3 运维工2lc 对工单做了编辑
6	□ 2013-08-12	用户申告	2013-08-12 17:17:55	夜班	处理中	盐城供电公司		运维工1lc	运维工1lc：启动工单：检修-20130812-华东-江苏-盐城-1 运维工1lc 对工单做了编辑
7	□ 2013-08-09	用户申告	2013-08-09 11:28:26	夜班	处理中				竞赛：归档检修单：检修-20130809-华东-江苏-无锡-1
8	□ 2013-08-09	用户申告	2013-08-09 11:20:47	夜班	处理中				吴博科：归档检修单：检修-20130809-华东-江苏-常州-1
9	□ 2013-08-09	用户申告	2013-08-09 10:55:25	夜班	处理中	南京供电公司	到试	陈？羚	严东：归档检修单：检修-20130809-华东-江苏-南京-3

确定　取消

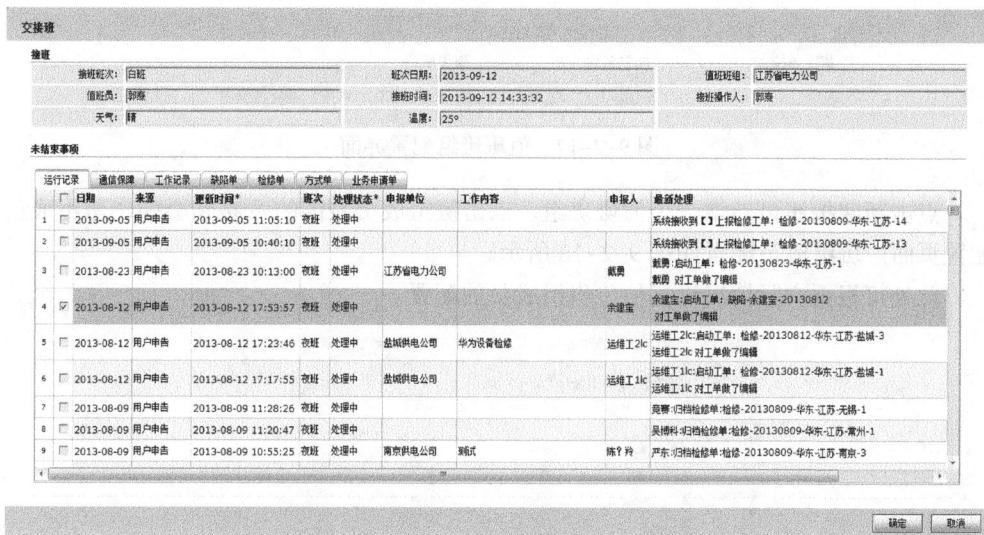

图 9-2-14　接班界面

（1）点击 ▢ 值班单位 可进行值班单位名称、值班成员、值班管理员和归属企业的设置，值班单位配置界面如图 9-2-15 所示。

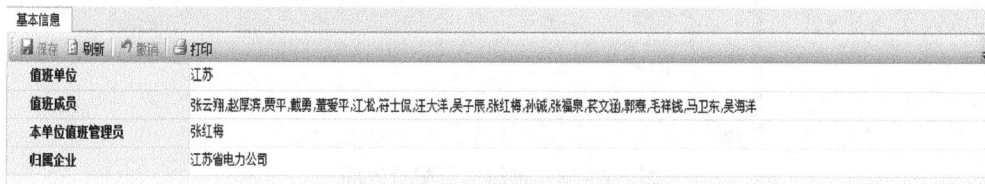

基本信息

💾保存 🔄刷新 🔙撤消 🖨打印

值班单位	江苏
值班成员	张云翔,赵厚滨,贾平,戴勇,董爱平,江崧,符士侃,汪大洋,吴子辰,张红梅,孙铖,张福泉,衣文通,郭寮,毛祥钱,马卫东,吴海洋
本单位值班管理员	张红梅
归属企业	江苏省电力公司

图 9-2-15　值班单位配置界面

（2）点击 ▢ 值班单位班次 可进行班次管理，值班单位班次配置界面如图 9-2-16 所示。

📄新建 💾保存 ✕删除 🔄刷新 📋复制 📋粘贴 🔙撤消 📑分页

	值班单位	班次名称	班次开始时间	班次结束时间	跨日*
1		白班	9:00	18:00	□
2		夜班	18:00	9:00	☑

图 9-2-16　值班单位班次配置界面

点击新建按钮可新建一个班次，值班单位默认为当前单位，班次名称和起止时间需手动配置，若该班次跨日则需勾选跨日复选框。

（3）点击 ▢ 值班班组 可进行值班班组管理，值班班组配置界面如图 9-2-17 所示。

图 9-2-17 值班班组配置界面

点击新建按钮可新增一个值班班组，点击班组成员右侧的 ⋯ 按钮会弹出班组成员配置页面，班组成员配置如图 9-2-18 所示。

此处可根据实际情况进行值班班组成员的配置。

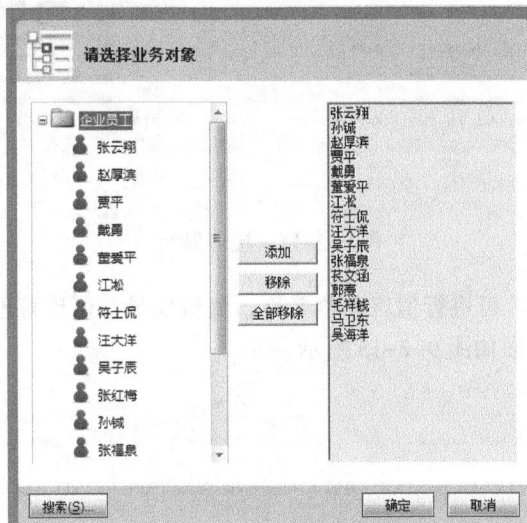

图 9-2-18 班组成员配置界面

（4）点击 值班职责 可进行值班职责配置，值班职责配置界面如图 9-2-19 所示。

图 9-2-19 值班职责配置界面

（5）点击 运行记录预定义 可进行运行记录预定义设置，运行记录预定义设置界面如图 9-2-20 所示。

（6）点击 工作记录预定义 可进行工作记录预定义设置，工作记录预定义设置界面如图 9-2-21 所示。

图 9-2-20　运行记录预定义设置界面

图 9-2-21　工作记录预定义设置界面

（7）点击 _{自动排班模板管理} 可进行自动排班模板管理，此处主要为进行自动排班时添加模板，系统将根据模板进行批量排班，自动排班模板管理界面如图 9-2-22 所示。

图 9-2-22　自动排班模板管理界面

点击新建按钮可新建一条新的排班模板，根据需要修改模板名称、创建人、单位数据。是否使用中表示当前模板是否在自动排班管理中使用，当前系统中有且只有一个模板处于使用中状态。完成排班模板的创建后需要为模板添加值班班组，展开已创建的模板，点击新建按钮，根据实际情况修改值班班组、值班成员、循环起始点字段，循环起始点表示在进行自动排班时以当前班组为循环的起点，模板中有且只有一个循环起始点，模板值班班组配置界面如图 9-2-23 所示。

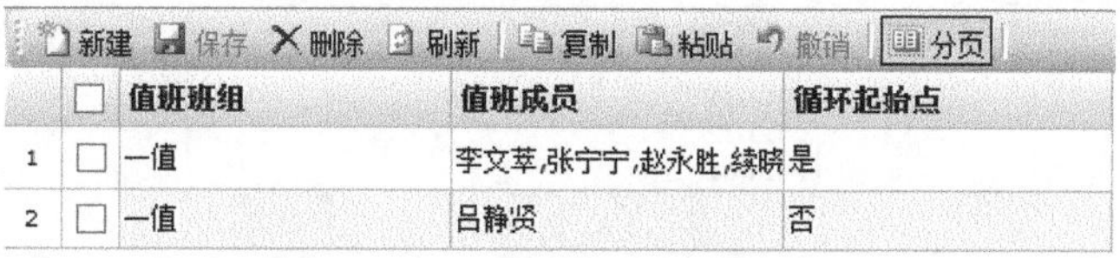

图 9-2-23　模板值班班组配置界面

7. 排班管理

值班管理员登录系统后进入告警值班管理→排班管理菜单，将看到如图 9-2-24 所示的排班信息。

图 9-2-24　排班管理

（1）排班管理界面操作功能如下：

1）新建排班：点击新建排班按钮可创建月班次。

2）删除排班：选择值班日期后，点击删除排班按钮，将删除所选月份班次。

3）导出：导出所选月份的排班日历。

4）查询：将展示所选月份的排班情况。

5）修改未值班职员：对于本月未值班的日期，在值班人员处点击 按钮修改值班人员。特别注意的是新建、删除排班及修改未值班职员仅有值班管理员有权限操作。

（2）手动创建月班次。

值班管理员在排班管理模块中点击 新建排班 ，将弹出如图 9-2-25 所示的对话框。

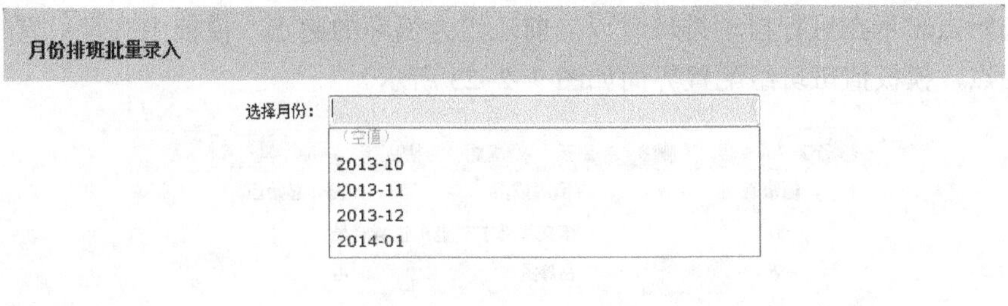

图 9-2-25　月份选择

选择好月份后点击确定，会生成如图 9-2-26 所示的值班模板。

星期一	星期二	星期三	星期四	星期五	星期六	星期日
29号	30号	31号	1号 白班： 夜班：	2号 白班： 夜班：	3号 白班： 夜班：	4号 白班： 夜班：
5号 白班： 夜班：	6号 白班： 夜班：	7号 白班： 夜班：	8号 白班： 夜班：	9号 白班： 夜班：	10号 白班： 夜班：	11号 白班： 夜班：
12号 白班： 夜班：	13号 白班： 夜班：	14号 白班： 夜班：	15号 白班： 夜班：	16号 白班： 夜班：	17号 白班： 夜班：	18号 白班： 夜班：
19号 白班： 夜班：	20号 白班： 夜班：	21号 白班： 夜班：	22号 白班： 夜班：	23号 白班： 夜班：	24号 白班： 夜班：	25号 白班： 夜班：
26号 白班： 夜班：	27号 白班： 夜班：	28号 白班： 夜班：	29号 白班： 夜班：	30号 白班： 夜班：	31号 白班： 夜班：	

图 9-2-26 排班界面

值班管理员需在每个值班班次点击■手动添加值班人员。

（3）自动创建月班次。

值班管理员在新建排班的时候勾选自动排班复选框，此时系统会将已创建的排班模块显示出来以供选择，自动排班界面如图 9-2-27 所示。勾选相应模板及月份后点击确定，系统会自动完成月班次的创建。

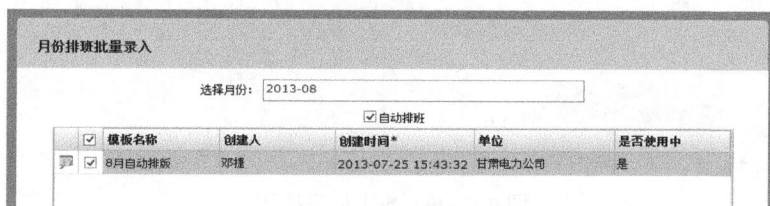

图 9-2-27 自动排班

8. 值班日历

值班人员登录系统后，选择告警值班管理→值班日历菜单，可进入如图 9-2-28 所示的值班日历界面。

图 9-2-28 值班日历界面

值班日历中以不同颜色直观地展示了选定月份内未交班、正在值班、已按时交班、未值班和未按时交班的班次情况，双击具体班次可查看该班次的详细信息，点击右上角的导出按钮可将页面中值班信息导出。

注：未按时交班为班次结束时间之后的30min之后交班。

9. 集中值班统计

点击告警值班管理→报表统计→集中值班统计菜单项，可进入如图9-2-29所示页面。

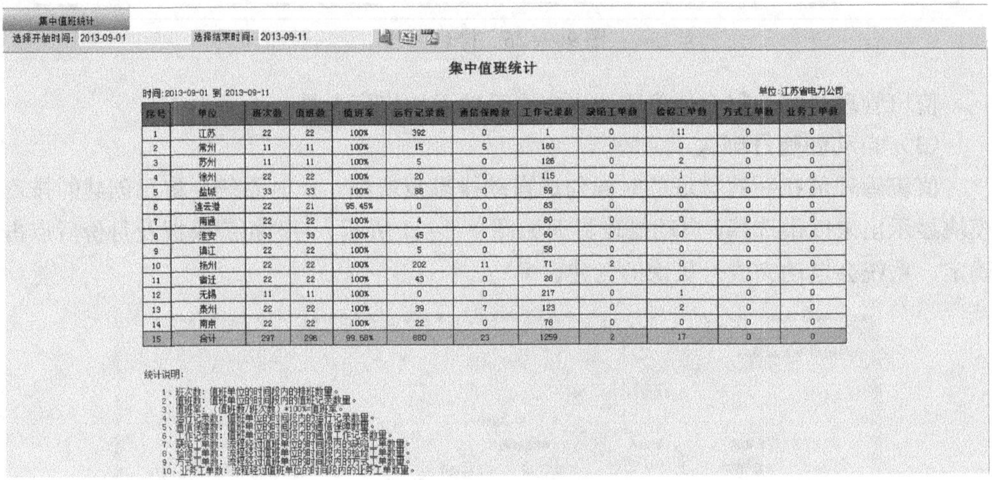

集中值班统计

选择开始时间：2013-09-01　选择结束时间：2013-09-11

集中值班统计

时间:2013-09-01 到 2013-09-11　单位:江苏省电力公司

序号	单位	班次数	值班数	值班率	运行记录数	通信保障数	工作记录数	缺陷工单数	检修工单数	方式工单数	业务工单数
1	江苏	22	22	100%	392	0	1	0	11	0	0
2	常州	11	11	100%	15	5	180	0	0	0	0
3	苏州	11	11	100%	5	0	126	0	2	0	0
4	徐州	22	22	100%	20	0	115	0	1	0	0
5	盐城	33	33	100%	88	0	59	0	0	0	0
6	连云港	22	21	95.45%	0	0	83	0	0	0	0
7	南通	22	22	100%	4	0	80	0	0	0	0
8	淮安	33	33	100%	45	0	60	0	0	0	0
9	镇江	22	22	100%	5	0	58	0	0	0	0
10	扬州	22	22	100%	202	11	71	2	0	0	0
11	宿迁	22	22	100%	43	0	26	0	0	0	0
12	无锡	11	11	100%	0	0	217	0	1	0	0
13	泰州	22	22	100%	39	7	123	0	2	0	0
14	南京	22	22	100%	22	0	78	0	0	0	0
15	合计	297	296	99.66%	880	23	1259	2	17	0	0

统计说明：

1、班次数：值班单位的时间段内的排班数量。
2、值班数：值班单位的时间段内的值班记录数量。
3、值班率：（值班数/班次数）*100%=值班率。
4、运行记录数：值班单位的时间段内的运行记录数量。
5、通信保障数：值班单位的时间段内的通信保障数量。
6、工作记录数：值班单位的时间段内的通信工作记录数量。
7、缺陷工单数：流程经过值班单位的时间段内的缺陷工单数量。
8、检修工单数：流程经过值班单位的时间段内的检修工单数量。
9、方式工单数：流程经过值班单位的时间段内的方式工单数量。
10、业务工单数：流程经过值班单位的时间段内的业务工单数量。

图9-2-29　集中值班统计

在界面中选择值班的月份可自定义查看选定时间内各单位的值班情况统计，包括交接班率、值班记录数及各工单数量。查询出的结果可导出为不同格式的文档。

【思考与练习】

1. 请简述交接班操作流程。
2. 排班操作有哪些方式？请分别简述其操作过程。
3. 在值班工作台中可以进行哪些操作？

模块3　TMS检修管理模块应用（Z40I2003Ⅰ）

【模块描述】本模块介绍TMS检修管理的基本知识，通过对TMS检修处理流程、检修审批、填写开工信息、填写竣工信息的详细讲解，掌握TMS检修管理模块的基本操作。

【模块内容】

一、检修管理模块介绍

检修管理模块主要包括检修计划管理和检修票管理两个部分。

检修计划管理的发起者是国网信通公司，各下级单位分别填写本单位的检修计划项并提交（其中涉及上级单位业务的检修计划需要上级单位批准），经过批准的检修计划项目在归档后进入待办状态，每个单位的相关操作人员登录系统后可以在检修计划项管理中进行查看并启动检修票流程。

检修票管理包括了计划检修票和临时检修票。计划检修是从预先提交并经批准的月度检修计划项启动创建检修票；临时检修则是根据工作需要，单独创建并启动检修票，不在月度检修计划项目中。

二、操作流程介绍

1. 月度检修计划

月度检修计划填报流程的基本步骤如下：国网信通每月初自动启动下发月度检修计划填报流程；各下级单位登录查看、填报本单位的月检修计划项目；各单位按照规定汇总审核本单位管理权限范围内的所有月检修计划项目；各单位需将汇总审核后的月检修计划提交领导审批，并按管理规定准时提交上报给上级单位；最终将所有通过批准的月度检修计划项目确认归档。

月度检修计划项管理方法：

当需要启动计划检修时，在相应的月计划项目页面中启动计划检修单，完成检修后将计划项设置为已完成，若由于一次原因等导致计划未执行，则需要在月底最后三天启动并上报免考核申请单。

2. 检修票

各级单位用户可以从缺陷单、方式单、工作通知单、运行记录和已批复归档的计划检修项中启动检修票，也可以直接创建检修票。

目前，系统根据适用范围提供本局、地调 2 种检修票处理流程，本局适用于省公司、分部、国网信通；地调，适用于地市公司。

其中，如果申请的检修项目影响到上级单位业务的正常运行，需要提交上级单位审批确认。

检修票处理流程如下：

（1）检修票的启动。

从月计划检修项启动：进入月计划检修项，点击启动检修单按钮可以创建与当前计划检修项相关联的计划检修票。

从缺陷单中启动：在缺陷单的缺陷处理反馈流程节点，可以通过点击启动检修单按钮创建关联当前缺陷单的临时检修票。

从运行记录中启动：在运行记录详细信息界面，可以通过点击启动检修单按钮创建关联当前运行记录的临时检修票。

从方式单中启动：在方式单的方式开通反馈流程节点，可以通过点击启动检修单开通方式按钮创建关联当前方式单的临时检修票。

从工作通知单中启动：在工作通知单的执行流程节点，可以通过点击启动检修票按钮创建关联当前工作通知单的临时检修票。

直接创建检修票：在检修票管理界面点击新建按钮创建检修票，根据工作要求填写检修票的各项内容，点击运行数据关联按钮可以与缺陷单、月检修计划和工作通知单相关联。

（2）检修票的流转。

在检修票流转的各节点，各节点操作人员登录时可以在待办事项内看到自己权限范围内的检修票，按照要求为检修票填写必要的内容，确认内容无误后可以选择同意进入下一环节，或者选择不同意将检修票退回至上一节点并填写退回意见。

（3）检修票的归档。

当检修工作完工，检修票流转至填写完工信息状态，经审核确认完工后就转入归档状态，检修票的流转至此结束。

三、操作实例

1. 月检修计划管理

点击检修管理→检修计划管理→月检修任务菜单项，进入月计划检修项目管理界面，在此处可查看及管理本单位管辖范围内的月计划检修项目，同时也可进行计划检修票的启动，月检修任务界面如图 9-3-1 所示。

图 9-3-1 月检修任务界面

在月检修任务界面左侧根据月份、单位及完成情况将所有月计划检修项目归类，在该界面右侧显示计划项信息列表。双击某条计划项可查看其详细信息，月检修计划项界面如图9-3-2所示。

图9-3-2　月检修计划项界面

在月检修计划项界面下点击 ▶ 启动检修单 可以启动与该计划项相关联的计划检修票，计划项的相应信息会自动导入检修票中，检修票归档后点击 ✔执行完成 将该计划项的状态设置为已完成，若由于某些原因该计划未执行，需点击 ✔中止执行 并填写未执行原因。点击 ▶ 启动免考核申请单 可以向上级单位填报检修计划未执行的免考核申请，并将当前检修计划执行状态设置为已终止。点击 导出 可导出当前检修计划。

2. 通信检修票管理

点击检修管理→通信检修票菜单项，进入检修票管理界面，通信检修票管理界面如图9-3-3所示。

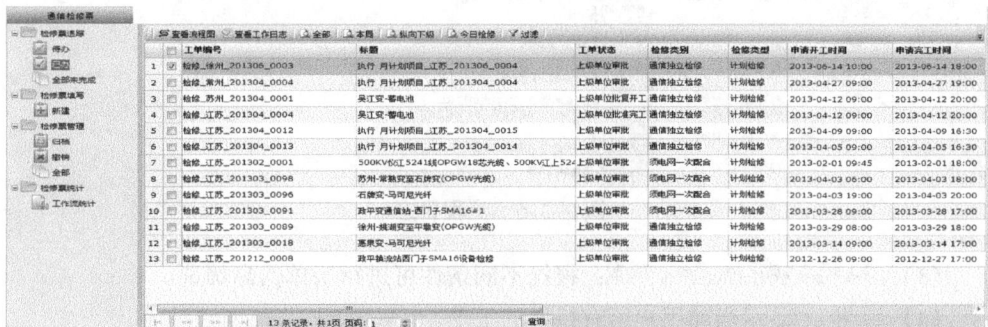

图9-3-3　通信检修票管理界面

通信检修票管理的相关功能介绍如下：

（1） <u>查看流程图</u>：选择工单点击即可显示当前工单的流程示意图，流程图界面如图 9-3-4 所示。

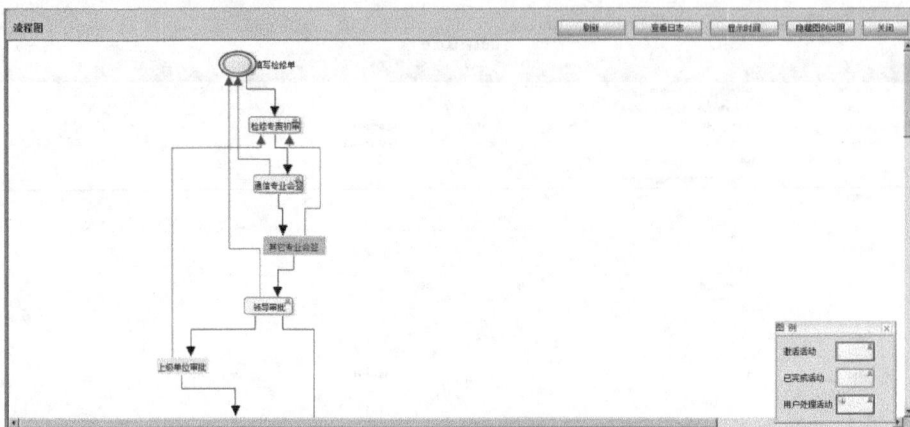

图 9-3-4 流程图界面

（2） <u>查看工作日志</u>：点击该按钮后可查看当前工单处理的流程信息，流程日志如图 9-3-5 所示。

图 9-3-5 流程日志

（3） <u>全部</u> <u>本局</u> <u>纵向下级</u> <u>过滤</u>：根据不同条件可进行工单信息筛选。

（4） <u>待办</u>：显示当前用户所有待办的工单。

（5） <u>已办</u>：显示当前用户所有已办工单。

（6）全部未完成：显示所有未完成的工单。

点击检修票列表最右侧的查看按钮可以显示该工单下一节点待办人信息，工单待办专责查看功能界面、具体待办人信息分别如图 9–3–6、图 9–3–7 所示。

查看流程图　查看工作日志　全部　本局　纵向下级　今日检修　过滤

		完工时间	实际开工时间	实际完工时间	申请单位	检修发起单位	检修计划项编号	检修工作原因	待办专责/专业
1	☑				江苏省电力公司	江苏省电力公司	月计划项目-201309-华东		查看
2	☐	-09-28 18:00			苏州供电公司	苏州供电公司	月计划项目-201309-华东		查看
3	☐	-09-13 16:00			泰州供电公司	泰州供电公司	月计划项目-201309-华东		查看
4	☐				江苏省电力公司	江苏省电力公司	月计划项目_江苏_20130		查看
5	☐				徐州供电公司	徐州供电公司	月计划项目_江苏_20130		查看

图 9–3–6　工单待办专责查看功能界面

“申请单位申请开工”的待办人信息

	单位	角色	姓名	联系方式
1	苏州供电公司	苏州通信调度员	徐燕	暂无
2	苏州供电公司	苏州通信调度员	任望	暂无
3	苏州供电公司	苏州通信调度员	许忠毅	暂无
4	苏州供电公司	苏州通信调度员	郭晗刚	暂无
5	苏州供电公司	苏州通信调度员	褚鸣	暂无
6	苏州供电公司	苏州通信调度员	程晓翀	暂无
7	苏州供电公司	苏州通信调度员	张军	暂无

图 9–3–7　具体待办人信息

（7）新建：弹出工单填写页面，填写页面左侧为流程步骤及处理人和处理时间，页面最下方为工单流程足迹。检修票填写界面如图 9–3–8 所示。

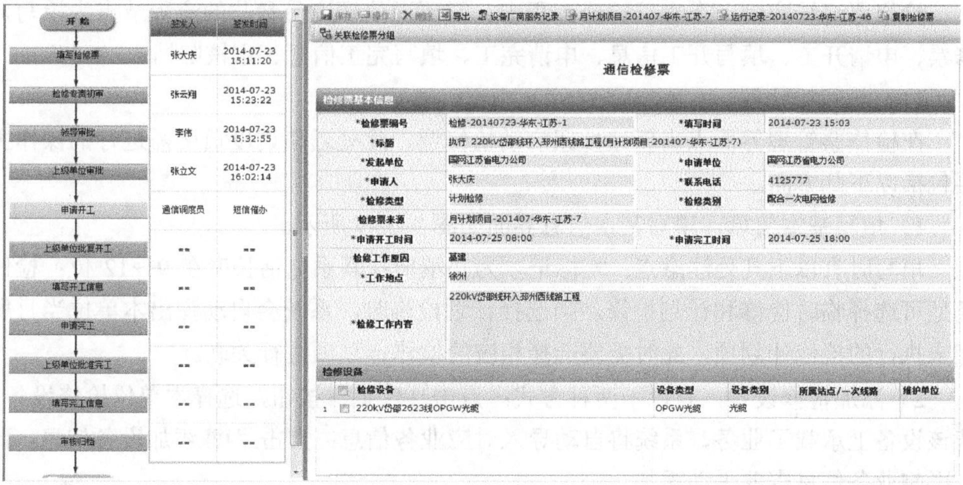

图 9–3–8　检修票填写界面

检修票界面说明如下：

1）填写检修票信息，带 * 标记项为必填项。

2）⊟操作：将检修票向下流转。

3）⊠导出：将整个工单信息全部导出为 EXCEL。

4）✕删除：删除当前检修票，仅可在填写检修票节点进行此操作，操作者只能为当前检修票创建者。

5）⊞导入危险点及安全措施：在操作此按钮前需要填写检修票基本信息，此处将导入系统中已添加的危险点或安全措施。

6）⊞设备厂商服务记录：添加此工单需要的厂商信息。

7）⊞关联运行数据：将当前检修票与缺陷单、月检修计划、年检修计划和工作通知单相关联。

8）⊞复制检修票：将当前工单拷贝，另启检修票。

9）⊞关联检修票分组：将当前工单分类管理。

10）流程节点颜色为黄色：当前状态；流程节点颜色为绿色：已完成；流程节点颜色为灰色：跳过或未执行。

（8）⊞归档：此处主要为查询当前系统中已归档的工单，双击可查看其详细信息，但不能对其进行修改。

（9）⊠撤销：此处主要为查询当前系统中已撤销的工单，双击可查看其详细信息，但不能对其进行修改。

（10）⊞全部：查看全部工单。

检修票流转实例：在本局检修流程中，需要通信调度员参与的流程节点为填写检修票、申请开工、填写开工信息、申请完工、填写完工信息、审核归档。

（1）填写检修票。

在检修票管理界面点击新建按钮启动检修票，此处通信调度员所需进行的操作主要包括以下几方面。

1）填写基本信息，填写基本信息界面如图 9-3-9 所示。

填写时有以下几处注意点：* 标记项为必填项；联系电话长度在 9～12 位；检修类型可选择临时检修和计划检修，当选择计划检修时，系统会自动弹出本单位当月所有未执行的检修计划项，此时需要选择相应的检修计划项进行关联。

2）添加检修设备，有以下两种方式：点击⊞选择检修设备按钮，选择本单位检修设备，若该设备上承载了业务，系统将自动导入对应业务信息；点击⊞新建添加设备信息，此时影响业务信息需要手动添加。

3）选择业务所属最高等级，业务所属最高等级界面如图 9-3-10 所示。

图 9-3-9　填写基本信息界面

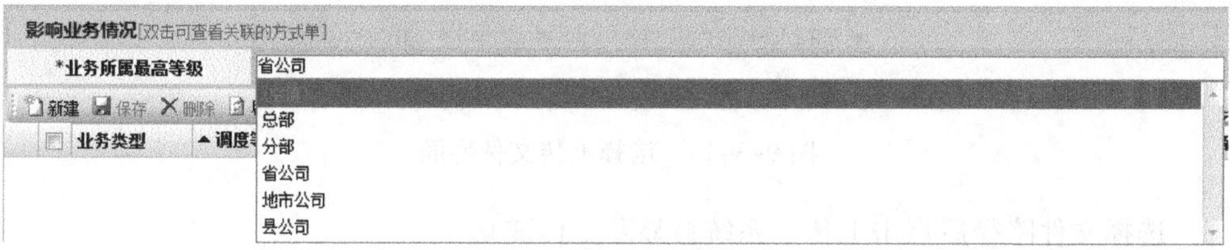

图 9-3-10　业务所属最高等级界面

业务影响等级分为总部、分部、省公司、地市公司和县公司，系统会根据所添加的业务所影响的最高等级来自动选择。若检修无影响业务，则需要根据实际情况手动选择；当此处业务影响上级单位时，检修票会自动流转至上级单位进行审批。

4）添加现场工作单位，现场工作单位为必填信息。现场工作单位界面如图 9-3-11 所示。

图 9-3-11　现场工作单位界面

5）附件上传，附件上传界面如图 9-3-12 所示。

图 9-3-12　附件上传界面

此处用于将检修工作中所需的三措一案等文件作为附件上传至检修票中，点击 ⋯ 按钮以弹出文件上传对话框，选择上传文件界面如图 9–3–13 所示。

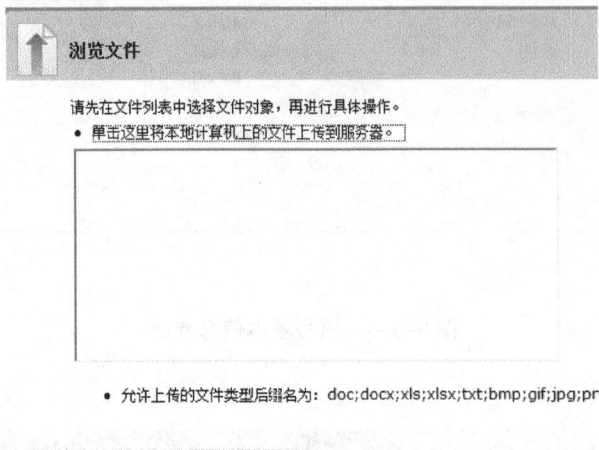

图 9–3–13　选择上传文件界面

选择文件路径后点击上传，系统会显示上传成功。

6）工单流转。填写完检修票相关信息后，点击检修票界面上方操作按钮，会弹出工单操作界面，工作操作界面如图 9–3–14 所示。

图 9–3–14　工单操作界面

此处申请状态包括同意和撤销，当选择同意时点击确定按钮，工单会流转至下一节点，否则此工单将会被撤销归档。

（2）申请开工。

在检修工作开展前，通信调度员需要进行开工申请，进入工单页面点击操作按钮可流转至下一节点，开工申请批准之后可填写开工信息。

（3）填写开工信息。

此处通信调度员主要工作为填写实际开工时间，填写开工时间界面如图 9-3-15 所示。

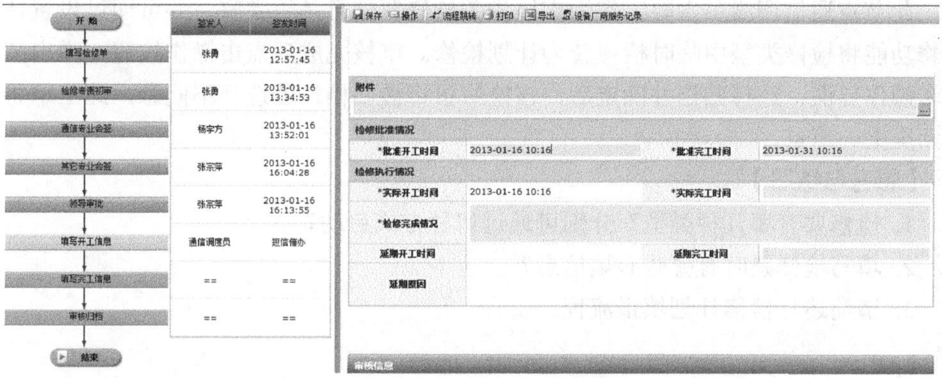

图 9-3-15　填写开工时间界面

实际开工时间填写完成后，点击操作按钮，弹出工单流转操作界面，点击确定后此节点操作完成。

（4）申请完工。

在检修工作结束时，通信调度员需要进行完工申请，进入工单页面点击操作按钮，可流转至下一节点，完工申请批准之后可填写开完工信息。

（5）填写完工信息。

此节点通信调度员主要工作为填写实际完工时间与检修完成情况，填写完工信息界面如图 9-3-16 所示。

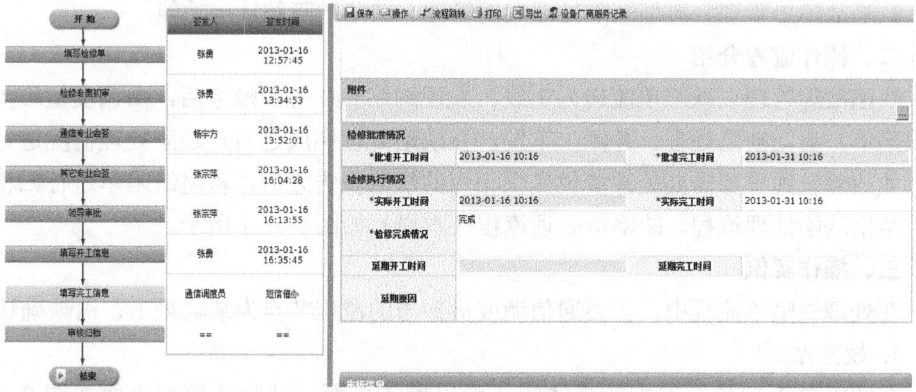

图 9-3-16　填写完工信息界面

实际完工时间和检修完成情况填写完成后，点击操作按钮，弹出工单流转操作界面，点击确定后此节点操作完成，工单流转至审核归档状态。

（6）审核归档。

此节点通信调度员主要工作为审核相关检修票信息是否完整，并可通过设置计划检修功能将检修类型由临时检修转为计划检修。审核完成后点击操作按钮，弹出工单流转操作界面，选择归档并确定后，该检修票将被归档；若选择不同意，此工单将被打回至上一节点。

【思考与练习】

1. 检修票有哪几种类型？分别可通过何种方式启动？
2. 填写检修票时有哪些必填信息？
3. 请简述月检修计划填报流程。

◢ 模块 4 TMS 缺陷管理模块应用（Z40I2004 Ⅰ）

【模块描述】 本模块介绍 TMS 缺陷管理的基本知识，通过对 TMS 缺陷流程发起、缺陷单处理、缺陷典型库管理、缺陷报告库管理的详细讲解，掌握 TMS 缺陷管理模块的基本操作。

【模块内容】

一、缺陷管理模块介绍

缺陷故障单管理的目标是实现故障处理、协调指挥过程的电子化管理。TMS 缺陷故障管理模块实现网络和业务故障的建单、派单、故障处理、故障分析以及监控故障单流转的功能，并对故障处理的信息进行汇总统计。缺陷管理模块主要有缺陷故障记录、缺陷故障单管理、典型缺陷处理案例管理、缺陷故障统计等功能。

二、操作流程介绍

缺陷故障管理以缺陷单流转为主线，发现网络和业务故障之后，由调度值班员创建缺陷单，启动缺陷处理，并派工下发，在缺陷处理完成之后对缺陷处理情况进行确认。如故障较为重要需要处理单位提供相应的缺陷报告之后，再将缺陷单进行归档确认，结束缺陷处理流程。缺陷单处理流程（本局）如图 9-4-1 所示。

三、操作实例

在处理缺陷单流程中，需要通信调度员参与的流程节点为缺陷派工、消缺确认。

1. 缺陷派工

在缺陷单管理界面点击新建按钮，弹出操作页面，缺陷单填写界面如图 9-4-2 所示。

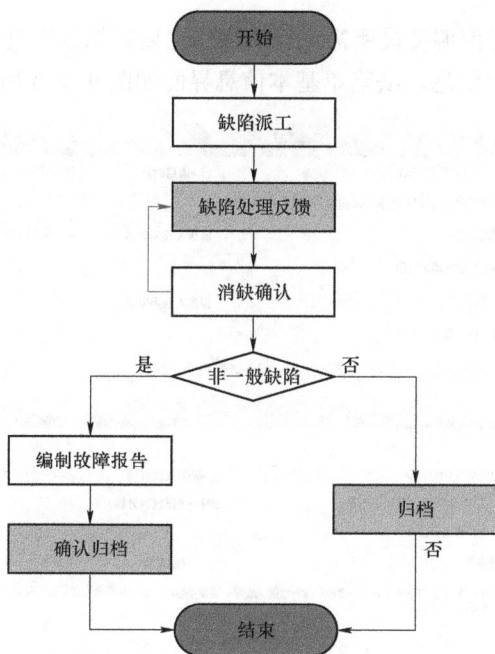

图 9-4-1 缺陷单处理流程（本局）

图 9-4-2 缺陷单填写界面

填写缺陷单时，通信调度员所需进行的操作主要包括以下几方面：

（1）填写工单基本信息，缺陷单基本信息界面如图9-4-3所示。

缺陷单基本信息			
*工单编号	缺陷-20140717-华东-1	*填写时间	2014-07-17 10:22
*标题	华苏电厂爱立信SMA4设备406槽位622M光模块故障		
缺陷填写人	刘勇超	填写人联系电话	3282/13816944452
填写人单位	国家电网公司华东分部		
缺陷报告人	刘勇超	报告人联系电话	3282/13816944452
报告人单位	国家电网公司华东分部		
相关附件	消缺工作联系单_2014-027(华苏电厂SMA4 622M光模块).doc		

缺陷信息			
*缺陷等级	一般		
*缺陷起始时间	2014-07-16 15:00	*缺陷定位时间	2014-07-16 16:00
*缺陷终止时间	2014-07-23 17:55	*缺陷中断时长(分钟)	10255
*缺陷发生地点	华苏电厂通信机房		
缺陷来源	实时监视	缺陷类型	设备缺陷
*缺陷现象描述 (需描述清楚现象及影响情况)	华苏电厂爱立信SMA4设备406槽位622M光模块故障，导致华苏电厂至车坊突爱立信622M备用光路中断，主用光路运行正常，业务未受影响。		

图9-4-3 缺陷单基本信息界面

（2）导入缺陷设备。通过缺陷设备影响分析来实现，如需要添加可通过添加新建完成，缺陷设备影响分析界面如图9-4-4所示。

缺陷设备信息			
*设备名称	华苏电厂爱立信SMA4设备		
*设备类别	设备	*设备类型	光传输设备
所属站点	华苏电厂	所属传输系统	华东爱立信SDH光环网传输系统1
*设备厂家	爱立信	设备型号	SMA-4
产权单位	华苏电厂	维护单位	华苏电厂
缺陷部位	华苏电厂爱立信SMA4设备406槽位622M光模块		

缺陷影响信息					
业务类型	影响业务数量	影响通道数量	业务类型	影响业务数量	影响通道数量
保护	0	0	安控	0	0
自动化	0	0	行政电话	0	0
调度电话	0	0	电视电话会议	0	0
调度数据网	0	0	综合数据网	0	0
其他	0				
业务最后恢复时刻	----		业务中断总时长(分)	0	
电路中断总时长(分)	0				
影响业务分类统计	● 本单位及以上业务 ○ 全部业务				

图9-4-4 缺陷设备影响分析界面

（3）点击操作按钮，弹出操作界面，工单操作界面如图9-4-5所示。

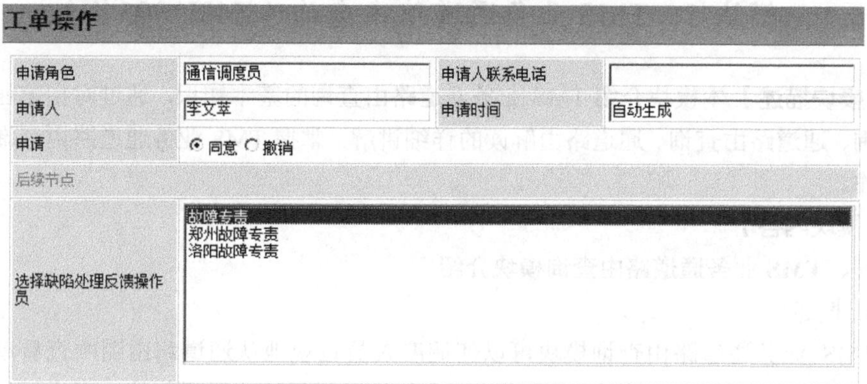

图9-4-5 工单操作界面

申请状态包括同意、撤销（此工单将被归档于撤销工单处）工种，且都要填写对应意见，在选择缺陷处理反馈操作员时可多选。选择缺陷处理反馈操作员，当前单位为省公司，如选择地市单位专责，此工单将被定义为上级下发；如选择本单位专责，此工单将被定义为本单位处理。

2. 消缺确认

此处通信调度员所需进行的操作主要包括以下几方面：

（1）审核工单信息，填写缺陷终止时间。

（2）收入典型缺陷库（可选）。通过点击右侧上方典型缺陷库按钮来实现，此功能作用是将易出现缺陷的信息收藏，供以后处理做参考，以此来提高处理缺陷效率。

（3）查看类似典型缺陷（可选）。

（4）选择是否需要编写缺陷报告（可选）。如需编写，则流程流转至缺陷专责处；如不需编写，流程直接归档调度员归档。

此节点通信调度员主要工作为审核缺陷单信息是否完整，审核完成后点击操作按钮，弹出工单流转界面，点击确定后完成缺陷单的归档。

【思考与练习】

1. 在缺陷单流转过程中，通信调度员需要完成哪些操作？

2. 填写缺陷单时有哪些必填信息？

3. 在缺陷单流转至消缺确认节点时，通信调度员需要进行哪些操作？

模块 5 TMS 业务通道路由查询（Z40I2005 Ⅱ）

【模块描述】本模块介绍 TMS 业务通道路由查询的基本知识，通过对指定业务通道查询、通道路由查询、通道路由解读的详细讲解，掌握 TMS 业务通道路由查询的基本操作。

【模块内容】

一、TMS 业务通道路由查询模块介绍

1. 概述

TMS 业务通道路由查询模块可以使调度人员直观地从通道路由图中查看单条通道的路由详细信息，可为维护工作、故障定位、通道保护、通道割接、通道倒换等提供参考和帮助。调度人员可通过多种查询方式查看业务通道路由图，其中通道路由图以图形、列表等展现方式显示单条通道路由所经过的传输系统、局站、网元、端口、时隙等详细信息。

2. 功能说明

TMS 业务通道路由查询主要有业务信息管理查询方式、通道资源信息管理查询方式、业务拓扑图查询方式和传输拓扑图查询方式 4 种查询方式。

（1）业务信息管理查询方式。

用户根据所关注的业务信息，进一步关联到所承载的通道信息，系统可提供业务通道路由图，并以图形、列表等展现方式显示单条通道路由的详细信息。

（2）通道资源信息管理查询方式。

针对具体的通道资源信息，关联所对应的路由，并通过路由图展现单条通道路由所经过的传输系统、局站、网元、端口、时隙等详细信息。

（3）业务拓扑图查询方式。

在业务拓扑图中，针对所关注的业务，关联所承载的业务通道，系统展现通道路由图，实现业务通道路由查询的功能。

（4）传输拓扑图查询方式。

在传输拓扑图中可查询网元或传输段所承载的业务，进一步实现业务通道路由查询。

二、TMS 业务通道路由查询一般步骤

TMS 业务通道路由查询一般遵循以下几个步骤：

（1）根据所要查询业务路由的环境，选择适合的查询方式。

（2）选择对应的资源，实现业务通道路由查询。

三、操作实例

1. 业务信息管理查询方式

点击资源信息管理→业务资源信息管理菜单项可查看详细业务信息，右击业务信息选择查看通道，业务查看通道界面如图 9-5-1 所示。

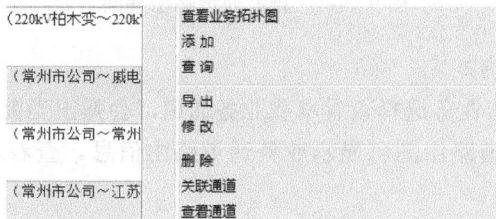

图 9-5-1　业务查看通道界面

此时会显示当前业务所关联的通道信息，业务承载通道列表如图 9-5-2 所示。

图 9-5-2　业务承载通道列表

右击通道选择查看通道路由图可显示业务通道路由信息，通道路由如图 9-5-3 所示。

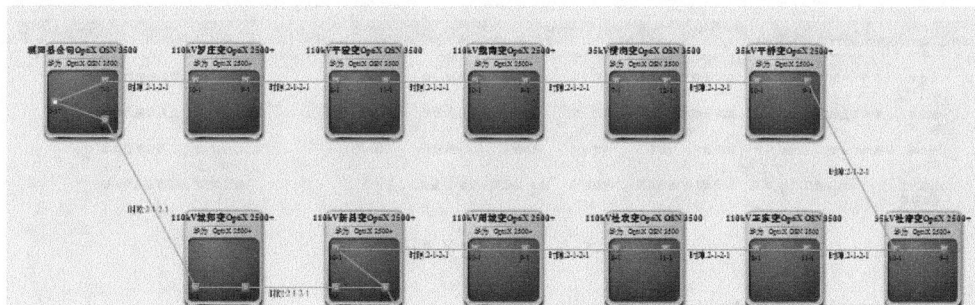

图 9-5-3　通道路由

2. 通道资源信息管理查询方式

点击资源信息管理→通道资源信息管理菜单可查看详细通道信息，右击需要查看的通道信息选择查看通道路由，会显示该通道的路由信息，查看通道路由界面如图 9-5-4 所示。

图 9-5-4 查看通道路由界面

3. 业务拓扑图查询方式

业务拓扑图中右击业务选择查看承载业务通道，会弹出当前业务承载通道信息，右击通道选择查看通道路由图可显示业务通道路由信息。查看承载业务通道界面如图 9-5-5 所示。

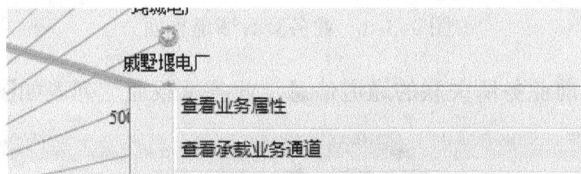

图 9-5-5 查看承载业务通道界面

4. 传输拓扑图查询方式

在传输拓扑图中右击网元或传输段选择查看承载业务，会显示当前资源所承载的业务信息列表，右击业务信息选择查看通道可以显示该业务通道的路由情况。承载业务列表界面如图 9-5-6 所示。

序号	业务名称	所属业务系统	业务类型	A站点	Z站点	调度等级	方式单号	开通日期	使用单位	电压等级
1	(徐塘电厂～徐州市公司)2M通信PCM业务	省网通信PCM业务系统	其他业务	徐塘电厂	徐州市公司	三级网		2013-07-25	江苏省电力公司	
2	(阚山电厂～徐州市公司)2M通信PCM业务	省网通信PCM业务系统	其他业务	阚山电厂	徐州市公司	三级网		2013-07-25	江苏省电力公司	
3	(徐州电厂～徐州市公司)2M通信PCM业务	省网通信PCM业务系统	其他业务	徐州电厂	徐州市公司	三级网		2013-07-25	江苏省电力公司	
4	(500KV岱山变～500KV三盛变)155M调度电话业务	省网调度电话业务系统	调度电话	500kV岱山变	500kV三盛变	三级网		2013-07-30	江苏省电力公司	

图 9-5-6 承载业务列表界面

5. 通道路由图右键功能说明

（1）右击网元，可弹出如图 9-5-7 所示的菜单。

1）查看属性：查看当前网元的属性，并提供编辑功能。

2）设备面板图：查看当前网元的设备面板图。

3）查看当前告警：查看当前网元的当前告警信息。

4）查看历史告警：查看当前网元的历史告警信息。

（2）右击端口，可弹出如图9-5-8所示的菜单。

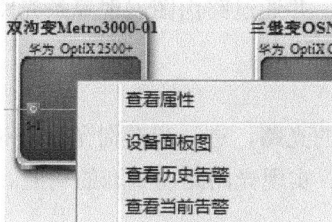

图9-5-7 右击网元菜单

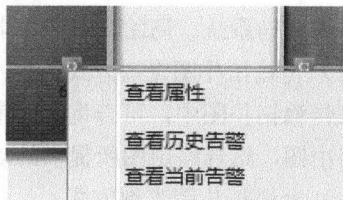

图9-5-8 右击端口菜单

1）查看属性：查看当前端口属性，并提供编辑功能。

2）查看当前告警：查看当前端口的当前告警信息。

3）查看历史告警：查看当前端口的历史告警信息。

（3）右击传输段，可弹出如图9-5-9所示的菜单。

查看属性：查看当前传输段属性，并提供编辑功能。

图9-5-9 右击传输段菜单

【思考与练习】

1. 在通道路由图界面中可以查看通道路由中的哪些信息？

2. 业务通道路由有哪几种查看方式？

3. 请简述如何在业务拓扑图中查看某条业务的通道路由图。

▲ 模块6 TMS光路路由查询（Z40I2006Ⅱ）

【模块描述】本模块介绍TMS光路路由查询的基本知识，通过对指定光路查询、光路路由查询、光路路由解读的详细讲解，掌握TMS光路路由查询的基本操作。

【模块内容】

一、TMS光路路由查询模块介绍

1. 概述

TMS光路路由查询模块可以使调度人员直观地从光路路由图中查看电力通信光路等逻辑路由资源的详细信息，可为维护工作、故障定位、光路路由分析等提供参考和帮助。调度人员主要通过3种查询方式查看光路路由图，并可采用缩放、展开/收拢、查看详细信息、关联至相关设备或端口、查看告警等功能对光路路由图进行操作。

2. 功能说明

TMS光路路由查询主要有光路资源信息管理查询方式、传输拓扑图查询方式和光缆拓扑图查询方式3种查询方式。

（1）光路资源信息管理查询方式。

针对具体的光路资源信息，关联所对应的路由，并通过路由图展现单条光路路由所经过的传输系统、局站、网元、端口、时隙等详细信息。

（2）传输拓扑图查询方式。

在传输拓扑图中，可查询网元或传输段所承载的光路，进一步查询光路所对应的光路路由图，结合路由图所提供的功能和用户需求，实现光路路由查询的功能。

（3）光缆拓扑图查询方式。

在光缆拓扑图中，针对所要了解的光缆段，查询所承载的光路，进一步查询光路所对应的光路路由图，结合路由图所提供的功能和用户需求，实现光路路由查询的功能。

二、TMS 光路路由查询一般步骤

TMS 光路路由查询一般遵循以下几个步骤：

（1）根据所要查询光路路由的环境，选择适合的查询方式。

（2）选择对应的资源和所承载的光路，进一步查询路由图，结合系统所提供的功能，实现光路路由查询。

三、操作实例

1. 光路资源信息管理查询方式

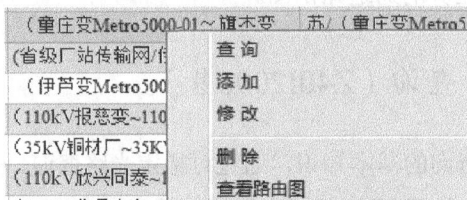

图 9-6-1 查看光路路由图界面

点击资源信息管理→光路资源信息管理菜单项进入光路资源列表，右击光路资源选择查看路由图，查看光路路由图界面如图 9-6-1 所示。

选择查看路由图会显示当前光路的路由信息，光路路由图如图 9-6-2 所示。

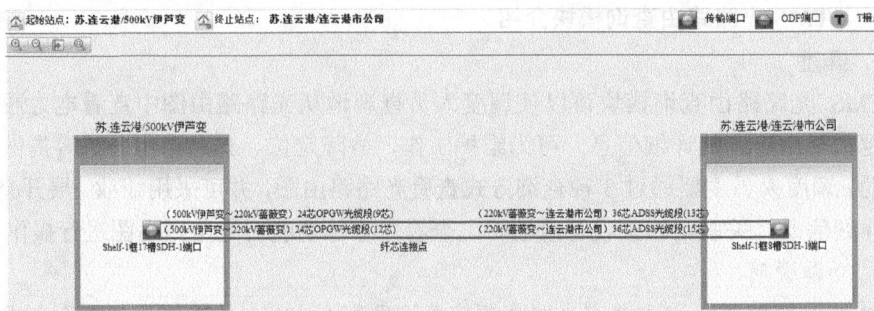

图 9-6-2 光路路由图

2. 传输拓扑图查询方式

在传输拓扑图中右击传输段，选择查看光路，会显示当前传输段的光路信息，右击光路信息选择查看路由图可查看光路路由图，传输段承载光路信息如图9-6-3所示。

| | （岱山变OSN7500-01～双沮变OSN3500-01）2.5G光中继光路 | 苏/（岱山变OSN7500-01～双沮变OSN3500-01）2.5G光中继光路 | 2.5G | 苏徐州/500kV岱山变 | 苏省华为光环网/岱山变OSN7500-01 | Shelf-1框11槽SDH-1端口 | | 苏宿迁/500kV双沮变 | 苏省华为光环网/双沮变OSN3500-01 | Shelf-1框11槽SDH-1端口 | 2 | 在投 |
| | | | | | 查看路由图 | | | | | | | |

图 9-6-3　传输段承载光路信息

3. 光缆拓扑图查询方式

在光缆拓扑图中右击光缆段选择承载光路会显示当前光缆段所承载的光路信息，右击光路信息选择查看路由图可查看光路路由信息。

【思考与练习】

1. 可以通过哪几种方式查看光路路由图？

2. 在光路路由图中可以查看哪些信息？

3. 如果知道某条光路的台账信息，用哪种方式查询该光路的路由图比较便捷？

模块 7　TMS 拓扑图查询（Z40I2007Ⅱ）

【模块描述】本模块介绍 TMS 各类拓扑图查询的基本知识，通过对光缆拓扑图查询、传输拓扑图查询、业务拓扑图查询的详细讲解，掌握 TMS 拓扑图查询的基本操作。

【模块内容】

一、TMS 拓扑图查询模块介绍

1. 概述

TMS 拓扑图查询模块为调度人员提供以资源数据为基础而形成的系统网络拓扑图查询的功能，其中包括传输拓扑图、光缆拓扑图和业务拓扑图。通过拓扑图查询可了解系统各类网络结构，并通过拓扑图展现出的站点、设备的告警，光缆、光路、电路的告警等，快速了解通信设备和通信链路的资源属性和工作（告警）状态。

2. 功能说明

（1）传输拓扑图查询。

传输拓扑图查询可在拓扑图中实时查看当前传输网络和设备的状态，如以特殊颜色展现的故障设备或产生告警的设备；可查询传输设备网元与设备面板图之间的链接关系；可查询任一设备（或多个设备组合）、任一传输段与相关业务电路列表的链接关系，并可链接至业务电路，查看其详细信息等。

（2）光缆拓扑图查询。

光缆拓扑图查询可在拓扑图中实时查看当前光缆线路和光缆的连接情况，以及光缆线路和光缆连接设备的运行状态。针对所需分析的光缆，可查询其当前告警和历史告警，并进一步可查询所承载的业务和所承载的通道信息，实现通信资源与监控的结合。

（3）业务拓扑图查询。

业务拓扑图查询可针对通信部门内的业务系统的拓扑图查询，包括继电保护业务网络拓扑图查询、安稳业务网络拓扑图查询、调度数据网络拓扑图查询、信息三级网络拓扑图查询调度电话网络拓扑图查询和行政电话网络拓扑图查询和电话会议网络拓扑图查询。通过本功能模块可查询具体业务网元使用的拓扑；可查询各条电路、光路具体的路由；可查询业务网络中电路、光路告警信息和状态信息等。

二、TMS 拓扑图查询一般步骤

TMS 拓扑图查询一般遵循以下几个步骤：

（1）根据网络监视中产生的告警信息，查询告警资源的具体拓扑关系。

（2）为进一步确定告警原因，在拓扑图中查询告警资源承载的业务、承载的路由等。

（3）根据系统配置的更改，管理通信资源信息，通过拓扑图查询进一步掌握各类资源拓扑连接关系等。

三、操作实例

1. 传输拓扑图

▼江苏
☑ 省华为光环网传输系统
☐ 省阿尔卡特波分1
☐ 省中兴光环网传输系统

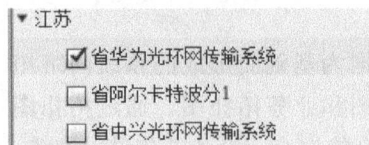

图 9-7-1　选择传输系统界面

点击资源图形管理→骨干网→传输拓扑图菜单项进入传输拓扑图界面，在左侧选中相应的传输系统，选择传输系统界面如图 9-7-1 所示。

选中传输系统后，界面右侧会展示所选传输系统的拓扑图，传输拓扑图如图 9-7-2 所示。

将鼠标置于网元之上可显示网元的名称、类型、所属局站、机房、传输系统信息，置于传输段之上可显示传输段名称、速率、起止设备和端口信息。

（1）工具栏功能说明。

🔍放大镜：点击放大传输拓扑图内网元；

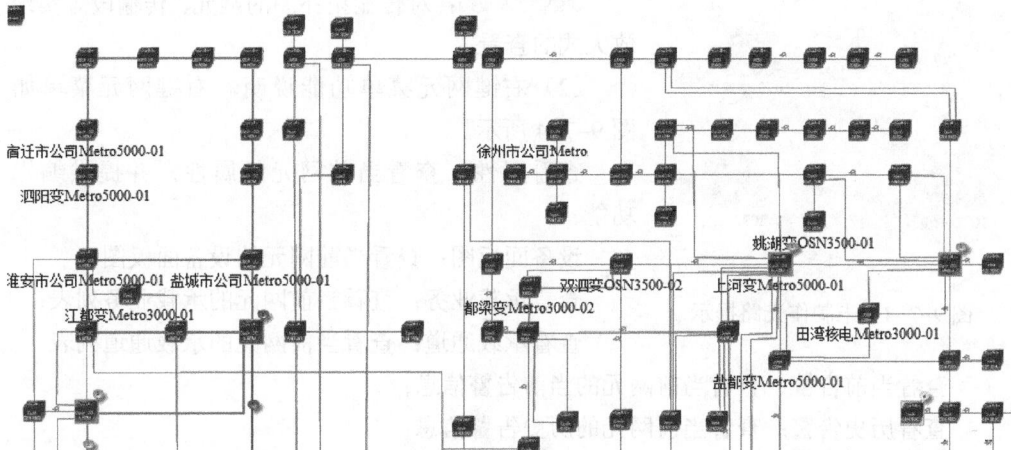

图 9-7-2　传输拓扑图

🔍 缩小镜：点击缩小传输拓扑图内网元；

📱 重置：点击后将放大或者缩小、全局预览的网元像素恢复为默认值；

⊡ 预览：点击后在当前页面区域内查看拓扑的整体布局；

📊 水平对齐：进入编辑模式后，选中多个网元，点击后实现横向排列；

📊 垂直对齐：进入编辑模式后，选中多个网元，点击后实现竖向排列；

🔀 自动布局：点击后，传输拓扑图内网元实现自动排列；

▦ ：右侧站点展示区域背景将呈现网格；

🖼 导出图片：把当前传输拓扑图导出另存为图片；

🔲 添加网元：在编辑模式下添加网元；

🔲 添加传输段：在编辑模式下给两个网元间添加传输段；

╲ ：选中传输段后，点击此按钮来添加拐点；

💾 保存拐点：编辑模式下，对传输段的拐点进行保存；

💾 保存系统坐标：编辑模式下，点击该图标后对拖动的网元坐标进行保存；

▦ 统计信息：显示传输网资源统计信息；

☑属地化数据 ：勾选此项将显示系统中属地化的数据；

☑未制作光路 ：勾选此项会闪烁提示拓扑图中未制作光路的传输段，未制作光路提示如图 9-7-3 所示。

[默认模式 ▾]：进入传输拓扑图后默认的显示方式，且网元不可编辑；

[编辑模式 ▾]：网元可拖动，可创建通道；

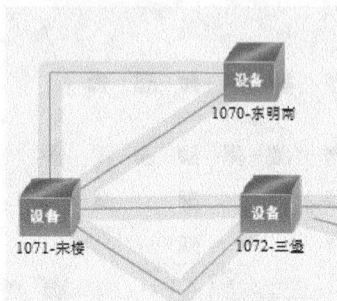

图 9-7-3 未制作光路提示

放大镜模式 ：对传输拓扑图的网元、传输段等实现放大式的查看。

（2）右键网元菜单功能说明。右键网元菜单如图 9-7-4 所示。

查看属性：查看当前网元的属性，并提供编辑功能；

设备面板图：查看当前网元的设备面板图；

查看承载业务：查看当前网元的承载业务列表；

查看承载通道：查看当前网元的承载通道列表；

查看当前告警：查看当前网元的当前告警信息；

查看历史告警：查看当前网元的历史告警信息；

影响业务分析：查看当前网元的资源影响业务分析；

配置过滤/封锁规则：筛选当前网管设备告警规则设备；

归属子系统：可将当前网元划分至子系统中；

删除：将当前网元隐藏，右侧传输设备搜索栏可查看本系统所有隐藏网元。

（3）右键传输段菜单功能说明。右键传输段菜单如图 9-7-5 所示。

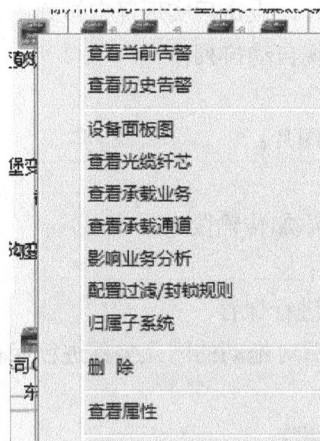

图 9-7-4 右键网元菜单

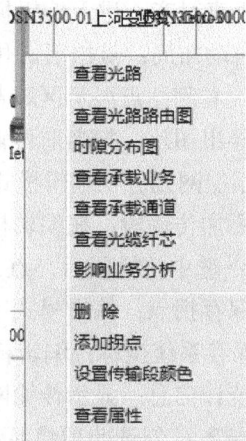

图 9-7-5 右键传输段菜单

查看属性：查看传输段的详细信息，并提供编辑功能；

时隙分布图：查看传输段的时隙使用情况；

查看承载业务：查看传输段的承载业务列表；

查看承载通道：查看传输段的承载通道列表；

影响业务分析：查看传输段的资源影响业务分析；

删除：删除传输段；

删除拐点：删除传输段的拐点；

设置传输段颜色：自定义传输段颜色，或输入颜色的 RGB。

2. 光缆拓扑图

点击资源图形管理→光缆拓扑图菜单项进入光缆拓扑图界面，在左侧选中相应的区域，区域选择界面如图 9-7-6 所示。

界面右侧会展示所选区域下的光缆拓扑图，光缆拓扑图如图 9-7-7 所示。

图 9-7-6　区域选择界面

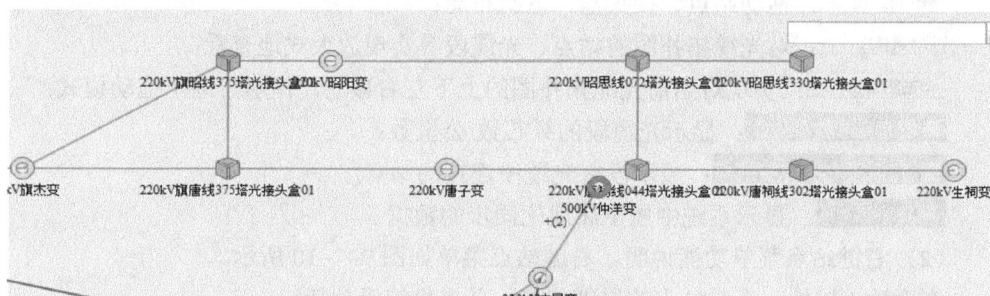

图 9-7-7　光缆拓扑图

（1）工具栏说明。

放大镜、缩小镜、重置、预览、水平对齐、垂直对应、自动布局、导出图片、图例等工具按钮参见传输拓扑图。

保存位置：包括站点位置与光缆段拐点位置保存，可批量保存；

图例：点击该按钮将显示所有资源说明，图例界面如图 9-7-8 所示。

配置过滤条件：配置电压等级、站点类型、节点类型三种过滤条件，在缩放拓扑图时，将根据配置情况显示，可多选。光缆拓扑图过滤条件配置界面如图 9-7-9 所示。

图 9-7-8　图例界面

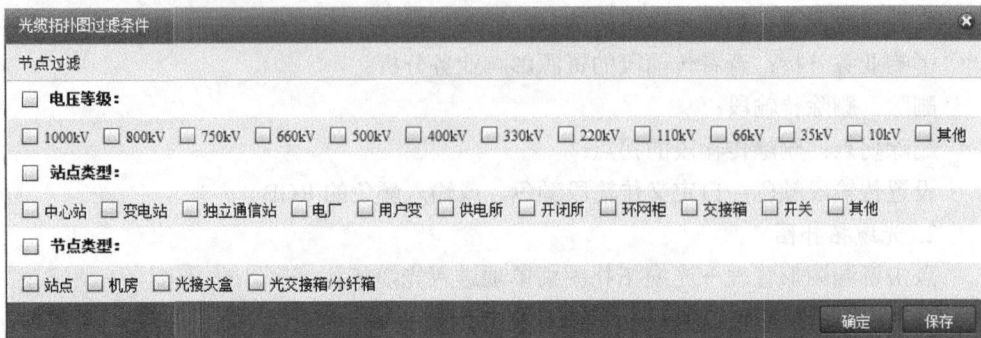

图 9-7-9 光缆拓扑图过滤条件配置界面

默认模式 ▼：默认显示光缆拓扑图，站点、光缆段元不可编辑；

编辑模式 ▼：拖动站点、接头盒，重新布局；

放大镜模式 ▼：对光缆拓扑图的站点、光缆段等实现放大式地查看；

平面图模式 ▼：实现对当前光缆拓扑图的上下左右移动，作用等同于拖动模式；

■ 显示纤芯数/公里数：显示光缆段的纤芯数/公里数；

■ 显示无光缆连接站点：显示没有光缆段连接的站点；

☑ 显示同步数据：显示系统中属于属地化同步的数据。

（2）右键站点菜单功能说明。右键站点菜单如图 9-7-10 所示。

查看站点属性：查看站点的详细信息，并提供编辑功能；

站点平面图：查看站点的平面图；

站内设备列表：查看站点内的所有设备列表信息；

站内连接关系：定位到站点平面图内查看站点连接关系；

查看承载业务：查看站点的承载业务列表；

查看承载通道：查看站点的承载通道列表；

查看当前告警：查看站点的当前告警信息（30s 自动刷新资源告警）；

查看历史告警：查看站点的历史告警信息。

（3）右键光缆菜单功能说明。右键光缆菜单如图 9-7-11 所示。

查看光缆段属性：查看光缆段的详细信息，并提供编辑功能；

光缆截面图：查看光缆被图形化后的纤芯信息；

光纤详细信息：查看光缆段的具体信息；

承载光路：查看光缆段的承载光路列表信息；

光缆承载业务：查看光缆段的承载业务列表；

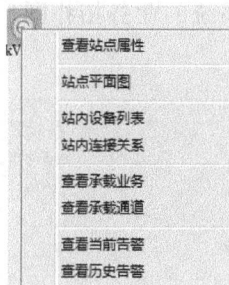

图 9-7-10　右键站点菜单

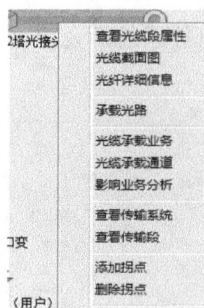

图 9-7-11　右键光缆菜单

光缆承载通道：查看光缆段的承载通道列表；

影响业务分析：查看光缆段的资源影响业务分析；

查看传输系统：显示当前光缆段所属的 SDH 传输系统；

查看传输段：显示当前光缆段所属传输段；

添加拐点：对光缆段添加拐点；

删除拐点：删除光缆段上的拐点。

（4）右键接头盒菜单功能说明。右键接头盒菜单如图 9-7-12 所示。

查看接头盒属性：查看接头盒的详细信息，并提供编辑功能；

查看光纤接续图：查看接头盒的接续关系图和接续纤芯信息。

3. 业务拓扑图

点击资源图形管理→业务拓扑图菜单项进入业务拓扑图界面，该界面左侧树状结构按照业务类型分类展示各业务系统，业务系统展示界面如图 9-7-13 所示。

图 9-7-12　右键接头盒菜单　　　　图 9-7-13　业务系统展示界面

选中某个业务系统后，界面右侧会展示所选系统的业务拓扑图，业务拓扑图如图 9-7-14 所示。

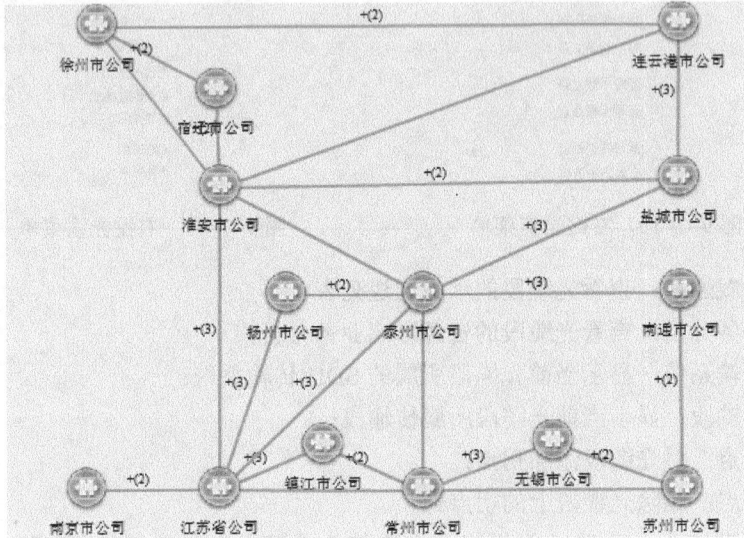

图 9-7-14 业务拓扑图

（1）工具栏功能说明。

重置、预览、水平对齐、垂直对应、自动布局、保存位置、导出图片、图例等工具按钮参见传输拓扑图。

放大镜、缩小镜：将根据电压等级分层，同时矢量地放大和缩小显示；

▨：重新加载业务拓扑图；

默认模式▼：进入业务拓扑图界面，默认显示业务拓扑图，站点不可编辑；

编辑模式▼：拖动站点，重新布局；

■业务覆盖率：将统计当前业务使用情况，包括业务数量、站点数量、有保护业务的站点数量、覆盖率等业务统计信息，并显示未承载业务的站点。

（2）右键站点菜单功能说明。右键站点菜单如图 9-7-15 所示。

查看站点属性：查看站点的详细信息，并提供编辑功能；

站点平面图：查看站点的平面图；

查看历史告警：查看站点的历史告警信息；

查看当前告警：查看站点的当前告警信息；

查看关联业务：查看站点的承载业务列表。

（3）右键站业务菜单功能说明。右键站点业务菜单如图 9-7-16 所示。

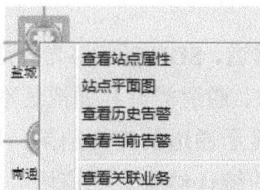

图 9-7-15　右键站点菜单　　　　　　图 9-7-16　右键站点业务菜单

查看业务属性：查看业务的详细信息，并提供编辑功能；

查看承载业务通道：查看业务关联的通道列表且可查看其路由图。

【思考与练习】

1. 通过 TMS 可以查看哪几类拓扑图？

2. 在传输拓扑图的哪个模式下可以对拓扑图进行编辑？

3. 在光缆拓扑图中右击站点可以查看哪些信息？

▲ 模块 8　TMS 资源数据统计查询（Z40I2008Ⅱ）

【模块描述】本模块介绍 TMS 各类资源数据统计查询的基本知识，通过对光缆数据统计查询、通信设备统计查询、业务通道统计查询等详细讲解，掌握 TMS 资源数据统计查询的基本操作。

【模块内容】

一、资源数据查询统计模块介绍

1. 概述

资源数据查询统计模块为用户提供资源数据查询和资源数据统计两部分功能。资源数据查询支持多维度、多角度、多条件的动态查询，可以满足多种组合条件下的查询需求，并能通过图表形式对查询结果进行直观地展示。资源数据统计提供表格图形相结合的统计方式，将资源信息管理模块的数据进行分析统计，并支持以 Excel、Word、图片等多种文件格式导出统计结果。

2. 功能说明

（1）光缆查询统计。

电力通信网络中光缆资源的类型包括跳纤、OPGW、ADSS 和普通光缆四类，系统根据通信管理人员对光缆资源查询统计的需求，提供针对光缆所属区域、光缆类型进行查询统计的功能，以列表形式显示光缆查询结果，以饼图和柱状图形式显示光缆类型纤芯数量、区域纤芯数量、纤芯类型光缆长度和区域光缆长度的统计结果。

（2）通道查询统计。

本模块所针对的通道分为 EPON 通道、数据网通道、SDH 通道、光纤通道和 PCM 链路 5 种类型，通信管理人员可针对通道所处的状态、通道类型和通道速率 3 种条件，进行查询统计所关注的通道情况。系统以列表形式显示通道的查询结果，以饼图和柱状图形式显示通道使用状态、通道类型或通道速率的统计结果。此模块可使用户直观地从通道查询统计结果中获得通道的使用情况，为用户开通业务、进行网络优化、进行系统扩容等提供数据支持，为领导决策提供参考。

（3）业务查询统计。

电力通信网所承载的业务类型包括保护 PCM、通信 PCM、视频业务、配电自动化、调度自动化、继电保护、专用光纤业务、网管业务、安全自动装置、调度电话、行政电话、综合数据网、调度数据和电视电话会议。此模块提供以具体业务类型和业务所属系统为条件进行查询统计的功能。系统以列表形式展现业务查询结果，以饼图和柱状图形式展现业务类型统计结果或接口类型统计结果。

（4）站点查询统计。

本模块提供以站点所属区域为条件进行查询的功能，系统以列表形式展现所要查询区域内所有站点的信息，包括中心站、变电站、独立通信站、电厂、用户变电站、供电所等类型的站点；系统以饼图和柱状图形式展现所属区域的站点统计图或不同站点类型的统计图，以及不同电压等级的统计图。

（5）设备查询统计。

本模块提供针对所属区域进行查询设备的功能，系统以列表形式展现所要查询区域内所有设备的信息，包括调度交换机、通信监控设备、调度数据网设备、光传输网设备、载波传输设备等类型的设备；系统以饼图或柱状图形式展现所属区域内的设备统计图或不同设备类型的统计图。

二、资源数据查询统计的一般步骤

资源数据的查询统计一般遵循以下几个步骤：

（1）资源数据的查询。通信管理人员需明确所要查询的资源，如：光缆资源、通道资源、业务资源、站点资源、设备资源，以及所需查询资源所属的区域或资源类型等具体条件。

（2）资源数据的统计。在资源数据查询的基础上，统计出资源的总数量及不同分类条件下的分布情况，并展现统计结果图。

三、操作实例

登录 TMS 系统，进入资源管理模块，打开资源信息管理→资源查询统计菜单项。

1. 站点查询统计

站点查询统计界面如图 9-8-1 所示。

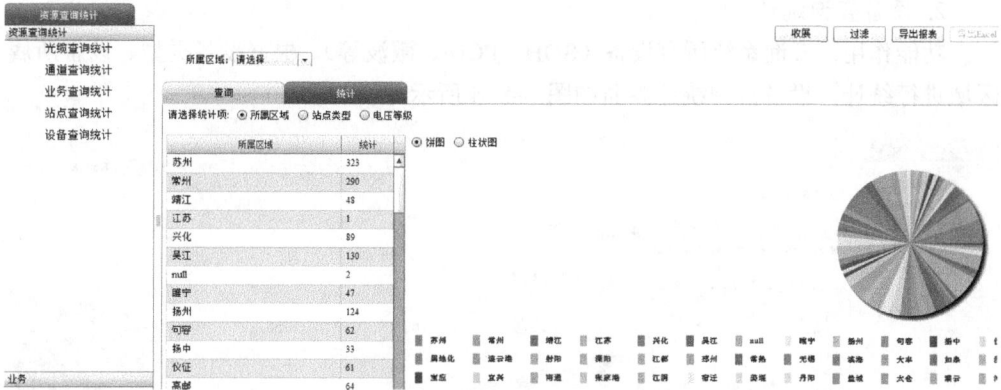

图 9-8-1　站点查询统计界面

站点查询统计的具体操作介绍如下：

所属区域：实现按区域查询。点击下拉菜单将显示系统中所有区域，区域选择界面如图 9-8-2 所示。

收展：收起/展开过滤查询的条件选项；

过滤：为设定的条件提供查询功能；

统计：以表格及图表的形式展现统计结果；

请选择统计项：按不同类型进行数据分析统计，包含所属区域、站点类型、电压等级；

查询：以表格形式显示结果，查询结果显示界面如图 9-8-3 所示。

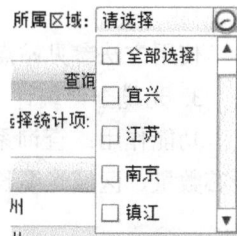

图 9-8-2　区域选择界面

图 9-8-3　查询结果显示界面

点击查询统计结果标题栏可实现升降序排列；选择饼图或柱状图可以不同形式对统计结果进行直观展示。

2. 设备查询统计

功能作用：查询系统所有设备（SDH、PCM、微波等），根据设备类型、设备所属区域进行统计，设备查询统计界面如图 9-8-4 所示。

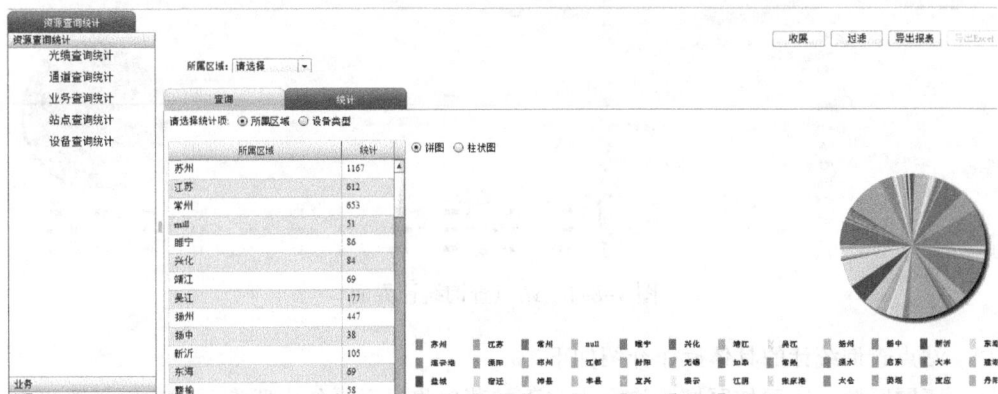

图 9-8-4 设备查询统计

使用方法参见站点查询统计。

3. 光缆查询统计

功能作用：查询系统所有光缆，根据其类型纤芯数量、纤芯类型光缆长度、区域纤芯数量、区域光缆长度进行统计，光缆查询统计界面如图 9-8-5 所示。

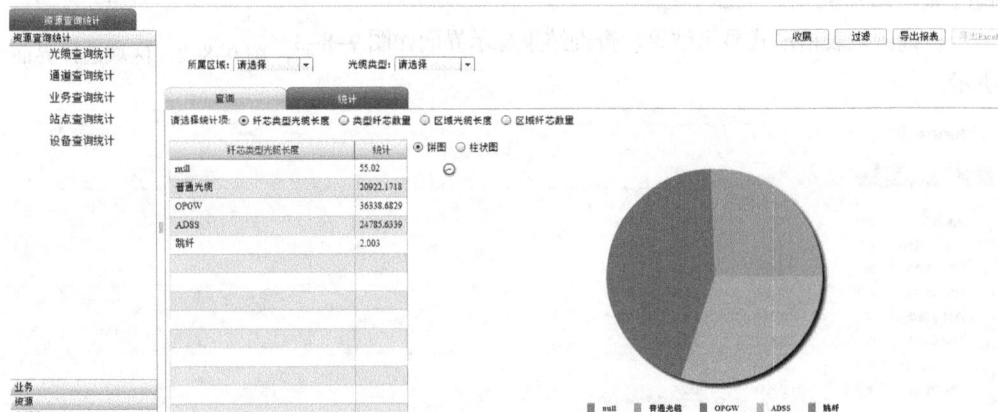

图 9-8-5 光缆查询统计界面

使用方法参见站点查询统计。

4. 通道查询统计

功能作用：查询系统所有通道，根据其使用状态、通道类型、通道速率进行统计，通道查询统计界面如图 9-8-6 所示。

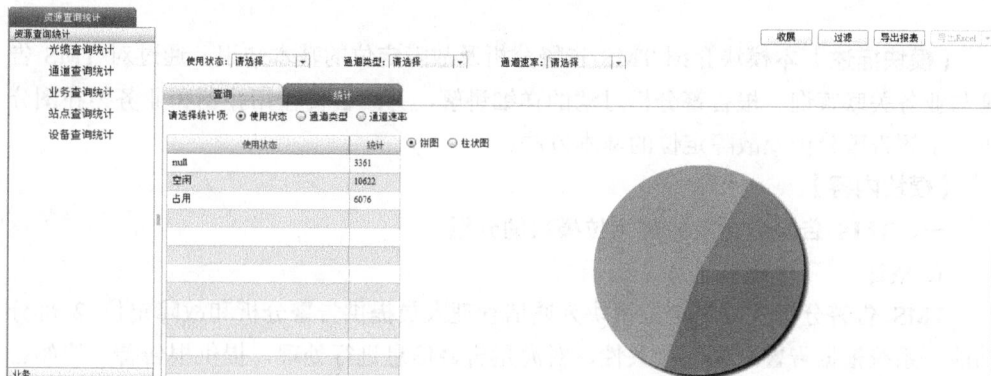

图 9-8-6　通道查询统计界面

使用方法参见站点查询统计。

5. 业务查询统计

功能作用：查询系统所有业务，根据其业务、接口类型进行统计，业务查询统计界面如图 9-8-7 所示。

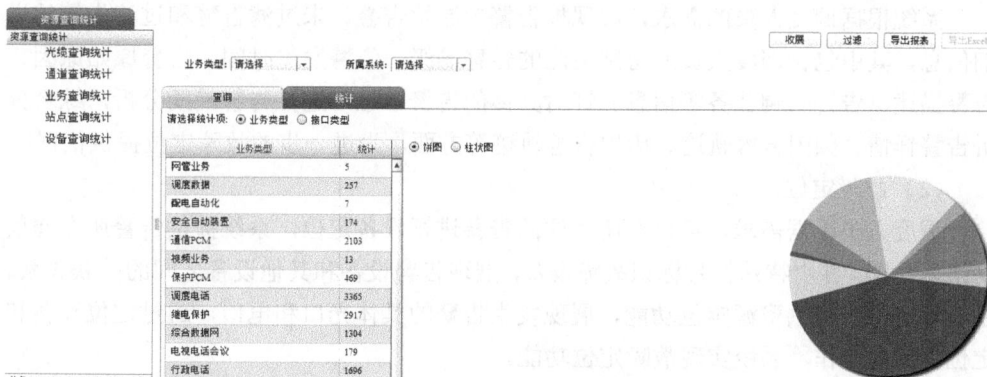

图 9-8-7　业务查询统计界面

使用方法参见站点统计。

【思考与练习】

1. 资源查询统计功能模块为系统资源数据查询分析带来怎样的便利？

2. 光缆查询统计模块可以根据哪几类条件进行统计？

3. 系统可以针对哪几类资源进行查询统计？

▲ 模块9 TMS 告警分析及故障定位（Z40I2009Ⅲ）

【**模块描述**】本模块介绍 TMS 告警分析及故障定位的基本知识，通过对 TMS 告警与业务关联查询、根告警分析过滤的详细讲解，并结合传输拓扑图和业务拓扑图分析，了解告警分析及故障定位的基本方法。

【**模块内容**】

一、TMS 告警分析及故障定位模块的介绍

1. 概述

TMS 告警分析及故障定位模块为通信管理人员提供告警分析和故障定位 2 部分功能。系统根据告警之间的相关性，对海量告警信息进行处理，提供根告警、原始告警、过滤告警和未过滤告警供调度人员查看。针对具体的告警信息，系统提供告警辅助分析功能。系统结合资源之间的关联关系，提供定位告警设备和定位告警资源的功能，为调度人员准确定位故障提供了依据。

2. 功能说明

TMS 告警分析及故障定位模块主要包含告警分析和故障定位 2 部分功能。

（1）告警分析。

系统根据调度人员的需求，展现根告警、原始告警、未过滤告警和过滤告警的详细信息，其中包含调度人员所特别关注的告警等级、告警发生时间、告警原始原因、告警描述、告警影响业务等信息。针对具体的告警信息可进行告警辅助分析，综合分析告警详情、频闪告警轨迹、历史告警轨迹等方面，为进一步的故障定位提供依据。

（2）故障定位。

调度人员根据需求，可以对所关注的告警进行设备定位，系统提供告警所在通信网络拓扑图，并用特殊符号标识故障设备，展现告警设备和其他设备之间的关联关系。系统可进一步提供资源定位功能，展现发生告警的具体光口和电口，通过定位设备和定位资源的操作，系统实现故障定位功能。

二、TMS 告警分析及故障定位的一般步骤

TMS 告警分析及故障定位一般遵循以下步骤：

（1）设置所要监视的权限管辖通信网，实时查看系统展现的告警信息；

（2）重点关注根告警，并对所有根告警进行辅助分析，综合分析告警详情、频闪告警轨迹、历史告警轨迹等。

（3）对具体告警进行故障定位，查看产生告警的设备和设备所在的拓扑图；查看产生告警的资源，以及其具体告警光口和电口信息。

三、操作实例

1. 告警分析

（1）在页面首页区域状态监视中查询告警的统计结果，其中包含各个地市的根告警总数和根告警确认数，区域状态监视界面如图9-9-1所示。

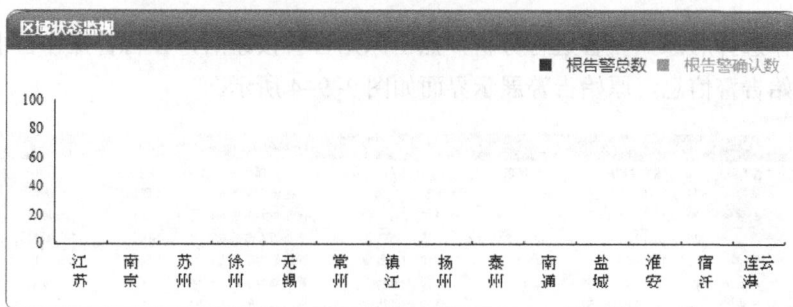

图9-9-1 区域状态监视界面

（2）点击设置按钮，进入告警操作台配置，根据需求选择所要被监视的通信网络，告警操作台配置界面如图9-9-2所示。图9-9-2选择监视PWSP网络，选择确定按钮后，完成告警操作的配置。

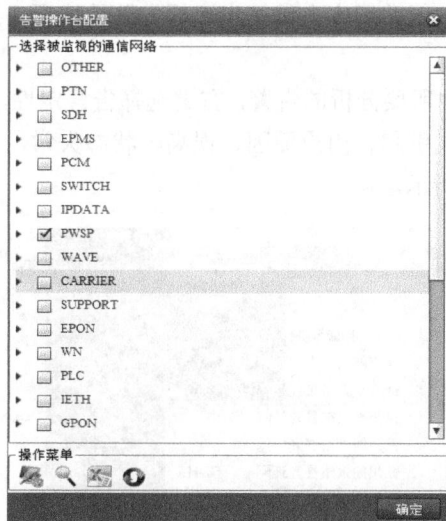

图9-9-2 告警操作台配置

（3）在告警操作台中，系统提供多种类型告警的查找，包括告警（即根告警）、原始告警、未过滤和已过滤 4 类告警，告警筛选界面如图 9–9–3 所示，可在该界面处进行筛选。

图 9–9–3　告警筛选界面

本操作选择对原始告警进行分析，点击原始告警按钮后，在告警操作台中展示出所有的原始告警信息，原始告警展示界面如图 9–9–4 所示。

图 9–9–4　原始告警展示界面

告警信息内容包括告警等级、告警发生时间、状态、站点、所属系统、专业、网元、告警对象、对象类型、告警原始原因、所属厂家、告警描述等。通过告警操作台中告警信息的具体展示，帮助调度人员初步了解告警的情况。通过对系统进行操作，进一步进行告警分析。

（4）告警定性。选中所要分析的告警，右键选择告警定性，系统提供可以下功能：可归并、检修引起、方式引起、用户原因、误高、状态失常，实现对告警的处理。告警定性界面如图 9–9–5 所示。

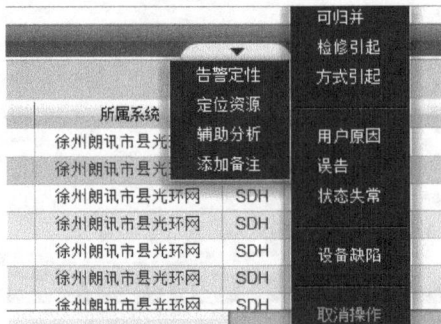

图 9–9–5　告警定性界面

（5）辅助分析。选中所要分析的告警，右键选择辅助分析，系统可提供详情分析、历史告警轨迹分析、频闪轨迹分析和衍生关系分析功能。

点击辅助分析→详情分析和历史告警分析菜单，详情分析和历史告警轨迹分析界面如图9-9-6所示。

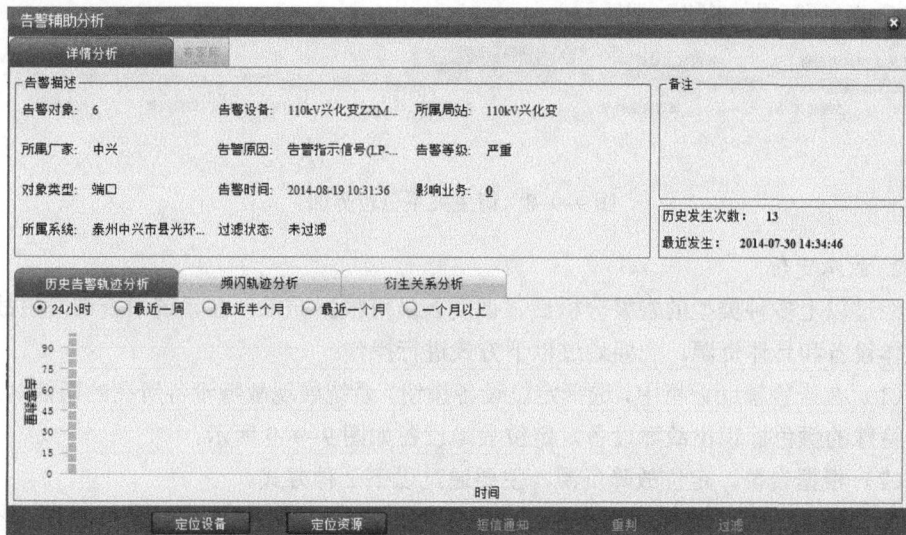

图 9-9-6 详情分析和历史告警轨迹分析界面

点击辅助分析→详情分析和频闪轨迹分析菜单，频闪轨迹分析界面如图9-9-7所示。

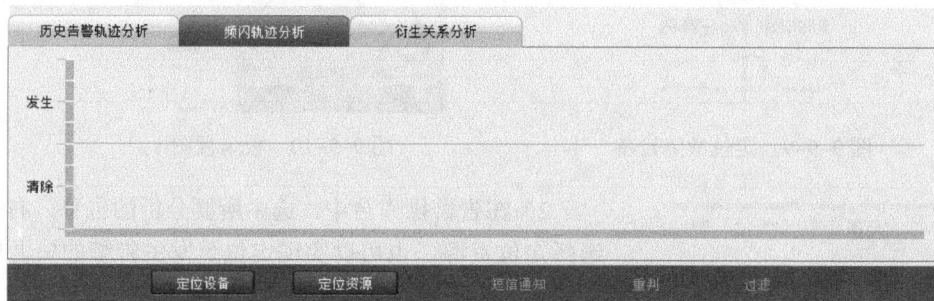

图 9-9-7 频闪轨迹分析界面

点击辅助分析→详情分析和衍生关系分析菜单，衍生关系分析界面如图9-9-8所示。

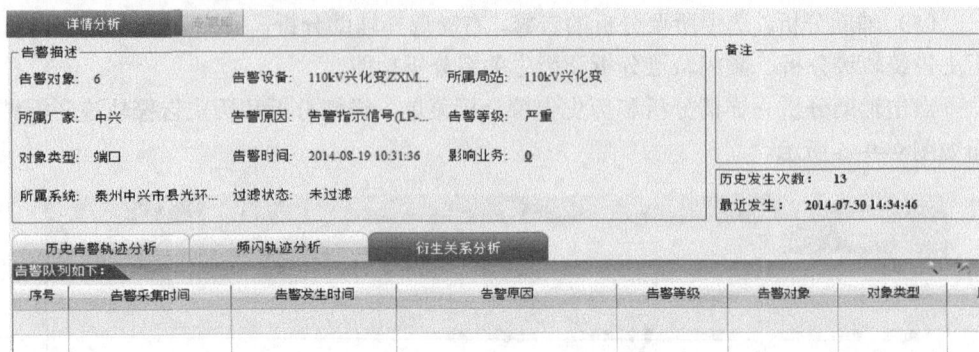

图9-9-8 衍生关系分析界面

2. 故障定位

经过以上多种类型的告警分析后,调度人员可根据需求,在系统中查询发生故障的具体设备和具体资源。主要通过以下方式进行操作:

(1)在告警辅助分析中,选择定位设备按钮,系统展现故障设备所在的通信网络,并用特殊的颜色标识出故障设备,定位故障设备如图9-9-9所示。

(2)根据告警,定位故障资源,主要通过以下2种方式。

1)在告警辅助分析中,选择定位资源按钮。系统展现产生故障的光口资源或者电口资源,板卡视图如图9-9-10所示。

图9-9-9 定位故障设备

图9-9-10 板卡视图

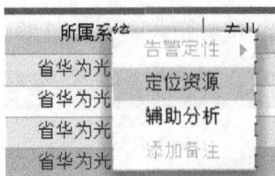

图9-9-11 定位资源界面

2)在告警操作台中,选中所要分析的告警,右键选择定位资源,也可以实现定位至发生告警的资源的功能,定位资源界面如图9-9-11所示。

【思考与练习】

1. 请简述告警分析及故障定位的一般步骤。

2. 在系统中如何配置需要监视的传输系统?

3. 在系统中定位发生告警的资源有哪几种方式?

第十章

信息外网安全监测系统（ISS）

▲ 模块 1　ISS 的基础应用（Z40I3001 I ）

【模块描述】本模块介绍 ISS 的基础应用，通过对 ISS 登录方法和系统首页的讲解介绍，掌握 ISS 的基础应用。

【模块内容】

由于信息外网存在安全风险，为了满足智能电网防护新需求且实时掌握整体网络安全运行情况，及时发现入侵、病毒等安全问题及安全隐患并迅速响应，准确了解硬件资产情况，及时更新终端计算机策略，国家电网有限公司建成了信息外网安全监测系统（ISS）。

ISS 已经基本覆盖全网，并且系统运行正常，在日常使用中也逐步形成调度管理机制，由信息通信调度中心统一进行监控并根据监控情况对各单位发生的安全事件进行及时预警，为国网公司互联网出口安全做好保障。

ISS 登录需要使用电子钥匙进行身份认证，只有电子钥匙在有效期内且身份认证通过才能正常登录系统。使用电子钥匙登录系统需要注意以下 2 点问题：

（1）登录系统的公网 IP 地址必须在总部对其开启相应的策略后才能使用。

（2）电子钥匙使用前要先在终端上装 KEY 驱动和相关证书。

在 IE 浏览器中输入系统地址后。连续点击两次继续浏览此网站（不推荐）后，选择数字证书并点击确认，弹出 USBKEY 保护口令验证画面。电子钥匙身份认证界面如图 10-1-1 所示。

正确输入 USBKEY 保护口令后系统自动转至信息外网安全监测系统登录页面，正确输入用户名、密码和验证码后，即可登录系统。系统登录页面如图 10-1-2 所示。

登录成功后，进入 ISS 首页，首页包含导航栏以及常用信息展示，ISS 首页如图 10-1-3 所示。

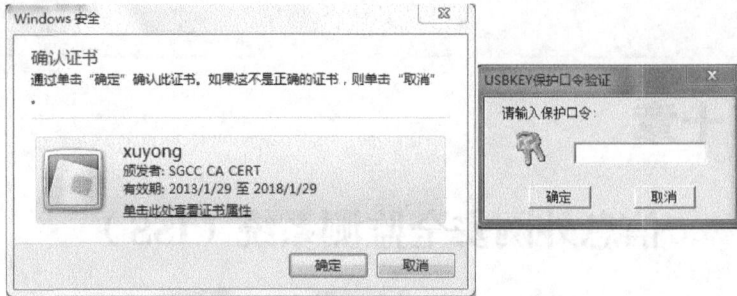

图 10-1-1 电子钥匙身份认证界面

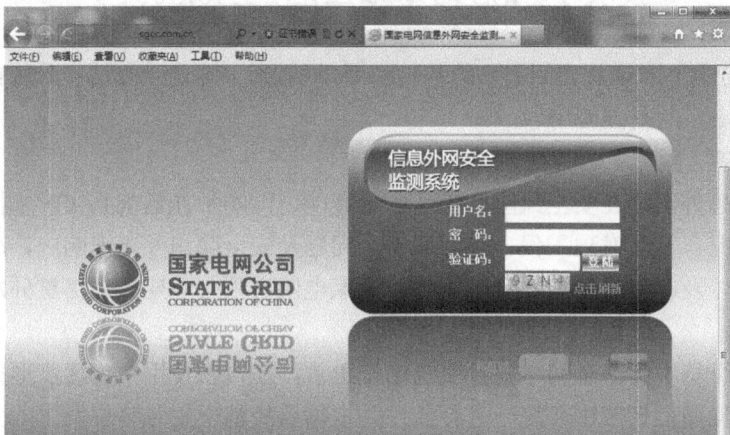

图 10-1-2 系统登录页面

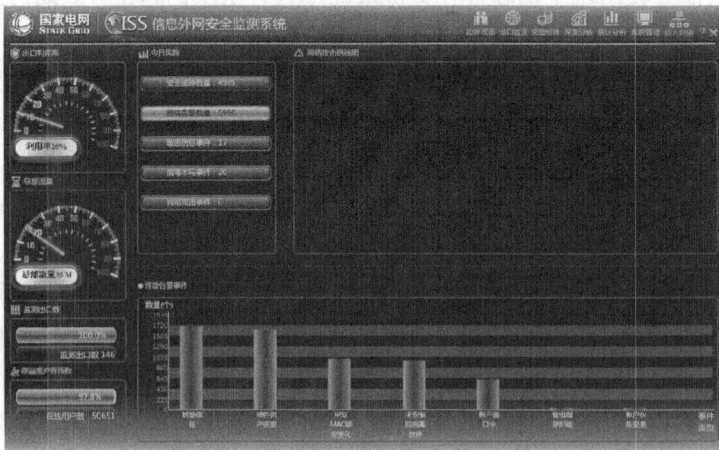

图 10-1-3 ISS 首页

ISS 首页以仪表盘、柱状图、文字、表格等形式对信息外网安全指标进行展现。点击今日风险下的按钮后，页面下方会根据具体模块，通过不同形式的图表显示相关指标。

仪表盘显示出口利用率、总部流量等。

柱状图显示终端告警事件、敏感信息 TOP10、敏感关键词数量等。

表格显示当日级别最高的 5 种威胁、当日次数最多的 5 种威胁等。

文字显示监测出口数、终端用户在线数、今日风险下的五项指标等。

ISS 首页的右上方显示的是网络攻击路线图。

【思考与练习】

1. 使用电子钥匙登录系统需要注意哪些问题？

2. ISS 首页的功能有哪些？

3. 点击今日风险下的按钮后，会有怎样的变化？

▲ 模块 2　ISS 边界攻击模块应用（Z40I3002Ⅰ）

【模块描述】本模块介绍 ISS 边界攻击的基本界面。通过对 ISS 边界攻击模块的讲解介绍，掌握 ISS 边界攻击模块应用。

【模块内容】

边界攻击模块以表格、饼状图、折线图等形式对边界攻击指标进行展现。

威胁级别由高到低分为：严重威胁、高度威胁、中毒威胁、低度威胁和微度威胁。

表格展现当日级别最高的五种威胁和当日数量最多的五种威胁。

饼状展现威胁级别分布图。

折线展现日威胁曲线图。

点击页面左上方的各网省公司地图或地图右侧的直属单位列表，可以查看相关单位的边界攻击情况，查看边界攻击界面如图 10-2-1 所示。

当日级别最高的五种威胁：以表格的形式展示威胁级别前五的威胁名称、威胁类别、威胁级别和威胁数量。

当日数量最多的五种威胁：以表格的形式展示威胁数量前五的威胁名称、威胁类别、威胁级别和威胁数量。

威胁级别分布图：以饼状图的形式显示各级别威胁在所有威胁中的比例。

日威胁曲线图：以折线图的形式显示过去 24h 各级别威胁的数量及变化趋势。

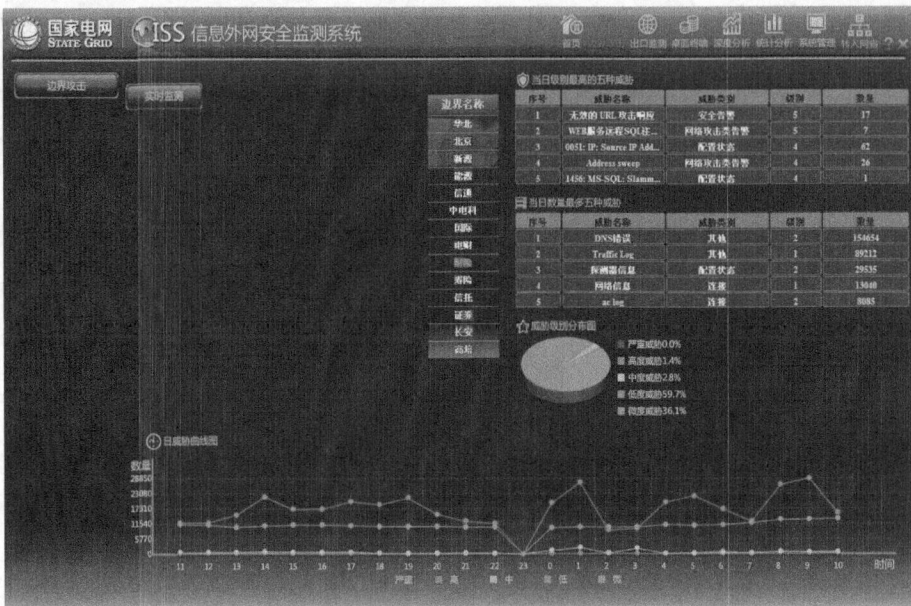

图 10-2-1 查看边界攻击界面

【思考与练习】

1. 边界攻击模块以哪些形式对边界攻击指标进行展现？

2. 如何查看指定网省公司或直属单位的边界攻击情况？

3. 当日数量最多的五种威胁显示哪些内容？

▲ 模块 3 ISS 出口监测模块应用（Z40I3003 Ⅰ）

【模块描述】本模块介绍 ISS 出口监测的基本界面。通过对出口监测模块中敏感信息检测、网站攻击检测、病毒木马检测等内容的介绍，掌握 ISS 出口监测模块的应用。

【模块内容】

出口监测首页以仪表盘、饼状图、文字、柱状图等形式对出口监测指标进行展现，出口监测界面图 10-3-1 所示。

仪表盘展现出口利用率。

饼状图分展现互联网访问行为、病毒木马协议通信、网站攻击分类。

柱状图展现互联网访问行为邮件数量。

文字展现敏感信息告警数。

出口利用率通过对各单位出口流量及带宽利用率进行监测分析。

互联网访问行为通过对网络中的行为按照网页浏览、电子邮件、即时通信和网络视频四大类型进行审计。

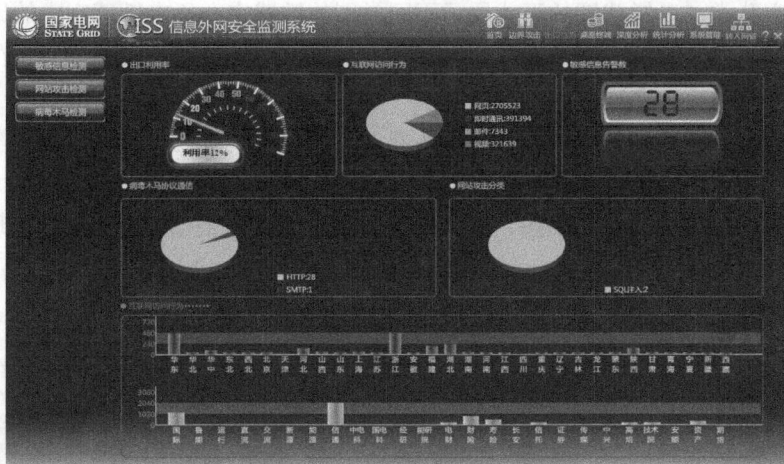

图 10-3-1　出口监测界面

出口监测模块由敏感信息检测、网站攻击检测、病毒木马检测 3 个子模块组成。在出口监测首页点击相应按钮即可进入相应子模块。

一、敏感信息检测模块

敏感信息检测模块以饼状图、柱状图等形式对敏感信息指标进行展现。敏感信息检测界面如图 10-3-2 所示。

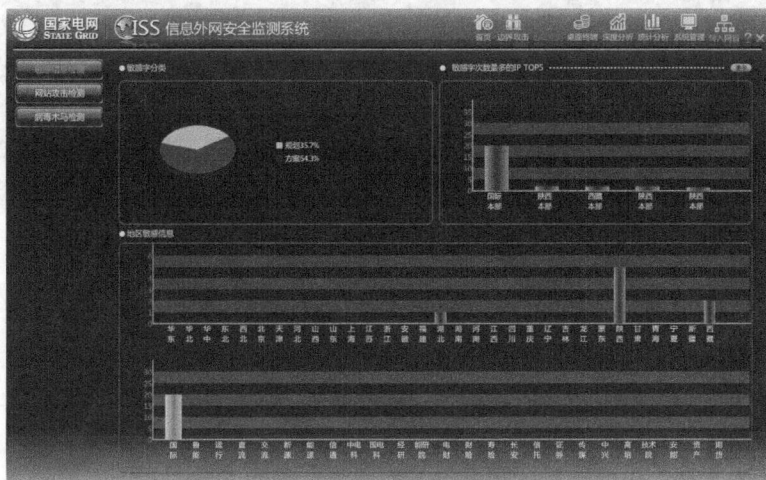

图 10-3-2　敏感信息检测界面

敏感信息检测通过关键字列表匹配，对网络中出现的敏感字进行检测，主要针对电子邮件行为。

敏感字分类：以饼状图的形式展示不同类别的敏感字在所有敏感字中的比例。

敏感词字数最多的 IP TOP5：以柱状图的形式展示敏感字次数排在前五的网省公司或直属单位的敏感字次数。

敏感字分类：以柱状图的形式展示各网省公司和直属单位的敏感信息数量。

二、网站攻击检测模块

网站攻击检测模块以饼状图、柱状图等形式对网站攻击检测指标进行展现。网站攻击检测界面如图 10-3-3 所示。

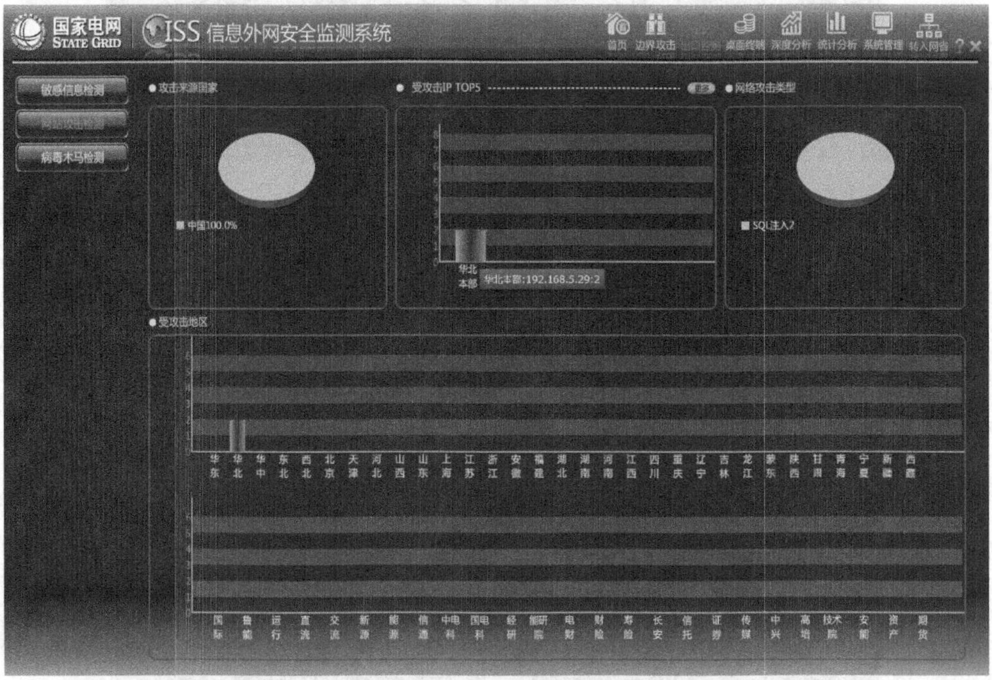

图 10-3-3 网站攻击检测界面

网站攻击检测是发现网络中各类针对各单位网站攻击的事件并进行预警。

攻击来源国家：以饼状图的形式展示来自不同国家的攻击在所有攻击中的比例。

受攻击 IP TOP5：以柱状图的形式展示受攻击次数排在前五的 IP 地址、所在单位和受攻击次数。

网络攻击类型：以饼状图的形式展示不同类型的网络攻击在所有攻击中的比例。

受攻击地区：以柱状图的形式展示各网省公司和直属单位的受攻击次数。

三、病毒木马检测模块

病毒木马检测模块以饼状图、折线图、表格等形式对病毒木马检测指标进行展现。病毒木马检测界面如图 10-3-4 所示。

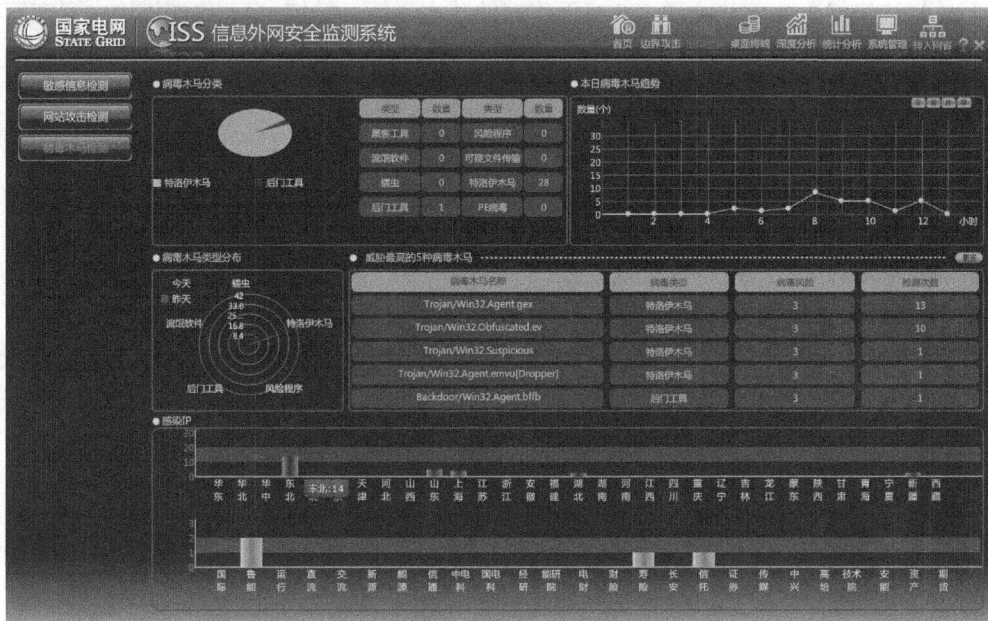

图 10-3-4 病毒木马检测界面

病毒木马检测模块通过分析网络出口的数据包来检测网络中的病毒和木马行为。

病毒木马分类：以饼状图和表格的形式展示各类型的病毒木马数量及在所有病毒木马中的比例。

本日病毒木马趋势：以折线图的形式展示当日不同时间的病毒木马数量及变化趋势。

病毒木马类型分布：以雷达图的形式展示今日和昨日各类型的病毒木马所占比例。

威胁最高的 5 种风险：以表格的形式展示病毒风险排在前五的病毒木马名称、病毒类型、病毒风险和检测次数。

感染 IP：以柱状图的形式展示各网省公司和直属单位的感染病毒木马的 IP 个数。

【思考与练习】

1. 出口监测首页的出口利用率指标以什么形式展现？

2. 出口监测模块由哪些子模块组成？

3. 病毒木马检测模块如何检测网络中的病毒和木马行为？

▲ 模块 4 ISS 桌面终端模块应用（Z40I3004 I）

【**模块描述**】本模块介绍 ISS 桌面终端的基本界面。通过对桌面终端模块中资产管理、安全管理等内容的介绍，掌握 ISS 桌面终端模块应用。

【**模块内容**】

外网桌面终端系统采用与内网桌面终端同一产品，针对信息外网的网络环境和不同需求进行了相关配置。

桌面终端模块由资产管理、安全管理 2 个子模块组成，在桌面终端首页点击相应按钮即可进入相应子模块。

一、资产管理模块

资产管理模块以仪表盘、饼状图、柱状图等形式对资产管理指标进行展现。资产管理界面如图 10-4-1 所示。

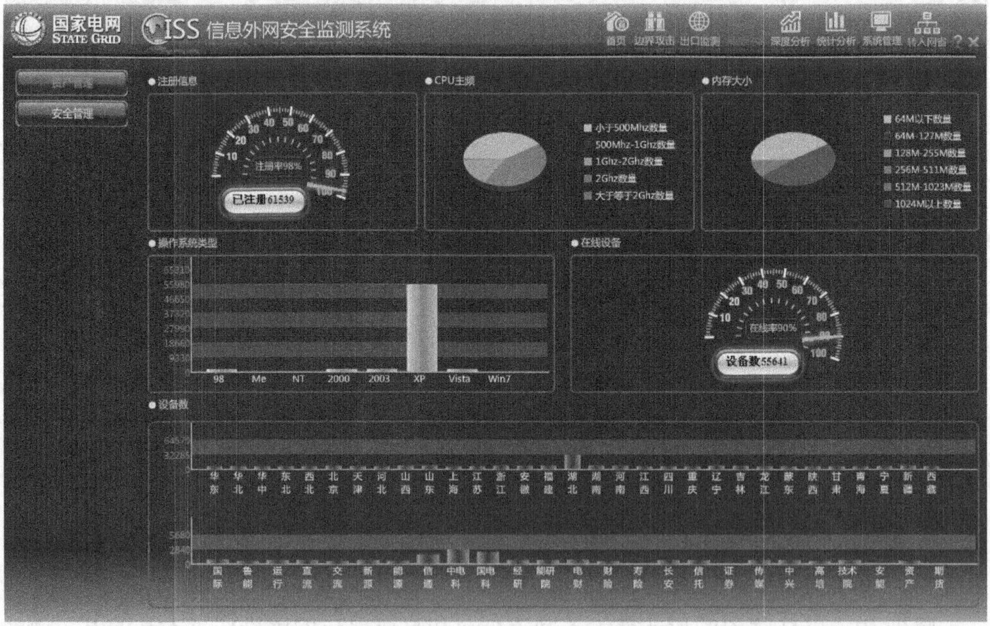

图 10-4-1 资产管理界面

注册信息：以仪表盘的形式展示已注册终端数量及其外网桌面终端注册率。

CPU 主频：以饼状图的形式展示不同 CPU 主频区间的终端数量及其在所有外网桌面终端中的比例。

内存大小：以饼状图的形式展示不同内存大小的终端数量及其在所有外网桌面终端中的比例。

操作系统类型：以柱状图的形式展示各类型操作系统的终端数量。

在线设备：以仪表盘的形式展示在线设备数和外网桌面终端在线率。

设备数：以柱状图的形式展示各网省公司和直属单位的外网桌面终端数量。

二、安全管理模块

安全管理模块以仪表盘、柱状图、文字等形式对安全管理指标进行展现。安全管理界面如图 10-4-2 所示。

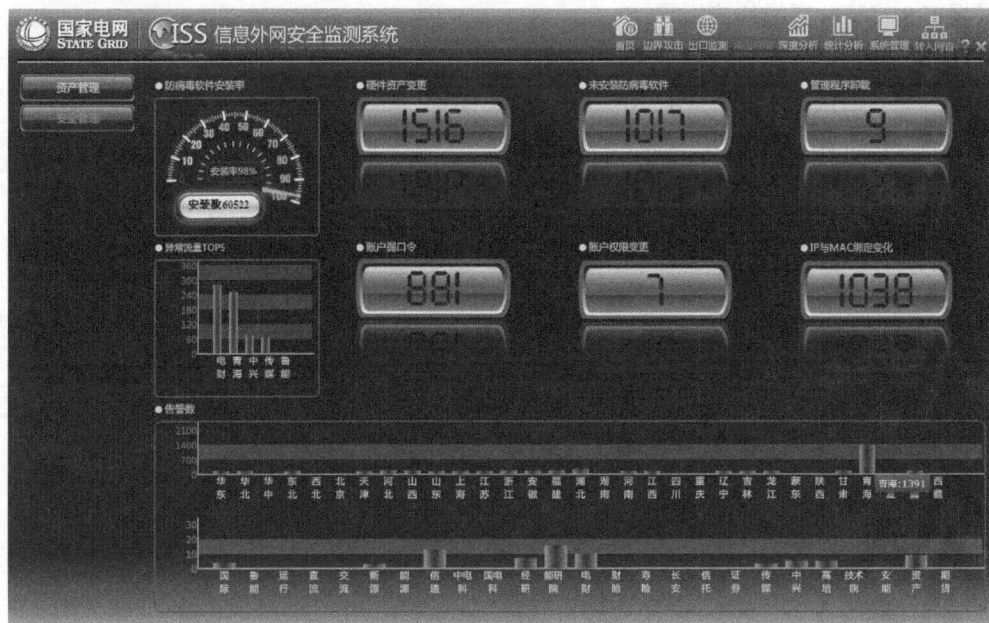

图 10-4-2　安全管理界面

页面右上方以文字的形式展示硬件资产变更、未安装防病毒软件、管理程序卸载、账户弱口令、账户权限变更和 IP 与 MAC 绑定变化的外网桌面终端数量。

防病毒软件安装率：以仪表盘的形式展示已安装防病毒软件的外网终端数量及其在已注册终端中的比例。

异常流量 TOP5：监控各网省公司和直属单位的异常流量情况，对异常流量排名前 5 的单位进行通报展示，即以 TOP5 的形式展示。

告警数：以柱状图的形式展示各网省公司和直属单位的外网桌面终端告警数。

【思考与练习】

1. 外网桌面终端系统针对什么内容进行相关配置？
2. 桌面终端模块由哪些子模块组成？
3. IP 与 MAC 绑定变化指标以什么形式展现？

▲ 模块 5 ISS 统计分析模块应用（Z40I3005 I）

【模块描述】 本模块介绍 ISS 统计分析的基本界面。通过对统计分析模块的介绍，掌握 ISS 统计分析模块应用。

【模块内容】

统计分析模块对 ISS 的网站攻击、病毒木马、邮件敏感字、安全威胁、桌面终端等指标进行统计分析并以报表的形式展现。

统计分析模块具有报表查看和报表管理等功能。报表查看界面如图 10-5-1 所示。

图 10-5-1 报表查看界面

报表查看页面左侧显示相关分组下的报表名称，页面右侧上方显示分组信息，页面右侧下方以表格的形式显示该分组下报表的具体名称、类型、新建人、共享、状态和更新时间等信息。

双击打开××报表，弹出报表导出新窗口。报表导出界面如图 10-5-2 所示。

图 10-5-2 报表导出界面

在弹出的新窗口用户可以看见相应报表，并可使用 PDF、Excel、Word 等格式保存到本地。

用户可以通过报表管理功能新建报表或分组，也可以对已有报表或分组进行修改、删除等操作。

【思考与练习】

1. ISS 统计分析模块的作用是什么？
2. 导出报表可以以哪些文件格式保存到本地？
3. 用户可以通过报表管理实现哪些功能？

▲ 模块 6 ISS 日常监控（Z40I3006Ⅰ）

【模块描述】本模块介绍信息通信调度对 ISS 的日常监控。通过对 ISS 在信息通信日常调控作用和相关外网安全指标监测的介绍，掌握 ISS 的日常监控。

【模块内容】

一、ISS 在信息通信调控中的作用

由于信息外网存在安全风险，为了满足智能电网防护新需求且实时掌握整体网络安全运行情况，及时发现入侵、病毒等安全问题及安全隐患并迅速响应，准确了解硬件资产情况，及时更新终端计算机策略。信息通信调度必须加强对 ISS 的日常监控。

信息外网安全监测系统在信息通信调控工作中具有重要作用。

（1）信息安全事件监测。

配合信息通信调控中心监控各单位互联网出口探针数据级联情况以及各单位安全威胁事件、网站攻击、病毒木马情况。截至 2019 年，ISS 监测了全网范围内 146 个互联网出口的安全攻击与非正常访问状况，日均监测并阻截外网边界企图对公司信息系统实施破坏的网络入侵、远程控制、网页篡改、网络堵塞等高风险恶意攻击 2000 多次。

（2）安全事件收集与分析。

实现了事件信息的准确收集并及时进行事件分析，实现了资源库等数据的线上交互，全面加强了对安全事件的追溯、分析和外部处置能力。

（3）事件处理的统一调度和协调。

当网省公司出现安全事件后，ISS 项目组人员将配合信息通信调控中心做好与各网省公司的沟通协调工作，并提供相应的技术支持。

（4）清晰而统一的数据展现。

信息通信调控中心将 ISS 收集上来的数据进行统一的大屏展现，清晰的数据展现力使用户对全网实时的安全状况有了最直观的了解。

二、信息通信调控中心监控内容

信息通信调控中心安全大屏用来展示信息外网安全数据，展示数据如图 10-6-1 所示。展示数据包括如下几类：

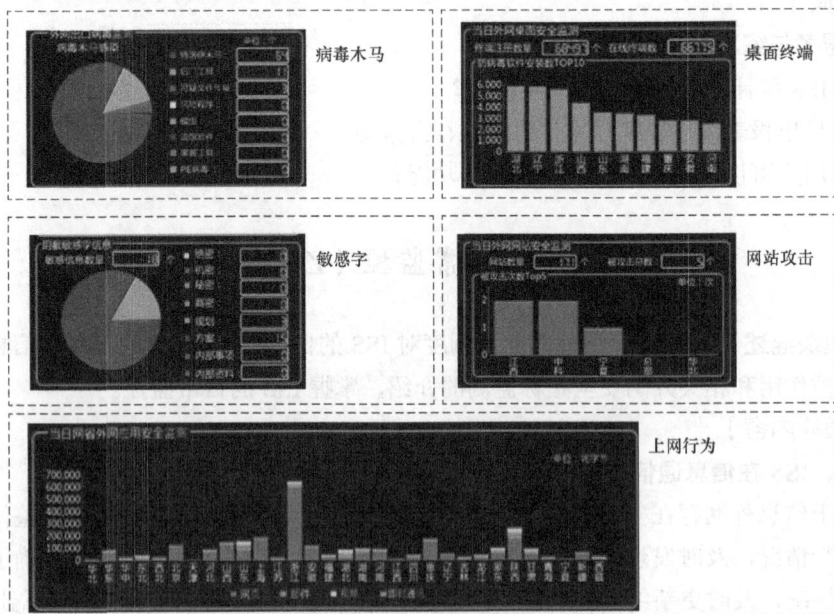

图 10-6-1　展示数据

（1）病毒木马：监控各单位外网出口病毒木马受感染情况以及病毒木马感染态势。

（2）桌面终端：监控各单位桌面终端注册数以及防病毒安装情况。

（3）敏感字监控：监控各单位外网出口邮件敏感字情况。

（4）网站攻击：监控各单位外网网站被攻击情况。

（5）上网行为：监控各网省公司外网出口探针是否正常工作及上网行为分布态势。

【思考与练习】

1. 信息外网安全监测系统在信息通信调控工作中有什么作用？

2. 信息通信调控中心安全大屏所展示的信息外网安全数据有哪些？

3. 互联网出口安全数量统计展现哪些数据？

▲ 模块 7　ISS 安全事件及处理方式（Z40I3007Ⅰ）

【模块描述】本模块介绍 ISS 安全事件及处理方式。通过 ISS 常见安全事件及处理方式的介绍，掌握 ISS 的安全事件及处理方式。

【模块内容】

目前国网公司外网安全事件主要集中在网站攻击、病毒木马、邮件敏感字和安全威胁 4 个方面，针对这四大安全问题，提供以下相关处理建议。

一、网站攻击

（1）当单位受到网站攻击时，攻击事件详细日志信息会存储在各单位对应出口 SMS 采集服务器中，各单位可通过登录 SMS 采集服务器导出详细日志并进行问题排查。

（2）发生网站攻击时可通过安全设备对查出的源 IP 进行访问限制，拒绝该 IP 的持续行为。

二、病毒木马

（1）当单位爆发病毒木马时，可登录各单位病毒木马系统，并在该页面中的日志搜索中查询具体病毒木马事件的源 IP、目的 IP、具体类型及行为等。

（2）发生病毒木马事件时，需及时对爆发病毒木马的机器进行断网排查，以免感染网内其他计算机。

三、邮件敏感字

（1）当发现单位邮件中存在敏感信息时，单位可通过 ISS 页面所展示的发件人 IP 进行具体邮件查询，同时可联系项目组通过后台数据进行协助查询。

（2）可对基于 SMTP 协议发送邮件的行为进行排查，通过邮件网关等设备限制邮件特定的敏感字，同时限制对非 SGCC 的外网邮箱使用。

四、安全威胁

（1）当单位出现大量安全威胁事件时，可登录本单位 SMS 采集服务器进行具体事件查询。

（2）若安全威胁为该单位安全设备已经拦截的高危安全事件，当安全威胁数量急剧增加时，说明本单位有设备正遭受攻击但被拦截，单位应及时做好系统巡检并加强监控力度，以防止安全事件的发生。

【思考与练习】

1. 目前国网公司外网常见安全事件有哪些？

2. 发生病毒木马事件时，如何避免感染网内其他计算机？

3. 如何限制包含敏感字邮件的发送？

◢ 模块 8 ISS 部署架构（Z40I3008Ⅱ）

【模块描述】本模块介绍 ISS 部署架构。通过对 ISS 部署方式、部署架构和系统实施的介绍，掌握 ISS 的部署架构。

【模块内容】

一、部署方式

结合国家电网有限公司信息外网运维现状，ISS 部署采取"一级部署、多级应用"的模式，实现总部"集成、集中"管理。通过总部集中部署，实现一级架构的集中管理和展现，由总部系统进行统计分析，生成各类报表。各子系统根据实际需要在网省部署一套汇聚节点，负责事件的汇总转发和桌面终端的分片控制，互联网出口部署探针，负责采集终端信息，统一上报总部。

二、部署架构

部署架构如图 10-8-1 所示。

（1）一级部署：平台应用、数据库均部署在总部。

（2）多级应用：全网应用均可登录平台，系统根据登录用户权限展示对应内容。

（3）信息调度：国网总部调度中心通过 ISS 进行集中监控与调度。

三、安全架构

ISS 建立了基于 CA 身份认证管理、SSL 加密方式的用户交互与数据传输、加密存储机制的安全架构，安全架构如图 10-8-2 所示。

ISS 整体通过国网公司上线安全测评，达到二级系统安全防护要求。

四、网省部署拓扑

ISS 采用模块化部署方式，各网省公司及其地市公司对各模块实行分布部署，通

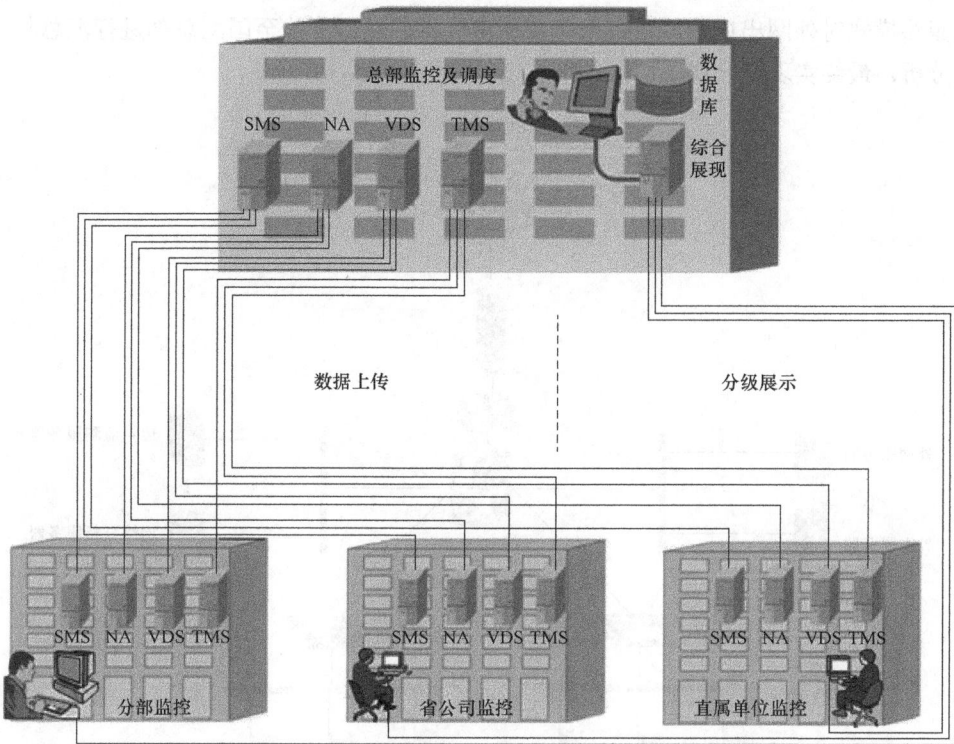

图 10-8-1 部署架构

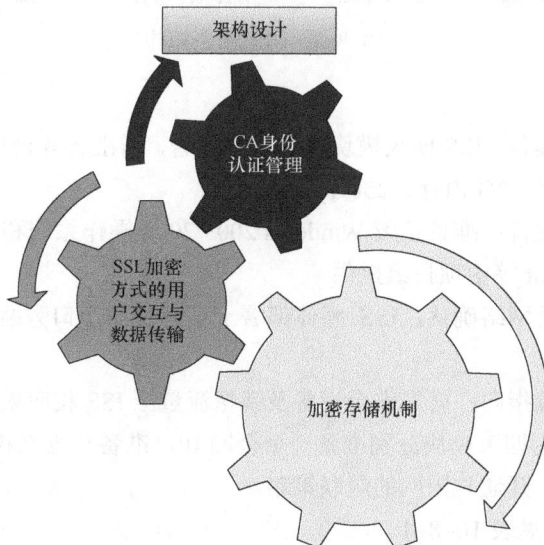

图 10-8-2 安全架构

过旁路模式对外网出口数据进行采集并初步分析，然后上传至国网总部进行汇总与二次分析，最终实现统一展现。网省部署拓扑如图 10-8-3 所示。

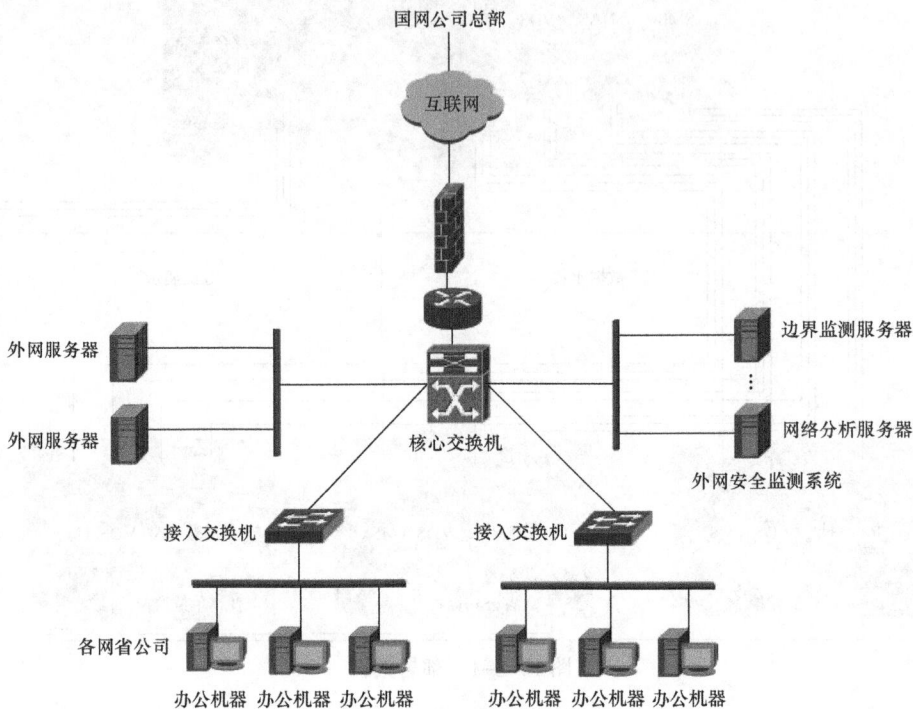

图 10-8-3 网省部署拓扑

五、ISS 实施

（1）硬件环境准备：ISS 四大模块均为单独部署，需准备 4 台实体或虚拟服务器，具体配置要求为 8 核，8G 内存，250G 硬盘。

（2）软件环境准备：准备正版 Windows 2003/2008 操作系统和 Oracle 数据库，其他如 CentOS、Tomcat 等由项目组提供。

（3）部署位置及网络确认：ISS 整体部署于信息外网出口旁路，与安全设备和核心交换机网络可达。

（4）日志及镜像指向：转发安全设备及镜像流量至 ISS 相应采集模块。

（5）公网 IP：为四大模块分别准备一个公网 IP，准备与国网相应模块级联。

（6）端口策略：开通与国网的级联策略。

ISS 各模块配置见表 10-8-1。

表 10–8–1　　　　　　　　　ISS 各 模 块 配 置

模块	运行环境	详细配置	数据来源	注意事项
边界监测	CentOS 4.6 Oracle Tomcat	1 个公网 IP，用于与国网级联 级联端口：3018 与出口安全设备网络可达	信息外网出口所有安全设备，发送格式为 syslog 或 trap	实施完成后如果新增或者更换安全设备，需提前给项目组报备，项目组将根据实际情况编写解析脚本
网络分析	Windows Server 2003 或 Windows Server 2008	1 个公网 IP，用于与国网级联 级联端口：443 在接入网络的基础上，新增一根网线直连核心交换机和网络分析服务器，将核心交换机流量镜像至网络分析服务器	信息外网出口核心交换机镜像流量	根据部署方式（物理或虚拟）确定网卡需求：物理部署需要 3 块网卡；虚拟部署需要 2 块网卡。镜像流量必须为双向流量
病毒木马	Cantos 5.3 Mysql Apache	1 个公网 IP，用于与国网级联 级联端口：10002 在连入网络的基础上，需要接收核心交换机镜像流量，接收方式根据实际部署方式而异	信息外网出口核心交换机流量镜像	需要 2 块网卡，镜像流量必须为双向流量
桌面终端	Windows Server 2003 SQL2000 IIS	1 个公网 IP，用于与国网级联 级联端口：2388 2399 80 88 1433	个人外网终端计算机	网省公司的机构代码填写正确，级联必须与总部保持畅通

【思考与练习】

1. ISS 的部署方式是什么？

2. ISS 建立了包括哪些机制的安全架构？

3. 病毒木马模块的数据来源是什么？

◢ 模块 9　ISS 功能（Z40I3009Ⅱ）

【模块描述】本模块介绍 ISS 功能，通过对 ISS 主要功能模块的分类和包含内容的介绍，掌握 ISS 的功能架构。

【模块内容】

ISS 在原有信息外网边界安全监测系统（SMS）基础上，扩展互联网出口内容审计、网络行为分析与流量监测、病毒木马监测、网站攻击监测与防护、桌面终端管理等功能。

ISS 由边界监测、网络分析、病毒木马、桌面终端 4 个子模块组成。其中边界监测模块是项目一期功能，其余 3 个模块是项目二期功能。子模块功能见表 10-9-1。

表 10-9-1　　　　　　　　　　子 模 块 功 能

功能模块	功 能 项
边界监测	网络攻击监测、安全趋势预警、安全态势深度分析
网络分析	网络流量监测、网络行为分析、网站攻击监测、敏感信息检测
病毒木马	病毒木马监测、病毒木马预警
桌面终端	终端管理、安全策略管理

一、边界监测

边界监测模块通过采集信息外网出口防火墙、IPS、IDS、UTM 等安全设备日志，实现对所有安全设备日志的实时采集与分析，及时发现安全事件和安全威胁。

（1）边界定义：对公司所有互联网出口按照行政归属进行边界定义。

（2）实时监测：对所有出口的安全事件告警进行实时展现。

（3）安全威胁分析：包括数量最多的 5 种威胁、级别最高的 5 种威胁、5 种安全级别事件的分布和 5 种安全级别事件的 24h 趋势。

二、网络分析

网络分析模块通过采集信息外网出口核心交换机流量，实时监测出口上网行为、邮件敏感字、网站攻击、出口利用率等情况。

（1）出口流量分析：对各单位出口流量及带宽利用率进行监测分析。

（2）敏感信息检测：通过关键字列表匹配，对网络中出现的敏感字进行检测，主要针对电子邮件行为。

（3）网站攻击检测：对各单位的网站类应用进行攻击检测。

（4）上网行为监测：对网络中的行为按照网页浏览、电子邮件、即时通信和网络视频 4 大类型进行审计。

三、病毒木马

病毒木马模块通过采集信息外网出口核心交换机流量，依据实时流量分析提供的基础数据，结合系统提供的病毒木马特征库，发现网络中所发生的病毒和木马事件并进行预警。

四、桌面终端

外网桌面终端系统采用与内网桌面终端同一产品，针对信息外网的网络环境和不同需求进行了相关配置。

（1）终端注册率：各单位外网桌面终端注册率。

（2）资产管理信息：包括 CPU、内存、操作系统等。

（3）防病毒软件安装率：外网终端是否安装防病毒软件。

【思考与练习】

1. ISS 由哪些子模块组成？

2. 边界监测模块如何发现安全事件和安全威胁？

3. 上网行为监测对网络中的行为按哪些类型进行审计？

◢ 模块 10　ISS 日常运维（Z40I3010 Ⅱ）

【模块描述】 本模块介绍了 ISS 日常运维。通过对 ISS 中边界监测、网络分析、病毒木马、桌面终端 4 个模块出现问题后排查方法的介绍，掌握 ISS 的日常运维。

【模块内容】

一、边界监测

边界监测模块出现问题可以排查以下内容，以下所列问题的前提是所有程序均已经启动。

（1）采集程序事件收集：被采集安全设备将以 syslog 或 trap 格式把安全事件日志发送至采集服务器，在服务正常的情况下所有采集日志将以.log 形式存放至/opt/sem/SemApp/SEMSyslogServer/log/目录下，存放形式为 SYSLOG–安全设备 IP–日期.log* 或 TRAP–安全设备 IP–日期.log*，如果目录下没日志，可从以下几个方面进行问题排查：

1）安全设备日志指向：目前的安全设备基本都配备日志服务器设置模块，检查是否将采集服务器 IP 添加至此模块，此模块同时可指定不同等级的日志发送。

2）网络故障排查：检查安全设备与采集服务器之间的网络连通性，确保原始日志数据能发送至采集服务器。在事件收集问题排查过程中，可在采集服务器上使用命令 TcpDump port 514 以查看端口是否收到数据。

（2）采集与核心通信：登录 SMS 页面在该页面点击首页→SEM 各组件状态概览→各组件状态概览菜单项，查看 Agent Manager 运行状态，如果不正常，则需查看采集与核心之间的网络是否存在问题，用以下命令检查一下端口是否开放：

TCP：13011、13012、13015、13016、13020、13021、13022；

UDP：13015。

（3）事件解析脚本：登录 SMS 页面，在该页面首页点击首页→SEM 各组件状态概览→各组件状态概览菜单项，打开 Agent Manager，查看下面安全设备是否运行正常，如果不正常，在不存在网络问题的前提下说明解析脚本是否存在问题，如有此问题，请跟项目组联系编写相应的解析脚本。

（4）资产信息确认：当所有程序均运行正常但在页面无数据展示时，可能是资产信息未录入，登录 SMS，进入设备管理，检查是否存在需要展示的安全设备资产信息。

（5）总部级联确认：当 SMS 本地有数据而国网总部没有数据时，登录 SMS 后台系统，查看本地 IP 和总部 SMS（210.77.176.14）的 3018 端口是否存在连接。正常情况下连接状态应为 ESTABLISHED，如果状态不正常，则需检查本地 SMS 到总部 3018 端口是否能正常通信，可通过命令 Telnet 210.77.176.14 3018 进行检查，如果通信正常则需进一步排查程序问题，如果通信不正常则需检查本地 SMS 出口 IP 是否更改或出口是否禁止主动外连。

二、网络分析

当互联网访问行为出现为空的情况时，可能有如下两种原因：

（1）本地程序与总部网络分析探针级联异常：可以通过网络分析配置界面进行测试，点击网络分析服务器→国家电网分布式网络分析系统服务器配置→配置→管理中心配置→测试按钮。如果显示连接服务器成功，则说明级联正常，否则请查看当前网络状况。

（2）级联正常但没收到镜像数据：如果上面步骤成功，但依然没收到数据，可查看服务器接收镜像网卡上面的流量。如果数据一直变化，说明有镜像数据；如果没有，请检查核心交换机的镜像配置。

三、病毒木马

当数据级联出现问题时，请首先检查页面灯展示状态，同时检查镜像数据和病毒木马级联链是否存在。

四、桌面终端

运行桌面终端时主要会有以下 2 个问题，下面对问题出现原因及解决方法进行讲解。

（1）通过网页打包注册程序，提示打包注册程序失败？

通过网页打包注册程序时，是 IIS 进程在操作 DeviceRegist.exe 注册程序，IIS 进程对注册程序的修改权限不够，则无法重新写入注册程序。

解决方法：这种情况下需要将系统 Users 用户添加到 DeviceRegist.exe 的安全属性中，并且使其具备读写权限。该问题只在 NTFS 格式的分区上出现。

（2）为什么我的机器已安装了杀毒软件，但监控系统中仍显示我未安装杀毒软件？

监控系统对杀毒软件的识别：① 基于杀毒软件安装后注册表信息；② 杀毒软件主要进程正在工作。所以该问题大部分情况是只安装了杀毒软件但是没有运行杀毒软件造成的。

【思考与练习】

1. 边界监测模块出现问题时，可以从哪些方面进行排查？

2. 当互联网访问行为出现为空的情况时，可能有哪些原因？

3. 为什么某机器已安装了杀毒软件，但监控系统中仍显示该设备未安装杀毒软件？